华夏英才基金资助出版

比较城市规划
——21世纪中国城市规划建设的沉思

霍 兵 著

科 学 出 版 社
北 京

内 容 简 介

　　本书是国内第一部比较城市规划的专著。在借鉴其他学科比较研究的基础上，就比较城市规划的概念、历史沿革、主要内容和方法，包括类型学和综合评价研究等进行了论述；对世界主要国家（地区）的城市及其城市规划制度、体系进行了比较研究；勾勒出中西比较城市规划平行研究的基本框架，开启了中西现当代城市规划重大问题的影响研究。

　　本书适合城市规划相关专业的研究人员、高等院校师生及城市规划管理者、实践者等阅读。

图书在版编目（CIP）数据

比较城市规划：21 世纪中国城市规划建设的沉思/霍兵著. —北京：
科学出版社，2013. 10
　　ISBN 978-7-03-038815-5

　　Ⅰ. 比…　Ⅱ. ①霍…　Ⅲ. ①城市规划–研究–中国–21 世纪
Ⅳ. ①TU984. 2

中国版本图书馆 CIP 数据核字（2013）第 238692 号

责任编辑：林　剑／责任校对：郭瑞芝
责任印制：徐晓晨／封面设计：陈　敬

科　学　出　版　社 出版
北京东黄城根北街 16 号
邮政编码：100717
http://www.sciencep.com

北京科印技术咨询服务公司 印刷
科学出版社发行　各地新华书店经销

*

2013 年 10 月第 一 版　开本：720×1000 1/16
2018 年 4 月第四次印刷　印张：23 1/4
字数：456 000

定价：198.00 元
（如有印装质量问题，我社负责调换）

献给我的父亲霍柄政

致　谢

　　本书的写作应该说经历了二十多年的历程，今天终于出版。它是我为之奋斗三十多年城市规划事业的写照。感谢我的导师，清华大学建筑学院吴良镛先生和赵炳时先生对我的教导，使我在中国城市规划事业正确的道路上前进。感谢与我共同奋斗的同仁们。感谢我的家人对我的爱和一贯支持。同时，感谢中央统战部、天津市委统战部长期的培养，感谢华夏英才基金会对本书出版给予资助。天津城市规划设计研究院城市设计所对本书部分插图进行了编绘，在此表示感谢。书中所引用的资料、观点和图像，已尽可能标明出处，在此向作者表示敬意和感谢。

前　　言

自古以来，人们在城市规划建设过程中，相互学习和交流借鉴，在促进城市规划理论和方法进步的同时，形成了不同国家和地区各具特色的城市和城市规划体系。开展跨文化的比较城市规划研究对完善城市规划科学作用巨大。在国外，大约从20世纪30年代开始，具有实证意义的比较城市规划研究开始形成，对提高城市规划的科学性发挥了重要作用。著名城市规划理论家和历史学家路易斯·孟福德在《历史中的城市》（1961年）一书的序言中，清晰地表达了进行比较城市研究的强烈愿望，阐明了开展比较城市规划研究的重要意义。进入20世纪70年代，世界局势趋于缓和，多元思想出现，在由于技术进步导致全球趋同的同时，人们更加注重不同民族、各种地区文化个性的保持和追求。由此，对不同城市和城市规划体系跨文化的比较研究成为热点，但是，总体来看，直到目前还没有形成完整系统的比较城市规划研究。

我国的城市规划和人居环境建设具有悠久的优良传统，曾影响世界，同时在起起伏伏的城市发展过程中也吸收了其他国家的经验。近现代以来，现代城市规划传入我国，对我国的城市规划建设产生深远影响。20世纪50年代全盘照抄照搬苏联的规划，虽然苏联专家在中国的时间只有短短的几年，但苏联计划经济式的规划在我们的思想深处留下了深深的烙印。1978年改革开放以来，我国城市规划建设进入一个崭新的历史时期。在持续快速的城市化过程中，学习借鉴西方发达国家城市规划建设的先进经验，成为我国城市规划建设领域一项重要的任务。开展比较城市规划研究，避免走西方发达国家曾经走过的弯路，是我们的一个理想。但是，改革开放30多年后的今天，虽然我国城市规划建设取得举世瞩目的成就，但也产生了许多当年西方发达国家曾经经历的城市病。回顾改革开放30多年来我国城市规划发展演变的历史，造成目前状况的因素是多方面的，但缺少系统科学的比较城市规划理论和方法也是一个原因。我国的比较城市规划研究是一门新兴

i

的交叉学科，在 20 世纪 80 年代形成了一个高潮，但当时大部分研究局限于某个具体领域，没有形成系统的理论方法，因此，没能发挥出应有的作用。

1989 年，笔者在清华大学完成硕士论文"比较城市规划初探"。通过借鉴比较文学、比较法学、比较社会学等众多比较研究学科理论建构的经验，在总结国内外比较城市规划理论和实践经验的基础上，尝试构建比较城市规划的理论框架，解决什么是比较城市规划、比较什么、如何比的问题。论文获得好评，应该说初步搭建了比较城市规划研究的框架，但离建立系统比较城市规划研究体系的目标还有很大的差距。当时笔者还没有参加工作，缺少对中国城市规划实践的理解，而且对国外的城市和城市规划体系缺乏亲身的感受。有人说，比较研究是老年人的学问，是有一定的道理的，因为要积累大量的经验。参加工作后，我依然坚持不懈地继续比较城市规划研究，并把比较研究作为从事实际规划工作的重要方法。20 多年来，一方面积累了从事城市规划编制和管理的丰富经验，掌握了大量第一手资料，加深了对城市规划的理解；另一方面，通过学习和实地考察，长期对比较城市规划研究给予关注和进行专题的比较研究，在比较城市规划研究方面也积累了大量的成果。

进入 21 世纪，在全球化的浪潮下，比较城市规划开始了新一轮的研究热潮。国内比较城市规划研究取得了长足发展，对国外发达国家城市规划体系的研究和比较越来越深入，资料越来越详实，为比较城市规划研究提供了更加坚实的基础。本书是在笔者硕士论文的基础上，做了大量的充实完善后写成的。书中增加了国外主要城市、主要国家和地区城市规划体系的比较研究，特别是增加了中西当代城市规划重大问题的影响研究，意在使比较城市规划研究更加系统、科学和理性的基础上，更加接近实际，使我们在城市规划工作中真正做到系统、科学、理性地吸收借鉴发达国家的先进经验，探索具有中国特色的城市发展道路。如果我们掌握了正确的比较城市规划的理论和方法，通过比较，真正认识和了解了国外城市和国家的城市规划体系，了解了中国的国情，在实践中，就能够更加科学合理地认识发达国家城市和城市规划体系，在吸收引进上，就能够做到更加科学合理，就能够结合自身的实际，避免盲目照抄照搬，贪大求洋的错误做法，对进一步提升我国的城市规划建设水平具有重要的实践意义。"首在审己，亦必知人；比较既周，爱生自觉。"

目　录

第1章 比较研究概说

有比较才有鉴别。比较研究作为一种科学研究，在许多学科内得到了发展，具有丰富的内涵，对自然、社会和人文科学的发展都起到了至关重要的作用。从古希腊亚里士多德比较各国政体之滥觞《雅典政制》开始，比较研究的历史至今已有两千余年，经历了酝酿、初创、成熟和再发展的过程。20世纪，在自然科学领域，比较地质学、比较生物学、比较解剖学的研究为科学的发展作出了巨大贡献。在社会科学及人文科学领域，比较法学、比较教育学、比较神话学、比较宗教学、比较文学、历史比较语言学等诸多学科的比较研究同样取得了丰硕成果。众多学科比较研究之间的相互交流和借鉴，也促进了比较研究的发展，形成了比较研究的高潮。其中，跨文化的比较研究是重中之重。

人类社会在漫长的发展过程中，形成了不同的文化体系。不同文化间的比较和相互影响交流对世界文明的进步大有裨益，跨文化的比较研究是重要的研究内容。中国和西方的文化交流始于魏晋时期，佛教东传，印度思想文化输入我国。自汉至唐，诸教共存，佛教也被中国文化所深深地同化，表现出东西文化的交融。清朝闭关锁国，割断与外界的交流。直到1840年鸦片战争，西方思想文化借助武力才第二次闯入中国。时至晚清，一些务实的国人开始留心东西方文化之异同。五四运动，再次打开比较文化研究的局面，东西方文化比较研究一时蔚然成风。新中国成立后，由于外在敌对的世界形势和内在的盲目政治优越感，比较研究很长一段时期没能重新得到恢复发展。1978年改革开放，比较研究在我国得以重新开展。随着东西方文化比较的加强，开始出现全面的比较研究热潮，东西方跨文化的比较研究成为主流。

1.1 比 较 研 究

"比较"一词具有两种语义，其一表示"相对而言"，其二表示一种心理或行为。比较心理和行为是人类最基本的心理活动和行为能力，是人类认识、分析和解决问题的最基本的行为和能力，也形成了人类最基本的文化现象。随着比较活动的不断发展，形成了科学的比较研究。

1.1.1 感知比较与比较思维

心理是生物进化到具有专门的反映器官——神经系统时产生的，其标志是能够对信号的刺激产生反应（S→R）。动物能够对一定的刺激作出相应的反应，因此具有动物心理。人的心理，即意识，是由动物心理，借劳动和语言两个重要因素发展而来，具有概括性、目的预见性和主观能动性。有了意识，人类才有对客观事物的认识活动。

从心理角度讲，比较包括感知比较和比较思维两个层次。感知比较的对象是不同事物外在的特征和联系；比较思维的对象是不同事物内在的本质和联系。

人的认识由两个阶段组成：感知觉和表象构成的感性认识及思维构成的理性认识。感知觉反映客观事物的个别特征和整体形象，如颜色、声音、气味、滋味、冷热、形状和大小等。而表象则是建立在感知觉的综合加工和概括基础上的事物常见特征的形象反映，两者构成认识的初级阶段。思维是对客观事物内在本质和规律性的一种间接的、概括的反映过程，这一过程同时包括从表象到抽象的形象思维、抽象思维和从抽象到具体思维结果的辩证思维，是认识的高级阶段。

在认识的初级阶段，经常地、大量地进行着两个以上事物个别特征和整体形象之间的比较，如两个简单的线图、几个数字，这种比较一般只限于感知觉器官在解剖生理上对所接受刺激的直接反应，不用经过心理加工，便很容易得出相同或不同、孰大孰小的判断，这是比较的基本层次，我们称其为感知比较。

当对不同事物内在的本质和联系，如规划设计方案的优劣进行比较时，感知比较则远远不够，而必须上升到思维，经过从抽象思维、形象思维到辩证思维的整个思维过程，才能得出结论，我们把这种建立在感知比较基础上的、较高层次的比较称为比较思维。

1.1.2 比较逻辑与可比性法则

比较思维的一个重要工具是比较逻辑，比较逻辑是比较思维的法则，可比性是其突出特征。

逻辑学是研究思维法则的学科，包括形式逻辑、数理逻辑和辩证逻辑。

亚里士多德的传统形式逻辑撇开思想内容，单纯从形式方面研究思维法则。他引入了全称与特称、肯定与否定四种命题形式，发现了同一律、矛盾律和排中律三个基本思维定律，并且发明了推理三段论，从而奠定了逻辑学的理论基础。

到 19 世纪中叶，英国数学家布尔开始用符号系统来表示逻辑推理的基本关系，他用"集合"解释概念的外延，创造了一套运算符号来表示逻辑推理中的基本关系，成功地运用集合论方法处理了逻辑演绎问题，从传统逻辑中派生出数理逻辑。后经布尔与德·摩根等数学家的共同努力，数理逻辑成为一门现代学科，广泛应用于各个领域，极大地促进了现代语言学和计算机科学的发展。

辩证逻辑形成较晚，目前还不成熟。它主要是运用对立统一的观点，从形式与内容的统一中研究思维运动的规律。

比较逻辑作为整个逻辑体系的一个组成部分，必须遵守共同的思维法则。同时在概念、命题和推理等方面又具有自身的特点。其中，可比性法则是较突出的特征，它是比较思维的基本法则。

可比性法则要求比较思维的对象必须是可比的。同类对象不存在可比性问题，关键在于异类对象。异类对象可以比较，但是是有条件的，这个条件就是两个比较对象所比较的属性能用同一单位或标准来衡量，否则，这两种对象就不能相比，这种比较思维是反逻辑的，没有意义的。

1.1.3　比较行为、比较方法和比较研究

从行为角度看，比较划分为比较行为、比较方法和比较研究三个层次。比较行为是与比较思维相对应的身体行为和言语行为。比较方法是针对某类问题的比较行为及其工具、手段的总和。比较研究则是包含复杂课题、突出运用比较方法的科学研究活动。

现代心理学理论流派纷呈，如行为主义、新行为主义、精神分析、格式塔等，但根据对行为是"内发"还是"外发"的认识区别，可分为两大类：精神分析和行为主义。

行为主义认为人的所有行为都是外部环境刺激的反应。依照行为主义的解释，心理学是对行为的客观研究。行为主义心理学、符号互动学派的代表人物米德，把行为划分成冲动、知觉、操作和完成四个阶段。新行为主义心理学、操作行为主义学派的代表人物斯金纳则把行为划分为由自主神经调节的低级"应答型"行为和由中枢神经调节的高级"操作型"行为。根据后者的观点，我们同样可以把比较行为分为"应答型"比较行为和"操作型"比较行为两个层次。应答型比较行为与感知比较相对应，如把比较对象并列在一起的动作；操作型比较行为与比较思维相对应，如测量、计算、运用计算机等，是比较行为的较高层次。

　　而以弗洛伊德为代表的精神分析学派则认为行为是内在心理要求的反映，提倡心理决定论。潜意识、性泛论、死本能和对文化的态度是心理本能，行为是"原欲"（libido）和"恋母情结"（oedipus complex）的反应。心理决定论解释了一些无意识的比较行为和人类进行比较的内在心理要求。同时，社会力量内化的"认同"过程理论解释了不同的社会和文化之所以产生不同比较行为模式的内在原因。

　　方法是为达到某种目的而采取的途径、手段、工具和方式的总和。方法的类型多种多样，按照普遍性程度和适应范围，可划分成哲学方法、一般方法和特殊方法三个层次。其中，一般方法包括观察、实验、各种逻辑方法以及横向学科方法等，而特殊方法只适用于某些特殊的范围。比较方法具有以上两个层次的意义。它既是一种逻辑方法，同时又是一种特殊方法，我们把前者定义为逻辑比较方法，后者简称为比较方法。

　　逻辑方法即抽象思维的方法。一般来说，人类认识事物是从区分事物开始的，要区分事物，首先就得比较。有比较，才有鉴别。在科学研究中，要发现事物的本质规律，只有先对经验材料进行比较，然后在这个基础上，通过分类、类比、归类、演绎、分析和综合等逻辑方法才能做到。因此，逻辑比较方法具有普遍的意义。

　　比较方法是在比较研究这一特定范围内使用的方法，它比逻辑比较方法更加具体翔实。它是为了探讨相互关联的复杂对象的各自特征及其相互影响而采用的具体途径、手段、工具和方式的总和。同时，随着研究对象的不同而变化。因此，比较方法是一种特殊方法，具有特殊的意义。

　　科学研究是在详尽占有原始材料的基础上，通过相应的研究方法，对客观实在的事实和材料进行加工整理，从感性上升到理性，以发现客观事物的普遍本质和客观发展规律，创造新的科学知识的综合行为系统，它具有继承性、创造性、复杂性和集体性等特点。

　　比较研究是科学研究中的一种类型，它以相互关联的两个或两个以上复杂的研究对象和相应的比较方法为突出特征，是一种全面的、综合的科学研究。在我们的著作和论述中，经常出现两个或几个对象的对比，但这并不等于是比较研究。一般情况下，这种不可避免的对比其实只是一种评论，或者是一种雄辩。即使我们对其某一方面进行了相当深入的比较，但这种比较也只是局部的，是一种支离破碎的比较，我们强调全面系统的比较研究。

　　比较研究作为一种科学研究，在许多学科内部得到了发展，具有丰富的内涵。在自然科学领域，比较地质学、比较生物学、比较解剖学的研究为科学的发展作出了巨大贡献。在社会科学及人文科学领域，比较法学、比较教育学、比较神话学、比较宗教学、比较文学、历史比较语言学等诸多学科的比较研究同样取得了丰硕成果。众多学科比较研究之间的相互交流和借鉴，也同样促进了比较研究的发展。

目前，各学科比较研究的发展呈现出不平衡性，有些被公认为是分支学科，而有些则被认为是一种方法，甚至一种流派。至于比较研究能否上升到学科高度，还要看它将来的发展。

1.2　比较研究的历史发展

比较研究的历史已有两千余年，它的发展经过了酝酿、初创、成熟和再发展几个时期，业已形成学科广泛的、跨文化的比较研究，在自然、人文及社会科学领域成绩斐然。

1.2.1　比较研究从滥觞到再发展

比较研究的兴起和发展与人类对世界的认识和相互之间的交往休戚相关。从古希腊亚里士多德的《雅典政制》开始，比较研究历经了一个四阶段、三级跳的跃进式发展过程。

1. 第一阶段：酝酿时期（公元前 4 世纪～18 世纪后期）

这时期包括古希腊、中世纪和文艺复兴三个历史阶段，比较研究呈"U"字形发展。古希腊文明的沃土孕育了诸多学科比较研究的萌芽，而中世纪的寒霜却笼罩了数百年，是文艺复兴的阳光融润了比较研究的土地。

古希腊哲学家、历史学家柏拉图、亚里士多德、希罗多德、西塞罗等，游历许多地方，开始用比较方法来研究本国的政治、法律、教育的发展。公元前 4 世纪，亚里士多德对 158 个雅典城邦政制（即宪法）进行了比较，写出名著《雅典政制》一书，已具有比较研究的雏形。

随着古希腊、古罗马文明的陨落，欧洲进入黑暗的中世纪，教会势力对科学进行残酷的迫害，比较研究在劫难逃。

14 世纪，文艺复兴运动始发于意大利。马丁·路德的宗教改革运动也促进了欧洲社会和科学的发展。同时，人们对世界的认识进一步扩大，十字军的远征使西欧、中欧和东欧联系更加密切，哥伦布、达·伽马、麦哲伦的远航探险发现了连接欧亚的新航线和新大陆，同时也积累了大量天文学、气象学、生物学和地质学资料，使得比较方法的广泛运用和比较研究的创立成为必然。

2. 第二阶段：初创时期（18 世纪后期～19 世纪后期）

18 世纪的工业革命和资产阶级革命为科学的发展提供了良好的条件。这一时期，比较研究首先在自然科学领域兴起并取得了重大成就。一百年间，五项重大科学发展中有两项是比较研究的直接成果。赖尔的地质渐变论和达尔文的生物进化论为黑格尔辩证思想的创立作出了重要贡献。一些萌芽于古希腊的社会学比较研究开始复萌，而新生的现代语言学、神话学等一开始便是以比较面目出现的。这时的比较研究不仅仅局限于逻辑比较方法，已经开始进行社会、环境因素分析和历史比较研究。

18 世纪下半叶，在自然科学领域广泛地开展了比较生物学、比较解剖学、比较胚胎学、比较自然地理学和比较地质学等方面的研究。

赖尔在比较研究当代地质过程同欧洲第三纪地质过程时，发现两者十分相似。经过长期比较研究，他在 1833 年出版《地质学原理》，在大量经验事实的基础上运用"将古论今"的历史比较研究方法，建立了地质渐变论，纠正了居维叶的唯心主义灾变论。他认为，地球表面的变迁是由于各种自然力，如风雨、河流、泉水、潮汐、海洋、冰雹、火山爆发、地震等综合作用缓慢进行的结果。地壳的上升下降运动是地球本身热力、电力、磁力和化学反应等运动造成的，较古老的岩石和较新岩石的结构差别是历史使然。这一理论与天体演化论一样对唯物主义自然观的形成起了推动作用。

达尔文用比较方法研究了生物有机体与生态环境之间的关系。通过对从全世界各地收集和整理的动植物标本这一丰富的第一手资料的比较与分类，用归纳法加以总结，并从大量现代生物的个体解剖和杂交实验，以及大量古生物化石的对比材料中得到了全面的证实，发现了生物界有着"物竞天择，适者生存"的不断演变进化的客观规律，创立了生物进化论。随后，他又与其他科学家成功地运用比较研究，证明了人类是从哺乳动物进化而来的。1858 年，他完成巨著《物种起源》。进化论的出现导致了 19 世纪现代科学的一个伟大思想，即黑格尔关于事物普遍联系与发展的辩证观点的形成。

在社会科学方面，传统的比较研究得到了进一步发展。

法国启蒙思想家孟德斯鸠在《论法的精神》一书中，对东西方很多国家的法律制度进行了比较研究，被称为比较法的奠基人。他不仅把各国的法律进行比较，而且还从政体，如君主政体、专制政体、共和政体的角度，以及文化、教育等方面，进行了较系统的比较研究，同时还指出有关气候、风土等地理因素对各地区文化，如法律、宗教、习俗、生活方式等的影响，使比较研究向因素分析前进了一步。

法国教育家朱利安 1817 年发表了《比较教育学的设想与初步意见》一书，至今被认为是比较教育学的创造者。他的研究动机始终贯穿着人道主义和启蒙主义精神，而不是狭隘的民族主义。其研究方法是实事求是地记述有关教育的事实和动态，而且采用了"比较分析表"来掌握研究对象构造、关联等一系列的事实，而且他主张把调查研究活动提升到国际水平。

在新兴学科中，始于 19 世纪的现代语言学（linguistics）成果丰硕，它对哲学、人文科学、计算机和信息科学的发展起了极大的推动作用，而正是历史比较语言学开了现代语言学之先河。

传统的语文学（philology）有两千多年的历史。公元前 4 世纪，古印度巴尼尼的《梵语语法》，公元前 3 世纪古希腊第欧尼修的《希腊语法》，公元 1 世纪我国汉代许慎的《说文解字》等经典著作对古代文化和科学的发展作出了卓越的贡献。但是，到了文艺复兴时期，虽然科学取得了较大发展，而语言学仍在传统束缚之下。从哥白尼、伽利略、笛卡儿，到牛顿和莱布尼兹的一系列科学论述，几乎都是按照两千年前古罗马时代制定的语法教条，用死板的拉丁文写成。这种矛盾反映了语言学发展的内在要求。

传统语言学研究的主要目的是对古书作校勘和训诂的工作，通过语言去研究古代的文化艺术、典章制度和风俗习惯等，它忽视各种语言之间的联系，忽视语言本身的经常变化与历史发展，更看不到语言体系内部的层次结构，不理解语言作为交际工具和思维工具的社会功能。

随着对全世界各种语言的广泛接触和受生物进化论的影响，语言学家开始对在全世界各地搜集和整理的语言标本进行比较研究，把语言历史发展中各个时期的语音、词汇、语汇对应关系加以详尽的对比研究，证实了印度–伊朗诸语言和欧罗巴诸语言的有机联系，证实了古梵文、希腊文、拉丁文和现代印度语的一脉相承，并可以勾画出它们的共同祖先——上古印度语的主要面貌，从而证明语言和生物界一样都有着不断演变进化的客观历史。从此以后，语言学跨出了本族语言的藩篱，去寻找它的"亲属语言"，探讨它们的联系与发展的规律。

3. 第三阶段：成熟时期（19 世纪后期～20 世纪中期）

由于以电气化为标志的第二次工业技术革命推动了生产、科学和社会的革命性变革，这就给欧美各资本主义国家提出了一系列的共同问题。在政治上，这个时期已进入帝国主义阶段，资本主义的矛盾十分尖锐，爆发了第一次世界大战。而且1917年俄国发生了十月社会主义革命，产生了第一个社会主义国家。从此，在世界范围内产生了两种社会制度并存和对峙的局面。这种国际形势对比较研究，尤其是人文和社会科学方面的比较研究产生了深刻的影响，引发了在国际范围内开展各学科比较研究的要求。在这个时期，各学科比较研究成立了各种区域和国际性的科学研究组织，出版刊物，发表有关学术著作，组织会议，对比较研究的基础理论进行探讨。比较研究的对象和范围扩大了，各门比较研究逐步形成了适合自身内容特点的理论方法。同时，比较研究的领域不断扩大，比较文学、比较经济学、比较社会学等逐步形成。这一切使人们有理由认为，比较研究此时已成为一个范围广泛的专门的研究领域。

自然科学方面，继生物进化论之后，比较研究仍在发挥着作用。地质学家魏格纳在1912年偶然发现大西洋两岸海岸线十分相似，通过在地质学、古生物学、近代生物学、古气象学及大地测量等多方面对欧美两大陆的比较研究，发现二者本是连为一体的，这样就证实了他的地球大陆本是一个整体的假说。在海陆固定论关于地层只有垂直运动的基础上发现了水平运动，创立了大地漂移学说，导致了20世纪的地学革命。

社会科学方面，在传统比较研究继续发展的同时，有许多新兴的比较研究领域，如比较史学、比较宗教学、比较社会学等，比较经济学也开始形成和发展。1900年，各国法学家云集巴黎，召开了第一次国际比较法大会，正式确定了比较法在法学研究中的地位和作用。1933年，美国著名比较教育家康德尔在《比较教育学》一书中，探讨了比较教育学的定义、对象和方法，并用比较的方法描述了英国、德国、法国、意大利、美国、苏联等的教育制度。康德尔的工作表明比较教育学已成为专门的研究领域。

在新兴的比较研究中，比较文学的发展较为突出。不同的文学作品间的比较，远在启蒙运动时期就开始了。但是，作为一种自觉的研究方法，并成为独立的比较文学研究，却是19世纪末、20世纪初的事。比较语言学、比较神话学、比较民族学等研究是比较文学形成的外在影响，而文学史的发展和肯定民族性的浪漫主义的流行则是内在的动力。"比较文学"一词在19世纪初被采用，1886年波斯尼特《比较文学》一书的出版，正式标志着比较文学的形成。比较文学先在法国获得较大发展，研究着重于两种不同文学间相互影响的关系，探索他们之间的影响和流传的因果。法国比较文学家马·法·基亚在《比较文学》一书中指出，"比较文学就是国际文学的关系史，比较文学工作者站在语言和民族的边缘，注视着两种或多种文学之间在题材、思想、书籍或感情方面的彼此渗透"。根据这一特点，这种比较文学被称为"影响研究"，进一步派生出渊源学、媒介学、誉舆学等。这一学派重考据，追根溯源，逻辑性强，成为比较文学早期的主流并取得很大成果。1931 年，保罗·梵·第根在《比较文学论》一书中，全面总结了几十年来"影响研究"的发展并进一步指出比较文学在文学研究中的重要性，确立了比较文学的地位。

比较研究在成熟时期除了在广度和深度上得到发展外，另一个突出标志是开始出现整体的跨文化的比较研究——比较哲学和比较文化。人类的思想或哲学历来就是在各文化圈内部成长发展起来的。源于希腊和希伯来的西方哲学的形成就是最好的说明。阿拉伯哲学的形成亦可说与此相似。在东方，印度哲学思潮与中国哲学思潮也大致上获得了独立的发展。然而，到 19 世纪末，特别是 20 世纪初，世界各国、各民族以及各文化圈，尽管互相对立和抗争，但从总体来看，正在走向整体化。由此，在有宽容精神的知识分子中间，提出了有必要对过去各种哲学思潮进行客观的比较考察和批判，于是，比较哲学研究出现了。同时，随着研究范围的扩展，比较文化开始形成。比较文化研究是一个非常广泛的领域，包括人类各文化圈内各种意识形态和上层建筑的比较研究。它的出现标志着比较研究几乎涉及了社会科学和人文科学的所有领域。

在这个时期内，历史比较语言学的进步代表着比较研究另一方面的发展。19 世纪 70 年代，历史比较语言学临近一个转折点，这时，语言的历史演变规律得到进一步阐明，并确立了类推作用的原则。瑞士的索绪尔和他的学生——法国的梅耶是历史比较语言学集大成者。梅耶的讲稿《历史语言中的比较方法》是一部总结性的名著，采用历史比较研究方法，在语言学上获得很大成就，但也有种种局限性。过分偏重于语言的历史，即纵向的历时性研究而忽视同时性的研究，所以容易使研究者对每一语言的重要个性视而不见。索绪尔在历史比较语言学的基础上，通过进一步研究，发现了"同时语言学"的重要性。他认为每个时代的语言都有一定的规律，只有在一个社会中共同使用的同时性的语言才形成"结构"，才能表达语言的整体特征。索绪尔的这种思想，导致了现代语言学的第二个发展阶段——结构主义语言学的产生。索绪尔去世后，由他的两个学生根据听课笔记于 1916 年整理出版了《普通语言学教程》一书。结构主义语言学在历史比较研究和类型研究的基础上开始转向对语言整体特征和内在规律的研究。

4. 第四阶段：再发展时期 (20 世纪中期至今)

这一时期，比较研究在各方面不断得到充实和完善。从 20 世纪 60 年代起，开始了以电子计算机为标志的第三次工业技术革命——信息革命，知识爆炸，边缘交叉学科纷呈，横向科学发展，使得比较研究开始接受系统思想和数学方法，并广泛吸收自然科学、社会科学和人文科学中的先进手段。进入20世纪80年代，世界局势趋于缓和，多元的思想代替了以往世界大同的论调，转而承认世界上各文化圈独立发展的强烈个性，由此，比较研究由求大同而转向辨证的求同存异。除以上外在影响外，自身的发展要求使比较研究进入局部与整体、历时与共时、现象与本质的全面的发展完善时期。

1958年，美国比较文学家魏勒克在《比较文学的危机》一书中，指出影响研究的局限性，为比较文学在美国的发展呈现出崭新的局面，形成"平行研究"学派。这一学派着重研究不同文学之间相似与相异之处，重视可比性，主张比较的对象必须是同类的，或者把问题提到可比范围内来进行比较分析。这一学派又进一步发展为主题学、题材学、类型学、文体学和比较诗学等，他的目的是在宏观上认识总体文学乃至人类文化的基本规律。1960年艾金伯勒出版《比较文学中的危机》，它的功绩在于沟通了偏重于历史方法的影响研究和偏重于美学评价的平行研究，并开始把两者结合起来，使比较文学得以完善。20世纪70年代以来，比较文学沿上述方向进一步发展。到20世纪80年代，东西方之间，以及东方文化圈内各文学体系之间的比较文学研究成为热门。与此同时，哲学领域内的种种思潮，结构主义哲学、现象哲学等，以及其他学科，如心理学的精神分析、接受美学等对比较文学也产生了重要影响。

比较研究是随着人类对世界的认识和相互交往的加强而发展的。按照趋同论的观点，世界将走向大同，那么比较研究也必然走向终极并随之而消亡。然而，世界发展至今日，进入了求同存异的时期，各种文化、各个民族呈现出强烈的个性特征，出现了对比较研究的强烈要求，比较研究进入了最繁荣的时期。可以看出，随着人类对世界的认识和相互交往的加强，比较研究将获得更大的发展。

1.2.2　比较研究发展规律小结

通过以上对比较研究历史发展的描述，可以总结归纳出比较研究的历史发展规律及各发展时期的特征（图1.1）。另一方面，从研究的目的、对象和方法来看，比较研究经过了一个从低级向高级的发展过程。

最初的比较研究并无明确的目的，是人们对不同事物表面现象的经验描述，进而演化成以吸收和引进先进经验方法为目的的比较借鉴和因素分析，这是低级的比较研究。高级的比较研究是以科学研究为最终目的，是探索事物共同的普遍规律及其在不同的环境形势中的具体表现。比较研究的对象已不仅是事物的局部

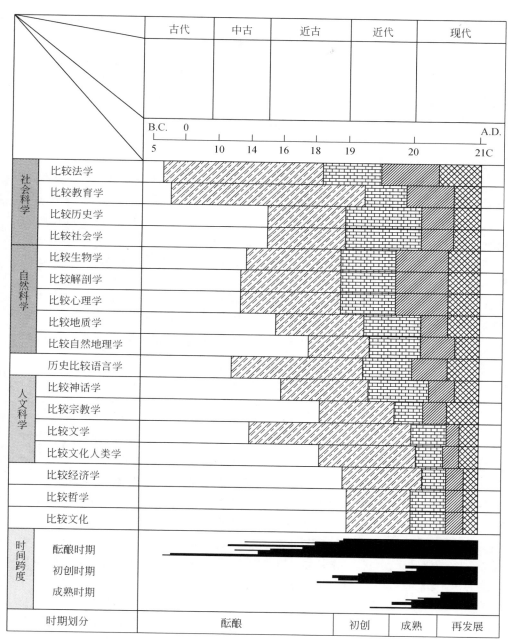

图 1.1　比较研究历史时期划分

的表面现象，而是同时注重局部与整体、现象与本质、纵向历时和横向同时的全面的、系统的比较研究。比较研究的方法，也不仅仅是以记叙和描述为主的经验方法，而发展到以历史考据和假说证实为主的实证主义的科学方法，并广泛吸收系统思想及自然科学、社会科学和人文科学的研究方法，具有"多学科方法"（interdisciplinary approach）的特征。同时，在比较研究的高级阶段，研究的目的也经过了一个从"求大同"到"求同存异"的演变。研究的对象也从局部的、单学科的比较研究发展到比较文化、比较哲学和比较思想等综合的、多学科的、跨文化的整体比较研究。

作为一个整体，比较研究领域内各学科比较研究的发展是不平衡的，产生的先后顺序不同，研究的侧重点各异，比较方法也各具特点，它们之间的相互影响、借鉴有效地促进了各自的发展和整个比较研究领域的完善。达尔文进化论的发现，使得比较生物学带动了一批学科比较研究的形成和发展。历史比较语言学几乎全部借用了比较生物学的理论和比较方法，取得了显著的成绩。同时，这种影响还表现在各学科比较研究成果的相互借鉴上。比较文学就是在历史比较语言学、比较神话学和比较民俗学等比较研究的基础上发展起来的。因此，作为新兴的比较城市规划研究，应在注重城市规划学科自身特点的基础上，广泛借助其他学科比较研究的理论和方法，只有这样才能使比较城市规划研究在短时期内取得较大的发展。

1.2.3 中国与西方

中国素以自我为中心，遂有"中原"、"中国"之称谓。比较研究习惯于在本国内作纵向的历史比较，而对西方的认识则经过了反复的过程。

在我国，传统的历史比较研究源远流长。早在春秋战国时期，各民族文化，如齐鲁文化、巴蜀文化、荆楚文化、燕赵文化相互影响交融，在文学上已开始进行比较筛选。同时，博古通今的治学之道，使得历史比较研究在史学和文学领域广泛开展。司马迁在《史记》中，以"究天人之际，通古今之变"为目的，驰古今，纵横比较。《隋书》史论中，不仅对文帝、炀帝时期的政治作了比较，而且进一步把隋朝与秦朝的历史作了比较。清代赵翼的《廿二史札记》，对不少历史人物、事件、史书等方面进行了比较研究。在文学批评方面，有杜甫对李白诗风的评价："清新庾开府，俊逸鲍参军"。这是杜甫将前人庾信与鲍参的诗风作了比较之后，又把他们与同代人李白的诗风作了比较的结果。另外，还有诗经与楚辞、李白与杜甫、唐宋诗文之间的比较研究，等等。

　　在中国人眼中,"西方"最早是指印度。直到鸦片战争,"西方"才成为西欧诸工业强国的总称。魏晋以来,佛教东传,印度思想文化输入我国。以后汉至唐宋,儒教、道教和佛教之间展开了激烈的论争,结果形成诸教共存的局面,而佛教也被中国文化所深深地同化。直到 1840 年鸦片战争,西方思想文化借助武力才第二次打开中国的大门。19 世纪末 20 世纪初,时至晚清,一些务实的国人开始留心中国与西方文化之异同,但昔日的文化优越感妨碍他们客观地对待研究对象,研究结论大体限于"东方尚道,西方尚艺"的框架,而倡导"中学为体,西学为用"。五四运动后,少数知识分子再创比较文化研究之局面,一则对传统文化进行反思,二则提出"民主与科学"的思想,东西方文化比较研究一时蔚然成风。

　　严复的《论世变之亟》一文,被视为中西比较文化研究的滥觞。在该文中,他对中西文化从哲学、政治、道德乃至民俗等各个方面作了广泛的对比。在比较文学方面,1904 年王国维发表的《红楼梦评论》中,将曹雪芹的《红楼梦》与歌德的《浮士德》对照,是我国第一篇运用比较方法研究文学作品的专论。1907 年,鲁迅的《摩罗诗力说》和《文化偏执论》,通过比较各民族文学发展的特点来研究文学的作用,并且谈及对比较研究的看法:"首在审己,亦必知人;比较既周,爱生自觉。"1919 年,茅盾相继写成《托尔斯泰与今日俄罗斯》和《俄国近代文学杂谈》等文章,首先比较了英、法、俄的文学。20 世纪 20 年代末、30 年代初,清华大学开设了"比较文学"和"文艺批评"两门课程,培养了王瑶、钱钟书等一批知名学者。20 世纪三四十年代显示比较文学实绩的是朱光潜的《文艺心理学》《诗论》和钱钟书的《谈艺录》。在比较法学方面,梁启超在戊戌变法的次年写了题为《论中国与欧洲国体异同》的文章,从远古家族时代开始,一直论述到他生活的当世。在比较教育学方面,20 世纪二三十年代也翻译出版了几本比较教育学著作,不过这些著作多半属于介绍西方教育情况和西方比较研究成果的性质。

　　综上所述,20 世纪二三十年代,比较研究在我国兴起并有了一定发展。遗憾的是,战乱将这一时期的学术发展扼杀在摇篮中。新中国成立后,由于外在敌对的世界形势和内在的盲目政治优越感,比较研究很长一段时期没能重新得到恢复发展。20 世纪 50 年代全面地引入苏联的思想、技术和方法,但没能进行深入的比较研究。到 1978 年,随着改革开放和"科学春天"的来临,比较研究在我国方得以重新开展。如何认识突然呈现在眼前的舶来文化和决定自己未来的发展方向成为比较研究的急迫课题。经过近 10 年的发展,到 20 世纪 80 年代中期,随着东西方文化比较的加强,开始出现全面的比较研究热潮,跨文化的比较研究成为主流。进入 21 世纪，中国已经发展成为世界第二大经济体，已经不是单纯地向西方发达国家学习，也开始对世界经济、政治、文化产生影响，这一时期，应该重新推动比较研究，对我们改革开放 30 余年的历程进行一个全面的总结。

第2章　比较城市规划研究基础理论

现代城市规划学科产生已过百年，但在理论研究上仍以归纳和演绎的经验方法为主；虽然采用了重视文献考据和观察的实证主义方法而成为科学，并且在20世纪60年代引入精确的数学方法，但仍未能获得突破。比较城市规划研究作为城市规划领域的实验方法，对于提高城市规划学科的科学性具有重要价值。

从历史和发展的眼光看，城市及其城市规划体系是在自身固有形态的基础上，按照一定规律，在与其他体系的交互作用下，成长起来的，经过对外来影响的同化和异化的新陈代谢过程，形成目前的形态。比较城市规划研究是以不同城市、城市规划体系，包括城市规划理论和方法之间的比较研究为基本内容，研究重点是比较各城市和城市规划体系原始形态的异同，探讨其相互的影响及目前各自的状况特征。比较城市规划研究的对象与内容几乎涉及城市规划学科的整个领域，而且，由于研究目的和方法上的不同更导致了类型的多样化。如何清晰、严密地进行分类是建立全面比较城市规划研究理论体系的重要问题。

从系统的、本质的、发展的和关联的角度出发，我们可以把全面的城市规划研究划分为三个互相渗透的研究领域，即总体城市规划研究、城市规划历史研究及比较城市规划研究。总体城市规划研究是关于城市规划领域中普遍现象的本质性和规律性的探讨；城市规划的历史研究主要是关于城市规划领域中具体现象发展过程的叙述和解释；而比较城市规划研究则是关于城市规划领域中各种具体现象的个别特征和相互影响的比较研究。三者的有机结合构成了全面的城市规划研究，同时也派生出一些交叉研究，如历史比较研究、类型学研究等。

2.1　基　本　概　念

比较城市规划研究，与传统比较研究领域中其他比较研究学科相比，是一个新的学科。自20世纪20年代出现具有实证意义的比较城市规划研究活动以来，已进行了大量的比较研究工作，但至今未形成完整的比较城市规划研究体系。总体来看，比较城市规划研究是零碎的，缺乏系统的理论和方法，也无从谈起知识的积累。因此，要进一步开展比较城市规划研究，首先要建立比较城市规划的理论体系和适用方法。

2.1.1　比较城市规划研究

比较城市规划研究是以探索城市发展的客观规律，认识不同国家和地区城市及其城市规划体系的个别特征及相互影响，以求更好地进行城市规划为目的的、以城市规划领域为对象的系统的比较研究。

从历史和发展的眼光看，城市及其城市规划体系是在自身原有形态的基础上，按照一定规律，在与其他体系的交互作用下，成长起来的，经过对外来影响的同化和异化的新陈代谢过程，形成目前的形态。比较城市规划研究是以不同城市、城市规划体系，包括城市规划理论和方法之间的比较研究为基本内容，研究重点是比较各城市和城市规划体系原始形态的异同，探讨其相互的影响及目前各自的状况特征，以期更好地规划建设城市。比较城市规划研究的对象与内容几乎涉及城市规划学科的整个领域，而且，由于研究目的和方法上的不同更导致了类型的多样化。

假借符号学的观点，"比较城市规划研究"是一个约定俗成的符号，以代表一个如此的研究领域。它与比较研究领域中其他学科的称谓，如比较文学、比较法等相匹配，同时又与"比较城市研究"和"比较城市规划体系研究"具有不同的外延与内涵。

从地域分布上看，城市与城市规划是依国家或地区而划分成不同体系的。比较城市规划研究即是以不同城市与城市规划体系之间的系统比较为基本内容。同时，城市规划学科包括众多的研究课题：城市的研究、城市规划原理、城市规划历史与理论、城市管理和立法、具体的规划设计方案等，这些都是比较城市规划研究的对象。"比较城市研究"和"比较城市规划体系研究"是这些研究中较主要的课题。

城市研究（urban studies）是关于城市问题的、涉及多学科的综合研究领域，包括大宗学科群组，其核心是城市社会学、城市经济学、城市地理学、城市规划学等学科。至于在城市研究这一庞大的领域内是否会出现综合的"比较城市研究"，目前还未见端倪，也许这有待于各学科比较研究的发展。

2.1.2　总体研究、历史研究与比较研究

比较城市规划研究不仅具有实用价值，对制定正确的城市规划有积极的指导

作用，而且具有重要的理论价值，它是整个城市规划学科内一个不可缺少的重要研究领域。

从系统的、本质的、发展的和关联的角度出发，我们可以把全面的城市规划研究划分为三个互相渗透的研究领域，即总体城市规划研究、城市规划历史研究及比较城市规划研究（图2.1）。总体城市规划研究是关于城市规划领域中普遍现象的本质性和规律性的探讨；城市规划的历史研究主要是关于城市规划领域中具体现象发展过程的叙述和解释；而比较城市规划研究则是关于城市规划领域中各种具体现象的个别特征和相互影响的比较研究。三者的有机结合构成了全面的城市规划研究，同时也派生出一些交叉研究，如历史比较研究、类型学研究等。目前，比较城市规划研究相对不发展，从城市规划学科自身完善的角度讲，急需努力发展并给予足够的重视。

2.1.3 科技整合与"科学实验"

科技整合（interdiscipline）是多学科的相互交叉与综合。比较城市规划研究具有很强的科技整合的特征。比较城市规划研究是关于城市规划领域中具体现象的个别特征和相互影响的比较研究，具体现象的个别特征是事物本质规律在具体的时空和社会、经济、政治等条件下的外在表象。要进行比较城市规划研究就必须综合历史、地理、社会、经济、政治等学科及其相应的比较研究，如比较社会学，比较经济学等。因此，比较城市规划研究具有很强的多学科相互交叉与综合的特征，对促进整个城市规划学科的科技整合具有积极的作用。

科学实验是科学研究中的重要手段。在一定经验观察的基础上，构造出假说，然后通过实验证实，上升为科学理论。这一方法在自然科学的发展史上取得很大成就，从伽利略到爱因斯坦莫不如此。但是，在社会科学研究中，研究对象是客观社会，不同于具有可实验性的自然现象，很难进行科学实验。而比较研究则可以通过对不同客体的比较研究来证明假说的普遍规律性，因此说比较研究是社会科学研究中的实验方法。比较教育学家杜韦尔瑞指出："比较研究在社会科学里起的作用，正像实验在物理学和生物学里所起的作用一样。而实验对社会现象的意义是十分有限的。"

总体城市规划研究是关于城市规划领域中普遍现象本质性和规律性的研究，总体城市规划研究与比较城市规划研究交叉融合，派生出"城市规划规律性比较研究"，通过对不同客体的比较研究，尤其是跨文化的比较研究，来证明假说的正确性和普遍规律性。所以说，比较城市规划研究是城市规划领域中的"科

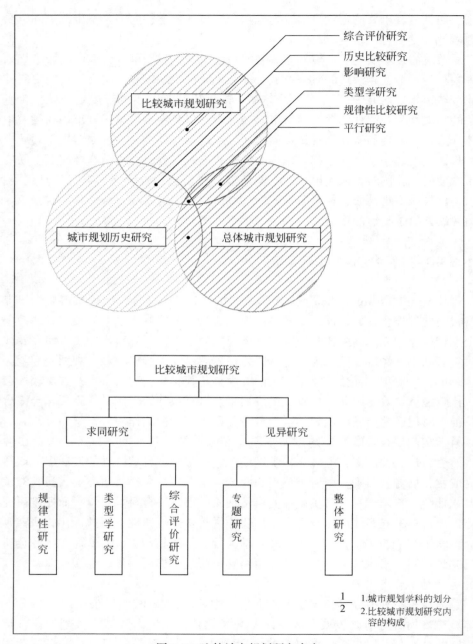

图 2.1　比较城市规划研究内容

学实验"方法。

现代城市规划学科产生已过百年，但在理论研究上仍以归纳和演绎的经验方法为主。虽然采用了重视文献考据和观察的实证主义方法而成为科学，并且在20 世纪 60 年代引入精确的数学方法，但仍未能获得突破。比较城市规划研究作为城市规划领域内的实验方法，对于提高城市规划学科的科学性具有重要价值，从这方面讲，同样应努力开展比较城市规划研究。

2.2　历史发展和现状

比较城市规划研究始于 20 世纪二三十年代。按照比较研究整体的时期划分，目前它正处于初创晚期，开始走向成熟。从比较城市规划研究自身的特征来看，它经过了一个从对城市意象的经验描述、城市规划方法的借鉴到比较研究的兴起和初具全面的比较城市规划研究雏形的发展过程。

2.2.1　城市意象的经验描述

城市意象的经验描述和城市规划方法的借鉴是比较城市规划研究酝酿时期的两个发展阶段。

城市远在公元前 3500 年左右就出现于底格里斯河与幼发拉底河两河流域的冲积平原地带。公元前 3100 年，尼罗河流域的古代城市出现。公元前 2500 年，印度河流域的古代城市出现。公元前 1500 年，黄河流域的古代城市出现在原始社会里。这些古代城市群落获得了相对独立的、平行的发展。人们最初关于域外城市的认识是随着人类的交流活动开始的，主要是通过旅行家、商人和使节的口头叙述或文字记载而获得。这些叙述和记载绝大部分是对城市外在形象直观的感受，也就是说，是对城市意象的经验描述，除此以外并无特殊的目的。

公元前 4 世纪，一位驻节在孔雀帝国的希腊使节对当时印度奴隶制国家最著名的首都——华氏城作了描述。华氏城是当时印度最大的城市，它长 19 公里，宽 3.5 公里，城的周围有条宽阔壕沟，护城墙有 54 个城门和 570 座城楼。当时执政皇帝护日王的孔雀宫激起了这个希腊人的由衷赞叹，他说即使是波斯大帝在苏萨的皇宫也不能与它相比。在与皇宫相连的花园里驯养着孔雀，有成荫的小树林和植树的牧场。我国著名僧人法显也访问过印度，并在华氏城住了 3 年。在他的文献中也有对华氏城的记载。他曾看到有两个大佛教寺院吸引着来自印度各地的学生，还有一所很不错的医院，每条大路上基本都有休息的场所。

13世纪意大利著名旅行家马可·波罗游历了中国及其他亚洲国家。比萨作家鲁思梯谦根据马可·波罗的叙述写成了一部影响很大的书——《马可·波罗游记》（又名《东方见闻录》），书中有大量有关城市的记载。在讲述北京、西安、开封、南京、镇江、扬州、苏州、杭州、福州、泉州等各地名城的繁荣时，常常提及城市的景象和风土人情。其中第二卷第十章"汗八里城附近宏伟华丽的宫殿"和第十一章"汗八里附近建筑的大都新城"对元大都城和皇宫园林的描写，第七十六章"雄伟壮丽的京师市"和第七十七章"再谈大城市杭州的其他详细情况"对杭州城及其市民生活的描写最为突出，栩栩如生，引人入胜。

对城市意象的经验描述当时为增进人们对城市的认识和相互交往作出了贡献。今天，这些文献则成为城市规划历史比较研究的史料。

城市意象的经验描述，作为人们认识城市的一种手段，一直延续下来，至今演变成为对外国城市规划进行考察的"国外城市规划"这一专门课题；但从科学研究水平看，仍属资料收集阶段，是比较城市规划研究的基础。

2.2.2　城市规划方法的借鉴

城市规划从有意识地安排建筑空间和物质环境这个意义上来说和城市一样古老。最初的城市规划活动在互相独立的古代城市群落中平行发展，随着城市交往活动的增加，新材料、新技术的相互交流和引进成为必然的结果，这种城市规划的借鉴促进了城市的发展，同时也提高了人们对城市的认识。

城市规划的借鉴很早就广泛开展，埃及的城市规划对希腊的城市建设已产生影响。但是，较全面的借鉴始于7世纪日本全面效仿中国隋唐的"大化改新"。公元6世纪开始建造的隋唐长安城，是我国封建盛期城市的代表，它对日本及东南亚国家古代城市规划产生了很大影响。公元694年，日本在飞鸟地方建立了第一个京城——滕原城，规划上完全效仿唐长安城。不久，又在奈良建造了平城京、平安京，仍然全盘借用了唐长安城的规划手法（图2.2）。

在近代，古典主义的广泛传播标志着城市规划方法上的借鉴已发展到世界水平。17世纪法国古典主义城市规划取得了很高成就，巴黎成为典范。1666年伦敦大火后，英国建筑师克里斯道·弗仑提出的重建伦敦规划已采用了当时在巴黎刚出现的规则道路系统、几何形的街坊和众多广场的古典主义手法。18世纪俄国彼得堡的改建和扩展规划也较全面地借用了法国古典主义的规划思想，城市具有多条放射路、轴线和众多的环形广场，中心宫殿位于突出位置，前面有大片的花园。古典主义城市规划在欧洲被广泛借鉴的同时，也传到了新大陆，以及亚

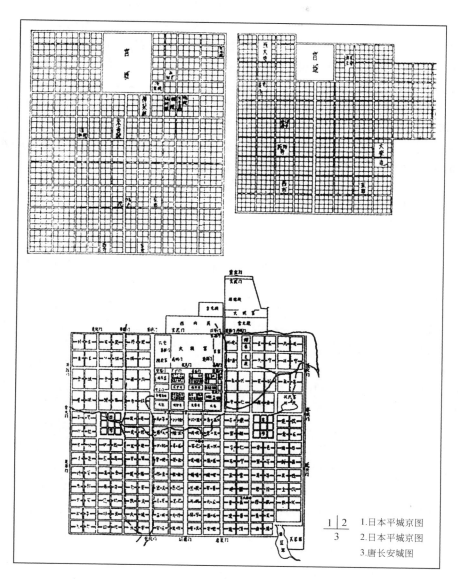

图 2.2　唐长安城的规划手法—时蔚然成风
资料来源：李德华，《城市规划原理》

洲。1791 年皮埃里·朗芳所作的华盛顿规划是古典主义城市规划的又一杰作（图 2.3）。至 19 世纪末，随着帝国主义的殖民侵略，古典主义城市规划也灌输到中国、印度等亚洲殖民国家的城市，如中国的大连和青岛（图 2.4）。

进入 20 世纪，现代城市规划思潮广泛传播，现代主义城市规划理论影响了一代城市的规划和建设。在世界将由于技术革命而走向大同的思潮驱使下，分散主义的卫星城和集中主义的城市规划遍及世界各地。从 20 世纪 70 年代后期开始，注重个性、传统和文化的思潮成为主流，对由新技术、新方法的全面引进所造成的对城市文化、传统及特色的冲击，以及不成功的城市规划，开始引起人们对这种广泛的城市规划思潮传播的反思。如何借鉴和发展适合自身特点和发展水平的城市规划理论和方法成为比较城市规划研究的急迫课题。

2.2.3 比较城市规划研究的兴起

19 世纪末 20 世纪初，现代城市规划理论开始出现。在现代城市规划学科形成和发展的过程中，比较城市规划逐步兴起，从开始出现到形成较全面、独立的研究领域经历了两个发展阶段。

20 世纪 20 年代，在总体城市规划中，开始出现规律性比较研究和历史比较研究的端倪，通过数个城市的比较分析来证实或归纳出城市的一些普遍本质和历史发展的规律。这时的城市规划研究同世界上的"一元"思潮相一致，注重城市共性的普遍规律和内在本质的研究，而相对注重不同城市规划体系具体特征及其相互影响的比较城市规划研究还未广泛开展。虽然有一些对不同国家或地区的城市及城市规划设计的历史叙述和对各自具体特征的描写总结，但都属于经验水平，还没有进行深入的分析和比较研究，仍处于科学研究的资料收集阶段。直到 20 世纪 70 年代中期，比较城市规划研究一直未有突破性发展。这一时期是比较城市规划研究附属于总体城市规划研究的实证性质的初级发展阶段。

时至 20 世纪 70 年代后期，世界紧张局势趋于缓和，"多元"思想开始替代世界将走向大同的论调，人们转向对各种不同的文化体系及价值观的研究。在城市规划领域内，几十年现代城市规划建设经验的反思同样使规划师认识到不同城市的文化、传统特征对城市规划的重要作用。而从 20 世纪 60 年代开始的多种城市交叉学科，如城市社会心理学、环境心理学、行为科学，以及城市文化人类学等的研究成果则深化了这一认识。同时，在国际范围内城市规划的广泛交流和在其他学科比较研究的影响下，全面的、跨文化的、注重各种城市规划具体现象的个别特征和相互影响的比较城市规划研究渐渐开始兴起。从 20 世纪 70 年代后期

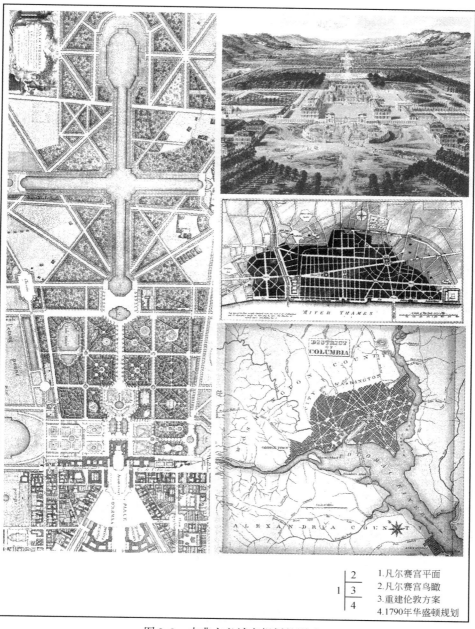

2	1.凡尔赛宫平面
1　3	2.凡尔赛宫鸟瞰
4	3.重建伦敦方案
	4.1790年华盛顿规划

图 2.3　古典主义城市规划的影响

资料来源：维基百科网

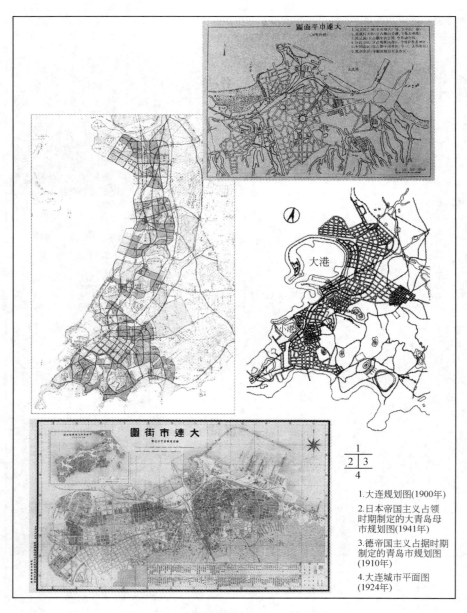

图 2.4　近现代城市规划思想对中国的侵入

资料来源：维基百科网

至今即构成了比较城市规划研究初创时期的第二个发展阶段。

在总体城市规划研究中，首先开始规律性比较研究和历史比较研究的首推刘易斯·孟福德，他对城市原理及历史的研究作出重大贡献，对创立现代城市规划理论的作用不容忽视。现代城市规划学科的形成和发展沿两条平行的线展开，一条是以霍华德的"田园城市"规划理论为代表的、继承了柏拉图《理想国》学说的乌托邦思想的发展；另一条就是孟福德继承亚里士多德《政治篇》中研究方法的对现实和历史的城市进行的城市形式与功能及其演变的历史理论研究。孟福德著作很多，较著名的有：《城市的文化》（*Culture of Cities*，1938）和《历史中的城市》（*The City in History*，1961）等。他治学态度严谨，所论述的城市都必须亲自实地考查、勘察和记录，否则他宁愿留作空白。这种方法是实证主义的科学方法，对城市规划理论的发展具有重要意义。但是，只限于个人经验和观察所得出的关于城市的普遍规律和本质的研究成果，就不可避免地带有局限性。孟福德也认识到这一点，他在《历史中的城市》一书的序言中写道："我的研究局限于西方文明，即使如此，我也还不得不再放弃一些重要的内容，即西班牙、拉丁美洲、巴勒斯坦、东欧、苏联等，这些缺失我感到很遗憾。但是，因为我的方法需要个人的经验和观察那些书本所无法替代的东西，所以如果能再活一次的话，一定把这项研究做好。"从这段话中可以看出，孟福德不仅注重实证主义的科学研究方法，而且也开始意识到比较研究的重要作用。如果我们把眼光扩大到"城市研究"（urban studies）这一更广阔的领域，就会发现，首先明确强调比较研究的重要作用并且开始实际的研究工作的是古典城市社会学家——德国人马克思·韦伯。他对他的同行滕尼斯、迪尔凯姆和齐美尔的理论进行了批评，指出那种仅建立在自己所熟悉的几个城市基础上的城市理论有偏颇之嫌。他认为，如果不对世界不同地方、不同历史时期的现实城市作一番详尽的考察，要创立一种普遍的城市模式，其结果必然是一个价值微乎其微的城市理论。1921 年韦伯发表了他的题为《城市》的著名论文论证他的观点，在文章中他考量了欧洲和中东历史上的城市，并将它们与他所知的印度和中国的历史城市加以比较，在此基础上，提出了"完全城市社区"的理论。事实证明，韦伯的这种看法对城市社会学的发展具有重要贡献，同时，对整个城市研究领域也产生深远影响。我们无法否认孟福德受到韦伯这种思想的影响。从孟福德开始，规律性比较研究和历史比较研究在城市规划理论研究中开展起来，并出现了对城市性质、功能、规模结构和形态等方面的分类和类型学研究。到 20 世纪 60 年代，随着系统论和数学方法的引进，也开始了对城市和城市规划方案定量的综合评价研究。

英美两国有着深厚的历史渊源，隔着大西洋遥遥相望。大英帝国曾是世界枭雄，现代城市规划就诞生于英国。空想社会主义者欧文为了实现他的理想，曾到美国进行"新和谐村"的实验，到美国的目的之一是能够买到便宜的土地。但是，经过两次世界大战后，美国成为世界超级大国，摩天楼迅速崛起，小汽车、花园洋房快速普及。面对此情此景，英国人心态复杂。丘吉尔积极推动欧洲联合会发展，希望欧洲能够形成一个与美国相媲美的统一的大国。1964 年，英国城乡规划协会（The Town and Country Planning Association）与美国大都市研究华盛顿中心（Washington Center for Metropolitan Studies）合作组织英美大都市规划研讨会，由迪奇雷基金会（The Ditchley Foundation）资助，两国 30 多位教授及中央和地方政府官员等参加了在英国召开的会议。1966 年出版了会议论文集《区域性城市：英美大都市规划的讨论》 （*The Regional City：An Anglo- American Disicussion of Metropolitan Planning*）。在该书的前言中，时任英国城乡规划协会主席的彼得·舍尔夫（Peter Self）讲道："我们认为进行英美大都市规划比较研究是有益的，因为我们讲相同的语言，有许多相同的传统。尽管国土规模差距大，但两个国家都高度城市化，英国超过 2/5、美国超过 1/3 的人口居住在大都市区，给大都市周边带来同样的巨大压力。当然，两国在规划措施上差别明显，英国采取了绿带、卫星城、控制工业区位等行政强制手段，而美国采用了更多经济手段。另外，美国现在更加繁荣、更机动，英国未来也会像美国一样，因此也会遇到美国同样的问题。所以，这种比较一定富有成果。"迪奇雷基金会哈德森（H. Hodson）会长讲道："从美国旅行后回来的英国人都会发现美国大都市的规划所面临的众多问题，市中心拥挤、内城大规模改造、高速公路横行、为低收入者修建的大规模街区，这些也可能就是未来英国大都市面临的问题，因此，美国的经验教训是我们的前车之鉴，而英国的经验，不管好坏，对美国的思想者和管理者来说也是有益的。"论文集共 7 章，从结构、战略、机制、区域研究、城市更新、新城建设、开发价值和控制、土地使用和交通等几个方面分别对比论述。这是我们目前看到比较早的、有组织的比较城市规划活动和著作。

1966 年，彼得·霍尔出版《世界大城市》一书，书中对世界上 400 万人口以上的 7 个大城市从物质形态和基础设施等多方面进行了比较研究，总结了各个大城市建设发展的经验和教训（图 2.5、图 2.6）。这些城市包括伦敦、巴黎、兰斯塔德、莱茵鲁尔、莫斯科、纽约、东京等，跨越了西欧、北欧、东欧、北美和亚洲，是跨越幅度比较大、视野开阔、非常成功的比较城市研究。

从 20 世纪 70 年代后期开始，跨文化的、注重各种城市规划现象具体特征和相互影响的比较城市规划研究逐渐形成较独立的研究领域。在理论研究方面，有英国牛津技术学院（Oxford Polytechnic）城市规划系米歇尔丁·布雷克尔教授在 1975

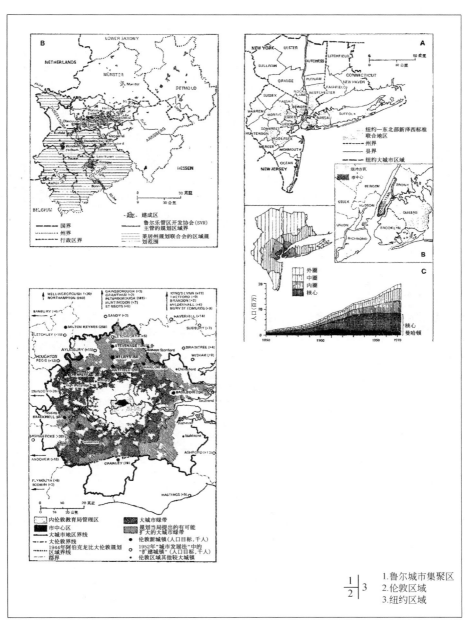

图 2.5　彼得·霍尔对七个世界大城市的比较研究（一）

资料来源：彼得·霍尔，《世界大城市》

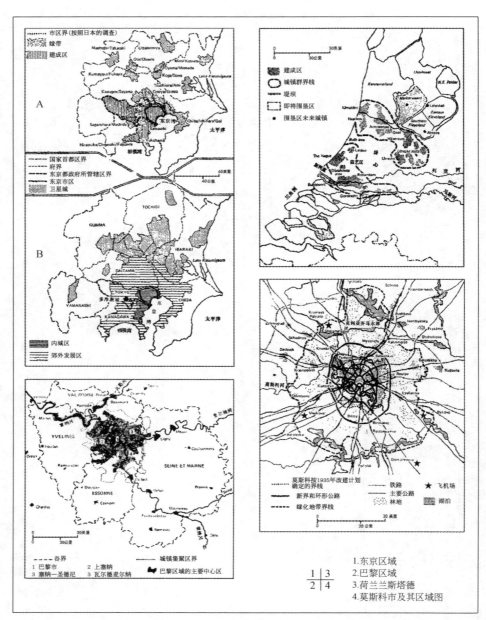

图 2.6 彼得·霍尔对七个世界大城市的比较研究（二）

资料来源：彼得·霍尔，《世界大城市》

年发表的《比较规划问题》（*Problems of Comparative Planning*）一书。曾在同一学院就职过的安德鲁斯·法鲁迪（Andreas Faludi）同年发表《比较城市规划研究》（*The Study of Comparative Planning*）会议论文，主要探讨比较城市规划理论上的可行性。彼得·霍尔于 1975 年出版《城市和区域规划》，书中第八章 "1945 年以来的西欧规划" 和第九章 "1945 年以来的美国规划"，对战后法国、联邦德国、意大利、荷兰、美国和英国等国的城市规划体系作了整体比较研究，由于篇幅限制，比较研究只是初步的，但奠定了进行城市规划体系研究的基础。英国交通规划专家 J. M. 汤姆逊在对世界上 30 个大城市交通问题进行调查研究的基础上，通过比较分类研究，于 1975 年出版了《城市布局与交通规划》一书，书中将 30 个大城市解决交通问题的方法归纳为 5 种战略，并分别加以详尽的描述。同时，在这一时期，有关城市规划的各种国际会议也促进了比较城市规划研究的发展。发达国家、发展中国家以及不同社会制度国家的规划师聚集在一起，广为交流。各个会议的论题成为比较研究很好的内容。例如，1984 年 4 月由美国麻省理工学院（MIT）在美国召开 "东亚建筑与规划研究" 的第一次年会，议题是 "东亚街市生活的变迁"。1985 年 9 月在日本大阪召开了第二次年会，议题是 "东亚城市中的水道"。这两次年会交流、比较了美国、日本、中国、韩国等国在城市设计中传统与现代化、继承与创新、环境与社会等方面的经验教训。1985 年 8 月在日本东京都三鹰市由联合国地域开发中心召开的 "亚洲大城市人类环境国际会议"，参会的有南美、北美、欧洲国家的代表，主要就亚洲特大城市内城的居住环境现状问题及其规划对策进行了广泛的讨论。而且，这些国际会议在会后出版的论文集也大大地丰富了比较城市规划研究的成果，如 1977 年 11 月由日本法政大学主办的第一次城市问题讨论会的论文集《东京·伦敦研究》，从社会、经济、住宅、交通等方面对东京和伦敦两城市进行了比较研究。1981 年法政大学又整理了另一次会议的论文，出版了《城市的复兴和城市美的再发现》一书，用比较研究的方式讨论了 "城市复兴和城市规划""现代技术和城市环境""城市美形成的历史条件和它的对策" 等三方面的问题。

1985 年，日本筑波建筑研究所渡边俊一出版《比较都市计划序说——英美土地利用规划》一书，尝试建立比较城市规划的框架。在这段时期里，世界银行、亚洲开发银行等机构也组织开展世界和亚洲城市化等方面的比较研究和国际会议。在发达国家的大学里，普遍开设了发展中国家城市规划研究、比较城市规划研究等课程。也出现了一种特殊的比较城市研究，即对不同城市生活质量的比较评价研究。美国《金钱》（*Money*）杂志自 1987 年起一直对美国 300 个城市地区的生活质量进行了比较评价（图 2.7）。英国哥达斯哥大学地理系的一个研究组也花了两年时间对英国 38 座大城市的优劣特征进行了评价（图 2.8）。

	Places	Crime	Housing	Health	Economy	Arts	Education	Transit	Weather	Leisure
1	Danbury,Conn.	75	6	78	54	96	47	25	33	78
2	Central New Jersey	45	5	74	47	94	67	44	38	76
3	Norwalk,Conn	40	3	78	54	95	47	34	42	78
4	Long Island,N.Y.	46	5	68	33	100	58	13	41	81
5	San Francisco	16	17	84	29	72	76	77	78	100
6	Nashua,N.H.	72	7	69	95	49	41	33	39	32
7	Los Angeles/Long Beach	12	18	54	28	100	69	47	94	100
8	Orange County,Calif.	22	14	55	46	86	64	33	94	90
9	Boston	20	6	80	36	90	82	73	40	63
10	Bergen/Passaic counties,N.J.	32	4	75	33	97	62	33	33	78

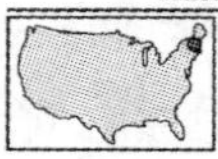

图 2.7　美国的宜居城市

资料来源：The Best Places to Live in America

30

Rankings of British cities, Index 1 and health service provision.

Where to live in Britain in 1988

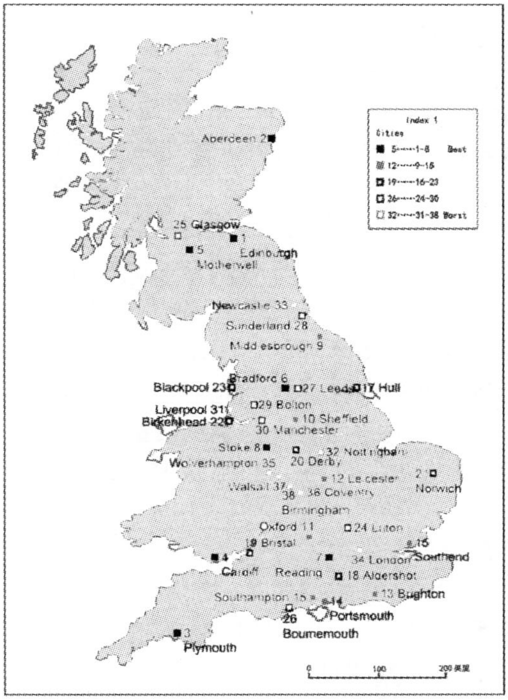

City	Index 1 (all)	Health Service Provision
Edinburgh	1	1
Aberdeen	2	5
Plymouth	3	28
Cardiff	4	4
Hamilton-Motherwell	5	6
Bradford	6	22
Reading	7	25
Stoke-on-trent	8	11
Middlesbrough	9	7
Sheffield	10	9
Oxford	11	16
Leicester	12	17
Brighton	13	34
Portsmouth	14	19
Southampton	15	33
Southend	15	24
Hull	17	20
Aldershot-Farnborough	18	38
Bristol	19	35
Derby	20	8
Norwich	21	15
Birkenhead-Wallasey	22	23
Blackpool	23	29
Luton	24	3
Glasgow	25	2
Bournemouth	26	30
Leeds	27	14
Sunderland	28	17
Bolton	29	26
Manchester	30	21
Liverpool	31	32
Nottingham	32	10
Newcastle	33	13
London	34	12
Wolverhampton	35	37
Coventry	36	36
Walsall	37	31
Birmingham	38	27

Table 1. The most important aspects of quality of life (in order of importance as shown by the opinion survey).

Features identified as Very important	Percentage respondents
Low rates of violent crime	78.2
Low rates of non-violent crime	76.9
Good health service	70.1
Low pollution levels	55.3
Low cost of living	54.8
Racial harmony	52.0
Good shopping facilities	49.4

图 2.8　1988 年英国 38 座大城市的宜居评价

资料来源：Findlay A et al. ，1989

进入 20 世纪 90 年代，随着欧盟一体化的发展，特别是随着欧盟内跨国空间规划活动的不断增加，需要对不同国家的规划概念有清楚和统一的认知。为了编制《欧洲空间发展展望》（*ESDP*：*European Spatial Development Perspective—Towards Balanced and Sustainable Development of the Territory of the European Union*），从 1991 年开始，欧盟 15 个成员国参与了"欧盟空间规划体系和政策概要"（The EU Compendium of Spatial Planning Systems and Policies）研究活动，对欧洲各国的城市和空间规划体系进行系统的比较研究。最后将研究成果按照总论和各国分册的形式予以出版。这是历史上第一次如此大规模、多个国家参与的有组织的城市规划体系比较研究活动。

1999 年，国际经济合作组织（OECD）在日本召开主题为空间规划（spatial planning）的国际会议，除欧洲国家外，美国、日本等美洲、亚洲和非洲国家也都参加，对各国的城市和空间规划体系进行了交流，会议后出版了论文集。

简要回顾比较城市规划研究兴起以来近百年的历史，我们看到，不论是个人的学术研究，还是有组织的研究活动，已经成为城市规划领域的重要组成部分。目前，比较城市规划研究已较广泛地开展，并且取得了相当好的成绩。

2.2.4　我国比较城市规划研究的现状

我国当代比较城市规划研究的兴起是以 1978 年改革开放为契机的。借鉴西方发达国家城市规划建设的成功经验，加快我国城市化进程，提高规划建设水平，同时，借鉴发达国家经历过的失败教训，避免走他们曾经走过的弯路，成为比较城市规划研究的主要目的和动力。甫一开始，即形成热潮。这时的研究大部分是对国外城市规划某一方面现象的介绍，缺少深入的分析和比较研究。例如，1980 年年初，北京市城市规划管理局科技情报组翻译并出版《城市规划译文集》，对国外新城镇等规划进行介绍。由清华大学主办的《世界建筑》也于 1980 年创刊，除介绍国外的建筑思潮和理论、建筑设计外，也介绍城市和城市设计的情况，是当时中国建筑规划界了解世界建筑和城市规划动态的主要窗口。1985 年，中国城市规划设计研究院主持创刊《国外城市规划》，成为我国城市规划界介绍国外城市规划理论、方法和实践经验的专业杂志。

20 世纪 80 年代中期，结合一些规划工作，开始进行了初期的专题比较研究工作，如北京"首都规划布局比较研究"中对国外国家首都规划的比较研究，清华大学赵大壮博士"北京奥林匹克建设规划研究"中对世界奥运会建设规划的历史比较研究，清华大学吴良镛主持的"北京海淀文教科技园规划研究"中对国外高技术科学园区比较研究等，这些工作为制定正确的政策和规划起到了很好的作用。但是，由于认识深度上的不足和缺少完整的理论方法，这些研究还是基于现象的比较研究。吴良镛高瞻远瞩，提出全面的比较研究之重要性，提议进行系统的比较城市规划研究。朱自煊亦在《城市规划》1986 年第 2 期上发表了《比较城市规划研究初探》一文，就比较城市规划的定义、必要性与可能性、内容与方法等方面进行了论述，并就世界主要国家的首都布局和轴线进行比较研究（图 2.11，图 2.12）。1989 年，我完成硕士论文《比较城市规划研究初探》，努力尝试建立比较城市规划研究的理论框架。

20 世纪 90 年代开始，比较城市规划研究进入高潮，这一方面是因为我国城市规划取得了长足的进步，急需理论的支持。另一方面，有一批在国外学习的留学生学有所成，开始广泛而且深入地对所在国家的城市规划体系进行研究和介绍，不限于城市规划的表象，而是集中在城市规划体系本身，涉及所在国家的政治、经济、社会等方面。唐子来、于立、郝娟对英国城市规划体系的系统研究和介绍，吴志强、吴唯佳对德国城市规划和空间规划体系的介绍，刘健、卓健、刘玉民对法国城市规划体系的介绍，张廷伟对美国城市规划体系的介绍，刘武君、谭纵波、吕斌对日本城市规划体系的介绍等。《国外城市规划》出版中国香港地区、日本、加拿大专刊。同时，也开始了不同国家间的比较研究，例如，高佩义1991 年出版《中外城市化比较研究》一书，唐子来、吴志强 1998 年发表题为《若干发达国家和地区城市规划体系评述》的文章，郝娟 1997 年出版《西欧城市规划理论与实践》一书，等等。

2000 年以来，在对国外城市规划体系系统的研究后，开始专题的比较研究。《国外城市规划》出版"城市规划核心法"专期，包括吴志强的《城市规划核心法的国际比较研究》，唐子来的《英国城市规划核心法的历史演进过程》，吴唯佳的《德国城市规划核心法的发展、框架与组织》，谭纵波的《日本的城市规划法规体系》和孙晖、梁江的《美国的城市规划法规体系》。于立 2003 年发表《国外城市规划体系改革引发的思考》，广州规划编研中心等单位 2004 年完成科研课题《法定规划层面的国外规划比较研究》，北京规划委课题组 2007 年完成科研课题《美国区划制度与我国控制性详细规划对比研究》。同时，新一代研究生的硕士学位论文，如北京建筑工程学院陈珑 2008 年的硕士学位论文《美国区划条例借鉴研究与北京控制性详细规划对比研究》，中山大学缪春胜 2009 年的硕士学位论文《英国城市规划体系改革研究及其借鉴》，都比较详细地对所研究国家的城市规划体系进行了更全面的研究，包括城市规划行政体系、规划编制体系、规划管理体系、规划法律体系，及其历史的演变过程。张庭伟 2007 年出版《中美城市建设和规划比较研究》专著，王郁 2009 年出版《国际视野下的城市规划管理制度：基于治理理论的比较研究》一书。周善东 2009 年出版《城市规划视角下的城市分析比较：建构比较城市学的基础框架》，试图建立比较城市研究的理论框架。

经过 30 多年的实践，比较城市规划研究在我国取得了丰硕的成果，而且正在逐步走向深入。但是，与此同时，我国的城市规划建设在许多方面还在走西方曾走过的不成功的老路，使我们不得不进行反思，这也正说明我们需要更系统的比较城市规划研究。

概括地讲，目前我国比较城市规划研究的主要任务是在深入认识城市建设发展规律和我国自身特征的基础上，厘清我国城市规划建设发展所应走的具有中国特色的城市化和城市规划建设的道路，及其所必需的城市规划理论、方法和相应的城市规划管理体制，提高规划方案的科学性、艺术性和适用性。要做到这一点，必须建立理性客观和完善的比较城市规划理论体系。

2.3 研究对象与内容

比较城市规划研究的对象与内容几乎涉及城市规划学科的整个领域，而且，由于研究目的和方法上的不同更导致了类型的多样化。如何清晰、严密地进行分类是建立全面比较城市规划研究理论体系的基础。

2.3.1 比较城市规划研究类型划分

借用比较文学中"主题学"的研究方法，抛开其他问题，着重比较城市规划研究中的各种主题进行比较归纳分析（表 2.1）。

表 2.1　比较城市规划研究类型分析

研究范围			研究对象
数量	时间	空间	
7 个	20 世纪 60 年代	世界大城市	城市和城市规划
30 个	20 世纪 70 年代	世界大城市	城市和城市规划
300 个	1988 年	美国的城市	生活质量
38 个	1987 年	英国城市	生活质量
（2 个）		东京与伦敦	城市和城市规划
（2 个）	古代	中国与西方	城市规划原型

通过分析发现，任何比较城市规划研究的主题都是由"范围"和"对象"两部分组成，但是，并不是任意两者的组合都是成立的。在"范围"与"对象"之间存在着一定的固定关系，即结构。对这种结构的分析是比较城市规划研究类型划分的基础。

由于比较城市规划研究的对象几乎包括城市规划所有领域，所以依对象来进行类型划分意义甚微。以"范围"为目标进行类型划分才更能反映比较城市规划研究的特性。"范围"由数量、时间、空间三个因素组成，依时间为标准，可划分为历时比较研究和共时比较研究两类；依空间为标准，可划分为国内比较研究和国际比较研究两类，相比之下，数量的限定更为明晰。

比较城市规划研究主体的数量可排列成一个从二开始的有界自然数列，随着数量的变化比较城市规划分为两类，它们在比较的对象、目的和方法上都有很大区别。由于不存在一个确定的数字作为分界线，我们借用模糊数学的思想，把这一自然数列用精确的模糊语言划分为"几个"与"多个"两部分。同时，根据两者各自的特点，把"多个"对象的比较研究定义为求同比较研究；把"几个"对象的比较研究定义为见异比较研究。

2.3.2 求同比较研究与见异比较研究

求同比较研究注重城市普遍本质和共同发展规律的比较研究，因此研究的对象需要有一定的数量，即只有通过对"多个"对象的抽象归纳检验证实，才具有普遍性的意义。所谓一定的数量需要根据研究的范围和对象的特征来确定。见异比较研究注重不同城市及其规划的特征，通过比较研究来加深对各自的认识。由于涉及城市社会、经济、文化等多方面的因素，研究难度加大。鉴于思维能力的限制和习惯的两两比较方法，见异比较研究的对象通常是两个或"几个"。

求同比较研究根据研究目的和方法的不同又可划分成以下三种基本类型。

1. 第一种类型：规律性比较研究

规律性比较研究是总体城市规划研究与比较城市规划研究的交叉领域，也是比较城市规划研究中开展时间最久的。它通过多个对象的比较分析，归纳或证实城市普遍本质和共同的发展规律。研究方法是一个"比较—归纳—证实"的过程。规律性比较研究应用起来十分灵活，根据研究的时间跨度不同，可进行探讨城市共同本质的共时比较研究，以及探讨城市发展客观规律的历时的历史比较研究。根据研究范围的不同，可进行探讨一国（地区）共同特征的一国（地区）

内的比较研究，以及探讨普遍规律的跨文化的比较研究，等等。

《城市规划汇刊》18期上张庭伟提出的"始显点理论"，即是通过城市经济发展水平的比较来研究城市形态、人口分布的情况。他提出大城市郊区化只有在国民收入达到每人2500美元时才开始出现"始"点，达到4000美元时才出现最为显著的"著"点。他用图表和曲线对世界上一些大城市进行了比较，证实了他的这种假说。这就是一个运用定量和验证假说方法的规律性比较研究的实例。

2. 第二种类型：类型学研究

类型学研究与规律性比较研究相似，是探讨城市的普遍本质和共同的发展规律，但是它的研究更加全面、系统、深入。在研究方法上，它不同于规律性比较研究的"比较-归纳"方法，而是采用"比较-分类"的方法。分类是加深对事物认识的一种有效方法，也是比较研究的基本目的之一，它是共性与个性的辩证统一，依照不同的共性标准，可以划分出不同的类型系统。类型学研究是在分类研究的基础上，再经过历史比较研究，来总结各种类型之间相互演变转化的客观发展规律。

赵大壮在博士学位论文《北京奥林匹克建设规划研究》上篇——国际奥林匹克建设经验总结中，对历届奥林匹克设施分布模式进行了分类研究，划分成场模式、单中心模式和多中心模式三种类型，并且通过历史比较研究，发现了从场模式向多中心模式发展演变的客观规律。这就是一种简明的规划布局的类型学研究，它为制定正确的北京奥林匹克建设规划起了重要作用。

3. 第三种类型：综合评价的研究

评价，即价值判断，是比较城市规划研究中一个重要的方面，它包括对城市现状的评价和对不同规划设计方案的评价两个内容。通过对城市的评价，可以认清城市的发展水平和存在的问题，为制订正确的发展规划打下基础。同时，对不同规划设计方案的评价择优是提高规划设计水平的重要手段。评价需要有统一的标准，综合评价即是将多种因素依重要性赋以权值，然后综合成同一标准的评价研究。20世纪60年代，随着科学方法的引进，综合评价研究获得很大发展。城市评价的统一标准通常是生活质量、环境质量、交通可达性和城市景观等方面，而城市规划设计方案评价的统一标准通常是社会、经济、环境效益三方面的综合，而以经济效益的考虑为多，这又形成了"成本-效益分析"和"门槛理论"等更深入的研究领域。

通过以上叙述可以看出，求同比较研究中的规律性研究、类型学研究和综合评价研究三方面各自具有不同的特点，对深化和完善城市科学具有重要意义。但是，它们共同的缺陷是忽略了对城市规划主体各自特征的深入研究。因此，如果单纯依靠求同比较研究，即使对城市发展的客观规律已经有一定的认识，也很难制定出符合不同城市特征的城市规划。

见异比较研究是探讨各种具体现象的不同特征的比较研究，它不仅研究各种外在表象之间的差别，通过比较来加深对各自特征的认识，而且深入研究不同城市及其社会、经济、环境及文化等因素相互作用，形成特定的城市外在表象的客观规律。

不同的城市及其城市规划体系最早是在各种文化圈中平行地发展起来的，随着人类相互的交往活动，不同城市规划体系开始交流、借鉴和影响，而且，随着经济全球化，这种影响在不断加深。要深入了解不同城市及其城市规划体系的特征就需要进行两方面的比较研究，我们借用比较文学的概念，把对不同城市及其城市规划体系本身所固有特征的比较研究称为"平行研究"，把它们之间相互交流、借鉴和影响的比较研究称为"影响研究"，我们强调两者的不可分性。

2.3.3 平行研究与影响研究

比较城市规划研究中的平行研究注重不同城市及城市规划体系各自特征的比较研究，"有比较才有鉴别"。城市及城市规划的特征是在自身固有本质特征的基础上，受其他城市及城市规划体系的影响，经过同化、被同化及异化而形成的具体特征的外在表象，可以说是历史发展的产物。平行研究抛开历史的因素，仅对不同的表象进行共时的比较研究，这样能够更全面系统地反映出不同城市及城市规划体系的整体特征。平行研究可进一步划分成对本质特征的原型研究和对外在表象的共时研究两部分。

影响研究探讨不同文化、不同国家间城市及城市规划体系的相互影响，可称为"城市及城市规划的国际关系史"研究。它首先要对不同城市及城市规划体系的相互影响的历史现象进行叙述和提供解释，而且要深入研究外来影响对城市及城市规划体系的同化、被同化或异化作用的过程和规律。影响研究可进一步划分为研究城市建设和规划思潮传播过程的传播研究和研究这种思潮对城市及城市规划体系产生影响的同化研究两部分。

平行研究和影响研究分别从共时和历时两方面对不同的城市及城市规划体系进行比较研究，两者的结合能从本质上全面地、发展地反映不同城市及城市规划体系的特征，并解释其形成的历史原因和发展的方向。因此，我们在进行见异的比较研究时，应同时进行共时的平行研究和历时的影响研究。

2.3.4 专题研究与整体研究

城市及城市规划体系是多因素、多层次的复杂系统，比较城市规划研究可以是某一层次、某种因素的专题比较研究，也可以是整个系统的整体比较研究。专题比较研究应用灵活，以简洁、清晰、易出成果为特点，是比较城市规划研究较活跃的研究领域，已取得许多成果。拉斯穆生在《城市和建筑》（*Towns and Buildings*）（1969 年）一书中，把北京北海与巴黎凡尔赛宫及其花园进行了比较研究，他不仅指出它们表象的不同，而且通过中国山水画与西方绘画的比较，指出中西方美学思想的不同，以此来解释北京北海与巴黎凡尔赛宫及其花园内在的本质区别（图 2.9）。

芦原义信在《外部空间设计》（1975 年）一书中，将古罗马和古代日本城市外部空间的某些方面作了比较研究。其一，他将诺力所绘的古罗马图与日本江户（今东京）的古版地图相比较，发现了两者在城市街道观念上的差异。其二，他将威尼斯的圣马可广场和日本东京的严岛神社境内（院子）加以分析比较，发现二者在空间构成上有着惊人的相似之处，都服从一些共同的外部空间设计的原则，同时又表现出各自明显的特征（图 2.10）。

当专题比较研究发展到一定程度时，随着人们对城市及城市规划体系中各因素及其相互关系认识的深入，即出现了对开展整体比较研究的要求，整体比较研究是不同文化、不同国家城市及城市规划体系之间的比较研究，通过这种研究可以发现共同的规律和各自整体的特征，对于提高城市规划学科的水平、制定更加科学的发展规划具有重要意义。同时，整体比较研究对专题比较研究具有指导作用，坚持整体比较研究，才能把握比较城市规划研究的发展方向。

彼得·霍尔在《城市和区域规划》（1975 年）一书第八章"1945 年以来的西欧规划"和第九章"1945 年以来的美国规划"中，对第二次世界大战后法国、联邦德国、意大利、荷兰、美国和英国等的城市规划体系作了整体比较研究，由于篇幅所限，比较研究只是初步的，但表达了进行整体比较研究的愿望。

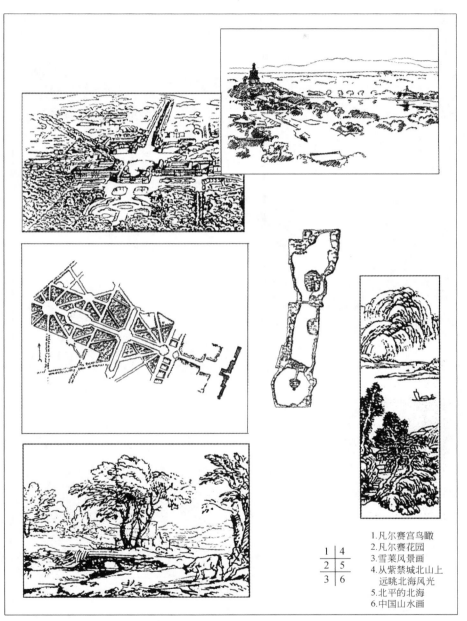

1.凡尔赛宫鸟瞰
2.凡尔赛花园
3.雪莱风景画
4.从紫禁城北山上
  远眺北海风光
5.北平的北海
6.中国山水画

1	4
2	5
3	6

图 2.9 北京北海与巴黎凡尔赛宫及其花园的比较
资料来源：拉斯穆森，《建筑和城市》

39

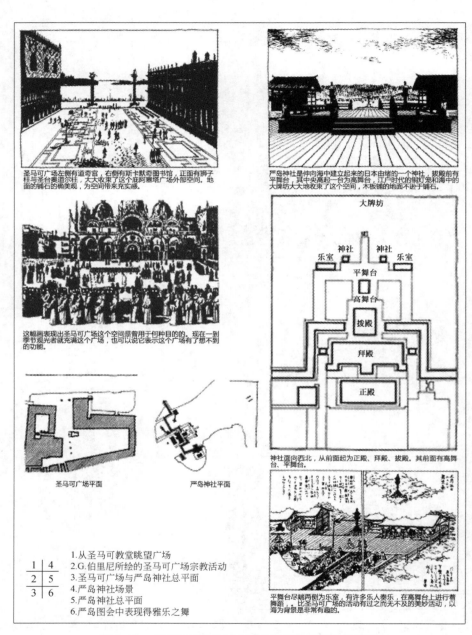

圣马可广场左侧有道奇宫，右侧有斯卡默奇图书馆，正面有狮子柱与圣台奥德尔庄，大大收束了这个庇阿塞塔广场外部空间。地面的铺石的俯美观，为空间带来充实感。

严岛神社是伸向海中建立起来的日本由绪的一个神社，拔殿前有平舞台，其中央高起一台为高舞台。江户时代的铜灯笼和海中的大牌坊大大收束了这个空间，木板铺的地面不逊有铺石。

这幅画表现出圣马可广场这个空间是曾用于何种目的的。现在一到季节观光者就充满这个广场，也可以说它表示这个广场有了想不到的功能。

圣马可广场平面　　　　严岛神社平面

神社面向西北，从前面起为正殿、拜殿、拔殿。其前面有高舞台、平舞台。

平舞台尽端两侧为乐室，有许多乐人奏乐，在高舞台上进行着舞蹈……比圣马可广场的活动有过之而无不及的美妙活动，以海为背景是非常有趣的。

1	4
2	5
3	6

1.从圣马可教堂眺望广场
2.G.伯里尼所绘的圣马可广场宗教活动
3.圣马可广场与严岛神社总平面
4.严岛神社场景
5.严岛神社总平面
6.严岛图会中表现得雅乐之舞

图 2.10　古罗马和古代日本城市外部空间的比较研究
资料来源：芦原义信，《外部空间设计》

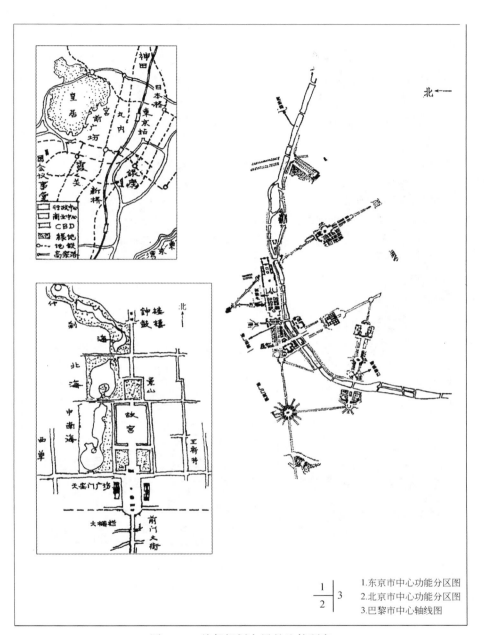

$\frac{1}{2} \bigg| 3$

1.东京市中心功能分区图
2.北京市中心功能分区图
3.巴黎市中心轴线图

图 2.11　首都规划布局的比较研究

资料来源：朱自煊，《比较城市规划初探》

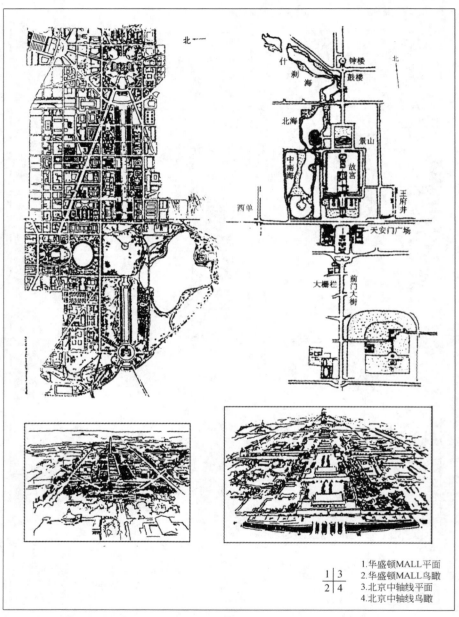

图 2.12 华盛顿 MALL 与北京中轴线的比较研究

资料来源：朱自煊，《比较城市规划初探》

2.4 研究方法和技术

方法在科学研究中具有重要意义。一方面，必须具备正确的思想方法；另一方面，还必须具备具体、精细的研究方法和技术手段。

2.4.1 历史的观点与辩证的观点

马克思主义哲学中历史唯物主义和辩证唯物主义的观点是我们进行比较城市规划研究的前提，具有方法论的意义。

历史的观点即发展的观点。城市是不断发展变化的客观实在，只有认清不同城市及其城市规划体系产生和发展的各种历史条件，才有可能真正从本质上把握它们各自的特征和发展变化的客观规律。否则，所谓比较就会停留在字句上、现象上，满足于外在的简单的类比，这种脱离具体历史条件的比较是没有多大价值的。同时，历史的观点还表现在同一概念、命题是历史地发展的，在不同的历史阶段有着不同的含义。如果脱离历史的发展来比较这些概念或命题，就不可能抓住它们具体的历史内容，当然也不可能作出符合实际的比较分析。

辩证唯物主义认为任何事物都包括对立统一的两个方面，这正是比较研究的理论基础。世界上不同国家或地区的城市及其城市规划体系在发展过程中既有由自然条件和历史条件等多种因素所造成的差异性，又有由人类历史发展的一般规律所决定的共同性。因此，进行比较城市规划研究要同时进行异中求同、同中求异的比较研究，这样才是全面的比较研究。

2.4.2 结构主义与现象学

结构主义（structuralism）哲学和现象学（phenomenology）哲学是当代西方哲学的两个重要流派。结构主义在承认历史研究的同时，更强调共同研究的重要性，认为共时研究才能够反映事物的整体，才能把握其内部的结构。现象学在承认科学研究是对事物本质的和抽象的研究的同时，更强调对事物外在现象研究的重要意义。结构主义和现象学对充实和完善比较城市规划研究的方法论具有特殊的意义。

结构主义哲学的产生得益于现代语言学的发展。现代语言学由历史比较语言学、结构主义语言学和类型转换语言学三个发展阶段组成。历史比较语言学发现了印欧语系发展演变的过程，开创了现代语言学，意义重大。但是，它只注重语言的历时性（diachrony）研究，而忽视同时性（synchrony）研究。瑞士语言学家索绪尔强调语言的同时性特征，他指出只有在一个社会中共同使用的同时性语言才具有"结构"，才可以系统化，由此，创立了结构主义语言学。结构主义语言学不仅对语言学的发展起了推动作用，而且更有意义的是促成了结构主义哲学的产生和广泛应用。学术界公认：索绪尔和雅各布森的语言学理论是结构主义的基石。

结构即事物内部各组成因素之间的关系。从 19 世纪末到 20 世纪中期，无论是在自然科学领域还是在人文科学领域，都展开了一场"结构主义革命"。从门捷列夫"化学元素周期表"的创立，直到染色体基因的内部结构——遗传密码的发现，人们越来越深刻地认识到，任何客观事物，都存在着复杂的层次结构。重点不在于各种因素，而在于结构，这就是结构主义哲学形成的契机。

结构主义表现出突出的"形式化"特点。不同系统的外表现象可以有其显著的个性，但寻根究底可以发现，其组合与聚类的形态规律——即一般的抽象形式（或关系）却有着惊人的相似性。例如，结构主义语言学家雅各布森认为，遗传密码和语言符号有惊人的相似性，这不是偶然的，而是人类祖先传递给后代的两大类基本的信息系统，即由细胞染色体传递的生物遗传密码和由神经–生理及社会–心理机制传递的语言能力。可见结构主义实际上是一种类似抽象逻辑模型的方法，它从形式关系的分析中更深刻地反映了自然现象和社会现象的本质。结构主义的出现促进了科学研究的发展，同样也施惠于比较研究领域，在比较文学、比较神话学等比较研究中都开展了结构主义的比较分析，并且取得了可观的成绩。法国学者乔治·杜梅吉尔通过对印欧语系各国神话、史诗、宗教的比较研究，发现几乎所有神话、史诗里都存在着一个代表了古代社会三大职能——统治、防卫、繁衍的三元（tripartie）结构模式。这一发现解开了古神话之谜，使得长期以来被认为纷纭杂乱、无章可循的古代神话变得清晰明了、经脉分明，而且从另一侧面证明了如今分布于从印度西经伊朗、土耳其至西欧、北欧这一条形的广大地带的各个印欧民族都有一个共同的文化起源，或是受到此种文明的强烈影响。这一三元结构模式更重要的意义在于它说明了人类在其幼年时期所创造的神话、史诗等虽然是粗糙的、朴素的，却绝不是一堆杂乱材料的任意堆砌或是一些事物的简单罗列，而是一个有思想、有体系、产生于某种共同意识的完整系统。结构主义人类家列维·施特劳斯称："杜梅吉尔发现了一座人类精神结构的丰碑。"正因为这一发现在神话学领域的划时代的意义，一些美国学者将杜梅吉尔以降的结构主义比较神话学称为"新比较神话学"。

同样，结构主义对比较城市规划研究亦有重要的指导意义。从 20 世纪开始，结构主义思潮在城市规划领域产生了影响，目前，"城市结构"已成为经常使用的术语，它是一个包括城市的社会结构、经济结构、物质形态结构等方面的多层次的结构体系。我们讲的城市结构一般单指城市的物质形态结构，而且现在的研究工作也多仅局限于城市的中心结构、居住结构和道路结构等方面的特征分类或经验演绎的研究，这是很不够的。结构主义比较城市规划研究的主体是不同的城市结构。这样使比较研究简明易行，而且我们的认识深入到城市的本质和内在的关系。根据结构主义的观点，结构是多层次的，同时具有整体性、转换性和自调性。因此，结构主义比较城市规划研究应该是整体的和发展的比较研究。进入 20 世纪 60 年代，系统论和数学研究中图论的发展，为结构主义比较研究提供了有力的手段。《图式语言》（*Pattern Language*）一书的作者克里斯托弗·亚历山大在《城市并非书形》（*A City is Not a Tree*, 1965）一文中，借用图论中树形（tree）和半网络（semi-lattice）的概念以及集合论的方法，对城市结构的整体特征进行了比较研究（图 2.13）。他认为一个有活力的城市应是、而且必须是半网络形结构，如同那些在漫长的岁月中或多或少地自然生长起来的"自然城市"（natural city）一样。而许多由规划师和设计师专心规划设计的"人造城市"（artificial city）基本上都是树形结构，这就从本质上注入了使城市不具有活力的因素。克里斯托弗·亚历山大通过对昌迪加尔、巴西利亚等 9 个城市的城市结构的比较分析，证实了他的观点。尽管他的研究不是尽善尽美的，但文章一发表立刻引起强烈反响。结构主义比较城市规划研究的重要作用由此可见一斑。

现象学哲学形成于 19 世纪末、20 世纪初，代表人物有德国哲学家胡塞尔、海德格尔和法国哲学家让·保罗·萨特。现象学是一种对意识的本质进行新的描述的哲学方法，简单地讲，就是研究"意识作用"，并且把世界作为意识作用的对象来解释。它研究主体（意识）与客体（意识对象）在每一经验层次上的交互关系。如果说过去的哲学是面向客体，探讨人如何认识世界，那么，现象学则倒过来，面向主体（意识），探讨世界如何被认识。在对世界的看法上，现象学认为世界存在于主体与客体的交接点，很难说这是唯物主义的观点。尽管具有主观唯心主义的内核，但是现象学哲学对我们的科学研究方法论具有重要的指导意义。以此为基础的现象学美学、宗教现象学、文学的现象学研究等领域已取得一定的成绩。在城市规划领域内，城市的现象学研究开展近 30 多年来，已展开了广阔前景，同时为探讨不同城市及其城市规划体系不同特征的见异比较城市规划研究开辟了一条通衢大道。

弗朗兹·卡夫卡说："毫无疑问，逻辑是不可动摇的，但是，它不能限制一

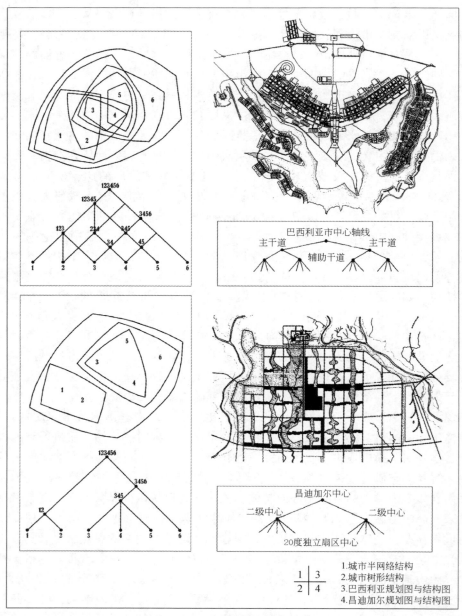

图 2.13　城市结构的比较研究
资料来源：克里斯托弗·亚历山大，《城市并非书形》

个要生活的人。"在城市规划领域，对城市形式和功能的研究一直是基于传统的哲学思想，面向城市客体，研究城市是什么，具有怎样的形式与功能等，这提高了我们对城市的认识，是逻辑的、科学的研究。但是，要创造一个人生活在其中的城市有机体，没有对人这一主体（意识）的研究，是完全不可能的，这正是现代城市规划设计屡屡失败的症结所在。

　　凯文·林奇于 1960 年出版了《城市的意象》（*The Image of The City*）一书，这部书的重要意义勿用赘言，他凭借多年来观摩诸城市的心得及通过对市民的访问所获得的经验材料，将美国波士顿、洛杉矶和新泽西城的"城市意象"进行了比较分析，把组成城市意象的元素归纳为通道（path）、边缘（edge）、地域（district）、节点（node）和地标（landmark）五大类，并且说明各个不同城市意象的自明性（identity）是由各种特征，如空间（space）、结构（structure）、连续性（continuity）、可见性（visibility）、穿透性（penetration）、主宰性（dominance）等的不同及其组合的差异而产生的。凯文·林奇的研究被认为是城市环境心理学的范畴，但是，"意象"的概念和他的研究方法是现象学的，是面对主体（意识）的。因此，我们称凯文·林奇的研究是城市现象学的比较研究，也许他本人并没完全认识到这一点（图 2.14）。

　　首先明确提出以现象学哲学为基础的、在城市规划领域内的研究工作是由著名建筑理论家和历史学家诺伯格·舒尔兹完成的。长期以来，诺伯格·舒尔兹潜心于建筑的心理（psychic）方面胜于物质（physical）方面，这体现在他的一系列著作中，如《建筑的目的》（*Intentions in Architecture*）（1963 年）、《存在、空间和建筑》（*Existence, Space and Architecture*）（1971 年）、《西方建筑的意义》（*Meaning in Western Architecture*）（1975 年）等。但是，由于对这一研究的认识没上升到哲学的高度，因此研究方法上依然是从自然科学借鉴来的科学方法。1979 年诺伯格·舒尔兹出版了一本新书《场所精神—走向建筑现象学》（*GENIUS LOCI—Towards a Phenomenology of Architecture*），明确提出了现象学研究的必要，并进行了实际的研究工作。他在序言中写道："我不认为这种方法（自然科学研究方法）是错误的，但是，今天我发现了其他更加明确的方法（现象学方法）……海德格尔的现象学哲学是这本书得以完成并确定其研究方法的催化剂（catalyst）。"他接着写道："在几十年的抽象的科学的理论之后，我们急切需要返回建筑的定性的、现象的理解。只要缺少这种认识，我们就无法很好地解决实际问题。"由此可见，现象学的研究具有重要的意义。

　　"场所"（place）不仅是抽象的位置，而是由具有物质、形状、纹理和颜色的具体事物组成的整体，这些事物共同决定了"环境性格"（environmental

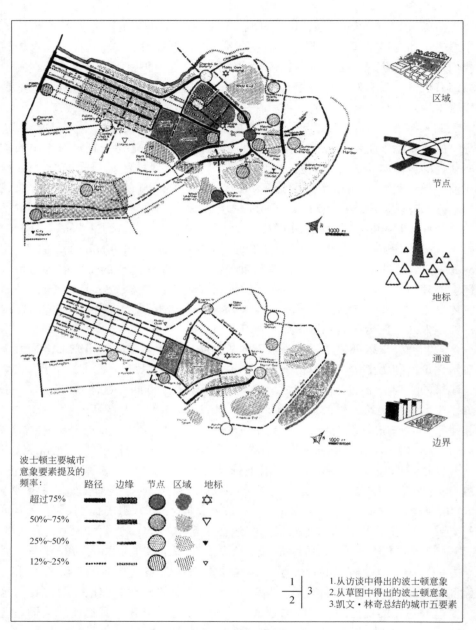

图 2.14　城市意象的研究

资料来源：凯文·林奇，《城市的意象》

character)，这是场所的本质。一般来讲，场所正是由这样一种性格或"氛围"（atmosphere）确定的。因此，场所的研究不能局限于单栋孤立的建筑，而要对一组建筑、一个地区、一座城市进行整体的现象学研究。《场所精神》一书的第四到第六部分中，诺伯格从意象（image）、空间（space）、性格（character）和场所精神（genius loci）四个方面，分别对布拉格、喀土穆（Khartoum，苏丹首都）和罗马三座城市进行了现象学的研究，图文并茂，非常生动、出色。三座不同城市相比较，更是相映生辉，展示了它们各自的强烈个性和勃勃生机。诺伯格是不同文化、不同国家或地区间的城市与城市规划体系的现象学比较研究的楷模。

2.4.3 阶段方法与验证假说方法

按照比较城市规划研究的程序不同，可将研究方法划分为"阶段方法"和"验证假说方法"两种类型。比较研究是由观察、分析、整理和比较多阶段组成的研究过程，按照一般的程序进行比较研究，即是所谓的"阶段方法"，这种方法在实际研究中是最常使用的方法，尤其是在见异比较研究中更为普遍。它一般包括叙述、解释、并列和比较四个阶段。叙述阶段主要包括两方面的任务。一是比较研究主题的确定，包括研究的主体及其范围；二是比较研究资料的搜集和整理。解释阶段是在各种因素分析的基础上，对比较研究的对象提供解释。不同的对象是在各自因素的影响下产生和发展的，概括起来，这些影响因素包括几个共同的内容，自然的、历史的、政治的、经济的、文化传统的、宗教哲学的、外国影响的等。因素分析与其说是回答"怎样形成"问题，倒不如说是回答"为什么是这样形成"的问题。通过因素分析，才可能对不同的比较研究对象有全面、深入和具体的认识，比较研究才可能进行。因素分析具有全面客观的优点，但要做到这一点，则需要渊博的知识和复杂的研究工作，这在实际工作中很难做到，因此应该抓住重点，有所侧重。

严格地讲，叙述阶段和解释阶段是比较研究的准备阶段，比较研究从并列阶段才正式开始。顾名思义，并列阶段即是要把比较研究的不同对象并列起来，根据可比性原则，在不同比较对象共同构成的基础上建立比较框架，把比较研究的资料分门别类置于其中，使得比较成为可能。比较阶段依照比较框架，从各个方面进行比较研究，探索不同的特征，总结共同的客观规律，建立新的类型，进行比较评价，完成比较城市规划研究的最终任务。

阶段方法能够进一步加深对比较研究过程和程序的理解；但是，这种方法仍属于原始的经验归纳方法，有不可避免的局限性。

验证假说方法比阶段方法前进了一步。构造假说是科学研究的重要手段，通过一定事物的观察和研究，应用创造性思维，发挥灵感、直觉和想象，构造出假说，然后通过实验方法，获得证实，上升为科学理论。比较城市规划研究是城市规划领域内的实验方法，验证假说方法因此在比较城市规划研究中有重要地位，在规律性比较研究或定量比较研究方面尤为突出。

验证假说方法可分成五个阶段：构造假说和确定指标、选择例证和资料的搜集与整理、解释和因素分析、并列、比较和验证假说。可以看出，这与阶段方法有许多共同之处，也有较大的差异。对假说的证实需要确定能反映这一假说特征的、易于比较和证实的概论或指标，这是研究的前提；要选择有代表性的比较对象，这样证实才有说服力。比较对象要具有普遍性，但又不能过多而无法比较。这是验证假说方法要倍加注意的两个方面。

在实际的比较研究中，比较研究方法是非常灵活的，并无僵死的划分，经常与其他方法交叠使用，我们应承认现实的合理性，而不能教条地为比较研究而比较研究。

综上所述，比较城市规划研究方法首先需要哲学方法的指导，需要广泛引进逻辑方法、系统方法和数学方法等横向科学方法，需要努力借鉴社会学、生态学、人类学等学科的观点和方法，同时，强调自我研究方法的特殊性。注重理论和实际的双重价值，不仅能够提高城市规划学科的理论方法，而且能为一般的规划和决策人员服务。

2.4.4 研究资料：构成、收集和整理

比较城市规划研究除具备正确的方法论和具体、精细的方法外，还必须有有效的技术手段作保证。比较城市规划研究是建立在大量的信息资料的基础上，在获取和整理这些信息资料的过程中，可采用多种技术手段。采用何种技术，主要取决于研究人员要解决什么问题，每一种技术都有其长处和不足。在我国，由于目前信息产业尚不发达，以及一些人为造成的因素，要获取有关城市的资料成为一项艰巨的工作。既要改善这一状况，同时也应注意在搜集资料时应有针对性，不可盲目贪多，应采取"宁缺毋滥"的原则。

比较城市规划研究的信息资料以获取手段的不同来分，可划分为原始资料和间接资料两类；从资料本身的类型来分，可划分为文字资料、数学统计资料和图像资料三类。原始资料即第一手资料，包括规划文件、政府报告、会议记录、现

场调查等。间接资料即第二手资料，包括有关的论文、专著等，这些资料包括了作者的个人见解，在使用时应采用审慎的态度。图像资料在城市规划领域中具有非常重要的作用，必不可少。城市规划图集、城市遥感相片、城市景观的绘画和相片，以及电影和录像等都是非常丰富的信息资料载体。根据计算机图形学的研究结果，一般的图像是相同面积文字所载信息量的四倍，而且，图像所表示的一些信息是文字很难表达出来的。图像是共时的，使人一目了然；而文字是历时的，需要阅读的过程，因此，图像比文字更能反映整体特征，更具有直观性。所以，在比较城市规划研究中，应积极地搜集、整理和使用图像资料。

常用的资料搜集和整理技术很多，如参与观察、查阅文献资料、统计分析和调查分析等。具体采用何种技术要视需要而定，对于那些相当复杂的问题最好综合使用多种技术。统计分析是一种重要的技术，包括经济统计、人口统计等方面，其中人口统计分析发展已较成熟，人口普查已成为可靠的资料来源，通过人口统计学分析可了解城市人口的一般特征，如年龄、性别构成、出生率、死亡率、就业状况和人口流动状况等。调查分析包括问卷法和访问谈话法等，用访问谈话法可直接登门造访或通过电话采访，较为灵活，但这需要调查人经过良好的训练。问卷法则受到问卷题目的限制，因此在样本的选择、题目的制订上要特别用心。

计算机的广泛应用为比较城市规划研究的资料搜集与整理提供了强有力的手段，我们在实际工作中应努力使用这一工具，建立完整的城市地理信息系统（GIS），为全面系统的比较城市规划研究创造条件。

第3章 类型学研究

类型学（typology），本是考古学中一种有效的研究方法，在考古学中取得很大成绩，其后，被广泛应用到比较文学、比较心理学、历史比较语言学等其他学科的研究中，而成为一种普遍的研究内容。类型学研究的重要意义在于它不仅对事物进行静止的、孤立的分类，且是在分类的基础上，从时间和空间的角度对事物不同类型之间的发展规律和相互关系作进一步的研究。

比较城市规划中类型学的研究重点在于对城市类型的研究、城市形态及其发展运动规律的分类研究，以及城市规划设计理论、城市规划体系的分类研究。城市类型、城市规划设计理论、城市规划体系的分类研究相对明确，也取得许多成果。而城市形态的分类及其发展规律的研究难度比较大，与建筑类型学密不可分，形成了专门的城市形态学研究领域。

城市形态学是对城市形式的研究，不同的城市中的基本要素，包括建筑、空间及其组织模式，组成城市形态的结构和类型。各种不同的建筑类型对城市空间、结构组织的构成具有主要影响。与建筑类型学讨论历时变迁中建筑实体与空间形式的规律性相呼应，城市形态学研究各种建筑类型在特定社会文化和空间环境，尤其是城市中的共时空间关系。因此，城市形态学和建筑类型学研究是不可分的，它们建立了建筑与城市、类型与形态、历时与共时的辩证关系。同时，城市形态学和建筑类型学也是一种与功能主义相区别的建筑设计和城市规划设计的新观念，是对现代主义运动的反思，它们既保持了城市文化与传统的连续性，也提供了创新和变化的可能。

3.1 基 本 概 念

3.1.1 分类与类型学

分类（classification）是通过比较事物的共同点或差异点，把事物划分为不同种类的逻辑方法。"类"就是具有某些共同特征的事物的集合。分类是比较研究的目的之一，比较是分类的基础。

任何事物都是共性与个性的辩证统一，这种共性与个性就是分类的根据。分类是分与合的统一。万物所众，但均有共有别，推而共之，可以类上归类；推而别之，可以类下分类。分类就是根据这些共性与个性，把对象划分成具有不同等级的类型系统。

分类具有十分重要的意义。首先，分类是整理经验材料的基本方法，它能帮助研究人员加工、整理资料与事实，储存各种数据，并把它们条理化、系统化，从而提供一种便利的检索手段，同时也为进行分门别类的深入研究创造了条件。其次，分类是科学研究的必要步骤。科学的进步是同分类系统的不断完善相呼应的。从某种意义上讲，每门科学的真正发展都是以分类作为起步阶段的，而后随着知识的积累，分类系统也得到不断完善。最后，分类是揭示事物历史发展规律的必要条件。通过分类研究，可以发现不同发展阶段事物类型的变化，同时，由于科学的分类反映了事物的本质特征和内部的规律性，因而具有科学预见性。

类型学（typology），又称"标型学"，本是考古学中一种有效的研究方法。将同一门类的遗物，根据它们的形态特征，通过比较，进行分类，以研究这一门类中不同遗物之间的历时的发展序列和共时的相互关系，揭示其内在的规律性。类型学的研究在考古学中取得很大成绩，其后，被广泛借用到其他学科的研究中，而成为一种普遍的研究内容，如比较文学中的类型学研究、心理类型学、语言学类型学以及生物进化的类型学研究和神话学中的"仪式说"等。不同学科对类型学有不同的定义和内涵。

比较文学中的类型学研究起源于 19 世纪末。1890 年，德国学者威茨在其《从比较文学观点看莎士比亚》一文中首次提出比较文学中的类型学研究，他指出，比较文学应该通过对类型现象之间的相互比较，深入每一种个别现象的内在的本质特征，并发现造成"类似和差异"的规律。法国比较文学大师梵·第根认为"总体文学"的研究领域不但包括国际影响，还包括一些更广泛的思想、情感或艺术的潮流，一种艺术或风格的共有形式。比较文学研究美国学派倡导的平行研究即包含类型学研究的内容。比较文学类型学在原苏联取得较大发展，它把文学现象作为社会现实、历史和民族形式全部特殊性的反映，一般称为历史类型学。俄国比较文学之父、"历史诗学"奠基人亚历山大·维谢洛夫斯基一生致力于建立科学的总体文学史的学术思想，这种历史诗学理论对日后以日尔蒙斯基、康拉德、赫拉普钦科等为代表，独树一帜的原苏联比较文学历史类型学产生了深远的影响。1994 年出版的八卷本《世界文学史》是原苏联比较文学历史类型学研究的结晶。

　　比较文学类型学主要是研究文学现象中的共同性，这种共同性不受文化、语言、国度、时代的限制。在比较文学中，"类型学"中的"类型"是特定的概念，特定的研究领域，指的是时空不一的文学现象在诗学品格上的类似、相近和相合，是世界文学进程中那些彼此之间并无直接历史接触的、或这些接触不构成直接动因的不同民族、不同国度、不同文化圈里，在不同时代以不同的文学语言从事文学创作而产生的文学现象，基于艺术认识、艺术思维、艺术品质上的相通而呈现出的共同的诗学品质。这种诗学品质往往表现在文学的流派、题材、主题、风格等多种方面的相似性上。这些共同的诗学特征是文学的历史过程中客观存在的，在美学上是富有价值的，并由于其内在的联系而构成了一定的体系。之所以形成类型，一方面，一定的文学类型与一定的社会历史进程相联系。按人类历史进步的规律，世界上所有民族大致都要经历相同或相似的阶段，便形成了一定的文学类型，这是文学类型形成的主要原因和主要方式。另一方面，文学类型之间的相互影响也是文学类型形成的重要方式之一。在类型学看来，影响总是有某种机缘的，而不是偶然的。在这一前提下，类型学研究者认为，相同的或相似的文学现象之间更容易发生影响，这种影响被称为"汇流"。

　　类型学研究在比较文学中有广阔的前景，它促进比较文学进一步开阔视野，包括不同的文化圈、不同的民族、国度、不同的时代，可以涵盖一切在未曾有直接接触和相互影响条件下产生的类似的文学现象的比较研究的可能。同时，它显示出对"可比性"的深切关注，坚持其研究对象要具有共同的综合性的诗学特征，不是简单的只有一两个类似，并且这些诗学特征在文学史上是客观存在的，它们有着内在的联系并可构成一定的诗学体系。类型学研究还有助于明确比较文学的原旨——追求共同的诗学特征，即文学现象的内在底蕴，这也有助于我们进一步理解比较文学的原旨。

　　心理类型理论首次出现是在 1913 年，著名心理学家荣格提出个性的两种态度类型：内倾和外倾。1921 年荣格出版他的代表作《心理类型学》一书，较全面地展现了其深刻而独特的思想，是荣格思想的集中表现。全书共分为两大部分，第一章至第九章主要从世界思想史的角度，从个体心理出发，勾勒出两种心理类型——内倾和外倾，四种心理功能——思维、情感、感觉和直觉的历史演变。在这样一种巨大的历史勾勒中，他运用了哲学、美学、文学、文化学、精神病学、神学和宗教等。他把自成体系的无意识、非理性、象征、幻想、原欲、价值这些概念引进了这些领域，使他几乎在每一专门领域都有着独创性的论述，使每一领域都闪耀着他睿智的光辉。在这种近乎囊括一切的论述中，荣格使自己的思想得到了充分的发挥，从而留下了一部极为独特的人类精神发展史。全书最后两章为第二大部分，是荣格思想系统的逻辑展示，是对第一大部分的全面理论总结。前一章为类型学总结，后一章则对他思想中的主要概念作了界定和阐述。这两大部分分别从史的线索和逻辑线索，纵横交错而从整体上展示出荣格的类型学观念。

荣格把人的态度分为内倾和外倾两种类型。内倾型人的心理能量指向内部，易产生内心体验和幻想，这种人远离外部世界，对事物的本质和活动的结果感兴趣。外倾型人的心理能量指向外部，易倾向客观事物，这种人喜欢社交、对外部世界的各种具体事物感兴趣。另外，荣格认为有四种功能类型，即思维、情感、感觉和直觉。感觉是用感官觉察事物是否存在；情感是对事物的好恶倾向；思维是对事物是什么作出判断和推理；直觉是对事物的变化发展的预感，无需解释和推论。荣格认为人们的思维和情感需要理性判断，所以它们属于理性功能；而感觉和直觉没有运用理性判断，所以它们属于非理性功能。荣格把两种态度和四种机能类型组合起来，构成了八种心理类型：外倾思维型、内倾思维型、外倾情感型、内倾情感型、外倾感觉型、内倾感觉型、外倾直觉型、内倾直觉型。荣格划分的这八种类型是极端情况，实际上个体的性格往往是某种性格类型占优势，还有另外一种或两种性格类型居于辅助位置。

美国心理学家布里格斯和迈尔斯母女在荣格的两种态度类型和四种功能类型的基础上，又增加了判断和知觉两种类型，由此组成了个性的四维八极特征，它们彼此结合就构成了 16 种个性类型。经过 20 多年的研究后，编制成《迈尔斯–布里格斯类型指标》，从而把荣格的类型理论付诸实践。继而，迈尔斯又在荣格的优势功能和劣势功能、主导功能和从属功能等概念的基础上，进一步提出功能等级等概念和类型的终生发展理论，对心理类型理论作出了新的发展。迈尔斯认为类型的发展是一个终生过程，虽然在两个功能维度上对等的发展所有的功能是不适合的；但是，在不同的时期发展不同的功能是可以的。结合心理类型理论的动力学机制就可以看到，随着个体发现他们最适合的偏好，他们将首先发展其支配性功能，继而，个体在成长过程中逐步开始发展辅助性功能。青年期是个体对其偏好的明确和发展的时期，而在生命的中后期个体开始发展其早期被压抑和忽视了的偏好，即剩下的第三和第四功能。心理类型理论认为，个体在出生时就带有先天性的气质和功能上的偏好，这种先天的性质就是形成类型的原因；但来自家庭、社会等外在环境的影响非常重要。迈尔斯说："这是因为环境因素既可以促进个体的先天偏好的理想发展，也可以通过在行为和动机上的消极强化而造成个体先天偏好的发展遭遇困难甚至被阻止。"这种对个体类型发展的理想途径造成转变被荣格称之为"篡改",并认为它将造成神经症或生理上的严重衰竭。心理类型学的功能等级和类型的终生发展理论,通过类型的动力学机制相互结合,构成了心理类型理论的主体部分。

语言类型学(linguistic typology),是语言学的分支学科,研究不同语言的特征并通过这些特征而对其进行分类,其理念是相信只有经过跨语言的比较研究才能了解人类语言的本质,并不相信通过对于单一语言的深入研究能达到这一目的。还有学者将其看作是语言学的一个学派,或功能语言学的一部分。与历史比较语言学相比,语言类型学并不关注各种语言的历史渊源及相互间的亲缘关系,而只是关注于不同语言间的共性特征。格林伯格(L. H. Greenberg)是当代语言类型学的开创者和代表人物,他在 1966 年撰写的《语法的某些共性:论有意义成分的序次》(*Some universals of grammar with particular reference to the order of meaningful elements*)一文已成为这一领域的经典论文。语言类型和语言共性其实是同一件事情的两个方面,这可以从两个角度来理解。类型学是通过比较从结构特点上对语言进行分类,然而比较得有一个共同的基础,就是语言的共性。另一个角度的理解是,世界上的语言看上去千变万化,无一定宗,其实不然,语言之间的变异要受一定的限制,有一定的变化"模式"。这种普遍适用的变异模式也是一种共性。因此,语言的类型研究和共性研究只是侧重点不同而已:类型学主要关心语言有哪些不同的变化类型,共性研究主要关心语言类型的变化有哪些限制。在语言学里,类型学有三种不同层面的定义。普通的定义大致与分类同义,即把研究的对象分成类型,特别是结构类型。一是最一般的语言学定义,指"跨语言结构类型的分类",简单地称为"类型学分类"。二是"概括"意义的类型学,主要是指对跨语言比较中系统呈现出的语言学模式的研究。这个定义的类型学可指称为"类型学概括",这个意义的类型学是语言学的一个分支。三是"解释"意义的类型学,这个定义是作为与美国结构主义和生成语法等相对比的一种语言研究方法和理论构架。这个观点的类型学与功能主义关系紧密,认为语言结构首先应根据语言的功能来解释,所以又有"功能–类型方法"的名称。更确切地描述这个意义的类型学可用"功能–类型解释"的名称。这三个定义对应于任何经验科学分析的三个阶段:经验现象的观察和分类,对观察形成概括,对概括作出解释。正是在此意义上,比较语言学中的类型学代表语言研究的经验科学方法。

综上所述,可以看出,类型学研究比分类研究更加深入,它的重要意义在于不仅仅对事物进行静止的、孤立的分类,而是在分类的基础上,从时间和空间的角度对事物不同类型之间的发展规律和相互关系作进一步的研究。而且，比较文学中的类型学、心理类型学和语言学中的类型学都具有哲学含义，反映了人类心理的深层结构。

分类是类型学研究的前提和基础，类型学研究是分类研究的继续和发展，通常二者是一项研究中不可分的两个方面。因此，我们把分类和类型学统称为类型学研究。从分类的认识发展是从事物的现象到本质的过程来看，分类可分为现象分类和本质分类两种类型。现象分类，就是仅仅根据事物的外在联系或外部标志来进行的分类，其中有大量人为因素，因此又叫人为分类。本质分类又称自然分类，这种分类不能任意选择对象的一组共同特征作为分类的标志，而是以通过比较选定出来的对象之间的相似特征恰好是自然类的特征为标志的。这就需要反复比较和分析，把握对象的本质特征和内部联系。任何分类都是从现象分类开始的，要发展到本质分类，需要大量的比较分析工作，这正是类型学研究的首要问题。

任何分类，不论是现象分类还是本质分类，都必须遵循下列分类原则。第一，每一种分类必须根据同一标准进行。分类的标准是多方面的，但每一次分类只能按照同一标准，否则就会出现分类重叠或分类过窄的错误。第二，分类必须相应相称，不能出现分类过窄的漏划或过宽的逻辑错误。第三，分类必须按照一定的层次进行，否则就会出现超级划分的逻辑错误。以上三条原则，是进行正确分类的必要条件。

另外，分类同时包括两方面的内容，一是类型的划分，二是类型的认同。类型的划分即分类，根据事物的不同点划分成不同的类型；类型的认同，又称聚类，即根据事物的相同点而归入一类。在实际工作中，这也是经常遇到的问题。

3.1.2 比较城市规划类型学研究

在城市规划学科内，借用类型学的观点和方法进行的研究即比较城市规划类型学研究。由于城市规划学科的特殊性，比较城市规划类型学研究具有特定的研究内容和研究方法，主要内容包括城市的类型学研究、城市形态的类型学研究、城市规划理论和方法的类型学研究，以及城市规划体系的类型学研究等。

城市的类型学研究起步较早，研究内容非常广泛，可以从城市自然条件、城市主导功能、城市规模、城市结构和形态等许多方面进行分类，是比较城市规划类型学的主要研究内容之一。

城市规划设计理论和方法的类型学研究同样是一项重要的研究内容，是城市规划设计理论逐步完善和系统化的必要前提。最基本、最简单的分类研究是各个国家历史上各时期城市规划设计理论的归纳总结，它使得历史理论研究不仅仅局限于历史现象的经验描述，而是探讨各类规划设计理论的本质特征，因而具有科学意义。

进入 20 世纪，现代城市规划设计理论流派纷呈。戈涅的工业城市、马塔的带形城市、霍华德的花园城理论、沙里宁的有机疏散论以及柯布西埃的阳光城等，这些理论流派经过归纳分类，便形成以霍华德为代表的"分散主义"和以柯布为代表的"集中主义"两种泾渭分明的类型，这两种类型概括了各种城市规划理论流派的主要本质特征。

1987 年，弗里德曼在《公共领域的规划：从知识到行动》一书中，通过对200 年来的规划思潮、人物、流派、分期的研究，将规划理论分为四个传统：社会改革（social reform）、政策分析（policy analysis）、社会学习（social learning）和社会动员（social mobilization）。

在城市设计领域，罗杰·特雷西克教授于 1986 年出版了《寻找丢失的空间》（*Finding Lost Space*）一书，书中回顾了过去 80 年中出现的主要城市空间设计理论，例如，C. 西特、E. 霍华德、功能主义运动的影响，以及 Team10、R.文丘里、克莱尔兄弟等的设计理论。在此基础上，将城市空间设计理论归纳为三种类型：图–底理论（figure- ground theory）、联系理论（linkage theory）和场所理论（place theory）。尽管这个分类还有缺陷，但为城市设计理论的类型学研究打下了基础（图 3.1）。

另外，不同国家城市规划体系，包括规划行政体系、规划编制体系、规划管理体系与规划立法体系的类型学研究是比较城市规划的重要内容，它不仅是开展不同国家之间城市与城市规划体系比较研究的基础内容，而且可以使我们认清各类城市规划体系的本质特征，对完善城市规划科学也有积极的作用。

总之，比较城市规划类型学研究具有理论与实际的双重价值。通过研究，能够从理论上对城市的类型及其各自的本质特征有进一步的认识，搞清不同类型城市之间的相互关系和发展演变的客观规律。以此为理论基础，在实际规划工作中通过对所研究具体城市的聚类分析，可找到该城市在整个类型系统中的位置。因此可以了解它的一般特征、与其他城市的关系和发展的方向，为制定正确的城市规划奠定基础。

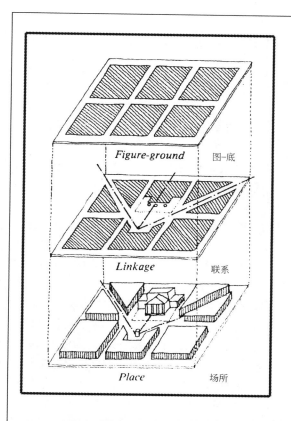

図-底

联系

场所

$\dfrac{1}{2}$

1.三种城市设计理论
2.Giambattista Nolli的
　罗马地图,1748

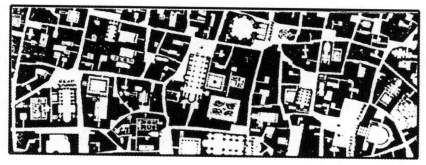

图 3.1　城市设计理论方法类型研究

资料来源：罗杰·特雷西克，《寻找丢失的空间》（*Finding Lost Space*）

3.2 城市类型学研究

3.2.1 城市分类与城市类型学

城市分类是城市规划的重要研究内容，建立一个正确的城市类型系统对完善城市规划具有不可低估的重要意义。达尔文根据生物在进化史上的亲缘关系而得出分为门、纲、目、科、属、种等不同层次的分类级别。只要我们知道某一动物在分类学上的地位，就能推知它的一般特性。目前，城市的分类还没发展到这样的水平。

城市是复杂的综合体，划分城市类型的基本因素很多，概括起来有以下几个方面：城市的职能（政治、经济、文化等）、城市的规模、城市地理位置、城市经济发展水平及城市的历史长短等。根据这些因素，城市可划分成不同的类型。以城市规模为标准，可划分成特大、大、中、小等城市类型系统；以城市地理位置特征为标准，可划分成平原、山区、沿河和滨海、边疆、边防城市类型系统；以城市历史长短为标准，可划分为新兴城市和老城市；以城市的行政管理职能为标准，可划分为首都、直辖市、省会城市、地级市、县级市类型系统；以城市的经济和文化职能为标准，可划分成专业工业、矿业、综合性工业、交通枢纽、水利枢纽、风景游览和休疗养、历史文化名城、经济特区、科学研究和实验等城市类型。显然，这种城市类型系统的划分是琐碎的、不明晰的、现象的，没有反映各种因素之间的本质联系。要达到城市的本质分类，尚需艰苦的努力和反复的比较分析。

在城市社会学领域，R. 麦肯齐和 E. 伯格尔分别作了颇有影响的城市类型学分析，他们都是以城市的职能为标准的。麦肯齐确认了四种城市类型。第一种是基本服务社区，包括农业、捕捞、采矿、伐木社区等。第二种是分配社区，向更广阔的市场搜集和分配物质。第三种是工业城镇，是产品制造地，它将基本服务和商业职能结合起来。工业社区还可进一步分为多种行业区、一个至两个高度发达的行业区、基础工作基地、娱乐胜地、政治和教育中心、防卫社区等。许多社会学家在从事研究和创立理论的过程中都采用了麦肯齐的类型学。

伯格尔对城市的分类不仅仅依据城市的主要经济职能，还依据它的社会学意义。他把城市分成七种类型：经济中心、居住中心、文化中心、娱乐中心、居住城市、象征性城市、多样性城市等。伯格尔分类的主要优点是不把各种类型当作彼此孤立的东西。他知道，城市可以有多种职能，可以属于几种类型。

    伯格尔的分类比麦肯齐的分类有明显的进步，但仍然存在着一定的局限。B. 贝里指出，城市就其内容而言可作多种划分，绝非仅有经济和文化职能。他指出了可以用来对城市进行分类的 97 种变量。在贝里看来，传统的城市分类通常是将各种变量区别对待：人们首先创立一个分类规则，然后以此为基础，将各个城市纳入类型。贝里认为，传统的分类方法有相当大的局限性，它是以对城市特征的观察为基础的，已经观察到的城市之间的差别和相同之处可能正是未观察到的（潜在的）特征的结果，这些潜在的特征可以用来构造新的分类学。

    贝里的思想是：使用的分类说明应合于研究的需要。要使一个城市分类具有实用价值，它必须首先依据有用的变量对城市进行分类，其次要考虑到分类变量的相对重要性，再则要提供足够的类别以满足研究的需要。对于城市分类来说，不存在所谓最佳方法，像其他分析技术一样，城市分类必须适合研究项目的要求。

    城市的类型学研究主要包括城市类型的历史演变研究和城市类型的空间分布关系研究两部分。路易斯·孟福德的城市发展类型学理论和城市地理学家沃尔特·克里斯塔勒的"中心地学说"（central place theory）是两个具有代表性的研究实例。孟福德认为，城市可以按形式和功能进行分类。从形态学来看，城市结构的一些发展过程，恰好与各种有机体的发展进化的不同阶段极为相似。英语中还没有一套词汇能恰当地表达城市发展从胚胎期到成熟期的各个阶段的形式。德语中有一套词汇，是完全根据数量差别来表述各种城市的，dort、kleinstadt、mittelstadt、grossstadt、milllonenstadt（村镇/市镇、小城市、中等城市、大城市、百万人口以上的大城市）。英语根据这套德语词汇而产生了一套相应的词汇：ecopolis、polis、metropolis、megalopolis、conurbation（早期城镇、城镇、大城市、特大城市、城市群），而且还出现区域性城市（regional city）以及城网地带（regional urban grid）这样的语汇。孟福德总结了这一系统发展演变的规律及各时期的特征，并表明了自己自然生态决定论的观点。

    任何城市都不能独立存在，它总是与其他的城市或区域有着千丝万缕的联系。德国地理学家克里斯塔勒在对德国西部区域城市分析的基础上，首倡"中心地学说"，其后由 A. 洛施进行了修正。根据这一学说，区域城市由于规模不同而呈现出一定的等级结构，在这些等级之间有着一定的功能关系。在空间分布上，同一类型的城市呈正六边形。克里斯塔勒的"中心地学说"是以下假设为基础的：自由企业、完整的领土、经济购买力的平均分布。显然，这些假设是不存在的。城市的区域空间布局要受到地形、地理、经济、技术、政治和文化等因素的影响。尽管中心地学说由于在经济方面的不完善而受到批评，尽管它是从城市地理学的角度来研究问题，但它仍不失为城市类型学研究的范例。

城市类型学研究不仅是对城市整体的研究，同时也包括对城市各组成部分的分类和类型学研究。J. M. 汤姆逊在对世界上各大洲总共 30 个城市比较研究的基础上，将城市交通规划划分为 5 种战略，适应于 5 种相应的城市布局形式（图 3.2）。这 5 种战略分别是：充分发展小汽车的战略、限制市中心的战略、保持市中心强大的战略、少花钱战略和限制交通的战略。

罗伯特·克里尔 1979 年出版了《城市空间》（*Urban Space*）一书，科林·罗在序言中称此书是一部城市空间的百科全书。克里尔强调城市空间的几何形态，认为功能在城市范围来谈只能是典型的功能。城市生活是集体的，共性是主要方面，公和私的行为模式是相似的，各时代的公共空间组织方式都强有力地影响着单体建筑的设计。空间和它的形态，并不是外观细节或是历史和社会因素所导致的具体形式。不同空间的审美价值独立于短暂的功能考虑，也独立于随着各个年代变化的作为符号的象征意义，只有明确清晰的几何特征，才能让我们有意识地视外部空间为城市空间。在这种思想指导下，克里尔对城市空间进行了类型学研究，取得一定的成绩。场所是几何性质的，可以概括为广场和街道的组合。广场可分为三角形、圆形和方形以及各种演变，以各种方式与街道相接。历代无数广场都可以作如此分析（图 3.3、图 3.4）。

3.2.2 理想类型与连续统

理想类型与连续统是出现较早的、一种特殊的分类方法。1887 年古典城市社会学家滕尼斯发表了他的杰作《通体社会与联组社会》，文章中，滕尼斯对人类生活中两种相对的类型作了描述，以小乡村为其特征的"通体社会"和以大城市为其特征的"联组社会"。由于"通体社会"和"联组社会"的分类是第一次使用连续统（continuum）来理解人类聚居形式的理论，它对城市社会学产生了深远的影响。这个连续统的两极是聚居形式的理想化类型。运用这种"理想类型"的公式，任何一种现实的聚居形式都能够根据它们在这个连续统中所处的位置进行分类，或者具有某种程度的通体社会特性，或者具有某种程度的联组社会特性。与滕尼斯同属一个时代的迪尔凯姆也创立了一种相互对立的、理想类型的模式。他的"机械团结"和"有机团结"的概念与滕尼斯的"通体社会"和"联组社会"概念颇为相似。从此，理想类型、连续统的分类方法被广泛应用。

美国社会学家内斯比特认为，社区是最基本的、最广泛的社会学单位概念。

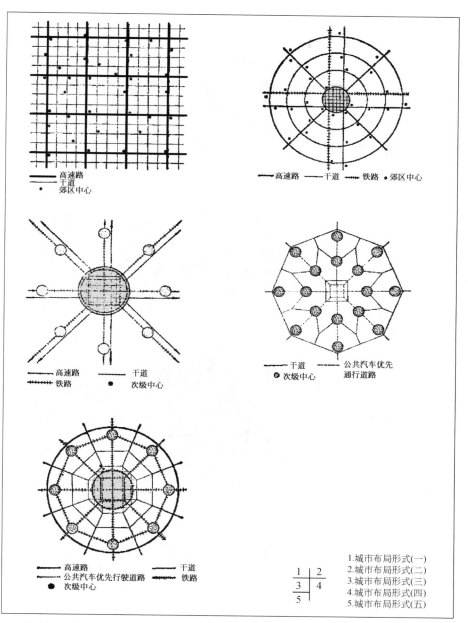

图 3.2　城市布局的 5 种类型
资料来源：J. 汤姆森，《城市布局与交通规划》

图 3.3　3种空间类型及其变体形成过程
资料来源：罗伯特·克里尔，《城市空间》

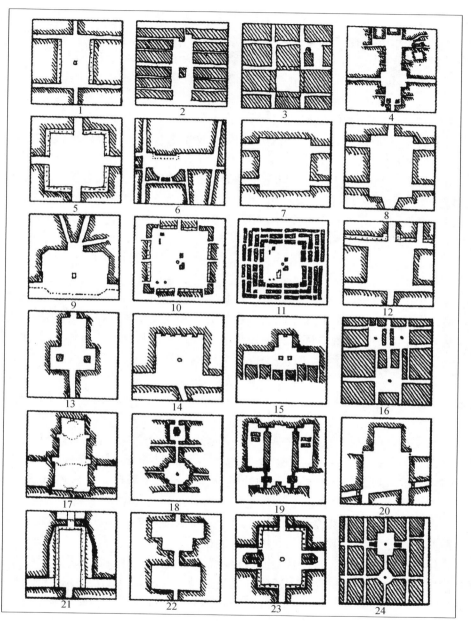

图 3.4　城市广场空间形态实例
资料来源：罗伯特·克里尔，《城市空间》

在他的研究中，也采用了连续统的概念。根据内斯比特的定义，社区是一个连续统的一极，另一极是社会。

20 世纪 50 年代，罗伯特·雷德菲尔德在他的著作中提出了"民俗–城市连续统"（folk-urban continuum）的概念。他分析了范围很大的中心城市和范围很小的部落农村，和滕尼斯一样，雷德菲尔德的连续统表示一种比较结构，在这个结构中可以分析社会组织的构成，分析社区的复杂内容。同时，雷德菲尔德试图以时间范畴来分析他的连续统，并描述社区如何沿着他的连续统而进行，并且确定每个社区发展的各个阶段。

由此可见，理想类型、连续统是一种研究相对立类型的有效方法。在城市规划领域，也有大量这方面的内容，如集中与分散、单中心城市与多中心城市等。因此，有必要在城市类型学研究中使用理想类型、连续统的研究方法。

3.3　城市形态学与建筑类型学

城市形态学是对城市形式的研究，包括对各种建筑类型在特定社会文化和空间环境，尤其是城市中的共时空间关系的研究。建筑类型学讨论历时变迁中建筑实体与空间形式的规律性。因此，城市形态学和建筑类型学研究是不可分的，它们建立了建筑与城市、类型与形态历时与共时的辩证关系。

3.3.1　建筑类型学

建筑类型学研究起源于何时现在无从考证，但十分明显，最初的建筑类型学是从建筑分类开始的。欧洲启蒙运动时期，专门的建筑类型学研究兴起并逐步成熟；但随着近现代建筑运动的兴起和快速发展，建筑类型学走向没落。直到 20 世纪中叶，现代主义和功能主义出现危机，才导致建筑类型学的复兴。至今，经过三百余年的时间，建筑类型学经历了三个主要发展阶段，形成了三种建筑类型学，即原型类型学、范型类型学和第三种类型学。

建筑类型出现的原因并不复杂，人类经常面对相同的生存要求和环境条件的限制，从而产生某种建筑类型来适应和满足这种条件和要求。人类总结经验使某种类型占主导地位，并根据自身面临的特殊问题、情况、条件和要求对该类型进行变通，产生类型的多种变体。从最初的洞穴和茅舍开始，随着人类的进步，建筑类型不断多样化。不同的功能形成了功能类型的建筑，包括教堂、浴场、学校、住宅等。随着技术的进步和人们审美观念的发展，不同的历史时期会形成以一种形态和结构为主的建筑类型，如古希腊建筑、古罗马建筑、哥特式建筑等。对于同一类建筑，例如住宅，在不同的地区，由于自然条件、建造技术和文化的差异，形成了地方性类型建筑——民居。因此，建筑常以功能、形态、结构、地域、文化等分类。建筑类型的多样为城市形态的丰富提供了素材，也反映了人类文明的进步。同样，建筑的分类，为建筑技术和城市文化的进步提供了条件。古罗马时期，维特鲁威在《建筑十书》中，基本上是按建筑功能类型安排组织材料。16 世纪，法国建筑师帕拉蒂奥在他的别墅系列设计中使用了从古典时代中重新发现的普遍原则，是同样主题的不同变体，具有明显的类型思想。中国《周礼·考工记》对营国制度的设定，宋朝《营造法式》和清朝《清式营造则例》对都城建筑的大式与小式建筑的规定，实际上首先都是对城市等级、建筑类型的分类。在此基础上，形成城市规划的规则和建筑设计建造的技术标准。

对建筑类型进行专门的理论研究起源于 18 世纪的巴黎美术学院的学院派建筑师。这个时期的建筑类型学为原型类型学，主要思想是将任何建筑的发展都归结于建筑的原始类型上。18 世纪法国建筑理论家洛杰尔（M. A. Laugier）遵循维特鲁威的观点，认为建筑起源于原始茅舍。他认为与其他艺术相同，可以直接从自然中发现建筑的原则。18 世纪末、19 世纪初，法国建筑师迪朗（J. N. Durand）在讲述建筑制图时，将历史上的建筑的基本结构部件和几何形式排列组合在一起，归纳成为建筑形式的元素，建立了方案类型的图式系统，说明了建筑类型组合的原理，是一种内在结构构造形式的分类法，而且将手段–结果、原因–结果的辩证方法同经济准则结合，以替代古代的适用、坚固、美观的三位一体说。1802 ~ 1805 年，迪朗的《建筑教程概要》出版，该书分为两卷三部分，讲述了建筑要素、普通构成、生成分析、主要建筑类型的考察等内容。他对每种建筑功能分类的描述使得人们称他为现代建筑类型学理论之父。可以说，迪朗开启了第二类建筑类型学，即范型类型学的大门。19 世纪末，第二次工业革命后，机器的大批量生产要求产品必须标准化和定型化，因此，建筑必须具有反映机器工业时代的特征。所谓"范型"，是表示可以按照范型规定的原则进行大量生产的类型学意义。由于现代主义范型类型学贬低了形式及其所携带的历史情感因素，促使 20 世纪 60 年代以新理性主义为代表的第三种类型学的兴起，标志着当代建筑类型学的形成。代表人物阿尔多·罗西（Aldo Rossi）将类型学的概念扩大到风格和形式要素、城市的组织与结构要素、城市的历史与文化要素，甚至涉及人的生活方式，赋予类型学以人文的内涵。罗西认为类型就是人类在其漫长的生活与艺术实践中，历史地、约定俗成地确定下来的各种形态和形态关系。它既原始，又新奇。由于它是人类共同创造的智慧结晶，所以它曾经也必将永远为人们所接受。

只有当建筑同那些在历史上被赋予特定意义的因素或形态发生关系时，这种建筑才有可能是建筑。而所谓的历史意义，或者说历史感，实际就是一种历史意向，一种在历史记忆、种族记忆中反复出现的物体，或人类社会文化观念在形式上的表现。以这种历史记忆或形式表现为出发点的建筑设计不应被视为一种随心所欲、凭空想象的设计，而是在历史和现实的语境中选择恰当类型的复杂的过程。要完成这样一个复杂的过程，必须采取理性而客观的设计方法。

直到今天，类型学在当代建筑论争中是十分活跃的中心词语之一，在当代西方建筑思想中占有相当重要的位置。有人认为，新理性主义是运用古典原型的现代主义，从本质上讲仍是古典主义。它不是通过运用现代材料和结构等技术，而是运用接近自然的、传统的或有传统和自然感的材料，结合新结构和构造技术来追求现代的"古典美"，有复古的嫌疑。事实上，建筑上的类型学理论，其重要性还不在于具体的建筑设计操作，它首先是一种认识和思考的方式。19世纪，巴黎美术学院常务理事德·昆西提出了最具权威的建筑类型学定义。他认为，"类型"并不意味着事物形象的抄袭和完美的模仿，而是意味着某一种因素的观念，这种观念本身即是形成"模型"的法则。模型，就其艺术的实践范围来说是事物原原本本的重复，反之，类型则是人们据此能够刻画出种种绝不相似的作品的概念。

阿尔多·罗西作为意大利新理性主义运动的代表人物，其建筑理论的核心是建筑类型学，1966年的《城市建筑学》和1980年的《科学自传》是有关建筑类型学最有意义的著作。罗西的城市建筑思想核心有两条主轴：精神分析学说与唯理主义。精神分析学说来自弗洛伊德和荣格。弗洛伊德开了以无意识与本能冲动去研究艺术活动的先河，荣格则发展了这一学说，将人的精神分为三个层次：意识、个体无意识、集体无意识。处在心灵最深层的集体无意识，是人类演化过程的精神剩余物，包含着远祖在内的过去所有世代累积起来的经验。罗西的类型学，深深打上了荣格学说的烙印。他将城市及建筑分成实体和意象两个层面。实体的城市与建筑在时空中真实存在，因此是历史的，它由具体的房屋、事件构成，所以又是功能的。罗西认为实体的城市是短暂的、变化的、偶然的。它依赖于意象城市，即"类似性城市"（analogical city）。意象城市由场所、街区、类型构成，是一种心理存在，"集体记忆"的所在地，因而是形式的，它超越时间，具有普遍性和持久性。罗西将这种意象城市描述成一个活体，能生长，有记忆，甚至会出现"病理症候"。如果说罗西类型观中精神分析学说是20世纪弗洛伊德学说广泛传播的反映，其唯理主义倾向则属古典主义。建筑类型学从问世起便依托古典主义文艺理想，同样，在罗西类型学中，也具有浓厚的古典主义情慑。在罗西类型学中，唯理主义起了一种筛选、约束作用。

应该说，结构主义为建筑类型学复兴奠定了理论基础，符号学理论强调符号传达意义的能力有赖于特定系统中约定成俗的关系结构，而不在于符合与外在存在或现实的固定关系。新理性主义认为建筑师的任务就是寻找活在人们集体记忆中的"原型"形式，并在这种原型中挖掘永恒的价值，从而生成富有历史感的新意。从这个角度看，建筑类型学既保持了文化与传统的连续性，也提供了创新和变化的可能。

3.3.2　城市形态学

形态（morphology）一词来源于希腊语 morphe（形）和 loqos（逻辑），意指形式的构成逻辑。形态学（morphology）始于古希腊对生物形态的研究，是生物学中重要的研究方法和主要分支学科之一，研究生物体的形态（如外形、构造等）及其转化。城市形态学（urban morphology）是对城市形式（urban form）的研究，是指对城市的物质肌理，以及塑造各种形式的人、社会经济和自然过程的研究。在城市设计领域，城市形态学研究也指一种寻找城市设计原则的分析方法。目前，有关城市形态的定义较多，不同学者从不同角度、层次对其有不同的解释。在英文中，与城市形态类似的概念还有 urban form、urban landscape、townscape 等。

城市形态一直是城市地理学、建筑学和城市规划以及城市历史和考古等多个学科研究的重要课题之一。与研究城市内部各组成部分及其相互关系的城市内部空间结构研究相区别，城市形态研究更加强调对城市外在物质形态的研究，尤其以城镇平面分析（urban plan analysis）为主要特点，强调对城市形态的大比例尺研究、类型学和形态发生学（morphogenesis）分析等。在欧洲 20 世纪 60 年代开始的历史城镇保护运动中，城市形态研究扮演了主要的角色。当前，国外城市形态学研究更趋于多元化，包括从行为地理学、城市社会学、新马克思主义政治经济学等角度出发的研究，对城市形态的几何学、拓扑学研究等，都极大地开拓了研究领域。

城市形态学概念的形成经历了漫长的演化过程，许多学者对此作出了巨大的贡献。城市形态学的发展历史可以分为以城镇平面图为研究主题、第二次世界大战前城市形态学研究、第二次世界大战后城市形态学理论更新以及当代城市形态学研究整合等四个阶段。1996 年城市形态国际论坛（International Seminar on Urban Form，ISUF）的正式成立，标志着城市形态学研究进入一个广泛交流和融合的新阶段。目前，包括三大学派，即德国-英国康泽恩（Conzen）学派、意大利玛拉托利-加尼基亚（Muratori-Caniggia）学派和法国凡尔赛（Versailles）学派在内的城市形态国际论坛（ISUF）谱系已经形成，理论基础的整合及其未来发展的课题成为新的研究热点。总体上看，城市地理学和建筑、城市规划是欧美城市状态学研究的两个主要领域。德国-英国康泽恩学派偏向于地理学的研究，意大利玛拉托利-加尼基亚学派偏向于建筑历史学角度的研究，法国凡尔赛学派受意大利学派的影响较深，主要偏向于建筑和城市规划设计领域的研究。

城市形态学的研究最早始于德国。1903 年德国地理学家施吕特尔提出地理学应首先着眼于地球表面的事物，即景观，提出人文地理学应以文化景观的形态研究为主要研究对象。20 世纪 30 年代，德国城市形态学研究达到顶点，开展了大量对德国中世纪城镇平面的研究，如复杂繁冗的平面形态和空间类型分类。同期，克里斯塔勒中心地理论的发表，使城市功能和结构的研究成为主导，形态学研究退居次要位置。然而，德国形态学的研究传统被 1933 年移民到英国的德国地理学家康泽恩所继承。1960 年，他出版了《安尔威克：一个城镇平面分析的研究》一书，初步建立城市形态学研究的基本方法与研究框架。研究采用了在历史发展过程中研究城市形态演进的方法，以独立产权地块为最小的平面分析单元，开展了在当时不多见的大比例尺城市形态研究，同时建立了一系列城市形态学重要的术语，如地块建设循环（burgage cycle）、边缘带（fringe belt）、形态框架（morphological frame）、形态发展时期（morphological period）、形态区域（morphological region）等。

与德国-英国学派不同，意大利学派一开始就与建筑和城市设计实践紧密结合。第二次世界大战后，西方城市大规模重建，伴随着现代主义建筑思潮，形成以白色方盒子为代表的国际主义风格，强调建筑的功能理性和新技术、新材料的应用，反对古典主义形式和过多采用装饰，导致的建筑地方性和历史感的丧失，以及对历史建筑和街区的破坏。意大利作为一个文化遗产极为丰富的国家，率先在 20 世纪 50~60 年代开展了对现代主义建筑理论的反思。在这一思潮中诞生了文脉主义（contextualism）建筑设计流派，以玛拉托利为代表，在研究中采用了把建筑类型学与城市形态学结合的方法，因此又称为"类型形态学"（typo-morphology）。其基本思路是，通过对城市平面形态的大比例尺以及对不同历史时期建筑类型的分类总结，揭示城市形态内在的规律，决定新的城市及建筑设计，使其延续地方传统，融入所在环境。这形成了意大利建筑类型学与城市形态学研究的传统，阿尔多·罗西早期的工作深受这一传统影响。意大利学派的研究对象主要为不同历史时期建筑的类型和城市的平面形态，具体的建筑类型（architecture type）和建筑肌理（building fabric），强调对建筑风格、类型的系统分类整理，揭示建筑类型本身的空间组织法则、演变的内在逻辑，在此基础上描述解释城市形态演变。该流派研究方法上强调历史分析与系统的分类描述相结合，重视对类型、形态历史发展过程的研究，如"运行着的历史"（operative history）是玛拉托利思想的核心。为理解城市形态的生成和演化，该流派提出了若干重要概念，如首要因素（primary element）和基本建筑（basic building），前者是指城市中重要的纪念性建筑、公共建筑等，罗西认为它们是城市形式的主要塑造者，其形式独立于实际使用功能的变迁和不同历史时期风格的演变，具有穿越历史的永恒的形式。基本建筑是指城市中作为特殊建筑背景而存在的大面积城市街区，罗西直接将其定义为城市居住区，它们是城市形式中不断被反复修改的部分，适应于不断变化的使用功能和流行风格的变迁，经历着持续的转型，具有偶然和不稳定的天性。

法国流派的研究传统与意大利较为接近。最早的工作是拉威丹的《城镇规划史》和波特对巴黎城市建设史的研究。前者从艺术史角度出发，系统总结城市规划及城市平面的类型、流派，建立规划思想和规划风格的谱系，为类型学研究建立了最初的范例。后者则关注单个城市平面形态的演变历程，并注重对影响城市形态演变的深层社会经济过程的研究。20 世纪 60 ~ 70 年代，法国出现了大量城市形态发展史的研究，并逐渐形成一定的研究范式，基本内容包括讨论城市选址及其对城市的影响，与类型学方法结合，分析城市平面形态和街道肌理，深入分析城市平面的历史演变过程和内在机制，以形式为基础，描述城市的功能结构，对城市建筑类型和景观特征进行综述。

1990 年后，城市形态学研究三大流派趋于对话和交流，同时国际城市形态学研究也在各国广泛开展。目前，城市形态学学科体系和理论构建日趋完善，知识与研究案例的积累不断丰富，包括中世纪欧洲城市形态研究、工业革命以来城市形态的变化研究、殖民地城市形态研究、乡村聚落形态研究等。具体的研究主要形成三大专题：对市中心和老城区的研究、对城市边缘带和郊区的研究、对于工业革命时代、20 世纪 70 年代郊区化，以及后现代居住区形态的研究等。这些成果为比较城市形态研究打下了基础。

第4章 综合评价研究

在城市规划学科领域内，评价是一项非常重要的研究工作和研究方法。它主要包括城市规划理论与方法的评价、城市的评价和城市规划设计方案的评价三大部分。与传统城市规划终极目标式的蓝图规划不同，现代城市规划的关键是把规划作为一个过程，而评价是这一过程中非常关键的环节和手段。同时，评价对于完善和发展城市规划理论和方法、正确认识城市的现状和发展水平以及制定合理的城市发展战略和城市规划设计方案都具有十分重要的意义。

综合评价是一种普遍的评价方法，由于具体的研究对象、研究内容和研究理念的原因，随着时间推移和方法的进步，而产生了种种变体，包括定量评价、定量与定性相结合的评价及定性评价等类型。其中指数法、综合评判法是传统定量评价方法。层次分析法是最常使用的方法，其优点是定性与定量相结合，具有较强的逻辑性、系统性、灵活性和实用性，是解决大系统中的多层次、多目标规划决策问题的有效工具；而且同样适用于多因素、多层次系统的综合评价研究。SWOT作为制定战略规划的方法，同时也是一种定性评价的有效方法。关键绩效指数法、雷达图法等是对纯定量分析方法的改良，避免"黑箱效应"，使综合评价更加直观和易于理解。

4.1 基 本 概 念

4.1.1 评价与综合评价

评价（evaluation），即价值判断，是将对象与评价标准相比较所进行的价值取向活动。与无价值性的类型学研究不同，评价研究通常呈现出将研究对象按一定的价值标准比较择优或划分等级、排定名次的研究形态。综合评价是比较研究的一项特定内容。

城市的评价研究早已有之，最初是对城市这一人类聚居形式的评价。19世纪末、20世纪初，古典城市社会学家滕尼斯、迪尔凯姆和齐美尔在城市与乡村比较分类的基础上，对城市进行了评价，阐明了各自对城市的好恶观。霍华德以及其后的孟福德等也在他们各自的城市规划理论中表达了对大城市或特大城市这种人类聚居形式的批判观点。但是，这些评价只是初步的，主观的色彩偏重，还没形成较系统的评价研究。

到 20 世纪 60 年代，以系统论、控制论（cybernetics）为基础的系统城市规划思想开始形成，这种规划思想与盖迪斯或艾伯克隆比等老一辈规划师的观点完全不同。老一辈规划师认为，规划（planning）就是编制规划方案（plans），画出一定年限内希望实现的某些最终状态的详细图景。而且，老的规划倾向于采用一个简单的顺序，盖迪斯恰当而简练地表达为：调查–分析–规划方案。系统的城市规划以发展的观点看问题，认为规划是一个连续的过程（continous process），规划着重点不在于制定最终的规划方案，而在于描述各种规划政策可能造成的结果，并以相应的标准来评价各种政策，以选择最优的方案。规划是一个生成各种规划政策，进行评价择优，然后实时反馈修改的不断重复的过程（generation-evaluation process）。在这个过程中，评价是不可缺少的主要内容。在三位英国系统规划的主要创始人 B. 麦克洛夫林、G. 查德威克和 A. 威尔威各自提出的关于系统规划过程的模式中都毫无例外地表明了这一点。从此，评价研究受到高度重视，不断得到完善发展。为了使这种评价更为严密，大约自 1955 年以来，逐渐形成了至少三种广为流行的方法，即投资–效益分析（cost-benefit analysis）、N. 利奇菲尔德的规划平衡表（planning balance sheet）和 M. 希尔的目标达成矩阵（goals achievement matrix）。尽管由于种种原因，系统规划没能继续蓬勃发展，但是它对城市规划领域内评价研究的发展所作出的贡献是巨大的。

综合评价（comprehensive valuation）是以系统思想和数学方法为基础发展起来的普遍适用于城市和城市规划方案的定量评价研究，它比局限于经济领域的投资–效益分析等方法向前发展了一大步。按照系统论的观点，任何事物都是一个由多因素组成的多层次系统，综合评价的基本模式就是一个由主体–因素–因子组成的三级结构，综合评价的过程就是首先从单因子的评价开始，然后经过加权组合成对因素的评价，再次加权组成对主体的评价，完成综合评价的一个基本过程。综合评价研究的优点在于对事物内部因素复杂关系评价分析的基础上，把握整体的比较评价。

由于综合评价研究使用得很广泛，因此，它的研究方法应简便易行，当然亦不可过分简单而失去综合评价的意义。同时，在建立综合评价的模式时，要注意各研究阶段具有明确的含义，能使决策者和公众所理解，也就是说，综合评价不仅要解决"所以然"的问题，还要解决"之所以然"的问题，这样，决策者才易于接受研究结果，使研究真正为决策服务。

4.1.2 指标与指标体系

城市是一个复杂的社会、经济、物质实体,是一个多因素、多层次、动态的开放大系统,组成的要素量有人估计为 188 数量级。我们进行城市评价,按照目前的技术水平,不可能穷尽所有因素和因子,也没有必要,重要的是把握住城市的关键因素和因子,并获取这些因素、因子信息的主要数据,这些指标数据的来源主要是政府定期公开公布的城市统计数据资料。

在现代统计学里,统计指标是反映同类社会经济现象总体综合数量特征的范畴及其各构成因素、因子的具体数值。因此,对统计指标通常有两种理解和使用方法:一是用来反映总体现象总体数量状况的基本概念,如年末城市人口总数、城市国内生产总值、城市生产总值年度增长率等;二是反映现象总体数量状况的概念和数值,如 2001 年城市年末总人口数为 627 万人、全社会固定资产投资增长率为 13% 等。统计指标包括三个构成要素:指标名称、计量单位、计算方法。

统计指标按照其反映的内容或其数值表现形式,可以分为总量指标、相对指标、平均指标和变异指标四种。总量指标是反映现象总体规模的统计指标,通常以绝对数的形式来表现,因此又称为绝对数,如城市用地面积、国内生产总值、财政收入等。总量指标按其反映的时间状况不同又可以分为时期指标和时点指标。时期指标又称时期数,它反映的是现象在一段时期内的总量,如城市人口总量、财政收入、商品零售额等。时期数通常可以累积,从而得到更长时期内的总量。时点指标又称时点数,它反映的是现象在某一时刻上的总量,如年末人口数、城市科技机构数等。时点数通常不能累积,各时点数累计后没有实际意义。相对指标又称相对数,是两个绝对数之比,如经济增长率、物价指数、全社会固定资产增长率、失业率、犯罪率等。相对数的表现形式通常为百分数和比值两种。平均指标又称平均数或均值,它反映的是现象在某一空间或时间上的平均数量状况,如人均国内生产总值、人均收入等。变异指标又称标志变动指标,它是综合反映总体各单位标志值及其分布的差异程度的指标。随着现代统计科学的发展,人们发现所有统计指标样本呈现出典型正态分布的规律。变异指标即是用于显示总体中变量数值分布的离散趋势,是说明总体特征的另一个重要指标,与平均数的作用相辅相成。标志变动度可用来反映平均数代表现象一般水平的代表性程度,标志变动度越小,则平均数的代表性越大,它也可以说明现象的稳定性和均衡性。它和平均指标结合应用还可以比较不同总体标志值的相对差异程度。常用标志变动度指标有全距、四分位差、平均差、标准差等。当比较两个不同水平总体的平均数代表性大小时，须采用变异指标中的全距指标。

统计指标按其所反映总体现象的数量特性的性质不同可分为数量指标和质量指标。数量指标是反映城市社会经济现象总规模水平和工作总量的统计指标，一般用绝对数表示，如职工人数、工业总产值、工资总额等。质量指标是反映总体相对水平或平均水平的统计指标，一般用相对数或平均数表示，如计划完成程度、平均工资等。相对指标判定需要设立对应的标准。

统计是政府实施行政管理的主要手段之一。世界各国的统计部门都定期公布统计数据，各地方政府也都定期公布统计年鉴，政府城市规划主管部门一般也会定期统计公布有关城市方面专题的统计数据，这是我们进行城市评价数据的主要来源。目前，世界上有许多政府之外的组织在进行城市统计指标的收集和分析研究工作，如世界银行在 2000 年发布的《转变中的城市：世界银行城市和地方治理战略》(*Cities in Transition*：*World Bank Urban and Local Governance Strategy*)一书中，对世界主要城市统计数据进行收集和分析比较。亚洲开发银行 (ADB) 在 1999 年出版的《城市战略》(*Urban Sector Strategy*)一书中，对亚洲主要城市统计数据进行搜集和分析比较。欧盟早在 1977 年就出版了《欧洲城镇和城市：城镇规划实用导则》(*A Europe of Towns and Cities*：*A Practical Guide to Town-Planning*)，统计分析了欧盟国家和主要城市的数据。到 2000 年，随着欧盟的发展，欧盟委员会建立了"城市监测"机制 (The Urban Audit：Towards the Benchmarking of Quality of Life in 58 European Cities)，建立了相应的网站，实时公布 58 个城市的统计数据并定期更新。中国市长协会在近几期的《中国城市发展报告》中，也公布了中国城市的年度基本统计数据资料。

由于统计指标反映一定社会经济范畴的内容，因此，统计指标的确定，都是以经济理论为指导，与社会经济理论对范畴所作的一般概括相符合。而且，统计指标又是对社会经济范畴的进一步具体化，以确切地反映社会经济现象的数量关系。因此，在采用指标及进行指标体系设计时需要正确理解和把握指标的内涵。

进行城市评价，涉及的因素非常多，因此，众多的指标也需要进行合理的组织，形成指标体系。指标体系指的是若干个相互联系的统计指标所组成的有机体，它是将抽象的研究对象按照其本质属性和特征的某一方面的标识分解成为具有行为化、可操作化的结构，并对指标体系中每一构成元素（即指标）赋予相应权重的过程。指标体系的建立是进行预测或评价研究的前提和基础。

目前，城市的指标体系研究兴旺，有城市竞争力研究、可持续发展能力研究、国际性城市研究、宜居城市研究等。城市规划的指标体系主要包括经济、社会和生态环境三大方面，可以有不同的表述，如繁荣和有活力的经济、城市的竞争力和经济实力、社会的融合、社会公平、可持续发展、适宜居住、文化和生物多样性等。作为二级指标，可以进一步延伸。例如，2002年《中国城市发展报告》中，对中国城市发展能力指标体系的设计就划分为城市竞争指数、城市实力指数、城市社会指数、城市文化指数和城市可持续发展指数5个方面，共由104项要素指标组成，选取了全国50个主要城市作为样本和评价对象。

权重（weights）是构建指标体系和进行综合评价研究的一个非常重要的概念，它反映出因子之间、因素之间优先或重要性的相互关系，而权值的确定则是一个非常困难的问题。作为价值判断的评价研究，由于每个人价值观的差异，不可避免地要受到主观因素的影响。决策者、规划师和公众对系统中所有因素重要性的看法是不一致的，因此对权值的确定态度也不一样，有的甚至是矛盾的，这反映出各阶层之间、各种集团之间的利益冲突。为了较客观地确定权值，通常采用专家评分法或公众参与的方法。但是，任何方法也无法清除这种利益上的矛盾和冲突。因此，在评价研究时要尽量考虑各阶层人士的观点，这是综合评价研究应深入的地方。

4.1.3 城市综合评价与城市规划综合评价

城市综合评价的任务就是在不损失或少损失信息量的情况下，将由众多因素所构成的众多指标结合成一个或几个复合指标，使我们对城市全面的评价成为可能。

从研究的范围来看，城市的综合评价可以是一个城市中不同地区之间的比较评价，也可以是不同城市间的比较评价，可以是城市一部分的评价，也可以是整体城市的评价。城市局部的综合评价有多种，如城市环境质量、生活居住质量、基础设施和土地价值等方面的综合评价等。美国《金钱》杂志从1987年开始的对美国最适宜居住城市的评选，一直坚持到现在，经过问卷调查，选取犯罪率、住房、健康、经济、艺术、教育、交通、气候、休闲等方面进行评价，在经过调查，形成加权，用计算机软件进行分析，最后形成城市宜居的得分。《金钱》杂志也一直强调，这种评价是相对的，有些最后城市的排名与大家的印象出入较大，也是正常的。

至于整体的城市综合评价，目前虽然并不少见，但令人完全信服的并不多见，显然，这是一项艰巨的任务。一方面，必须确立能代表整个城市的复合指标，如城市发展水平或城市竞争力等。另一方面，要建立正确的综合评价模型，既不能因要处理的信息量太大而无法进行，也不能由于信息量太小而不能反映城市的全貌。

城市规划的综合评价应考虑两方面的主要内容，一方面是规划本身的优劣，这点可用城市评价的方法来进行，或者用规划与现状城市之差距来反应规划对现状的改良程度；另一方面，要考虑规划的实际性，这包括规划的可靠性，实现的经济问题，以及对未来发展的适应和转变的弹性等，规划的可靠性则要从规划人员的能力素质和所采用的规划理论方法等方面来评价。只有经过这样较全面的综合评价，我们才可能真正对城市规划进行比较和选择。

4.2　几种常用方法

综合评价是一种普遍的评价方法，包括定量评价、定量与定性相结合的评价，以及定性评价等类型。其中指数法、综合评判法是传统定量评价方法；层次分析法是最经常使用的方法；SWOT是新的定性评价方法；关键绩效指数法、雷达图法是对纯定量分析方法的改良。

4.2.1　指数法与综合评判法

指数法和综合评判法是两种经常使用的定量评价方法。

1. 第一种方法：指数法

指数法的基本原理是：在对评价对象主要因素及因子分析的基础上，按统一的标准对各因子评分，将各因子所得实际值与评价标准的比值定义为评价指数，各因子评价指数的加权求和是综合评价指数。

基本公式：

$$I_i = C_i / S_i$$

$$I = \sum_{i=1}^{n} (I_i)\, \omega_i$$

$$\omega_i = A_i / \sum_{i=1}^{n} A_i$$

式中，I 为综合评价指数；I_i 为评价指数；C_i 为因子实测值；S_i 为评价标准；ω_i 为因子权值；A_i 为全部专家对 i 因子权重之和。方法步骤：①分析因素：确定主要代表因素；②确定评价因子：重要的因子，数量要合适；③划定评价地域单位：方格网，通常为 1 公顷；④确定评价因子的权值：专家评分法；⑤计算结果、划分等级；⑥与实际相验证、反馈（注：步骤③只有在同一城市不同地区间的比较评价时才出现）。

2. 第二种方法：综合评判法

综合评判法的基本原理是：引用模糊矩阵复合运算方法，运用模糊变换原理，以隶属度来描述模糊界线，考察评判对象的各有关因素，最后进行综合评判。

方法步骤：①确定参评因素与因子、权重；②划分评价等级：通常为好、较好、一般、较差、差，五级测定；③划定评价地域单位；④定量计算与分析评价结果、反馈。

运算过程：

设有 n 个评价因素，$u = \{u_1, u_2, \cdots, u_i, \cdots, u_n\}$；$m$ 个评价等级，$v = \{v_1, v_2, \cdots, v_j, \cdots, v_m\}$。设因素 u_i 含有 P 个因子，其中因子 K 的权重为 C_k，则 $\sum_{k=1}^{p} C_k = 1$。在各因子所属的评价等级上写上该因子的权重，将同一等级的 C_k 相加，此时第一等级的 C_k 之和为 r_{i1}，第 m 等级的 C_k 之和为 r_{im}，这时必有 $\sum_{j=1}^{m} r_{ij} = 1$。这样，$u_i$ 因素的评判集 $r_i = \{r_{i1}, r_{i2}, \cdots, r_{ij}, \cdots, r_{im}\}$ 就确定了。求出所有因素的评判集，使其构成评判矩阵 $\underline{R}$。评价模式可写成：$\underline{B} = \underline{a} \cdot \underline{R}$

即

$$(B_1, B_2, \cdots, B_j, \cdots, B_m) = \begin{pmatrix} a_1 \\ a_2 \\ \vdots \\ a_i \\ \vdots \\ a_n \end{pmatrix} \circ \begin{pmatrix} r_{11} & r_{12} & \cdots & r_{1j} & \cdots & r_{1m} \\ r_{21} & r_{22} & \cdots & r_{2j} & \cdots & r_{2m} \\ \vdots & \vdots & \cdots & \vdots & \cdots & \vdots \\ r_{i1} & r_{i2} & \cdots & r_{ij} & \cdots & r_{im} \\ \vdots & \vdots & \cdots & \vdots & \cdots & \vdots \\ r_{n1} & r_{n2} & \cdots & r_{nj} & \cdots & r_{nm} \end{pmatrix}$$

$\underline{B} = (B_1, B_2, \cdots, B_j, \cdots, B_m)$，为评判结果。式中 $\underline{a}$ 为因素权重矩阵；$\underline{R}$ 为总的单因素评判矩阵；r_{ij} 为 i 因素中各因子在 j 等级的权重之和；。表示模糊数学中模糊矩阵的合成运算。

求出 $\underline{B}$ 之后，按最大隶属度原则确定综合评判结果的等级。在 $(B_1, B_2, \cdots, B_j, \cdots, B_m)$ 中挑选出最大值 B_j（$j = 1, 2, \cdots, m$），则此综合评判等级为 j 级。

4.2.2　层次分析方法

层次分析方法（analytical hierarchy process，AHP），亦称多层次权重分析决策方法，它是由美国运筹学家塞蒂于 20 世纪 70 年代初提出的。这种方法的优点是定性与定量相结合，具有较强的逻辑性、系统性、灵活性和实用性，是解决大系统中的多层次、多目标规划决策问题的有效工具，而且同样适用于多因素、多层次系统的综合评价研究。

层次分析方法的基本原理就是把所要研究的复杂问题看作一个大系统，通过对该系统的多个因素的分析，划分出各因素间相互联系的有序层次，再请专家对每一层次的各因素进行较客观的判断后，相应给出相对重要性的定量表示，进而建立教学模型，计算确定出每一层次全部因素（或元素）的相对重要性的权值，并加以排序，从而使人们据排序结果来进行规划决策和采取解决问题的措施。

层次分析方法的数学模型：假设对某一规划决策目标 u，其影响因素有 P_i $(i=1, 2, \cdots, n)$ 共 n 个，且 P_i 的权值为 ω_i，其中 $\omega_i > 0$，$\sum\limits_{i=1}^{n} \omega_i = 1$，则 $u = \omega_1 P_1 + \omega_2 P_2 + \cdots + \omega_n P_n = \sum\limits_{i=1}^{n} \omega_i P_i$。

由于因素 P_i 对目标的权数 ω_i 不一样，因此将 P_i 两两比较，可得到 P_i 个因素对目标 u 重要性的权数比（也就是相对重要性）构成的矩阵 A，即

$$A = \begin{pmatrix} \omega_1/\omega_1 & \omega_1/\omega_2 & \cdots & \omega_1/\omega_n \\ \omega_2/\omega_1 & \omega_2/\omega_2 & \cdots & \omega_2/\omega_n \\ \vdots & \vdots & & \vdots \\ \omega_n/\omega_1 & \omega_n/\omega_2 & \cdots & \omega_n/\omega_n \end{pmatrix} = (a_{ij})_{n \times n}$$

我们把 A 称为判断矩阵。A 满足限制：①$a_{ij} = 1$；②$a_{ij} = 1/a_{ji}$；③$a_{ij} = a_{ik}/a_{jk}$，$(i, j, k = 1, 2, \cdots, n)$。其中③称为 A 的完全一致性条件，且

$$AW = \begin{pmatrix} \omega_1/\omega_1 & \omega_1/\omega_2 & \cdots & \omega_1/\omega_n \\ \omega_2/\omega_1 & \omega_2/\omega_2 & \cdots & \omega_2/\omega_n \\ \vdots & \vdots & & \vdots \\ \omega_n/\omega_1 & \omega_n/\omega_2 & \cdots & \omega_n/\omega_n \end{pmatrix} \times \begin{pmatrix} \omega_1 \\ \omega_2 \\ \vdots \\ \omega_n \end{pmatrix} = n\omega$$

式中，n 为 A 的一个特征根，$\omega = (\omega_i, \omega_i, \cdots, \omega_n)^{\mathrm{T}}$ 是 A 对应于 n 的特征向量。可知，目标 μ 的 P_i 个因素的重要性权数，可通过解特征根问题求得，即由

$A_{\omega} = \lambda_{max} \omega$ 求出正规化特征向量而得到。

层次分析方法大体分六个步骤进行：①明确问题和目标；②建立层次结构模型；③构造判断矩阵；④层次单排序；⑤一致性检验；⑥层次总排序。

4.2.3 SWOT 方法、关键绩效指标法与"雷达图"方法

综合评价方法，如加权平均法或层次分析法，与传统的以城市投入–产出评价相比，有很大的改进，它不仅考虑城市的经济效益，而且要综合考虑城市的社会、环境的优劣，是一大进步。但是，这些方法都存在指数太多、计算复杂、无量纲化汇总、使人难以理解等问题。随着现代管理科学的发展和实践，在许多相关学科中，出现了一些新的改良的评价方法，如 SWOT 方法、关键绩效指标和雷达图法等，虽然它们都不是专门用于系统的理论评价，但都比较简洁，易于理解和实施，能较好地解决系统综合评价"黑箱效应"这个问题。

SWOT 分析方法最早由美国圣弗朗西斯科大学管理系教授海因茨·韦里克（Heinz Weihrich）在 20 世纪 80 年代提出，最初应用在商业的市场营销领域，用于制定运营的远景战略，之后逐步被应用到其他领域，是目前国际通行的一种行之有效的规划分析方法。SWOT 是优势（strengths）、弱点（weaknesses）、机会（opportunities）和威胁（threats）的缩写词。所谓 SWOT 分析，就是将研究对象的主要优势因素、弱势因素、机会因素和威胁因素，通过调查分析研究，按照矩阵形式排列出来，然后利用系统分析的思想，把各种因素相互匹配起来加以分析，从中得到一系列相应的结论。借鉴到城市规划，SWOT 方法首先可以成为在城市这一复杂巨系统中进行有限求解的有效的方法。"以问题为导向"，通过抓牛鼻子，纲举目张，把握整体。利用 SWOT 方法，既可以对城市进行现状分析和定性的客观评价，也可以作为制订规划设计方案的基础和评价规划设计方案的手段。

关键绩效指标（key performance indicators，KPI）的评价方法是现代企业管理中经常使用的一种方法，它是把对绩效的评估简化为对几个关键指标的考核，将关键指标当作评估标准，把员工的绩效与关键指标作为比较的评估方法，在一定程度上可以说是目标管理法与帕累托定律的有效结合。该方法是通过对组织内部流程的输入端、输出端的关键参数进行设置、取样、计算、分析，衡量流程绩效的一种目标式量化管理指标，是把企业的战略目标分解为可操作的工作目标的工具，是企业绩效管理的基础。KPI 法符合一个重要的管理原理——"80/20 原理"。"80/20 原理"是由意大利经济学家维弗雷多·帕雷托（Vilfredo Pareto）

提出的一个经济学原理，即一个企业在价值创造过程中，工作任务是由 20% 的关键部门和员工完成的，抓住 20% 的关键，就抓住了主体。而且在每一位员工身上"80/20 原理"同样适用，即 80% 的工作任务是由 20% 的关键行为完成的。因此，必须抓住 20% 的关键行为，对之进行分析和衡量，这样就能抓住业绩评价的重心。确定关键绩效指标有一个重要的 SMART 原则。SMART 是由 5 个英文单词首字母组成：S 代表具体（specific），指绩效考核要切中特定的工作指标，不能笼统；M 代表可度量（measurable），指绩效指标是数量化或者行为化的，验证这些绩效指标的数据或者信息是可以获得的；A 代表可实现（attainable），指绩效指标在付出努力的情况下可以实现，避免设立过高或过低的目标；R 代表相关性（relevant），是指年度经营目标的设定必须与预算责任单位的职责紧密相关，它是预算管理部门、预算执行部门和公司管理层经过反复分析、研究、协商的结果，必须经过他们的共同认可和承诺；T 代表有时限（time-bound），注重完成绩效指标的特定期限。

这种方法也可以用来作城市评价，即在城市众多的构成影响因素因子中，只选取关键指标进行评价。这种方法的优点是标准比较鲜明，易于作出评估。它的缺点是对简单的因素制定标准难度较大，缺乏明确的定量性，绩效指标只是一些关键的指标，对于其他内容缺少一定的评估，而且主观性大。在使用该方法时应当适当注意。

雷达图（radar chart）分析法，亦称综合财务比率分析图法，雷达图又可称为戴布拉图、蟛蟹网图、蜘蛛图，是日本企业界对综合实力进行评估而采用的一种财务状况综合评价方法。顾名思义，按这种方法所绘制的财务比率综合图形状似雷达显示屏幕，故得此名。

雷达图是对客户财务能力分析的重要工具，从动态和静态两个方面分析客户的财务状况。静态分析将客户的各种财务比率与其他相似客户或整个行业的财务比率作横向比较；动态分析把客户现时的财务比率与先前的财务比率作纵向比较，就可以发现客户财务及经营情况的发展变化方向。雷达图把纵向和横向的分析比较方法结合起来，计算综合客户的收益性、成长性、安全性、流动性及生产性这五类指标。效益分析雷达图是企业经济效益综合分析工具，它是以企业收益性、成长性、流动性、安全性及生产性分析结果的直观体现（图 4.1）。

雷达图的绘制方法是：首先，画出三个同心圆，同心圆的最小圆圈代表同行业平均水平的 1/2 值或最低水平，中间圆圈代表同行业平均水平，又称标准线，最大圆圈代表同行先进水平或平均水平的 1.5 倍；其次，把这三个圆分成五个扇形区，分别代表收益性、安全性、流动性、成长性和生产性指标区域；再次，从

ENVIRONMENT AND CULTURAL HERITAGE	
Strengths	**Weakenesses**
• The rich and diversity natural endowments, which offer a wide range of possibilities for transnational actions • Substantial improvement of the enciromental situation, due to the decrease of most pollutants, as a consequence of restructuring and environmental measures, but even as an effect of declining productions • Richness and diversity of cultural heritage, whose enhancement might play a crucial role to develop sustainable tourism to reinforce cultural activities and services	• Increasing flows of motorized traffic, increasing number of bottlenecks in urban areas • Negative industrial heritage: deteriorating asstets, lack of attractiveness for inventment, huge financial burdens • Difficult applicability of the "polluter pays' principle" for large parts of the most severely polluting industries • High exposure to natural/man made disasters (like floods, earthquakes, avalanches nuclear fallout accidental pollution, poisoning and eutrophication of water Threatened water reserves • Deforestation and soil erosion, due to unsuitable forms of agricultural exploitation • Insufficient supply and disposal infrastructure with regard to water and waste • Fragmentation of protected areas, which rarely from ecological corridors • Lack of co-ordinated forms of natural heritage regulation and maintenance, especially in border areas, where the most valuable ecosystems are placed • Lack of investment perspective for enhancing large parts of cultural heritage Insufficient extent of interventions to preserve and enhance cultural heritage • Insufficient awareness about risk-control, prevention of futher degradation and recovery of impaired heritage, through safeguard and innovation and through the unvolvement of private actors
Opportunities	**Threats**
• Community 's increased efforts towards common standards in the management of protected sites (Natua 2000), which will open a comparatively new field of co-operation	• Environmental policies in countries in transition focused just on urban contamination, without considering other severe environmental threats Destruvction of cultural symbols caused by the armed conflicts in fornor Yugostavia

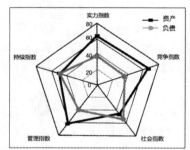 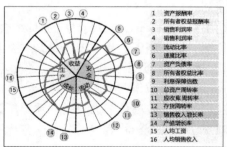

1.SWOT分析示例(欧盟INTERREG计划CADSESE区域环境和文化遗产分析)

2.雷达图方法示例(城市发展能力资产负债情况分析)

3.雷达图方法示例(企业综合财务分析)

图 4.1　SWOT 分析示例及雷达图方法示例

5 个扇形区的圆心开始以放射线的形式分别画出相应的财务指标线，并标明指标
名称及标度，财务指标线的比例尺及同心圆的大小由该经营比率的量纲与同行业
的水平来决定；最后，把客户同期的相应指标值用点标在图上，以线段依次连接
相邻点，形成的多边形折线闭环，就代表了客户的现实财务状况。

　　雷达图分析法也可以借用来进行城市的评价，特别是与城市财政状况相关的
评价。《2001~2002 年中国城市发展报告》中，对中国城市发展能力资产负债情
况进行了研究，建立了指标体系，并且对 50 个城市的发展能力资产负债情况使
用雷达图方法进行了分析和表示，非常直观形象，避免了传统的"综合评价方
法"的"暗箱效应"，使规划编制者、参与者和决策者能够清楚、准确地把握
问题。

　　总之，比较城市规划中的综合评价是一种有效的研究方法，但并不能完全反
映所评价的城市或对象，许多时候是有益的参考。要真正比较和评价城市，还必
须对所比较评价的城市有深入的了解，这可能需要更多的时间和精力。

第 5 章　世界主要城市比较研究

　　每一位从事和学习城市规划的专业人员都应该准备一张世界地图，标明自己已经访问过的城市。因为，对城市的研究除去通过书本的了解之外，重要的还是要亲自去体验。孟福德治学态度严谨，所论述的城市都经过自己的实地考查、勘察和记录，否则他宁可留作空白。他说："因为我的方法需要个人的经验和观察这些书本所无法替代的东西。"我在清华大学读研究生的时候，在导师赵炳时家里看到了这样一张世界地图。20 世纪 80 年代，在我写作硕士论文《比较城市规划研究初探》时，我还没有出过国门。今天，在参加工作 20 多年后，我实地考察了世界 10 个国家 30 多座城市，对城市的认识有了很大的提高。

　　当然，虽然世界上的城市数量是有限的，但一个人不可能走访所有的城市，也没有必要。作为规划师，要扎根自己的城市，对自己工作的城市从历史沿革、自然禀赋、政治、经济、文化等方面有深入的理解，这是从事城市规划职业的基础；同时也要深入了解几个主要的城市，通过综合的比较分析，对城市及其规划的认识会提升到一个高度。本章以我曾经访问过和长期关注的 11 个世界级大城市，即伦敦、巴黎、柏林、纽约、芝加哥、东京、大阪、悉尼、墨尔本、新加坡和香港，进行经验性的案例描述和初步的比较研究。

5.1　认知城市与比较城市

　　一个人对城市的认知需要一个过程。不管出生在城市或乡村，人对城市的认知是从对周围环境的认识开始的，从居住的房屋、院落到周围的公园、社区。儿童随着年纪增长，幼儿园和学校成为最常去的地方。通过参加社会实践，逐步对城市公共场所和公共空间有了直观的认知。不经意地在城市内和城市周边旅游、远足，经常会对城市有新的发现和探索。慢慢地会形成对城市一个整体的印象，也就是城市的意象。当我们去其他城市旅游或去读书时，我们在对新的城市充满好奇、兴奋的同时，总会把它与自己的城市进行比较。这不仅使我们加深了对故乡的了解，也让我们对城市概念和内涵的认识越来越全面。当然，对城市的认识需要不断地更新，如果我们离开故乡在其他城市工作和生活，随着时间的推移，故乡慢慢会成为遥远的回忆。

城市是人们政治经济文化活动的载体。不同的人从不同的角度对城市有着深刻的认识。城市居民对自己周围的环境和生活配套最为关心，房地产从业人员关心哪个地方的房价最高，经商者关心哪个地段人流最密集。而城市的建设和维护者对自己的工作环境最熟悉，公交司机最熟悉自己的线路，出租车司机最了解交通拥堵的情况，自来水、排水、燃气、供热等工作人员更了解城市的管线和运行情况。作为城市的领导者和管理者，不管是书记、市长，还是区长，他们更关心城市整体的情况，包括城市经济、社会、环境等方方面面问题；在面对问题寻求解决方案的时候，会想到其他的城市，学习借鉴别人的成功经验和做法是很有效的手段。当然，由于城市的情况不同，需要在了解其他城市和自身的特点的基础上，采用适合自己的办法。

作为城市的规划师，要搞好一个城市的规划，最基本的前提是必须非常了解这个城市，因此要扎根你的城市，热爱你的城市。同时，必须广泛了解世界上主要的城市，掌握世界城市发展的最新动向。要做到这一点，开展深入的比较研究，特别是一些专题的城市比较研究是非常有效的方法，做到知其然，并知其所以然。只有这样，才能在编制规划时，旁征博引，开阔思路，也才能结合自己城市具体的情况，提出现实可行的规划方案，避免邯郸学步，片面地照抄照搬，贻笑大方，才能真正做到"世界眼光，地方行动。"

5.1.1 实地考察与文案研究

城市是活的。对城市认知的最好办法是实地考察，如果能够在一个城市生活工作一段时间会更好。亲身体验所访问的城市，在城市中行走，看当地的建筑和环境，听当地人的讲述，所见所闻都会形成一种综合的体验，这里包括对城市空间的认知和对城市的感受，会令人产生欣喜、兴奋、羡慕、喜好、厌恶等情绪。这些感受是主观的，是大脑对城市表象瞬时的反应结果，没有经过条理化的分析研究，但这些认知和感觉是书本无法替代的。即使在古城遗址，现场实地考察与读史料的感受也大为不同。所以孟福德说，他所论述的城市都经过自己的实地考查、勘察和记录，否则他宁可留作空白。当然，尽管全世界城市的数量是有限的，但对任何一个个人来说，不可能考察世界所有的城市。即使亲自考察过的城市，由于时间限制或其他的原因，也无法对其有深入全面的了解，这就需要文案研究。

文献研究比实地考察能够更加全面，时间和空间跨度更大，内涵更丰富。特别是对城市历史发展演变、当前的经济社会发展情况和城市未来的规划更需要通过文献和资料的研究来获得。历史研究是比较城市研究的基础工作,人类有史料记载的文明史已逾数千年,对城市和建筑的记载汗牛充栋。许多历史记载,包括对先前朝代的研究,是研究城市历史的宝贵财富。最初的人文地理对城市的记载也很多,如徐霞客的游记、《马可·波罗游记》等;还包括文学艺术作品,如《清明上河图》等,也能够对城市历史提供真实的再现。当然,关于城市及其规划比较全面的史料应该是地方志,特别是城市规划方面的志书,是认知一个城市的最好文献。

现代城市规划理论经过百年的发展,积累了大量的成果,包括对城市及其规划的研究,而比较城市研究方面的成果和书籍也不少,如彼得·霍尔于 1966 年出版的《世界大城市》一书,书中对世界上 400 万人口以上的 7 个大城市从物质形态和基础设施等多方面进行了比较研究,总结了各个大城市建设发展的经验和教训。罗杰·西蒙兹和盖里·哈克 2000 年出版了《全球城市区域》(*Global City Regions:Their Emerging Forms*)一书,对世界上人口超过百万的 20 多个城市区域进行了比较研究,总结出当前城市区域的发展趋势。这些文献资料成果对我们深入认知这些城市,开展比较城市研究都是必不可少的。

5.1.2　城市漫游与鸟瞰

认知城市最基本、最好的方式就是在城市中漫游,从中获得的感受是最鲜活、最真实、最宝贵的。这些感受虽然是考察者随机的、短暂的感受,但这就是城市居民日常生活中的真实感受。高品质的生活质量是城市规划所要追求的目标,它正是通过居民日常生活品质的提升来实现的。规划师有了对城市真实的感受,才能真正认识一个城市,才能够作出高品质的规划和设计。

城市漫游的基本方式是漫步,漫步的好处是比较自由,可以四处观察,既可以深入到社区中,与居民交流,也可以进入建筑,观察其中的人和活动。当然,现代城市规模都很大,完全步行是不可能的,必须乘坐汽车、地铁等交通工具。在快速行驶中,我们会对城市产生走马观花、浮光掠影式的感受,其实这种感受也很重要,应该留意。一般的大城市和旅游城市都有游览公交或游船,这也是一种了解城市概貌的方式。另外,我们需要深入到一些著名的建筑和地区进行专业的学习考察,以理解城市的建筑和规划的文化。要深入考察一座城市,拜访政府有关规划专业部门则尤为重要。

在城市中的漫游基本是对城市局部的感知,要对一个城市有整体的印象,最好是空中鸟瞰它。许多城市都有制高点，或是自然的山顶，或是摩天楼、电视塔、观光塔等。登上帝国大厦，我们可以俯瞰曼哈顿。登上伦敦之眼，可以观览泰晤士河两岸的城市景象。在飞机起飞、降落时，机会好的话我们也可以短暂地鸟瞰城市，留下深刻的记忆。

当代社会，信息高度发达，一般城市都会通过各种媒介为访客提供城市基本的情况介绍，网页、宣传册、地图等，这些都是很好的第一手资料，在实地考察前，应该认真阅读，做足功课，选好考察参观的地点，做好考察的线路，这是考察成功的前提。

5.1.3 城市地图与城市意象

人类在很早以前就发明了地图。地图是依据一定的数学法则，使用制图语言，通过制图综合在一定的载体上，表达地球上各种事物的空间分布、联系及时间中的发展变化状态的图形，是"空间信息的载体"。城市规划以城市的土地利用和空间塑造为规划对象，因此，图纸，特别是地形图，是必需的资料和工具，有人称图是城市规划的"面包"。而城市地图，是以城市为范围的各种类型的基础性、综合性和单要素的普通和专题地图，反映城市的基本面貌和各种设施，如行政区划、街区、道路和经济发展状况，为城市管理、城市建设和旅游服务。一般的城市地图虽然简单，却也准确，是认知城市的重要手段。

城市意象是人对城市的主观印象，由人们凭借记忆所绘制的城市意象图与准确的城市地图相比往往发生偏差，但这反映了居民对城市的真实感受。凯文·林奇在 1960 年出版的《城市的意象》（*The Image of The City*）一书中，凭借他多年来观摩诸城市的心得及通过对市民的访问所获得的经验材料，将美国波士顿、洛杉矶和新泽西城的"城市意象"进行了比较分析，把组成城市意象的元素归纳为通道（path）、边缘（edge）、地域（district）、节点（node）和地标（landmark）五大类，并且说明各个不同城市意象的自明性（identity）是由各种特征，如空间（space）、结构（structure）、连续性（continuity）、可见性（visibility）、穿透性（penetration）、主宰性（dominance）等的不同及其组合的差异而产生的。凯文·林奇的研究是城市环境心理学的范畴，"意象"的概念和他的研究方法是现象学的。这也说明要认知一个城市，除科学的研究分析外，必须有亲身的体验。

5.1.4　城市的形象与城市的文化

城市的形象是由城市的自然条件、经济发展、人文环境、文化传承，以及城市居民构成的，它不仅仅是指城市形态和建筑的景观，而且包括城市生态环境水平，经济发展质量，社会安全状况，商业、交通、教育等公共设施的完善程度，法律制度，政府治理模式、历史文化传统以及市民的价值观念、生活质量和行为方式等要素作用于社会公众并使社会公众形成的城市总体印象。

城市形象是一个城市文化的外显，是城市内部与外部公众对城市内在实力、外显活力和发展前景的具体感知、总体看法和综合评价。台湾学者张丽堂援用了泰勒关于文化的经典定义，将城市文化定义为人类生活于都市社会组织中，所具有的知识、信仰、艺术、道德、法律、风俗和一切都市社会所获得的任何能力及习惯。郑卫民援用了广义文化的定义，认为城市文化简单地说是人们在城市中创造的物质和精神财富的总和，是城市人群生存状况、行为方式、精神特征及城市风貌的总体形态。秦启文认为，城市文化是指生活在城市区域内的人们在改造自然、社会和自我的对象化活动中，所共同创造的行为方式、组织结构和道德规范，以及这种活动所形成的具有地域性的典章制度、观念形态、知识体系、风俗习惯、心理状态、技术和艺术成果。

城市文化和城市形象是非常重要的，是一个更大的研究课题。虽然我们在进行城市认知和比较城市研究时，不可能进行城市文化的专题研究，但我们应该时刻有这样一种城市文化的观念，只有这样，我们的比较城市研究才会全面。

5.2　世界主要城市及城市中心

5.2.1　欧洲主要城市：伦敦、巴黎、柏林

工业革命发生在欧洲，工业革命后，欧洲大陆城市迅猛发展，百年间实现了城市化，形成了以伦敦、巴黎、柏林等为代表的现代大都市。这些城市原本具有悠久的历史，面对城市爆炸式扩张的形势，发明和采用了现代城市规划的手法，控制和引导城市发展，取得了巨大的成绩。毫无疑问，欧洲的主要城市是比较城市研究不可或缺的内容。

以英国、德国、法国为代表的西欧城市规划各具特色，同时也有许多相同点。与美国的放任政策完全不同，欧洲城市的规划建设多在严格的规划管理参与

下进行，城市保护政策有时甚至起着决定性的作用。西欧城市中心历史建筑居多，与北美城市中心商务区高楼林立不同，欧洲许多城市中心的轮廓线都是平缓的，空间尺度宜人，环境优美。虽然在某种程度上抑制了城市中心经济发展的活力，但从长远的角度看，这种政策保持了城市历史的延续性和文化景观特色，成绩是显著的。

西欧是工业化最早的地区，城市化水平较高，第三产业占劳动力总数的四分之三以上，城市中心第三产业发展势头很强，而近现代以来城市的保护政策阻止了城市中心的大幅度更新。城市发展和城市保护的矛盾是西欧各国城市第二次世界大战后所面临的共同的主要矛盾，而各国的规划做法各不相同。欧洲的主要城市及其三级世界城市体系，如图 5.1 所示。

1. 伦敦+道克兰 （Docklands）

英国是最早实施现代城市规划的国家，英国现代城市规划的发展过程就是世界现代城市规划的发展过程。1944 年阿伯克伦比主持编制的大伦敦规划是现代城市规划的范例。从几十年来数次的伦敦规划及其实践中，我们可以看出 20 世纪中叶以来英国对伦敦大都市地区及其城市中心规划认识和手法的发展演变。建设世界城市是目前伦敦城市发展的目标。

1944 年阿伯克伦比主持编制了著名的大伦敦规划，规划的主要目的是限制伦敦城市的扩张。通过在伦敦外围规划建设 10 公里宽的绿带和远郊卫星城，向绿带外的卫星城和现有城镇疏解 100 万人的中心区人口，以改善市区生活质量和环境。大伦敦规划对伦敦的发展起到至关重要的作用，尤其是它提出的控制市中心区扩张，发展分散的新城的规划模式，为世界各国大城市的发展指出了一条途径，由此，在全球范围内掀起了大城市规划和卫星城建设的热潮。

然而，伦敦中心市区在继续发展，它在经济上仍富有生气，特别是市中心区这一小块地区，一直有着新的就业机会，尤其是第三产业的就业机会，第三产业日益成为英国经济中的重要组成部分。在经济规律的作用下，与规划要求相悖，在一定的时期内，大伦敦区域的人口、工业、服务业仍在扩大，只不过是人口、工业集中到伦敦的外围而已。在 20 世纪 60 年代末出现的伦敦市区人口的分散过程，新城只起着很小的作用。过去曾过分强调建设新城对吸引城市人口的作用，其实人口疏散和经济基础有关。促使居民外迁的主要原因是经济水平的普遍提高、居住要求的提高及现代交通手段的应用。在客观条件不成熟的情况下，新城起的作用是有限的。20 世纪 60 年代末伦敦市区居民的外迁，完全和北美城市市区人口外迁一样，大部分是自发的，是经济规律在起作用。

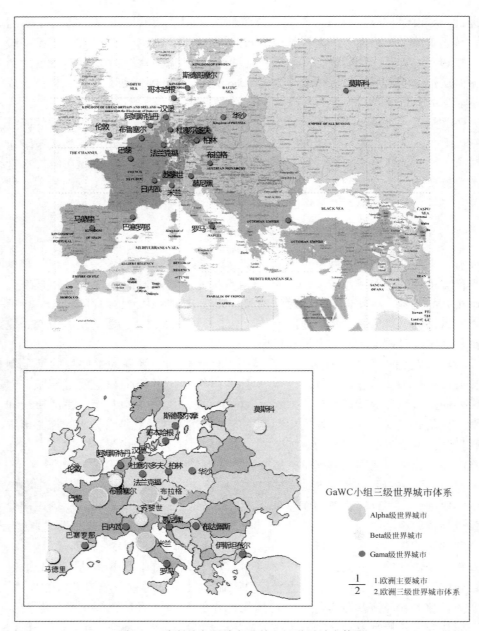

图 5.1 欧洲的主要城市及其三级世界城市体系
资料来源：http：//www.lboro.ac.uk/gawc/citymap.html

20 世纪 60 年代以来伦敦发生了很大的变化。从 20 世纪 60 年代中期开始，在大伦敦规划的基础上，编制了大伦敦发展规划，于 1973 年提交中央政府讨论。在 20 世纪 40 年代制定大伦敦规划时，伦敦面临的主要问题是人口和工业过于集中在伦敦中心市区。而到了 20 世纪 60 年代中期，伦敦市区人口下降的趋势变得十分明显，就业岗位也在减少，而同时伦敦内城中心商务区的发展十分迅速，给城市中心带来巨大影响。因此，大伦敦发展规划的原则是既要控制人口，控制内城中心商务区的过度发展，又要维持足够的劳动力以稳定人口，保持就业岗位数量。

大伦敦发展规划的重点之一是伦敦中心商务区的规划。第二次世界大战后大规模的重建，加强了伦敦作为商业和金融中心的作用，在 20 世纪 50 年代初便出现了"写字楼热"（office boom）。同时，作为重建的结果，伦敦的天际线开始变化，高层建筑出现了，对城市风貌和景观产生了一定影响。1965 年建造的邮政总局 30 层的邮政大厦，高达 189 米。1973 年建成的伦敦股票交易所共 26 层。另外还有西敏斯特区的 183 米的国家银行等一批办公建筑。到 20 世纪 60 年代末，伦敦中心商务区面临的主要问题是商务建筑过多，以至影响了居民区和大学区，破坏了市中心的面貌，并带来严重的交通问题。据统计，伦敦中心商务区的岗位中有 80% 以上是第三产业，其中 60% 的人在事务所上班。据 1967 年统计，全英国商业办公机构建筑面积中，伦敦中心商务区占到 29%。特别是西区，几十年来，该区已从富人居住区变成了办事机构和事务所的集中区。事务所过多还带来白天交通过于拥挤，并使长距离通勤的乘客大为增加。

为了解决以上问题，大伦敦发展规划采取了既要发展、又要控制的折中方案。首先，规划对伦敦中心商务区的功能进行了进一步明确。规划伦敦中心商务区是英国的政治中心、行政中心、金融中心、旅游中心、文化中心、教育中心和艺术中心。明确了中心商务区的发展方向。由于是中央政府和各行业总部的所在地，因此规划预计市中心的工作岗位还会增加。规划中心商务区要增加各种等级的旅馆和旅游设施，将市中心原有的大学、研究院，如伦敦大学、伦敦经济研究院等，保留下来。因为它们与政府各部门关系密切，保留在市中心，有利于更好地发挥其咨询功能。规划当局满足了大学扩大用地的要求，还规划在市中心区增建 5 个综合性工业学校。同时，市中心还将规划建设艺术和戏剧中心、国家会议中心等。展览中心虽然不一定设在市中心区，但与市中心区应有方便的联系。

伦敦城具有两千余年的历史，伦敦的中心商务区是经过几百年的发展形成的，是服务业的中心，而且以不同行业形成的不同功能区而著名（图 5.2）。伦敦中心商务区位于由伦敦城和其周围十二个区组成的内伦敦。在泰晤士河北岸呈

图 5.2　伦敦景象

带状的伦敦内城，包括维多利亚（Victoria）、帕丁顿（Panddington）、十字国王（King's Cross）和滑铁卢（Watterloo）四个铁路干线终点站所包围的地区，即是伦敦的中心商务区，它占地约二十平方公里。公元前一世纪罗马人修建的伦敦堡和一千余年后兴建的西敏斯特大教堂是伦敦城市发展的两个极核。由于历史的原因，中心商务区形成了两个区，西区为西敏斯特区（City of Westminister），包括皇室、国家机关、原伦敦大议会等行政管理机构，同时是商业和文化娱乐中心。东区是伦敦城（City of London），习惯称为"the city"，是英国的历史中心和古王宫所在地，是传统的金融贸易办公区。城内集中了大量银行、保险公司、交易所等，商店密布，交通拥挤，是伦敦的经济中心。在东西区之间，从北向南平行的依次是博罗母斯博哥（Bloomsburg）大学区、保险和律师组成的哈尔博罗（Holbore）法律区（Legal Quarter）和新闻出版业舰队街（Fleet Street）的所在地。东区通过舰队街和高哈尔博恩（High Holborn）大学区与西敏斯特区相连。

伦敦中心商务区是伦敦和英国的政治、经济和文化中心。西敏斯特区和伦敦城东区有大量的古老建筑，有许多宽阔的林荫大道，环境优美，是具有特色的地区。著名的建筑有圣保罗大教堂、西敏斯特大教堂、伊丽莎白塔、议会大厦、伦敦塔、白金汉宫、大英博物馆、唐宁街 10 号和政府机关白厅等。著名的街区除上面谈到的之外，还有特拉法加（Trefalgar）广场和唐人街。著名的大道有连接特拉法加广场和白金汉宫的林荫大道。特别值得提到的是，在伦敦中心区中有大量的皇家公园，为伦敦中心区创造了非常优美的自然环境。这些公园包括考文特（Covent）公园、西敏斯特区的格林公园、海德公园和肯辛顿（Kensington）公园，以及西敏斯特北部的摄政公园，泰晤士河上游的皇家植物园，中心商务区东南部的格林尼治公园等。另外，在位于伦敦中心商务区南部的泰晤士河沿岸，滨河建筑高度和体量与环境比较协调，而且后退红线较多，使泰晤士河沿岸形成大量绿地和建筑、雕塑小品构成的开敞空间和宜人的景观环境，成为伦敦中心商务区又一过人之处。这些优美的、独具特色的城市环境是伦敦中心商务区规划管理的最成功之处。

在明确发展方向的同时，对伦敦内城中心商务区的改建确定了更加严格的措施。规划在市中心区建立特殊保护区，包括白厅街、大公园（海德公园和圣杰姆斯公园）、伦敦塔区、勃罗姆斯堡广场、泰晤士河两岸（从伦敦城到威斯敏斯特一段）等。保护区周围禁止建造高层建筑，以免影响视线，破坏环境。同时，规划继承了传统规划的做法，根据 1965 年的《事务所和工业建设控制法》，控制一般事务所在市中心建造，鼓励公司等办事机构外迁。并且不许在市中心区再新建和扩建商店，在市中心以外规划建立 29 个区中心，以减轻市中心的压力。大伦敦发展规划对伦敦内城的保护和控制是严格和有效的。1959 年伦敦对巴比坎小区进行了改造，在建设了住宅、商店、学校和一个文化中心的同时，也保留了一些重要的标志性建筑，可以说整个小区的改造是成功的。20 世纪 60 年代末，当相同的思路被用于皮卡迪立（Piccadily）和考文特公园小区时，却遭到强烈的反对。人们反对拆除在建筑学和历史上有重要意义的建筑去建办公楼和公寓。伦敦 20 世纪 60 年代在案的更新工程共 1195 项，其中略饰立面即改变使用功能的项目竟占 83% 之多，再开发项目仅占 4%。大伦敦发展规划对伦敦内城历史风貌的保护起到了重要的作用。总体来看，大伦敦发展规划对伦敦中心商务区规划采用的方法是"又紧又松"的折中方法，目的是既要防止中心商务区事务所过多，以保持旧城的历史风貌，又要保证市中心仍有吸引力，防止市中心衰退。

实践证明，大伦敦发展规划所期望的理想目标没能实现，伦敦内城的衰落没有能够避免，中产阶级外迁是主要原因。同时，片面强调限制旧城的工业和事务所，使旧城的就业机会大减，新城夺去了市区的工作岗位。把国家有限城建资金全部花在新城上，加重了旧城市政设施的衰败，不如花钱改造旧城。对于旧城的片面保护和一些大公司的疏散影响了伦敦中心商务区的迅速改造，一定程度上也影响了英国经济的发展。到 20 世纪 70 年代末，英国基本抛弃了传统的规划方法，开始消减新城规模和投资，逐步解散原有的新城开发公司，把投资拨给旧城区，并在旧城区内提供无害的小工业的发展用地，而不是限制其发展。过去为限制事务所而建立的"事务所选址局"，现在的任务是鼓励商业企业、特别是外国厂商在中心商务区建立事务所，对城市中心的政策发生大转变。为了保持伦敦内城中心商务区的稳定发展，1978 年英国政府制定了伦敦《内城法》。经过这 30 多年起起伏伏的发展，目前，伦敦内城正逐步恢复了繁荣。

20 世纪 80 年代以来，为了促进经济的发展，英国规划部门在继续内城中心商务区改造开发的同时，制定了促进伦敦城市发展的"东部走廊"（East Corridor）发展规划。中心商务区向东扩展，道克兰（Docklands）码头区改造是这一计划的主要内容之一（图 5.3）。

在由 M25 高速公路环所围绕的大伦敦城范围内，西部是新产业地区，北部是飞机制造、计算机和电子设备工业。西部的西斯罗机场，以及南部的盖特维克（Gatewick）机场都对当地的发展起到了积极的促进作用。东部和东北部是"东端"（East End），主要是仓库、服装批发、精密仪器和家具制造。这一地区在第二次世界大战中损失最严重，是改造的重点。"东部走廊"就是指从伦敦码头区

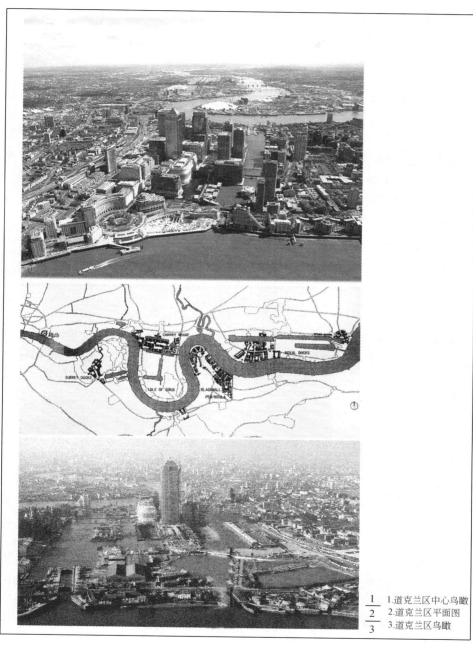

$\dfrac{\dfrac{1}{2}}{3}$
1.道克兰区中心鸟瞰
2.道克兰区平面图
3.道克兰区鸟瞰

图5.3 伦敦道克兰区（Docklands）景象

开始，包括"东端"和泰晤士河沿岸地区，直到泰晤士河出海口的区域范围。
"东部走廊"发展规划就是通过伦敦码头区的改造，以及位于泰晤士河出海口的
伦敦新海港和连接英法两国的英吉利海峡海底隧道的建设，带动伦敦东部地区的
发展，进而促进伦敦和英国经济的复苏和发展。

　　紧邻伦敦中心商务区东部金融城、泰晤士河塔桥（Tower Bridge）以东即是
举世闻名的伦敦码头区（Docklands）。伦敦港曾是欧洲最大的港口之一，从伦敦
塔桥向东直到出海口的整个沿岸地区，绵延 100 公里都是港区和仓库，伦敦港为
17 世纪以来英国经济发展提供了重要动力。第二次世界大战后，海船迅速大型
化，伦敦的港口东移至海口，20 世纪 60 年代起，伦敦泰晤士码头区开始衰落，
至 1982 年所有码头全部关闭。

　　1981 年，英国政府授权成立伦敦道克兰开发公司（London Docklands
Development Corporation，LDDC），主持这片 22 平方公里地区的城市更新（regen-
eration），伦敦道克兰开发公司的开发宗旨是将道克兰开发成为伦敦中心商务区
的一部分，以彻底改变伦敦中心商务区长期以来用地极度紧张、地价过高、发展
受限的局面。政府投资修建高度自动化轻轨铁路、地铁延伸线和干道系统等基础
设施，投资 1.3 亿美元的轻轨一期工程早在 1987 年就开通，区内的中型商务机
场（STOL）投入运营。英国及海外大公司纷纷在道克兰开设办公机构，高档住
宅也已开始出售。道克兰整个项目的中心是加那利沃夫码头（Canary Wharf）的
整体改造，由 SOM 公司设计，规划总建筑面积 112 万平方米。整个道克兰的标
志性建筑，同时也是当时欧洲最高的建筑——加拿大广场一号，就位于加那利沃
夫码头规划区的中心。

　　将伦敦道克兰开发成为伦敦 21 世纪中心商务区的重要组成部分，是 20 世纪
80 年代起英国针对欧洲统一市场形成，力图保持和发展英国竞争实力的关键步
骤之一。英国媒体称道克兰的开发是伦敦 21 世纪之依靠。道克兰作为伦敦中心
商务区的一部分，对于伦敦和英国经济发展的重要性由此可见一斑。但是，随着
20 世纪 90 年代整个世界经济的不景气，道克兰的开发进入低潮，几乎停滞。当
时伦敦内城中心商务区许多现有的办公楼都租不出去，更何况道克兰。但到了
21 世纪，随着经济的复苏，道克兰的发展迎来了新的机遇。经过 20 余年的发
展，道克兰地区已经拥有包括英国第一高楼——加拿大广场一号在内的众多高层
写字楼，聚集了银行、金融机构和法律服务等众多行业，摩根斯坦利、瑞士第一
波士顿银行、花旗集团等世界知名金融机构是该地区的主导租户。目前，道克兰
已经成为继伦敦城和威斯敏斯特区之后伦敦的第三个中心商务区。

2. 巴黎+德方斯 （La Defense）

巴黎有 2000 多年的悠久历史，最早的城市建在塞纳河中的西特岛 （Le de la Cite） 及其南岸地区，当初仅有一个从事商品交换的小城镇。公元 1 世纪罗马人在岛上建立了一个城邦。公元 4 世纪巴黎始有较大发展。6 世纪法兰克王国定都于此，随后即成为法国历代王朝京都和历届共和国首都。

巴黎是欧洲大陆上最大的城市，是法国政治、经济、文化中心。同时，巴黎也是全国内河航运、铁路、航空的枢纽。巴黎虽然是内陆城市，但因为塞纳河具有航运的功能，拖船逆流而上可达到巴黎，所以使巴黎成为法国第四大港口，担负着货物处理、加工和分配的主要功能。巴黎是法国全国铁路和高速公路网的中心枢纽，有夏尔·戴高乐机场等三个大型国际机场。目前巴黎大区的人口接近一千万，是法国全国人口的四分之一。全国大约五分之一的制造业和四分之一的服务业集中在巴黎大都会地区，主要的产品包括机械、汽车、化工和电子设备等；为生产服务的关键行业，如银行业和金融业，都集中在巴黎。巴黎文化和艺术事业的辉煌吸引了大量的出版企业和许多高级时装、珠宝等奢侈品制造商。第二次世界大战后，现代高科技产业的发展也很迅速。巴黎位于欧洲最富裕农业地区的中心，强大的农业经济长期以来为巴黎提供了可靠的食品供应，并且为整个地区提供了坚实的经济基础。近年来，巴黎作出了巨大的努力，以吸引跨国公司的总部设在巴黎，目前巴黎已成为欧洲最重要的国际商务和商业活动的中心之一。巴黎也是世界上最美丽的城市，良好的气候条件对城市的生活产生了重要影响，街道旁的咖啡座、露天市场，以及其他的室外活动给巴黎一年四季以丰富的色彩（图 5.4）。

巴黎由巴黎中心区，即中心商务区、巴黎市区和大巴黎三层组成。中心商务区占地 20 平方公里，居民约 60 万人，工作岗位 100 万个。巴黎市区是指 1840 年城墙拆除后修建的环形大道范围之内的老城区，面积为 105 平方公里，230 万居民，白天时加上来此就业的流动人口和游客可达 360 万人。大巴黎指巴黎大都市地区，包括巴黎近郊和远郊区，人口约 600 万人，1700 平方公里。巴黎大区包括七省一市，人口 1000 万人，1.2 万平方公里。

巴黎内城基本上是个圆形，形状好似人的心脏。塞纳河从市区内通过，将巴黎划分为两部分。塞纳河上的西特岛，是城市的发源地，也是城市的中心，著名的巴黎圣母院就位于西特岛上。由于地势平坦，所以巴黎城市的扩展基本上是一个圆形，而且被一系列用于防卫的城墙包围着。城墙废弃后，遗址被用来修建道路，形成巴黎城内主要的街道和围绕内城的环路。自从 10 世纪成为首都以来，

		1.城市鸟瞰
1	4	2.塞纳河鸟瞰
2		3.香榭丽舍大街
3		4.埃菲尔铁塔

图 5.4　巴黎景象

巴黎几经扩建，一直在不断发展。

巴黎中心商务区位于城市中心最古老的地区，从巴黎圣母院到星形广场，从蒙罗特山到蒙帕纳斯山之间的范围，面积约 20 平方公里。大部分银行、保险公司的总部、交易所、市场都集中在市区西部。塞纳河上有许多各具特色的桥梁，与塞纳河相切的香榭丽舍大街为全市的轴线，全长 1800 米，宽 120 米，是世界上最美丽的林荫大道之一，街道两旁是巴黎最豪华的百货商店、时装店和夜总会、影剧院。在城市中最具有特色的区域包括塞纳河岸以文化和教育为主的拉丁区、靠近香榭丽舍大街的塞纳河右岸的高级住宅区和商业区，以及城市东北部的低收入的工人阶级住宅区。塞纳河东岸的蒙塔特区遍布咖啡馆和酒吧，是夜生活中心。巴黎有 60 座博物馆、艺术馆，珍藏着世界稀有的珍宝，其中卢浮宫是世界上最大的美术博物馆。

历来的统治者都很重视巴黎的发展规划和城市建设。18 世纪初巴黎已经很拥挤，城市环境很差。三级会议呈书政府，要求将巴黎建设成为一个"清洁、安全、方便"的城市。政府接受了建议，改造了广场、道路交叉口，维修了古建筑和桥梁，美化了塞纳河两岸，开辟了公共绿地，限制了建筑高度。根据 1724 年的法令，划定了巴黎的界限。

1793 年成立了巴黎艺术委员会（Commission des Artistes），该委员会按三项基本原则，即划分城市用地、解决卫生和交通问题、尽可能美化巴黎，编制了巴黎规划图。尽管没被批准，但规划方案基本上概括出巴黎以后发展的趋势，对巴黎以后的发展产生了重大影响。

19 世纪初，巴黎有 50 万居民，城市非常拥挤。拿破仑一世决定将巴黎建成世界上最美丽的城市，并着手实施 1793 年的规划：开辟道路，建造桥梁，改造河岸和广场，开挖运河，建设引水渠、给水站和下水道，修建卢浮宫和油房花园，开辟公共绿地，为疏散市中心，另建行政和大学区。

1840 年以后的拿破仑三世在位时期，巴黎豪斯曼市长的改建使巴黎旧城形成了今日的面貌。豪斯曼改建基本遵循了 1793 年规划的思想，修通了巴黎通往凡尔赛的铁路和巴黎最后一段城墙。1853～1870 年，巴黎完成了几项重大工程，如修通了长 400 公里的城市道路，拆除了一些房子，开辟广场，建设了布龙涅等公园，改善了城市通风，基本上解决了巴黎的拥挤和不卫生问题。在豪斯曼重建时期，兴建了香榭丽舍大街等街道，形成了巴黎城市中心的轴线和放射性的道路骨架，同时兴建了凯旋门、巴黎歌剧院等建筑，与巴黎原有的许多著名的历史建筑，如巴黎圣母院、圣心教堂、卢浮宫、爱丽舍宫、卢浮宫等一起，构成了巴黎 19 世纪的城市中心的基本骨架。到 19 世纪末，为迎接世纪博览会的召开，又兴建了一批著名的现代建筑。320 米高的埃菲尔铁塔成为巴黎最著名的制高点和象征，巴黎的建设由此达到了一个高潮，并形成了世界上最富有魅力的城市中心之一。

由于工业革命的影响，特别是铁路的修建，使 19 世纪巴黎的人口迅速增长。20 世纪初，小汽车的出现，给巴黎带来更为严重的环境污染和交通拥挤问题。巴黎面临着过度集中、人口增加、市中心人口外迁、通勤距离加大、税收减少、流动人口增加、交通负担加重、城市用地紧张、郊区配套差、城市绿地消失等一连串的问题，特别是陈旧的巴黎市中心面临着巨大的压力。

为解决巴黎的城市问题，第一次世界大战后进行了"改建、美化和扩大巴黎"的讨论。1932～1935 年第一次提出了限制巴黎无政府随意发展和美化巴黎的规划设想；1954 年提出了巴黎总图草案；1956 年成立国土整治委员会，并对总图草案进行了修改。为了避免城市过于膨胀，同时解决发展和旧城保护的矛盾，巴黎规划总图采用了较为实际的分散和集中相结合的规划方法。规划沿与塞纳河平行的两条轴线发展，避免过分分散带来的效益低下的问题。为解决城市的发展问题，在巴黎城市的边缘规划了五个规模较大的新城。同时，在巴黎旧城的边缘规划了九个综合性的中心，德方斯即是这九个中心之一。1955 年，以全法工业展览馆的建设为契机，法国政府决定全面规划建设德方斯这一地区。德方斯于 20 世纪 60 年代初开始大规模建设，到 20 世纪 80 年代初基本建成（图 5.5）。

对巴黎内城，特别是中心商务区的范围，规划历来采取严格的控制措施，制定了严格的巴黎旧城改造保护的规划和建筑管理条例。例如，对香榭丽舍大街两侧的改建具有非常严格的规定，如新建建筑必须与旧建筑在退线、高度、立面比例上保持一致（alignment, no setback）。蒙帕纳斯（Montparnasse）火车站的高层居民楼和商业建筑和从埃菲尔铁塔开始塞纳河下游的高层建筑，破坏了巴黎城市的优美的轮廓线，遭到非议。直到现在，巴黎旧城内对建筑高度的控制仍然非常严格，建筑地面到檐口的高度不能超过 20 米，顶楼由一个弧线确定，高度不能超过街道宽度的 1/2，最大不超过 8.5 米。这样做尽管造成城市建筑和人口密集，但天际线保持了非常优美、平缓的状态。

巴黎的中心部位，像其他许多的欧洲城市一样，是很早以前建成的。当时还没有特别意识到开敞空间和娱乐空间的重要性，最大的开敞空间是一些皇家园地。这种状况，加上对建筑高度严格的控制，使得每个居民人均绿色空间的指标异常低。因此，巴黎在旧城改造时，特别注意留出一定的广场和绿地。例如，著名的老中央市场迁出拥挤的内城时，原址建设成为一个有下沉广场的地下多层商业街，增加了开敞空间，改善了周围的环境。

1
2	3

1.从香榭丽舍远眺
2.新凯旋门
3.鸟瞰图

图 5.5　巴黎德方斯
资料来源：维基万科网

德方斯位于巴黎西北、塞纳河畔、城市中心轴线香榭丽舍大街的延长线上，距凯旋门 5 公里。德方斯位置很好，交通方便，市郊铁路、区域和城市干道以及公共汽车、长途公共汽车在区内交汇，与巴黎旧城及周围地区有非常密切的联系。发达便捷的交通使德方斯的发展成为可能。

巴黎旧城的精华是它的轴线构架及其所衬托的重点建筑的结合。这条轴线具有开放性和生长性，它是经历史上多次营建而成，轴线是通过直观的视觉联系形成，同时它反映了城市发展的历史轨迹。德方斯的建设正是继承这一传统特性，作为延伸轴线的一个节点。德方斯用不对称构图同古典建筑呼应，在轴线正中建造一个新的凯旋门——"门"形摩天大楼，称为通向未来之门，它同时与星形广场、凯旋门及卢浮宫相呼应。有人说其匠心之处是将对称的"门"微微旋转了一个角度，而知情人透露这样做实际是地下地铁建设的需要。精心的规划设计使之成为巴黎市城市精华和有机秩序的延伸，是继承与发展相结合的一个有益尝试和成功实例。

德方斯全部规划用地 760 公顷，包括 A、B 两区，是一个高密度开发的综合性中心，包括购物、办公、酒店、文娱及其他服务设施，如停车场等。剖面竖向设计上，交通和市政管网统一安排，将那些无须连续规划和布置的设在最低层，包括基座、交通层、夹层、步行层、平台层及上部结构，其中地下部分及地面一层、二层称为基础结构，平台为文娱活动之用，也包括封闭或开敞的消遣设施。上部结构作为办公或旅馆，区内包括大约 52.9 万平方米的出租空间，1.8 万平方米的室外出租空间。近 30 万平方米的停车场。德方斯规划中考虑了大规模居住功能，主要集中在 B 区。

这里交通便捷，公交、步行系统完善，使高密度的开发成为可能。基础结构空间宽敞，上部结构在布局上精心安排，以最大限度地保证使用自然光线和通风，并具有良好的景观。停车容量考虑了与之相关的道路网中的流量，同时考虑了不同功能活动的不同高峰使用时间和数量。

德方斯 A 区规划于 20 世纪 80 年代已完成并大部分建成。A 区总占地 220 公顷，已建成办公楼 350 万平方米，现有 10 万雇员，800 家企业，其中 119 家为世界大公司。80% 的法国大公司在此设立机构，巴黎 50% 的劳动力就业与该中心设施有关。建区 50 多年来，德方斯不再局限于商务领域的开拓，而是将工作居住休闲三者融合，环境优先的德方斯也正在成为一个宜居区域；而 85% 的员工依靠公交上下班，亦证明了商务区交通方面的便利。当然，今天看，德方斯的规划设计也存在尺度过大的问题，高架平台的巨大尺度，使人在上面活动并不十分方便。

虽然存在一些问题，但总体看，德芳斯是成功的。德方斯的成功在一定程度上归功于它有一个好的总体规划设计。德方斯在建设上使用了最先进的规划力量和规划技术，以及最先进的建筑技术和材料。例如，配套齐全的通信、自动传输系统和环形大道，以及当今世界上跨度最大的薄壳建筑——全法工业展览馆等。地下、地面、地上统一规划，分期建设，并通过地铁、快速路系统和通信设备与旧区连成一体。这种全新的开发概念吸收了美国城市开发和英国新城建设的经验和教训，产生了高效率，同时避免了高密度带来的问题。德方斯的建设突出地表现了规划干预对城市建设的积极作用，解决了巴黎旧城中心区保护和发展的矛盾，使城市基本形成了双心的城市结构，为进一步的发展创造了新的天地。

德方斯的建设同时也是一个不断发展的过程。从 1958 年规划建设开始，至今已 50 多年了。在 50 多年间，德方斯一直是按照总体规划分期实施，不断发展。虽然在实施的过程中也遇到很大的困难，但最终取得了令人满意的结果。1982 年开始德方斯顶端的设计竞赛，1989 年巴黎世界博览会德方斯顶端投入使用，标志着德方斯建设的一个顶峰。1990 年 8 月，法国政府宣布逐步开发位于德方斯顶端"巨门"以西地段的重要决定，并组织了国际范围的规划咨询，这标志着德方斯的建设又进入了新的历史时期。

3. 柏林+波兹坦广场（Potsdamer Platz）

柏林 1230 年建城，始位于施普雷（spree）河的一个小岛上，即现在的博物馆岛。1640 年柏林成为普鲁士的首都。1871 年成为统一的德意志帝国的首都。在随后的几十年当中，柏林发展成为一个重要的工业中心，机械、电子、纺织等行业发展迅速，同时以众多的剧场、音乐厅、展览馆而闻名。以柏林为中心形成的铁路网络，给柏林的发展带来许多益处。大量工厂、商店的建设吸引了众多的工人。第一次世界大战后，柏林进一步扩大，人口达到 380 万人，成为当时欧洲特大城市之一（图 5.6）。

第二次世界大战中，柏林 5 万余栋建筑被摧毁，城市损失殆尽。城市人口由战前的 440 万人减少到 280 万人。东、西柏林分道扬镳，各自发展，从此，柏林成为一个"分裂的城市"（divided city）。东柏林作为民主德国的首都，是民主德国的政治、经济、文化、交通中心，电机、化学、精密仪器、印刷、食品业发达。西柏林实际是联邦德国的一个州，有万余家工厂，尤以电子、仪表等工业最为发达。1990 年 10 月，德国统一，柏林结束了一个城市、两种制度的局面，重新成为德国的首都。柏林扼东西欧交通要冲，重要的战略地位使柏林重新走上国际性城市的舞台。

东、西柏林的统一，使许多柏林人得以团聚，但同时也带来了众多的经济和社会问题，如住房短缺、失业、罢工和示威、犯罪和排外情绪加剧等。同时，德国的统一使得德国政府不得不增加税收、减少政府补贴和社会福利，以支持原民主德国的发展，但民主德国的发展比人们预想的缓慢得多，这样就造成联邦德国与民主德国居民双方心理的不平衡。

柏林的统一不仅给城市的社会、经济方面带来了许多问题，同样也给柏林的城市规划建设方面带来许多问题，其中迁都和与迁都相关的城市新中心的选址建设是两个特别引人注目的焦点。

柏林原本是德国的首都。第二次世界大战后德国分裂，东柏林成为民主德国的首都，而联邦德国则将首都建在小城波恩，西柏林成为联邦德国的经济和文化中心。德国统一后，比较理想和理智的做法是保留波恩为统一德国的首都，而将柏林建成整个德国的经济中心、文化中心和交通枢纽。如果做这样的战略选择，既可以保证柏林的迅速发展，又可以避免由于过度集中所带来的城市问题；而且，这种做法秉承德国城市规划的传统，同时也遵循了目前国际上城市规划的发展方向。

德国统一前，联邦德国经济相对较为发达。联邦德国主要城镇的聚集区，除鲁尔外，都比大伦敦和大巴黎小，它们没有过分拥挤和服务设施不足等问题。从这方面看，联邦德国分散型的城市增长是好的，应该继承发扬。另外，将首都与全国的经济中心城市分离是当前的发展趋势，如澳大利亚、巴西等国都新建了首都，日本、韩国也在计划迁都。因此，从理论上讲，德国不应该迁都柏林。

然而，或许是出于一种民族感情，或许是由于雄心勃勃发展计划的驱动，或许是德国人传统的理性化的思考，经过激烈的争论，最后，德国联邦议会以微弱优势通过迁都法案。由此，在伦敦和巴黎之后，柏林成为西欧第三大集政治、经济、文化等于一身的国际性城市。柏林中心商务区位于城市的中心，施普雷河南岸，占地约25平方公里，与菩提树大街、6月17日大街和俾斯麦大街一起构成一条东西向、与施普雷河平行的城市轴线。柏林中心商务区由于城市的历史发展，形成了较为分散的布局，城市中心商务区由菩提树大街和植物园为中心，连接几个著名的功能区。菩提树大街修建于18世纪，是欧洲最著名的林荫道之一，长1400米，宽60米，著名的布兰登堡门位于菩提树大街的西端。菩提树大街东至博物馆岛，沿街有国家歌剧院、国家图书馆、历史博物馆、柏林教堂和洪堡大学等古老建筑，形成柏林中心商务区主要的文化教育区。博物馆岛上是一组古老的建筑群，博物馆岛、施普雷河东岸是亚历山大广场，是由商店、餐厅等建筑围合成的大广场，是民主德国时期建成的东柏林的政治、商业、文化中心区，广场

$\dfrac{1\ |\ 2}{3}$ 1.威廉皇帝纪念教堂
2.柏林大教堂
3.克兰区鸟瞰

图 5.6　柏林景象
资料来源: 维基百科网

旁边是民主德国时期建造的高 365 米的电视塔。

原西柏林的中心位于著名的商业街库尔费斯腾达姆（Kurfurstanden）大街。大街长 3 公里，街道两侧是商店、旅馆、餐厅和电影院。大街的中部是著名的、在第二次世界大战中被炸毁的恺撒·威廉皇帝纪念教堂，在城市重建中，保留了破损建筑的原样，以此提醒世人勿忘历史。库尔费斯腾达姆大街还包括著名的欧洲中心和柏林最大、最高级的百货大楼。在库尔费斯腾达姆大街的北面就是动物园和绵延 3 公里、直到布林登堡门、占地达 3 平方公里的柏林植物园。在植物园东南、波兹坦大道以西，是西柏林从 20 世纪 60 年代开始建设的文化综合中心，其中包括密斯设计的著名的新国家美术馆（1968 年）、沙朗设计的柏林爱乐音乐厅和新国家图书馆、格罗皮乌斯设计的鲍豪斯档案和博物馆等著名现代建筑的代表作。德国是现代建筑运动和鲍豪斯的故乡，柏林的现代文化综合中心是一件珍贵的收藏品。

鸟瞰柏林，其边缘为森林、湖泊、河流环抱，城市仿佛沉浸在一片绿色的海洋中。城市中心也有大片的公园和绿地，建筑平缓，环境优美。德国分裂时期，柏林墙以布林登堡门为界，与城市轴线垂直地从城市中心穿过，将老的城市轴线一分为二，东西柏林各自发展自己的城市中心，而在柏林墙周围则形成了大片的开阔和废弃地带。柏林统一后，如何在原有城市的历史基础上规划新首都的国家行政办公区（CAN）和统一的城市新的中心商务区呢？机会与挑战同在。柏林的规划作出了比较令人满意的回答。

柏林国家行政中心的规划采取注重历史和环境的规划方法，结合旧行政建筑故址，规划了两个集中的行政办公区和少量分散的行政办公建筑，组成相对集中的布局。西区的办公区位于城市的中央，规划重点是位于植物园北、与施普雷河相交的新的行政轴线。新行政轴线与城市主轴线 6 月 17 日大街平行，将包括纳粹时期被烧毁的著名的议会大厦和 1957 年建成的壳形屋顶的著名现代建筑会议大厅等原行政建筑组成一个整体。原议会大厦的改建设计，由国际著名建筑师福斯特主持。新的行政轴线横跨东西柏林，象征着东、西柏林的统一，规则的轴线与曲折的施普雷河形成对比，衬托出国家行政中心的庄严。东部的行政区位于亚历山大广场的西侧，结合原民主德国议会人民宫及其周围改造形成。规划拆除原民主德国外交部大楼，恢复老的宫殿和广场。整个柏林国家行政中心规划给人的感觉是亲切、宜人。德国于 2000 年完成迁都，新首都的面貌目前已经基本形成。

柏林中心商务区新的中心理所当然地规划选址在东、西柏林的中心位置、波兹坦大道两侧。这里是连接东、西柏林城市中心的最佳场所，历史上就曾是著名的商业娱乐中心。柏林分裂后，柏林墙从此穿过，留下大片旷地和废弃的铁路车场。规划恢复原著名的莱比西广场，围绕莱比西广场，主要在其西侧，布置几组商贸建筑，包括波兹坦广场、SONY 中心等，其中波兹坦广场是最大的一组。

波兹坦广场位于柏林市中心商务区的地理中心，东、西柏林两个中心的连接地带。历史上波兹坦大街和莱比西广场周围是著名的商业娱乐中心，在第二次世界大战中被炸毁。战后成为东、西柏林的分界地带，柏林墙由此穿过，整个地段是安全开阔的旷地。柏林统一以后，著名的汽车制造商奔驰公司在德国统一的前夕购买了这块土地，当时计划建设奔驰培训中心。柏林统一后，为使这一地块的价值得到充分体现，奔驰公司决定将其建成新柏林中心的一部分。其周围是：西部是原联邦德国 20 世纪 60 年代新建的文化广场建筑群，南部是兰德韦尔运河，东部是波兹坦大街，北部是莱比西大街。规划用地 6.8 万平方米，规划总建筑面积 34 万平方米（图 5.7）。

波兹坦广场的规划设计体现了最新的城市规划、城市设计和建筑设计思想和方法。在土地使用规划方面，采取混合使用的方法，将商业、办公、居住、娱乐融为一体，以保证新中心的昼夜繁荣。在城市设计方面，采用空间、联系和场所等新的设计理论和方法，注重街道、广场等城市空间的创造，注重对历史文脉的尊重和与周围现代建筑的协调。在新技术应用上，采用新型生态建筑的设计方法和新的设计技术，充分利用自然条件，避免过多依赖空调、人工照明，部分建筑采用了通过人工调节即可达到类似空调效果的自然通风新技术。为了达到既整体统一又富有变化的目的，奔驰公司邀请了包括世界上著名建筑师在内的 7 个设计公司，由伦佐·皮亚诺负责统一的规划和组织。不同地块的建筑由不同的建筑师设计的方法，效果不俗。波兹坦的建成成为继巴黎德方斯、英国道克兰、东京新宿之后，又一个具有时代意义的新的城市中心。

总之，整个柏林中心的规划是一个非常好的规划。通过规划，将原东西柏林两个独立的中心连接成为统一的整体，满足功能和发展的需要。规划特别注重对城市历史文脉和城市肌理的保护和延续，恢复老的广场，完善原有的街道和广场空间，建筑低缓、平易近人，没有过度集中，没有所谓高大雄伟的建筑，到处表现出对人的尊重，体现了生态城市和有机生长的规划原则，值得效仿。

另外，值得一提的是柏林的基础设施规划。柏林的交通和市政基础设施在战前是一个完整的系统。第二次世界大战导致东、西柏林分裂成两个城市后，西柏林的基础设施建设相对东柏林来讲，在技术上要先进很多，但两个城市大的系

1
2 | 3
   | 4

1.波兹坦广场景色
2.波兹坦广场鸟瞰
3.SONY中心穹顶
4.波兹坦广场街景

图 5.7 柏林波兹坦广场
资料来源：维基百科网

统，如轨道交通、排水系统等，并没做大的改变。因此，柏林统一后，基础设施建设的重点就是进一步完善原有系统，对东柏林地区较为落后的设施进行改造。目前，由于处于大规模的改建时期，对日常运行带来一些影响，但是从长远看，柏林的基础设施在一定时期内是可以满足城市发展需要的。在其他国家经常看到的道路交通拥堵等问题在柏林并不常见，相对分散的布局和基础设施先行，德国人的做法值得我们学习。

5.2.2　美国主要城市：纽约、芝加哥

美国是世界上经济实力最强的国家，同时也是世界上城市化水平最高的国家之一。在美国，以纽约、芝加哥等世界性经济中心城市为代表，城市的突出特点是城市中心高强度开发和放任城市郊区化发展，明显区别于世界上其他国家和地区（图 5.8）。

美国的城市只有 200 多年的历史，城市中心历史负担较轻，出于对最大利润的不断追求，北美大城市中心区形成了超强度开发的中心商务区，摩天楼林立是北美大城市中心商务区的突出特征，纽约最具代表性。另外，由于城市发展的放任政策和小汽车的普及，北美的城市大都过度膨胀，郊区化蔓延，郊区化又导致了中心区的衰退。从 20 世纪 50 年代末到 60 年代，随着城市向郊外发展，富有的中产阶级迁到郊外，中心区成为低收入者聚居的地方，环境恶化，社会冲突加剧。整个社会为郊区化的城市结构付出了昂贵的代价，不仅为郊区兴建社会服务设施耗费巨资，而且加剧了城市中心区的衰退。从 20 世纪 70 年代开始，受联邦政府财政困难和能源危机的影响，城市郊区化速度减慢，许多中产阶级开始返回到市中心居住。同时，信息、服务行业等第三产业的发展也带动了市中心区的复兴。因此，大多数美国大城市中心商务区近年来的发展又都是与城市复兴紧密联系在一起的。

1. 纽约

纽约是美国第一大城市，是美国最大的金融、商业、贸易、产业、文化和旅游中心，是全国公路、铁路、水路和空中运输的枢纽。纽约是全球最大的金融和贸易中心，是世界经济和政治活动的中心，联合国总部就设于此（图 5.9）。

纽约位于大西洋沿岸、哈得逊河口，由曼哈顿、长岛、斯塔藤岛及附近的大陆组成。大纽约市包括周围的 26 个县，面积共 32 000 平方公里，是世界上最大的都市区之一，人口 1600 万人，也是美国人口密度最大的地区。纽约市区由曼

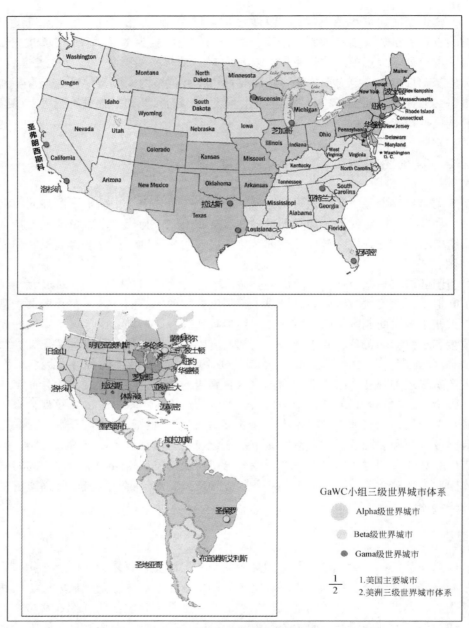

图 5.8　美国的主要城市及其三级世界城市体系

资料来源：http：//www. lboro. ac. uk/gawc/citymap. html

哈顿、布鲁克林等区组成，城区面积达 900 平方公里，人口 730 万人，以民族的多样性著称。习惯上人们所称的纽约即是指曼哈顿岛。

曼哈顿是纽约市的中心区，该区包括曼哈顿岛，依斯特河（即东河）中的一些小岛及马希尔的部分地区，总面积 57.91 平方公里，占纽约市区总面积的 7%，人口 150 万人。纽约著名的百老汇、华尔街、帝国大厦、格林尼治村、中央公园、联合国总部、大都会艺术博物馆、大都会歌剧院等名胜都集中在曼哈顿岛，使该岛中的部分地区成为纽约的中心商务区。

曼哈顿中心商务区主要分布在曼哈顿岛上的老城（Downtown）和中城（Midtown）。位于老城，长仅 1.54 公里，面积不足 1 平方公里的华尔街，是纽约中心商务区的金融区，集中了几十家大银行、保险公司、交易所以及上百家大公司总部和几十万就业人口，成为世界上就业密度最高的地区，这里是纽约最早的商务区。中城是曼哈顿的传统商业区和豪华居住区，帝国大厦、克莱斯勒大厦、洛克菲勒中心等一些著名的建筑都坐落在这个区。中城的形成虽晚于曼哈顿老城，但却有后来居上的势头。进入 20 世纪后，其他许多非营利性的办公机构，如工会、研究部门、专业团体、政府机构等，也都集中于此，许多相关的专职事务所如房地产、广告业、税务部门等也迅速聚集其周围，原来设在岛南部的保险业及银行也因中城良好的环境吸引而来。与此同时，商店、服务业等也渐渐聚集在周围，这样就使曼哈顿岛的中心商务区更加具有吸引力。为解决曼哈顿中心商务区因产业不平衡而产生的矛盾，纽约市政府对格林尼治街和第五大街采取了一些调控手段，改善投资环境，引导其平衡健康发展，以加强纽约商务贸易中心功能，增强吸引力。

随着城市的发展，到 20 世纪 60 年代，在曼哈顿西部修建了许多办公楼、住宅楼、展览中心等，且修建了穿过市中心区的地铁。到 20 世纪 70 年代，政府又颁布了曼哈顿南部规划，在岛南端建成了宽阔的环形高速公路，建设了世贸中心、国际金融中心和炮台公园等。这些扩展规划，旨在为拥挤的中城中心区分担压力。规划机构加强了交通运输网的建设，把地铁和其他铁路交通的出入口与新建办公机构相连接，同时把人行道和商店设置在地下，并与地铁出入口直接相连。从 20 世纪 70 年代中期开始，曼哈顿中心商务区逐渐形成今天的模样。

曼哈顿中心商务区是纽约市发展的催化剂，这主要表现在：依靠中心商务区的影响，纽约市确立了其国际城市形象，国际性和跨国性行业组织在纽约市如鱼得水。据 1979 年的统计，当时有 277 家日本公司、213 家英国公司、175 家法国公司、80 家瑞士公司及许多其他国家公司在纽约市设立分支机构。曼哈顿中心商务区的住宅和商业用房的成交额，占美国房地产市场中此类用房成交额的

1	2	1.纽约下曼哈顿旧照
	3	2.纽约中央公园鸟瞰
		3.华尔街鸟瞰
4		4.纽约新曼哈顿鸟瞰

图 5.9　纽约景象

资料来源：维基百科网

40%。美国21%的电话是从纽约打出的。地产增值，政府税收增加，曼哈顿的地产估价约占纽约市地产估价总额的53%。1969～1983年，曼哈顿区地产价值增长了约58%。曼哈顿地区经济增长量占纽约市总经济增长量的82%。中心商务区和它的衍生效益促进了纽约市的繁荣。

纽约有值得我们学习的，也有我们应避免的，应该引起我们更多的思考。纽约在两百年的时间里，积累了大量的财富，成为世界第一大城市，建造了众多摩天楼，完善的基础设施和相对优美的环境，成绩令人瞩目；但同时存在着严重的社会、文化和生态上的问题。在纽约中心商务区的周围，存在着大量的像哈莱姆这样的黑人和少数民族积聚的贫民区。纽约的刑事犯罪率是世界第一位的。而且，从生态城市的眼光看，虽然纽约有较好的自然环境，但是他给人的压力也是最大的。

2001年发生的"9·11"事件，不仅摧毁了纽约市象征性的世贸中心双塔，暴露了过于聚集导致的安全问题，也使原本低迷的美国经济雪上加霜；但经过十几年的重建，纽约曼哈顿的新自由塔已经封顶，纽约依然是世界上最繁华的城市。

2. 芝加哥

芝加哥位于密执根湖的西南岸、芝加哥河口，是"五一"国际劳动节和"三八"妇女节的发源地，是靠现代化农业、工业养"肥"的美国第二大城市和美国主要的工业、商业和运输中心，被誉为"位于美国心脏地区的国际城市"。穿越芝加哥的运河将伊里诺斯河和密西西比河联系起来，使芝加哥成为密西西比峡谷和五大湖、圣劳伦斯航道之间水路通道的联络点。芝加哥的迅速发展即得益于它所处的同时接近市场和原材料的优越的区位条件。

芝加哥1803年建址，1837年设市。码头的扩建和伊里诺斯－密执根运河的兴建，使芝加哥的人口在1837年达到4000人，而当时纽约已是40万人的海港城市。1848年运河建成和1850年铁路通车后，芝加哥城市开始了迅速的发展。20世纪上半叶迅速发展成为美国中西部最大的城市和交通、工商业中心。1950年芝加哥市区人口达到360万人的顶峰。

目前，芝加哥是全美第二大金融中心城市，是商品、股票、现金、利率、金融服务和危机管理中心，包括70家国际银行，将世界级的信用能力和国内外现金管理服务、外汇交易服务融为一体。重要的金融机构有美国第七储备区银行和早在1882年成立、原名为中西股票交易所的芝加哥证券交易所。芝加哥证券交易所是美国第二大交易所，交易多达2900种股票。芝加哥有许多大公司总部，其中全美 500 家大公司中总部位于芝加哥的有 45 个之多。另外还有 1400 家国际性的公司，是全球主要的粮食、牲畜、机械、鱼和鲜花的批发市场。芝加哥一直是一个主要的会议和展示中心，有许多旅馆和展示设施。早在 1893 年就举办过世界博览会。芝加哥文化事业发达，同样也是一个重要的高等教育中心，具有近百所的大学和大量的博物馆、图书馆等教育文化设施。芝加哥不仅是第三产业中心，同时也是重要的工业城市。芝加哥大都会地区的产业工人总数在全美位居第二位，是全美最大的钢铁和肉类加工基地。工业门类齐全，重工业占优势，轻工业也很发达，主要产品是电子、钢铁、机械、金属制品、食品、印刷出版、化工和运输设备等。

芝加哥的经济呈现出多样性，便利的交通和广泛的流通网络对芝加哥的经济发展起到了重要的作用。芝加哥水陆空运输齐全，是全美最重要的铁路和公路枢纽。国外的货船通过圣劳伦斯河道达到芝加哥港，带来汽车、钢、鱼和饮料，运走机械、农业设备、皮革和木材及食品。芝加哥集结了美国东北部的 30 条铁路，每年处理 4000 万吨货物，是全美最大的铁路枢纽。作为州际高速公路的中心和200 个卡车货运枢纽所在地，芝加哥每年通过公路运送 2 亿吨货物。芝加哥河运和空运也很发达，芝加哥国际港口是自由港，通向大西洋。城市西北部的奥黑尔（O'Hares）国际机场是全美占地最大的机场，达 24 平方公里，货物运量居世界第五位。

芝加哥市区面积 590 平方公里，城市道路是典型的美国式方格网布局。芝加哥河将城市分为南、北、西三区。北区环境优美，是高级居住区和工业区；西区是低收入区，夹杂着工业、铁路和仓库批发设施；南区占全市的一半，包括多样的住宅区和高度工业化的凯尔姆河地区，以及大片的港区，中心商务区也位于该区内。

芝加哥中心商务区位于密执根湖畔、城市东部的中心，面积约 16 平方公里。中心商务区内核位于被当地人称为 LOOP 的地区，该区由于被一条高架轻轨环绕而得名，面积约 1.3 平方公里。芝加哥的中心商务区以众多的摩天楼、独具特色的芝加哥河和全世界最美的滨湖地带而闻名。

芝加哥是美国高层建筑的故乡，在现代建筑史上占有重要的地位，芝加哥学派在历史上颇有影响。在芝加哥中心商务区中，有全球最早建成的摩天楼。从1888 年开始建设世界上第一栋"芝加哥学派"的高层建筑开始，沙利文、莱特、密斯等建筑大师的作品在不断地改变着芝加哥的城市轮廓线。目前芝加哥摩天楼的数量在纽约之后，居全球第二位，其中 20 世纪 70 年代建造的、110 层的西尔斯大厦是当时世界上最高的建筑。另外还有 80 层、346 米高的标准石油大厦，

100 层、343 米高的约翰·汉考克大厦，以及水塔广场、第一储备银行大厦等著名的摩天楼建筑。

芝加哥的湖滨是世界上最美的滨湖地带。除南端几公里有工业外，几乎整个32 公里长的湖滨地区都用于娱乐和休闲，有沙滩、博物馆、游乐场、天文馆、水族馆、游船码头、野餐区和公园；另外还有一个小型机场。绵延几十公里的滨湖大道两侧，几十层乃至上百层的摩天楼高低相间，高层建筑集商业、贸易、办公、文化娱乐、旅馆、住宅为一体，构成了芝加哥中心商务区独特的城市天际轮廓线和风貌景观（图 5.10）。

芝加哥 20 世纪以来的发展主要是按照 1909 年伯恩汉姆（Burnham）制定的芝加哥规划进行的。伯恩汉姆是美国著名的规划师，是 19 世纪末、20 世纪初美国"城市美化"运动的代表人物。他提出要作宏大的规划（big plan），而不要搞小的规划（little plan）。这种思想所反映的是一种新世纪的情绪，充满着想象和激情。当时芝加哥市长威廉·奥基登（Willam Ogden）和伯恩汉姆都深信，一个城市，必须为其人民服务，同时也必须为城市的长远发展留有余地和空间。因此，在他们所制定的芝加哥规划中，在城市中心的密执根湖岸边保留了大量的绿地和公共活动场所，形成了长约 3 公里，宽约 76 米的滨湖大公园。由此，创造了芝加哥独具特色、优美的城市景观，并且为今天的开发改造留下了余地。

与北美其他大城市一样，从 20 世纪 50 年代开始，伴随着郊区化，城市中心区出现了衰退现象。为此，结合城市更新计划，1973 年芝加哥提出了 21 世纪规划。芝加哥 21 世纪规划是由商业社团主持的芝加哥整个中心商务区的总体规划，面积约 16 平方公里。规划的主要意图在于稳定和改建市中心区，以吸引更多的人在市中心工作、居住、购物。对城内废弃的旧工厂、仓库、危陋住宅和铁路站场进行改造，在商业区附近建设住宅，扩大湖滨绿地，加强对密执根湖和芝加哥河的治理，改善湖岸、河岸的生态环境和水质。同时，作为城市更新计划的一部分，对密执根大道周围的历史性建筑进行了保护规划。

根据 21 世纪规划，芝加哥发展战略是成为仅次于纽约的美国金融、经济中心。在中心商务区范围内，规划了密执根大道、海军码头、运河码头、北环小区、第尔旁小区等十处重点规划改造的地段，主要集中大环线和北密西根道附近。规划 1982～1992 年建成办公楼 270 万平方米，共达 743 万平方米。240 家银行设立机构，经济活动客源 500 万人，其他 250 万人。建旅馆客房两万间，公寓两万套，配置展览、会议、娱乐设施。估计新增建筑面积约 800 万平方米，共达1300 万～1400 万平方米。

实际上，到 1994 年为止，在过去的 20 年间，芝加哥的写字楼面积翻了一

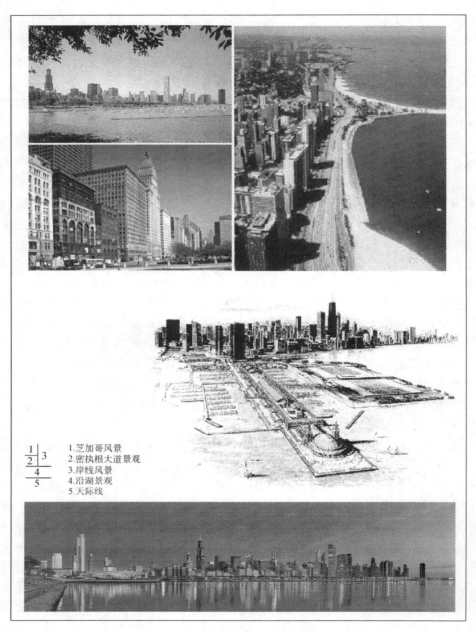

$$\begin{array}{c|c} \frac{1}{2} & 3 \\ \hline 4 & \\ 5 & \end{array}$$

1.芝加哥风景
2.密执根大道景观
3.岸线风景
4.沿湖景观
5.天际线

图 5.10　芝加哥景象
资料来源：维基百科网

116

番。单在 1984～1994 年，芝加哥写字楼的面积实际增加了 440 万平方米，使芝加哥成为全美最主要的写字楼市场之一。芝加哥中心商务区半数以上的办公楼都达到 A 级，平均租金低于纽约、洛杉矶、旧金山和波士顿。芝加哥有许多会议和展览中心，每年举行 28 000 次会议、展示和公司会议，吸引 300 万人次。例如，迈克考米克会展中心（McCormick Place）就是世界著名的综合性会议和展示中心。芝加哥每年的零售额近 500 亿美元，10 大公司的税收达 1600 亿美元。

为了进一步发挥作为全球经济中心城市的作用，作为芝加哥 21 世纪规划的继续和整个发展战略的重要组成部分，芝加哥从 20 世纪 80 年代初开始规划在中心商务区的滨湖地带进一步进行改建，主要的项目包括城市弗兰特中心（Cityfront Center），即 21 世纪规划所确定的运河码头地区、海军码头（Navy Pier）和滨湖博物馆园区（Lakefront Museum Campus），其中弗兰特中心是芝加哥近年来较大的城市改建项目。

城市弗兰特中心（Cityfront Center）位于芝加哥中心区（Central Chicago），是芝加哥码头区的一部分。历史上，从 1800 年芝加哥第一个商品交易所建立以来，该码头就是城市商业的中心地区。随着城市的进一步发展，这一地段被人们当作是城市办公、居住、旅馆和零售商业开发的最佳选择。弗兰特中心的西边是密执根大道，北侧是格兰德大街，南侧是芝加哥河，东边是湖滨快速路，规划占地约 40 万平方米，总建筑面积 170 万～180 万平方米，其中办公、旅馆和零售商业占 60 万平方米，包括 2200 间客房、3 万平方米的零售和餐饮空间，以及一个大的购物中心，建筑高度 12～60 层，建筑布局保证视线开阔。另外还有 5900 套公寓，公寓围绕开敞空间，低层、多层和高层协调布局，尽揽密执根湖景观；同时，建筑设计风格多样。统一的规划确定了各个地块协调开发，以及开敞空间和公共设施的安排。

芝加哥城市弗兰特中心的字面意思就是指芝加哥城市中心滨水区的最前端，是城市景观特色的标志性地区，因此该地区必须与芝加哥老的城市中心的布局相协调，突出城市特色。规划中将弗兰特中心作为整个芝加哥中心商务区的整体来考虑，将弗兰特中心的公园和公共空间作为整个芝加哥中心商务区绿化系统的补充。弗兰特中心总用地的四分之一用于绿地和开敞空间，沿芝加哥河和密执根湖畔众多的广场、游廊是弗兰特中心的主要特色之一。规划基础设施的开发，结合项目的进展，有计划的分步实施，保证与邻近地区系统的协调统一和平滑过渡。通过以上的规划建设，使弗兰特中心成为环境优美、办公、居住、娱乐为一体的综合性商务办公区，成为芝加哥中心商务区中的"城中城"（city in city）。

1985 年，芝加哥议会批准了"芝加哥城市弗兰特中心规划开发法"。弗兰特中心由 1962 年成立的芝加哥码头和运河信托公司负责主要的开发，它是该项目地主芝加哥码头和运河公司的继承人。芝加哥码头和运河公司于 1857 年由芝加哥第一任市长威廉·奥基登创办，值得一提的是当时林肯是该公司的法律顾问。可以说，芝加哥弗兰特中心是威廉·奥基登和伯恩汉姆遗产的组成部分。

5.2.3 亚洲主要城市：东京、大阪、新加坡、香港

现代东亚城市的发展源于战后高速发展的经济，经济的高速发展促进了城市及其中心商务区的发展，形成了东京、香港、新加坡等具有国际性特征的城市和中心商务区。亚洲的主要城市及其三级城市体系，如图 5.11 所示。

东京和大阪是日本位于南北的第一、第二大城市，城市历史悠久，城市中心商务区是在历史中心的基础上形成的。随着城市的不断发展和人口的集中，经济活动的增加，产业结构由二产向三产的转变，给城市中心商务区带来巨大的压力。为了疏解城市中心的压力，满足发展的要求，东京在第一次都市计划中规划近期建设新宿、池袋和涩谷三个副中心。新宿副都心的规划设计开创了现代化综合型商务办公区的新思想和新方法，为日本和世界上其他城市中心商务区的规划建设提供了样板。随着东京的进一步发展，在新宿副都心成功的鼓舞下，第三次东京规划在东京中心区的周围规划了包括新宿和在内的 7 个副都心，临海副都心即是其中之一。大阪采用了与东京相同的规划方法，大阪商务园（OBP）的规划建设可以说是新宿经验的又一次成功运用。临海副都心和横滨 MM21 虽然有很好的规划方案，但由于受日本经济长期衰退的影响，目前仍然进展缓慢。虽然东京采取了许多疏解城市中心商务区的方法，新宿、池袋等副中心已建成投入使用，临海副都心和横滨 MM21 还在建设中，但东京中心沙湾区多少年来一直受过度拥挤的困扰。经过多年来的争论、论证，东京迁都已成定局。迁都将对东京中心商务区产生巨大的影响，但目前一直没有实施。

香港和新加坡城市的历史都比较短，是在近 20 年内迅速崛起的国际性城市。由于城市中心历史负担较轻，而且人口密集，用地紧张，由此城市中心商务区的发展都采取了向空中发展的方式，摩天楼林立。尤其是香港，成为世界上效率最高的中心商务区。随着城市的进一步发展，香港、新加坡的中心商务区都在继续扩展。与许多国际性城市一样，新加坡也制定了一个雄心勃勃的中心商务区发展计划。

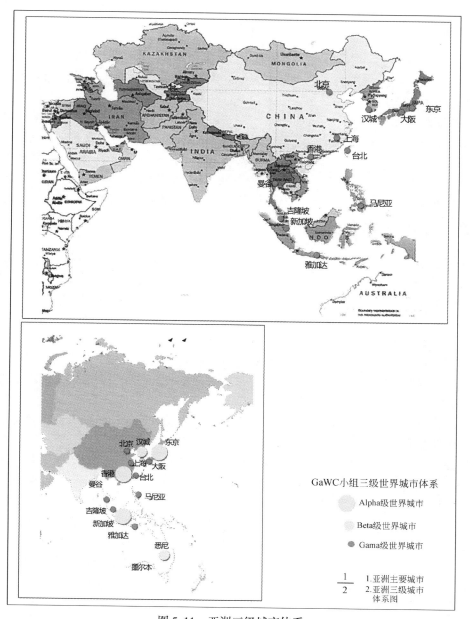

图 5.11　亚洲三级城市体系

资料来源：http：//www. lboro. ac. uk/gawc/citymap. html

1. 东京

东京是世界三大城市之一，总面积2188平方公里，包括市区23个区，郊区26个市，5个町，8个村，加上周围7个县，形成"一都七县"的首都圈，人口达到3670万人。

东京历史悠久，1457年建城，称"江户"。市街始建于1509年。明治维新使日本从一个封建锁国转变为资本主义帝国，从京都迁都江户，改名东京，城市由此发展迅速。18世纪，人口达到百万。1869年，成为日本首都。到19世纪末，人口已达200万人。20世纪以来，每20年东京彻底改观一次。1923年的关东大地震，1945年的盟军轰炸，1964年围绕奥运会掀起的重建高潮使之不再有帝国京城旧貌，而成为一座西方化的世界大都市，成为远东乃至世界的金融贸易中心之一。

东京是一座多功能的城市，是日本全国政治、经济、管理、商业和文化中心，同时还是一个重要的工业生产基地。东京占全国土地的1%，人口11%，但却集中了全国60%的商业资本，33%的银行，27%的商业批发和零售总额，15%的工业人口和21%的工业生产收入，50%的大学生和33%的大学毕业生，50%的作家和1/3的艺术家。1983年，在东京的公司总部多达413 000家。目前，资本在50亿美元以上的公司80%集中在东京，全国各大银行总行都在东京，千代区和中央区是银行聚集区和东京股票交易所所在地。高度密集产生了高效益，但同时带来问题。

东京中心商务区，即东京内城中心区，是在古城镇江户的基础上发展起来的、围绕皇宫御苑而形成的政治、经济与文娱中心。江户城堡居高临下，现为皇宫所在地。皇宫南面霞关与永田町一带，是日本政府所在地。这里集中了日本国会、参众两院、总理府、最高法院，以及大藏、建设、文部、交通等省。自民党等几大政党的总部也设在这里。皇宫东面为丸之内区，明治时期曾卖给三菱财团，建了几十座办公大楼，现在是日本的金融中心和经济管理的中枢，也是原东京都政府所在地。再往东是著名的银座大街，从京桥到日本桥一公里多的街道，是东京最繁华的商业中心。因此，这个以皇宫为中心的江户旧城，就成了今天东京的中心地区的中心商务区。在它的周围还有密布的外国使领馆区、御茶之水的大学区和神田的文化商业区。中心商务区核心区的范围约十平方公里，如算上周围地区，面积约二十平方公里。东京中心商务区突出表现出首都型中心商务区的特点和多功能的特征，建筑密集同时范围比较大。东京景象，如图5.12所示。

第二次世界大战后日本经济起飞，使商业楼宇需求激增。东京23区的办公楼面积增加了 4.5 倍,中心三区千代田、港区和中央区已达极限。为了疏散中心功能,使中心区得以更新改造,改善城市结构,东京市政府在第一次东京规划中规划近期建设新宿、池袋和涩谷三个副中心,并同时提出迁都的问题。随着东京的进一步发展,在新宿副都心成功经验的鼓舞下,日本在第三次东京规划中,在东京中心区的周围规划了包括新宿在内的七个副都心,临海副都心即是其中之一。根据规划,各个副都心都有各自独特的功能,临海副都心的功能是满足国际化和信息化大都市中心需要的、面向未来的副都心。

新宿位于东京中心区西面,距银座街 6 公里,是中心区与整个东京西部广大地区相连的交通汇集处。20 世纪 60 年代初,原址上的淀桥水厂的搬迁为新宿提供了一块完整的开发地段。

新宿副都心规划用地 96 公顷(包括其中水厂 34 公顷),用地呈现为梯形。总用地中由政府出资开发 50 公顷,另外 46 公顷土地交由私人公司开发。全区规划主要分为三部分内容,东部是交通枢纽和地下商业街,中部为超高层建筑区组成的办公楼区,西部为一个占地 12 公顷的公园。区内采用立体化交通,将地面步行街、室内步行街和地下步行街组成完整的步行系统,地面广场作为处理机动车交通的枢纽。约有 80 路公共汽车在此起止,还有多路地铁在此交汇。地下一层为换乘中心和商业街,地下二层为停车场。到 1986 年,新宿副都心基本建成,共完成建筑面积 160 万平方米,日间人口达到 30 万人。至今,新宿已形成 10 余栋 30~50 层高的超高层建筑区,其中 7 栋为写字楼,容积率在 10 以上,形成了具有吸引力的副中心。

新宿副都心的建设总体上是比较成功的,达到了预期的目的。它不仅疏解了东京中心商务区的一部分功能,而且满足了发展的要求,并创造了新的经济增长。新宿建设成功的决定因素一方面是优越的区位和高速发展的经济推动,另一方面就是良好的规划设计。新宿副都心的规划设计开创了现代化综合型商务办公区的新思想和新方法,为日本和世界上其他城市中心商务区的规划建设提供了样板。1990 年,由世界著名建筑师丹下健三设计的东京新都厅的建成,标志着新宿副都心的建设走向了一个新的开端。

临海副都心位于东京湾、东京中心区东南方,距中心区 5 公里。规划范围 448 公顷,沿东京港全部填海造地而成。规划以商业、办公、文化交流、国际展览、通信中心(Telecom Center)和居住为主,特别强调与外部的交流。临海副都心又称为东京通信港城(Tokyo Teleport Town),现在习惯上称为"台场"。

临海副都心是一项规模庞大、跨世纪的工程,仅基础设施的投资就高达 1 兆日元(120 亿美元)。从 20 世纪 80 年代末,就开始了填海造地和基础工程,连

1
2
3

1.东京铁塔
2.远眺富士山
3.新宿鸟瞰

图 5.12　东京景象
资料来源：维基百科网

接本土与人工岛的大桥已经建成。到 1992 年年底总长为 15 公里的巨大共同沟的 95% 已被承包,仅一期工程的总工程费用就达 2000 亿日元(20 亿美元)。然而,经济环境的巨变,经济萧条和东京办公楼市场的严重不景气,使东京湾海岸的开发受到直接的打击,原来的计划不得不延长,规划能否实现已成疑问。

目前,经过 20 多年的缓慢发展,通过政府对巨额赤字及债务的处理,以及各种公共设施的逐步建设,在东京这个土地异常昂贵的地方,临海副都心由于有大量的土地,逐步显现出未来发展的潜力。

横滨位于东京湾西部,距东京 25 公里。横滨 1859 年港口开放,以港口和贸易为主,同时也发展成为工业和居住城市,目前是日本第三大城市,人口约 320 万人。MM21(Minato Mirai 21)是日文"21 世纪新城"英文音译的缩写。MM21 位于横滨港,与东京及周围地区有非常方便的交通联系。MM21 规划建设的目的出于三方面的考虑,首先,通过 MM21 的开发建设,促进横滨中心商务区的发展,将横滨目前分为横滨车站周围和其他区域的商务区联系起来,强化中心商务区的功能。其次,改善港口功能,将原以货运为主,改变成为多功能的港口,美化环境,促进跨文化的交流。最后,疏散东京大都会区的业务功能(business functions),减轻东京中心的压力,建立所谓的核心商务城(core business city),以平衡区域发展。

横滨 MM21 总占地 186 公顷,其中 110 公顷是现有的港口用地,另外填海造地 76 公顷。规划可建设用地 87 公顷,绿地 46 公顷,道路交通用地 53 公顷,绿地和道路交通两项用地之和占总用地的 50% 还多。规划日间人口 19 万人,夜间居住 1 万人。目前,依然是日本最高的建筑标志塔(Landmark Tower),以及日本最大的国际会议中心已建成投入使用,并已举行了多次全球性的政治、科技等方面的国际会议。

横滨 MM21 是一个非常有特色的规划,规划设计特别注重结合区位的文化和历史特征。在规划布局上,将完善的现代技术与历史文脉、滨水特征紧密地结合起来,创造了一个既具有现代化城市功能、景观,又充分体现对人的尊重的宜人环境。MM21 的规划是由丹下健三完成的,尽管有一流的功能合理、环境优美的规划,MM21 同东京临海副都心一样,都受到经济不景气的严重打击。幸运的是,由于其规划比较合理,已经建设完成并投入运营的功能比较完善,因此,已经发挥了很好的作用。

2. 大阪+OBP

大阪市位于日本列岛的西部,大阪湾东北岸,与神户隔湾相往,是日本第二大城市，是关西和阪神城市带的经济文化中心，人口255万人，总面积260平方公里。

大阪古称难波，曾作过日本几个朝代的都城。1583年建成大阪城，城内兴建多条运河，故有"水都"、"桥都"之誉。江户时代成为全国重要的商业中心。20世纪初期，大阪的货物贸易量和工业产值均居全国首位，成为日本最大的工商业城市，在日本经济发展中占有重要地位。目前大阪和神户及其周围卫星城组成仅次于京滨工业区的阪神工业区。大阪是阪神的主要城市，为重工业、化工业和轻工业发达的综合性城市。日本著名的大公司，如松下电器、住友金属、住友化学、日立造船、新日铁、川崎重工等均在大阪设立总部并设厂。大阪地处日本腹地，为全国最大的交通枢纽之一。有现代化铁路新干线和高速公路、多条铁路和高速公路呈辐射状通往各地。大阪港口现代化，有各种专业码头。有现代化的国际机场。市内有道路、高架路和地铁组成的立体交通网。文化教育事业发达，有大阪市立大学、大阪国际研究大学等多所高校。图书馆、博物馆、美术馆等科学文化设施遍布。

大阪城市布局呈方格网状，东、西、南、北四区为市中心商务区，占地约12平方公里。政府机关集中在东区和中之岛，金融机构、银行集中于今桥、高丽桥、御堂筋等地，公司、商社、事务所集中在中之岛、堂岛等地，梅田、巴顿土层，以及以通天阁为中心的新世界是三大闹市区，云集着著名的剧场、酒店和百货商场。古皇宫难波宫遗迹、国宝建筑住吉大社、天满宫、日本最古老的寺院四天王寺、大阪城等都是著名游览区。大阪地下街驰名世界。大阪中心商务区是在老城市中心上建立起来的，同样面临着发展与保护的矛盾。为了满足发展要求，大阪在中心商务区的东北、大阪城的北面，利用废弃的工业用地，规划建设新的大阪商贸园区（Osaka Business Park，OBP），作为大阪中心商务区的补充和发展（图5.13）。

大阪商贸园区位于大阪市中心商务区的西北，距最繁华的城市商业中心商务区约2公里。OBP南临有400年历史的大阪城，周围有大片的绿地和水面。OBP的目标是成为21世纪的商业和贸易中心，集中进行文化和情报交流。OBP于1969年计划兴建。1968年，由4个甲方单位及3个设计事务所选出的代表组成的项目小组赴欧洲考察，在进行了深入的实例考察之后，一个"大街廓"（super-block）规划构思出台了。规划强调从城市设计的角度进行这项创造性的工程，沿主要街道规划布置高层和多层建筑，创造独特而悦目的效果，成为大阪市新的城市标志。同时，确定OBP为低强度开发，容积率不超过4，以保证OBP与大阪城的协调。1973年确定规划，主要规划指标为总用地26公顷，其中建设

1
2 | 3
4
1.大阪鸟瞰
2.大阪城平面
3.大阪城天守阁
4.大阪夜景

图 5.13 大阪景象
资料来源：维基百科网

用地 18 公顷，总建筑面积 90 万平方米，就业人口 4 万 ~ 5 万人，日间人口 15 万人。

OBP 于 1984 年始建，所有工程于 1987 年 3 月竣工。从计划兴建到全部建成，前后历时 17 年，其中建设时间仅 4 年。OBP 实际完成总建筑面积 69 万平方米，总造价 430 亿日元，约 4.3 亿美元。OBP 的建成得益于项目的甲方是日本几个著名的大公司。

OBP 建成的运行情况表明它成功地达到了预期的效果，除 OBP 本身规划建设成绩之外，选址的成功是一个关键因素。OBP 位于大阪中心商务区边缘和地铁内环线上，周围共有 5 个车站，包括 3 个日本国铁车站和 2 个地铁车站，交通极为方便。另外 20 世纪 90 年代后半期建成的另外一条地铁线也延伸到大阪市中心，因而使 OBP 完全处于地铁和国铁的包围之中。大阪又是著名的水都，水上公共汽车每日定期往返于 OBP 与城市商业中心之间，驾车从大阪国际空港到 OBP 仅需 30 分钟。在日本国铁环线完成之后，OBP 到新大阪站仅需 15 分钟，到关西国际空港仅需 45 分钟，因而 OBP 是西日本最便捷的商业贸易中心。另外，历史文物古迹大阪城与 OBP 相得益彰，是成功的另一个主要因素。

3. 新加坡

城市国家新加坡是国家、首都、城市、岛屿的统一体。以国际自由港、东南亚海上交通中心、海事工业和石油工业基地、远东金融中心、旅游名城著称于世。新加坡的国土面积 716 平方公里，人口 530 万人，其中 150 万人为外籍人口。人口密度高达每平方公里 7257 人。

新加坡在 13 世纪就是东南亚的国际贸易港。现代的城市是 1819 年在当时的一个渔村上由英国殖民者建立起来的。由于具有位于印度洋和南中国海之间狭窄通道的优势，以及自由港的地位，在 20 世纪 70 ~ 80 年代，新加坡迅速成长为一个主要的商业中心和国际性城市。

新加坡位于新加坡主岛南岸中段，新加坡河口从市中心流过。新加坡河以南俗称大坡，濒临海港，商业繁华、金融兴盛，这里银行和大公司集中。珊顿道为世界知名的银行街。新加坡河与史坦福沟、乌节路之间俗称水仙门，其中近海地带为政府及文化机构所在地，有议会大厦、最高法院、市政厅、国家图书馆、博物馆等。乌节路为商业大街。大坡、水仙门，加上周围的水面绿化形成了新加坡的中心商务区，面积约 2 平方公里。新加坡的中心商务区是 20 世纪 70 年代，随着经济的高速发展，在城市老中心的基础上改造发展起来的，尤其在大坡区，建筑高度密集。以新加坡银行大楼为代表的一组摩天楼成为新加坡中心商务区的标志。为了改善市中心的环境，素有世界花园城市之称的新加坡在市中心水滨和新加坡河两侧也有大片的绿地，使新加坡中心商务区的环境和景观得到了很好的完善（图 5.14）。

为了满足城市发展的要求，新加坡计划在海滨湾建设新的、世界级的都市中心，作为原城市中心的扩展。一组 70 层的摩天楼将形成新中心的标志。整个中心的发展吸收了法国德方斯、悉尼港湾和巴尔地摩内港改造的规划设计经验。新城市中心建设的目的不仅仅是形成新的国际商业中心，满足发展要求，同时，也要为新加坡创造新的、充满活力的城市形象。

为了作好新中心的规划，新加坡重建局（URA）曾邀请了世界建筑大师贝聿铭和丹下健三分别为滨海湾新中心设计构思。经过比选，最后决定采用贝聿铭的"方形"方案。贝聿铭的方案将目前的金融街珊顿道规则的方格网布局向南延伸到玛丽纳湾南部，规则的街道和建筑布局与玛丽纳湾规则的岸边一起表示着未来新加坡新城市中心的宏大和庄严。经过整理的玛丽纳湾的尺度和岸边大规模的开发建设将形成城市中心独具特色的城市景观。主要的视线通廊将通过开敞空间、街道和建筑的仔细设计进一步得到加强。在远期，玛丽纳湾南部与珊顿道一起将成为新加坡中心商务区的核心，玛丽纳湾南部中心的一组建筑将成为整个地区的视线中心和焦点。贝聿铭方案的所谓方形即是指规划的方格网布局和毗邻大坡的玛丽纳湾的方形形状。

新加坡河、玛丽纳湾和加冷湾（Kallang Basin）是新加坡城主要的水面，是新加坡城主要的三处水上财富。十几年前，新加坡河、玛丽纳湾和加冷湾还污染严重。经过长期的治理保护，目前新加坡的水体已经清洁起来。新加坡河规划建设成为新加坡城市中心一条环境优美的河流，沿岸的公园、绿地成为宜人去处。玛丽纳湾是新加坡城主要的三处水面之一，它地处新加坡中心商务区的中心，背后是中心商务区的高层建筑群，周围是规划的新中心。它有 1 平方公里的水面，是进行国际水上活动的最佳场所。4.5 公里长的岸线可以容纳大量的人流和观众。但目前存在着尺度过大、岸边缺少用地、不容易接近、没有连续的步行系统、玛丽纳湾北部的玛丽纳中心与玛丽纳东部和南部联系不方便等问题。因此，通过结合新城市中心的规划建设，对玛丽纳湾进行了改造，提高玛丽纳湾在城市中心的作用，改善它的不足。根据贝聿铭的方案，将玛丽纳湾从较大尺度的自由形状改造为大小适度的规则的方形。老城市中心和新城市中心的高层建筑围绕玛丽纳湾布置，围合成一个水上广场。规划玛丽纳湾成为城市陆地和水上的大型活动中心，成为新加坡国庆活动的海湾。玛丽纳湾平缓的水面与背后城市中心商务区的高层建筑群形成对比，为中心商务区的高层建筑群提供了开阔的全视

127

图 5.14　新加坡景象
资料来源：维基百科网

野。另外，通过玛丽纳湾岸边公园和连续游廊的建设，加强城市中心商务区与滨水地带的联系，进一步发挥玛丽纳湾的作用，提高中心商务区的环境质量。2011 年，玛丽纳湾东南的金沙中心建筑群和植物园建成，形成了新加坡中心区新的形象。

4. 香港

香港陆地面积 1104 平方公里，人口 713 万人，人口密度高达每平方公里 6458 人，使香港成为世界上人口密度最高的地区之一。虽然土地狭小，但香港在世界经济中发挥着重要的作用。

香港是亚洲及太平洋地区重要的金融、贸易、交通、旅游和通信中心之一，也是重要的国际金融中心，与纽约、伦敦、苏黎世并列世界四大黄金市场，也是亚太地区的外汇交易站、保险业中心和重要的股票市场。许多外国银行都在此设有分行，同时还有数个股票交易所。对外贸易是香港经济的生命线。香港是世界著名的良港和自由贸易港，集装箱运输位居世界前列（图 5.15）。

香港的发展源于它特殊的地缘区位，它的港口是位于上海和印度支那之间唯一的天然良港。第二次世界大战后，香港利用西方发达国家的资本输出，和 20 世纪 50 年代以来从中国内地大量熟练技术工人的涌入，大力发展出口加工业，主要的产品包括纺织、成衣、制鞋、电子、造船、金属加工、橡胶、精密仪器、钟表、印刷材料、玩具和食品等。遍及港九的加工业同中环中心商务区金融中心和信息中心相结合，放眼国际市场，经济成长迅速，成为亚洲"四小龙"之一。香港人口占世界总人口的千分之一，而其贸易额却占全世界总量的 1.12%，居世界第 20 位，人均贸易额高于美日德等发达国家。香港贸易增长率在 20 世纪 50 年代为 4.9%，60 年代为 13.1%，70 年代为 19.13%，可见高效率之重要。到 20 世纪 80 年代末期，香港每年进口价值 722 亿美元，出口和再出口价值 731 亿美元。进口主要包括食品、工业原材料、机械和交通设备、通信设备和化工，主要的出口包括成衣、纺织、钟表、玩具、电子机械、计算机和其他电子设备。香港主要的贸易伙伴是中国内地、日本、德国、中国台湾、美国、新加坡、韩国、加拿大和英国等，主要的外汇收入来自每年 600 万人的国外游客。20 世纪 80 年代，港九铁路修通，填海扩建启德机场，港九过海隧道的建成使香港海、陆、空运输兼备，加之通信网日益完善，金融保险业和各种财务公司的迅速发展进一步加强了香港作为世界经济贸易中心城市的地位。1997 年香港回归祖国后，经济发展一波三折，历经亚洲金融危机、SARS、全球金融危机等，在中央政府的支持下，香港成功渡过难关，迎来新的发展期。

1	2	1.维多利亚湾鸟瞰
3		2.中环鸟瞰
4		3.中环主体景观
		4.九龙景象

图 5.15　香港景象

资料来源：维基百科网

香港中心商务区位于香港岛的中环（Central District，Hong Kong Island），作为香港经济发展的中枢和面向世界的窗口，香港经济的高速发展促进了中心商务区的建设，在中环约一平方公里的范围内，集中了大量的银行、大公司总部，以及新的特区政府和原立法局等政府机构。20 世纪 70 年代末，以中国内地改革开放为契机，香港中心商务区进行了大规模的建设，在近 20 年的时间里，兴建了一大批摩天楼，著名的有贝聿铭设计的中国银行新厦、福斯特设计的香港上海汇丰银行，以及交易广场、怡和大厦等。

香港城市中心的发展经历了一个迁移的过程。港岛上的城市是沿海的条形地带，习惯上分为西、中、东三个区。西区是香港开埠时最早的商业、银号区，是当时的城市中心。然而，时移势易，百年来，香港市中心已向东移。市中心东移的原因一方面是西区离尖沙咀的海程比较远，另一方面是西区的中国传统根深蒂固，所以地产发展缓慢，因此政府靠重建而带来的补地价税、转变土地用途税和物业、差饷税、营业所得税在西区比较少。从取于斯、用于斯的经济观点看，无怪乎香港政府要去发展中区。

香港政府从 20 世纪 60 年代以来集中发展中区和东区，这种政策一方面是与私人集团集中发展该两区有很大的关系；另一方面，便是因为九龙半岛与中区和东区有较为密切的地理和交通上的联系。中区 20 世纪 60～70 年代的发展可以说是香港置地公司的发展。这个英资集团在 20 世纪 70 年代中期的不动产值为世界地产商之冠。当时它大有把整个中区都买下来的雄心和信心。中区的架空步道系统把置地公司和它旗下的产业，以及在它管理下的建筑物都连通了起来。这一超地界的构思，既方便了使用者，又把建筑物 2 层、3 层的商业价值提高了。中区架空步道系统的停止延伸建设，也象征了置地公司在中区的衰落。同时，20 世纪 80 年代中区的地产也因经济不济而停滞下来。

在中区高度发展的同时，东区的湾仔、铜锣湾成为中区的扩展和迁移区。已建成的中区商业楼宇疯狂加租，一些中小公司负担不起昂贵的租金，纷纷搬出中环，向湾仔或更远的地方转移。这促成了东区业主和地产集团发展湾仔和铜锣湾的旧楼宇。政府乘机高价推出金钟地段。但在金钟地段还没完全形成时，地产市场的景气度便开始下滑。

目前，随着与中国内地联系的进一步加强，加工业绝大部分转移到了中国内地，香港的产业结构进一步变化，成为中国内地对外贸易的主要渠道，第三产业不断增长，中心商务区发展的要求迫切。需求的增长带动了中心商务区地价和租金的迅速增长，如中环 20 世纪 80 年代末最贵的交易广场的月租金是 7 万港元。为了适应发展的要求，香港中心商务区开始逐步朝东——金钟和湾仔方向扩展，香港当时最高的中环广场大厦、香港会议展览中心、香港演艺学院和太古广场大型综合体，形成中心商务区向东扩展之势。中心商务区的扩展满足了发展的需要，同时也带动了湾仔区的改建和发展。

香港中心商务区的最大优点就在于它的集中、高效。从政府行政管理，到财经金融贸易，以至找律师、看医生、购物、交际、吃喝、邮政，都能集中于这个在十多分钟内就可以达到的不到 1 平方公里的土地上。国际机场、航运码头、火车站都能在半小时的车程范围之内到达，国际通信更是便捷迅速。

香港中心商务区的缺点也是由于它的过度集中，交通、环境问题突出。虽然经过多年来的改善，但是在高峰时，交通依然拥挤，汽车噪声、尾气污染严重。由于城市中心人流密集，人与汽车的矛盾非常突出。虽然在中心闹市区修建了联系主要建筑的高架步道系统，一定程度上缓解了人车的矛盾。但将人悬在了空中，使人脱离了公园、绿地、广场。同时，由于街道狭窄，高架步道上的人流给两侧建筑中的居民带来很大影响。

同北美城市一样，香港中心商务区没有统一的规划。香港城市规划局和房屋署只能在新市镇规划和房屋重建计划上作贡献。由于土地私有，所以对市中心局部的重建也不可能作任何具体的规划。只要地产业主满足建筑法规的要求，他就可以按照自己的意愿进行建设。因此，香港中心商务区在 20 世纪 70 ~ 80 年代的高速改建发展过程中，香港当局和私人集团，均未能全面地负起责任。所以香港人得出结论：完全不干预的政策也不一定是好的。香港是个有百年历史的城市。从 1860 年开埠到今，形成了具有明显殖民色彩的、当地文化与外来文化相交融的城市文化。香港的中心商务区是在老城的基础上发展而来，但今天当我们漫步中环，却很难寻觅到香港城市的历史足迹。事实上，在 20 世纪 60 年代，在香港中区富有历史性的建筑也不少，如圣佐治商业大厦、书信馆、香港会馆、政府机构建筑等，而现在仅存的只有唯一的前最高法院，原立法局大楼。在中环，建筑物都是一些不辨东西方或中英港的国际式建筑。香港可以与纽约比效率，但是在伦敦、巴黎面前，却望尘莫及。

5.2.4　大洋洲主要城市：悉尼、墨尔本

大洋洲主要包括澳大利亚和新西兰两个国家，有悉尼、墨尔本、奥克兰等主要的大城市，其中澳大利亚的悉尼和墨尔本是两个著名的国际性城市。

澳大利亚内陆主要是沙漠，城市化地区靠近沿海，其主要的大城市集中在东南沿海一带，如悉尼、墨尔本和布里斯班等。澳大利亚传统上以农业、畜牧业、

原材料等第一产业为主，但近年来，产业结构随着世界经济的发展也在逐步发生着变化。在继续发展农业、畜牧业的同时，钢铁、冶金等能耗大、污染严重的原材料工业已向内地及国外发展中国家转移，而金融、国际贸易、旅游等第三产业发展迅速。目前，澳大利亚已从后起的资本主义进入世界中等发达国家的行列，悉尼和墨尔本两座大城市在国际经济贸易舞台上发挥着越来越重要的作用（图5.16）。

澳大利亚城市的历史，同其国家一样，比较年轻，一般只有百余年的历史。从城市发展看，在 20 世纪 80 年代以前，城市发展较为缓慢。进入 20 世纪 80 年代，随着世界经济一体化的发展，国际资本，尤其是日资的大量注入，以及房地产的开发，促进了大洋洲城市的迅速发展。尤其是城市中心的建设进入高速发展期，摩天楼拔地而起。同时城市不断向外扩大、蔓延，可以说这时是澳大利亚城市建设的黄金时期。进入 20 世纪 80 年代末期，全球性经济衰退同样也影响到了澳大利亚的经济发展，城市建设速度减慢、停滞。尽管悉尼 2000 年主办了奥运会，但国家经济和悉尼市经济的发展还比较缓慢。

就大洋洲本身城市建设和城市规划讲，目前的重点是城市中心区的改造、重建和复苏。由于在 20 世纪 80 年代初期的城市大规模发展时期出现了像北美城市的"郊区化现象"，城市中心的大部分居民都搬到了郊外居住，导致中心区的衰落。为了改变这一状况，大洋洲几个主要城市规划部门在 20 世纪 80 ~ 90 年代的主要任务就是城市中心区和中心商务区的复苏。在规划方法上，进一步提高中心商务区的功能，在中心商务区内及其周围安排一些设施完善的公寓，吸引居民返回到市中心居住。与此同时，很重要的一点就是对市中心周围的海湾或河流沿岸进行规划改造，将海湾或河流沿岸原有的码头、仓库、工厂、铁路站场等搬迁改造为为居民和游客服务的设施。以此将城市中心商务区与水面结合起来，活跃城市中心区的气氛，提高城市空间品质，创造高质量、高水准的环境，促进城市中心的复苏和进一步发展。规划提出的口号是"把河流还给人民"。悉尼、墨尔本、布里斯班以及佩思等大洋洲的主要大城市都积极投入到了这场运动中，成效显著。

1. 悉尼市

悉尼市是澳大利亚第一大城市，面积 12 144 平方公里，人口 428 万人，是大洋洲经济文化中心，有大洋洲最大的港口、机场和先进的通信设施。

悉尼市具有优越的地理位置和自然条件。城市位于悉尼湾的两岸，港口大桥（Harbour Bridge）、悉尼歌剧院（Opera House）以及城市中心商务区高层建筑群

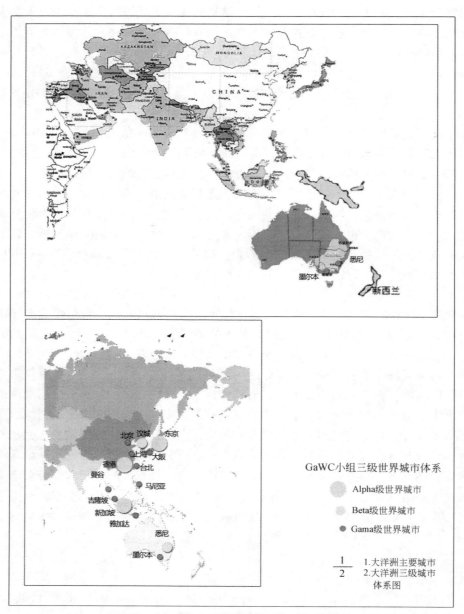

图 5.16　大洋洲的主要城市及其三级城市体系

资料来源：http://www.lboro.ac.uk/gawc/citymap.html

图 5.17　悉尼景象图

资料来源：维基百科网

优美的轮廓线构成了优美的景观，使人流连忘返，心旷神怡，已成为悉尼市的标志。悉尼市中心商务区及沿海规划的成功，一方面得益于优越的自然条件，但更重要的是具有一个优秀的规划和严格的管理。

悉尼市中心部位划分为中央商务区（CBD）、城市中心（city center）和悉尼中心城区（central sydney）三个层次。中心商务区是城市金融、贸易和零售中心，是城市历史文化中心。随着城市的发展和逐步扩大，形成了包括沿海湾一侧的城市中心，而悉尼中心城区就是包括城市中心及其周围居民区的整个大悉尼的中心部位。在20世纪70年代，悉尼海边依然是港口、码头和工厂。随着经济发展，工业逐步搬迁到了内地，沿海留出了大片荒地，悉尼市成功地将这些用地规划为为居民和游客服务的设施，并规划建设了便捷的交通系统，活跃了海岸，吸引了大量国内外游客和居民，促进了城市中心的发展（图5.17）。

悉尼市的悉尼海湾与其中心商务区的规划建设紧密地结合在一起，成为不可分割的整体。在中心商务区的规划中，对高层建筑高度的规划控制充分考虑了沿海湾的景观效果，将中心商务区内高层建筑群的"脊"，即最高的一组建筑，与海湾垂直布置，这样一方面保证了更多的建筑可以眺望悉尼海湾的景色，另外一方面也避免了高层建筑沿海湾一线排开，层次单调，破坏海湾景观的做法。同时，这种布局方式也可以保证新鲜的海风吹入中心商务区的核心，形成良好的通风环境。

在沿海湾处建设大量游憩服务设施的同时，悉尼在其海湾岸边及中心商务区内规划保留了大片的绿地，以创造良好的景观和生态环境。中心商务区中的公园绿地和海湾边的绿地是游客及中心商务区大量工作人员中午休息的场所。为了保证日照，悉尼市规定在中午12：00～14：00绿地四周建筑物的阴影不允许落入绿地以内。因此，绿地四周的许多建筑采用退台形式，以符合规定。中心商务区内的绿地和海湾旁的公园绿地连接成一个整体，形成了一条联系中心商务区与海湾的完整的人行道系统。在中心商务区与海湾岸边的交通组织管理上，严格禁止机动车驶入悉尼歌剧院广场等沿岸区域，以保证游客的充分安全、放松。

2. 墨尔本市

墨尔本位于澳大利亚东南城市带的南端，人口425余万人，曾经是澳大利亚的首都，目前是澳大利亚第二大城市和重要的工商城市。

墨尔本最早是沿亚拉河两岸发展起来的。航运带动了亚拉河两岸工业、仓库、货栈的发展，在工厂和仓库货栈后边形成了城市中心。随着城市的发展扩大，以及航运向大型化、大吨位的发展趋势，使得内河航运的作用日益减小，港

$$\frac{1}{\frac{2}{3}}$$

1.墨尔本中心鸟瞰
2.亚拉河桥
3.亚拉河畔

图 5.18   墨尔本景象图

资料来源：维基百科网

口向海口迁移，亚拉河因此而衰退。在城市迅速膨胀时，没有人注意到亚拉河的规划建设，亚拉河随着城市中心区的衰落而衰落，成为工厂排放污水和城市堆放垃圾的地方。在 20 世纪 80 年代，随着中心区的复兴和人们认识的提高，大家逐步意识到亚拉河在城市中的重要地位和作用。通过严格的规划管理，以及长期的治理和建设，已很好地改善了亚拉河的水质，改善了两岸的景观，在岸边修建了大量游乐休闲设施。同时，积极促进亚拉河南岸的开发建设，以加强两岸联系，使两岸成为一个整体（图 5.18）。

规划将亚拉河提高到一定的地位，认识到亚拉河是墨尔本市最大的自然财富，是城市景观和休闲娱乐的中心，具有很多的发展机会，对城市中心的复兴具有十分重要的作用。因此，在整个城市总体布局中，将城市中心过去背向河流的方式转而面向亚拉河，使河流与城市中心成为一个整体，相得益彰。同时，通过加强河流两岸的联系，进一步带动亚拉河南岸原工业、仓库、低档居住区的改造和再开发，促进城市均衡发展。

在亚拉河两岸的规划中，首先对两岸的用地进行了大规模的调整。根据功能需要和分区，将原有的工业、仓库用地调迁，将铁路、码头等用地尽可能缩减。根据亚拉河两岸水上活动、休闲游戏、体育和娱乐、绿地公园的四个功能分区，进行用地的重新布局。在具体的城市设计上，沿河两侧设置步行路系统，与两岸绿化相结合。为了使游人亲近水面，两岸护堤作跌落式处理，形成不同标高的平台，使空间丰富，同时也作为游船码头。在两岸绿带和人行路两侧，布置了大量小品建筑，同时也布置了相应的娱乐服务设施。由于亚拉河较窄，不到百米宽，因此墨尔本市规定亚拉河北岸的建筑的阴影正午不能落到亚拉河上，这样一方面保证了河面上的日照，另一方面也防止了两岸建筑过高，压迫河面。20 世纪 90年代，墨尔本市规划部门进行了一项拆除 20 世纪 60 年代建造的两栋 20 余层板式建筑的可行性研究，可见决心之大。拆除这两栋位于亚拉河北岸岸边的建筑，一方面可以减少对河面的压迫，改善景观，保证日照，另外就可以围绕两座古老的教堂，形成一个面向河流开放的市民广场。在亚拉河两岸的规划设计中，也充分体现了对历史文物建筑的保护。

5.3　城市的比较研究

对城市直观的观察是进行比较城市研究的基础和前提，如果你没有到过那个城市，最好不要说你了解它。当然，除考察之外，还要进行理性的比较分析，如历史的比较研究、与主要城市或相近城市的对比研究、专题比较研究，以及城市指标、指标体系和综合评价研究等。

5.3.1　历史的城市

每个城市都有一部城市史，记录其发展演变的过程。

城市不是凭空产生的，都是在缓慢演进过程中许多特定条件下的特定结果。我们要认识一座城市，除了解它的现在、未来之外，必须要了解城市的历史，了解许多在背后隐藏的故事，读懂这部所谓用石头写成的书。

因此，比较城市研究，包括比较城市规划体系研究，都需要认清城市的历史演变过程。比较城市规划要与城市的历史研究相互融合，比较城市研究需要城市历史研究的成果，城市历史研究也要采用比较研究的方法。路易斯·芒福德的鸿篇巨制《历史中的城市：起源、演变和前景》一书，我们也许不能说它是一部比较城市研究的巨著，但书中采用了比较研究的方法，而且作为一种普遍的方法，通过对大量城市历史遗址的现场考察和考古文献的研究，来探讨城市发展历史上的共同规律，具有实证的意义。

在城市发展演变研究中，我们经常使用城市形态扩展年代图，可以非常直观、清楚地反映城市形态发展演变的过程，如大伦敦从 19 世纪到 20 世纪 8 张同比例尺的城市形态图，清楚地表明了伦敦在快速城市化过程中的发展状况（图5.19）。

中国古代城市历史研究取得了丰硕的成果，这为我们开展历史比较城市研究提供了素材。近年来，中国近现代城市历史研究也取得了丰硕的成果。有时在研究中也采用比较研究的方法，把中国近代几个主要的城市，如上海、天津、青岛、大连、武汉等，放在一起进行研究。通过比较的方法，来寻找中国近现代城市发展演变的共同规律。

随着现代化技术的进步，我们可以用相机、计算机等设备，采用相片、航拍影像等来定期记录城市的变化。图 5.20 就反映了上海浦东陆家嘴历史演进过程。

5.3.2　主要城市对比研究

比较城市研究中最基本的是两个到多个城市对比研究，这是一种城市整体的比较研究。虽然寻找不同城市之间的共同点是这一研究必要的内容，这也是具有可比性的基础，但最终目的还是寻找两个或多个城市间的差异，包括发展的差距、面对相同问题采取政策和规划的异同，以及各自的特征、特色等。这种比较

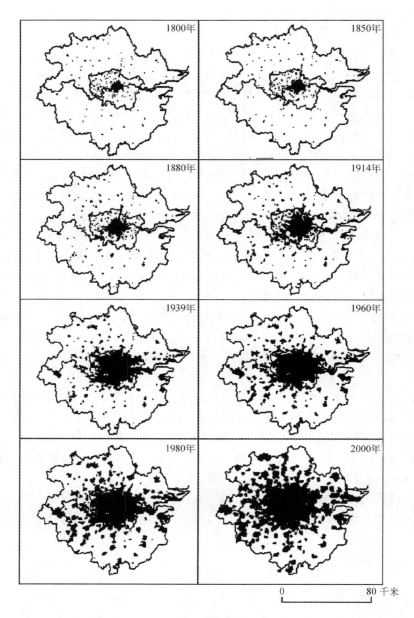

图 5.19　伦敦城市历史演进过程
资料来源：彼得·霍尔，《城市和区域规划》

图 5.20　上海浦东陆家嘴历史演进过程

资料来源：《上海中心商务区》

有时可以是以国家或区域作为单位来进行，如英国城市与美国城市、中国城市与美国城市、亚洲城市与欧洲城市的对比研究等，但大部分时候是以城市个体来进行对比和比较。

彼得·霍尔1966年发表了他的著作《世界大城市》，是在盖迪斯1915年首先提出"世界大城市"（或称为"国际性大都市"）的概念后，第一部全面收集、整理和分析当今世界大城市的著作。霍尔以丰富的资料和明确的观点，系统地分析了世界上重要的大城市以及城市区域，包括伦敦、巴黎、兰斯塔德、莱茵鲁尔、莫斯科、纽约、东京等，从20世纪初以来的发展演变过程、城市区域结构、规划思想的发展和执行过程中出现的问题，以及解决问题的途径。书中大部分篇幅用于分析7个城市的规划发展。7个城市中伦敦、巴黎、东京和莫斯科是首都，纽约是北美的最大城市，荷兰的兰斯塔德和德国的莱因-鲁尔是多中心的城镇密集区，7个城市和城市区域各具鲜明特点。该书以"未来的大城市"作为最后一章结束，但这本书的重要性并不在于彼得·霍尔提出的未来规划设想，重要性在于它继承和发扬了芒福德实证和比较研究的研究方法，不是拘泥于某一个城市，而是跳出城市，从世界整体的高度看城市的发展，分析世界上不同国家和地区城市规划的特点及共同的发展趋势。

城市的对比研究虽然有时也是通过几个方面来进行，不能做到面面俱到，但着眼点依然是城市整体。例如，对第二次世界大战后欧洲各国在城市扩展和内城保护上的不同做法的比较研究，重点还是分析英、法、德等国家城市规划的总体策略。

第二次世界大战后英国城市建设的突出成绩就是新城的建设和内城保护。多数英国城市发展较早，城市历史因素和保护意识很重。伦敦内城居民人数在20世纪下降为原来人数的1/7，明显地中心商务区化了。但由于种种原因，特别是内城保护的影响，在城市结构上并未作重大调整。战争对英国城市有较大的破坏，第二次世界大战后政府更多地致力于整顿修复，以及城市设施的更新和交通状态的改善。尽管英国大的工商业城市在20世纪50年代初便出现"写字楼热"（office boom），但由于城市保护政策的影响，尝试用疏散的办法，如建设新城、疏散企业和就业，来解决城市中心商务区的发展问题，以达到内城保护和城市中心发展的双重目的。然而，事实证明，这种做法是不成功的。因此，从20世纪70年代末开始，英国开始把规划建设的重点转回到城市中心。

与英国的做法不同，法国在对待城市过度向巴黎集中这一问题上，采用了较为实际和综合的规划方法。首先，从全国的范围内解决发展不平衡问题，在全国划分了8个大区，从行政上、经济发展上、财政上给落后地区以支持。其次，在巴黎过度膨胀发展这一问题上，采用了分散和集中相结合的方式。规划巴黎沿岸与塞纳河平行的两条轴线发展，避免过分分散带来的效率低下的问题。为解决城市的发展问题，在巴黎城市的边缘规划了五个规模较大的新城。最后，在巴黎旧城的边缘规划了九个综合性的副中心，以解决城市中心的发展问题。德方斯是其中之一，也是较为成功的一个。虽然在实施的过程中遇到很大的困难，但最后的结果是令人满意的。因此，法国政府近年来决心对德方斯地区进行进一步的改建和发展。

德国传统的城镇布局比较均衡。德国统一前，联邦德国经济相对较为发达，其主要城镇的聚集区除鲁尔区域外，都比大伦敦和大巴黎小，它们没有过分拥挤和服务设施不足等问题。从这方面看，联邦德国分散型的城市增长是好的。德国统一后，柏林和法兰克福等城市被进一步推上了国际城市的舞台。城市中心商务区到处是发展机会和雄心勃勃的规划；在这些规划中，体现了最新的规划思想和方法，城市中心并不是高楼大厦式的发展，而是与历史街区在尺度和肌理上的融合开发，非常协调。当然，这也许是新柏林建设的后发优势；同时，从中也能看出内在的传统。

5.3.3　城市的专题比较研究

除去对城市整体的比较研究外，在某一方面或某个领域获得更加深入具体的研究成果，则需要专题的比较研究，如城市发展目标、世界城市、城市规模、城市结构和形态、城市中心商务区、城市用地结构、城市道路交通、城市住宅、城市公园绿化系统等。专题研究不仅定性，而且大部分要进行定量的分析比较。专题研究一般非常深入，不仅描述各国的现况，各国的相同点和相异地，而且要分析形成的历史原因。许多专题比较研究，如国际性城市研究、城市中心商务区研究、世界各国城市公共住房政策和制度的比较研究等已经成为专门的研究领域，并取得了丰硕的研究成果。整体的比较研究与专题比较研究不可分，既不能只见树木，不见森林，也不能胡子眉毛一把抓。整体的比较研究与专题比较研究相互结合，是进行比较城市研究非常有效的方法。

国际性城市（Global City），又称"国际化大都市""全球性城市"，或"世界城市"，目前已经成为一个专门的研究领域，它所研究的对象就是各国具有世界影响力的城市，是对多个城市的专题比较研究（图 5.21）。

1966 年，彼德·霍尔（Peter Hall）在他的著作《世界城市》一书中，第一次提出国际性城市的概念。到 20 世纪 80 年代末，在全球一体化和信息化的形势

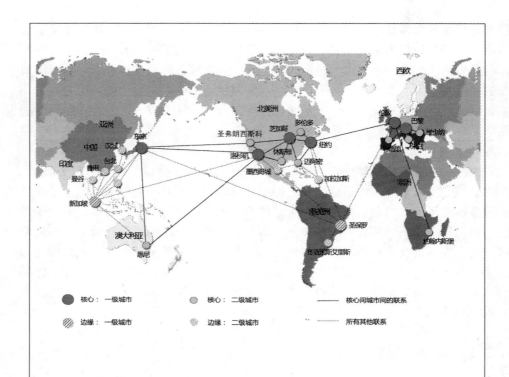

研究者	第一层世界城市	第二层世界城市	第三层世界城市
Friedmann (1995)	纽约、东京、伦敦	迈阿密、洛杉矶、法兰克福、阿姆斯特丹、新加坡、巴黎、苏黎世、马德里、墨西哥城、圣保罗、汉城、悉尼	大孤-神户、圣弗朗西斯科、西雅图、休斯顿、芝加哥、波士顿、温哥华、多伦多、蒙特利尔、香港、米兰、里昂、巴塞罗那、慕尼黑、莱茵-鲁尔
Thrift (1989)	纽约、东京、伦敦	巴黎、新加坡、香港、洛杉矶、苏黎世、阿姆斯特丹、香港	悉尼、芝加哥、达拉斯、迈阿密、檀香山、圣弗朗西斯科
伦敦规划咨询委员会(1991)	伦敦、巴黎、纽约、东京	法兰克福、米兰、芝加哥、波恩、哥本哈根、柏林、罗马、马德里、里斯本、布鲁塞尔	
Beaverstock (1999)	纽约、东京、伦敦、巴黎、中国香港、新加坡、洛杉矶、芝加哥、法兰克福、米兰	圣弗朗西斯科、悉尼、多伦多、苏黎世、布鲁塞尔、马德里、墨西哥城、圣保罗、莫斯科、汉城	阿姆斯特丹等35个城市

$\dfrac{1}{2}$ 1.弗里德曼的全球性城市
等级与分布格局
2.世界城市的等级划分

图 5.21 国际性城市研究
资料来源：根据 Friedmann 等资料整理

下，世界城市的研究开始进一步扩展。国际学术会议非常之多，有一大批学者研究全球城市和全球城市区域的新情况、新问题。彼得·霍尔仍然活跃在一线，另外比较著名的还有约翰·弗里德曼（John Friedmann）、萨丝亚·萨笙（Saskia Sassen）和曼纽尔·喀斯特尔（Manuel Castells）等。

1986 年，弗里德曼等提出"世界城市假说"，把城市化与世界经济力量直接联系起来，认为世界城市的形成包括经济的、社会的和形体的重构，以及随之而来的政治冲突。所谓国际性城市即是在全球范围内"起到世界或世界某一大区域的经济枢纽作用，它是世界经济活动越来越向国际化推进的产物"。弗里德曼提出的国际性城市有七个指标：主要的金融中心、跨国公司总部聚集地、国际性机构聚集地、第三产业高度增长、主要的制造业中心、世界交通的重要枢纽（尤指港口与国际航空港）、城市人口达到一定规模。

一般认为，世界城市体系分为三个层次："全球性的"包括纽约、伦敦、东京，是国际经济中心、国际机构所在地、企业的全球或地区总部以及相关的金融服务集中的管理中心；"洲际的"主要是大国首都，其影响超越城市本身日常辐射的范围，具有全球性城市的许多特征；"地区性的"与全球经济相联系，但影响的范围要小得多，通常扮演相当专业化的角色。目前，世界公认的具有全球意义的国际性城市，即所谓的"世界城市"主要是纽约、东京、伦敦、巴黎、芝加哥、香港、悉尼、新加坡、汉城、法兰克福等十多个城市，其中纽约、伦敦、东京是三个最主要的城市。

1991 年萨丝亚·萨笙出版了《全球城市：纽约、伦敦、东京》，可以看作全球性城市理论研究的标志。2000 年，罗杰·西蒙兹（Roger Simmonds）和盖里·哈克（Gary Hack）合作出版了《全球城市区域：纽约、伦敦、东京》（*Global City Regions：Their Emerging Forms*）一书，与 30 多年前彼得·霍尔的《世界大城市》一书的结构很相像，其中包括 11 个全球城市和全球城市区域的规划实例分析，曼谷区域、波士顿区域、马德里区域、荷兰环形城市、圣迭哥和提圭那、圣地亚哥区域、圣保罗区域、西雅图和普吉特桑恩、台北区域、东京区域和西密德兰等 11 个规划实例中只有荷兰环行城市和东京与彼得·霍尔的《世界大城市》中的实例相同。这本书是由近 30 位作者分别写作编辑而成，主要探讨在全球一体化的形势下重要城市区域的空间规划。

2001 年，伦敦剑桥出版社编辑出版了《全球城市区域：趋势、理论、政策》（*Global City Regions：trends，Theory，Policy*）一书。2002 年，萨丝亚·萨笙编辑出版了《全球网络：连接的城市》（*Global Networks：Linked Cities*）一书。这些著作汇集了世界上主要学者的文章，不仅从城市区域空间形态的角度来进行研究，更多地从社会经济方面研究全球城市和全球城市区域，提出了在新形势下有关城市和城市区域许多新的见解和概念。

城市中心商务区（CBD）同样也是一个重点的专题比较研究方向。中心商务区（CBD）的概念最初是由城市地理学家、城市空间结构芝加哥学派的代表人物伯吉斯（E. W. Burgess）在20世纪20年代提出来的。在他的城市同心圆模型中，将城市由一系列同心的圆划为不同的区，将处于城市核心的区称为中心商务区，由此提出了中心商务区的概念。从伯吉斯最初提出中心商务区概念至今已近百年，今天，中心商务区已从一个简单的概念发展成为城市地理学、城市经济学、城市社会学、城市规划等众多城市研究学科中一个重要的研究课题，取得了一系列研究成果，而比较城市中心商务区研究是一项重要的研究课题，也是中心商务区研究的主要方法之一（图5.22）。自古以来只要有城市，就有城市中心。17世纪的工业革命，产生了具有现代意义的城市，也形成了具有现代意义的城市中心商务区。城市中心商务区，是集金融、贸易、商业、办公于一体的城市核心区，它不仅是现代都市形象的象征，而且作为城市社会经济活动的中心，犹如现代城市有机体的心脏，是商品经济高度发展阶段的重要城市特征，尽管其具体的空间方式因国家和地区的经济基础、自然条件、历史文化传统的不同而有所差异，但其对城市发展所起的作用是同样至关重要的。

20世纪，随着城市的发展，中心商务区注入了新的内容、含义，形式也发生了变化，摩天楼林立和高度密集成为中心商务区的象征。中心商务区已越来越成为城市综合性的经济活动中枢。一些重要的城市，如纽约、伦敦、巴黎、东京、香港和新加坡等，都有一个形象鲜明的中心商务区。进入21世纪，在世界经济全球化、服务产业日趋发达和信息化的背景下，世界上经济高度发达国家中现代化程度较为完善的城市，大部分发展成为国际性城市，在国际经济贸易和文化科技的交流中起着显著的作用。综合分析纽约、东京、伦敦、巴黎、香港等国际性城市，高度国际化、现代化的中心商务区是构造国际性城市所共有的主要因素之一。整个城市的产业结构紧紧围绕着国际经济贸易这一目标，跨国经济的发展与跨国公司的建立依赖于高度发达的城市金融、贸易、保险与旅游服务产业，城市中心商务区正是这些功能的集中体现。

中心商务区作为城市的中心，虽然面积只占城市的一小部分，但其具有高度的集约性，包容了城市核心的所有内容，是城市问题突出的所在，必然成为城市研究的重点，许多学科都对中心商务区从各自的角度进行了深入的研究，取得了多方面的研究成果。到目前为止的大量研究表明，由于影响一个城市中心商务区空间结构的因素复杂多样，世界上并不存在中心商务区固定的空间模式，因此那

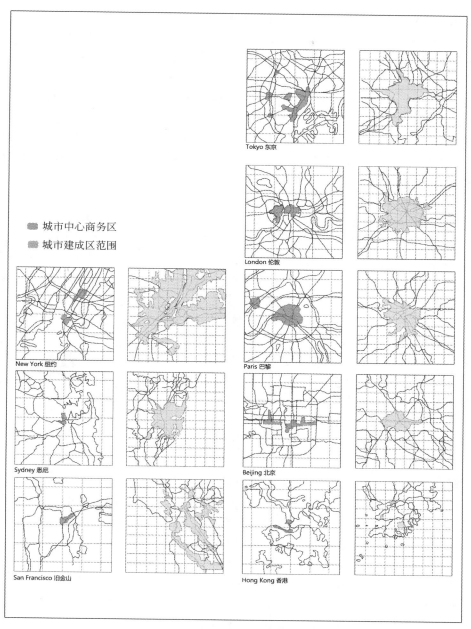

图 5.22 城市中心商务区比较研究

资料来源：根据东京规划有关研究资料描绘

种试图从规划的角度建立一个中心商务区模型的做法几乎没有实际意义。城市不同于一般的物体，它与社会、经济、历史地理、人文环境具有十分紧密的联系。在传统的城市研究学科中，广泛采用了理工科传统的归纳和演绎方法。在研究中，对研究主体进行纯化，以一系列理论假设为基础。研究不考虑城市的特征，而是以求共性、规律性为目的，虽然具有较高的理论价值，但另外一方面不能不说是失之片面，不能完整地、活生生地认识城市和指导具体的城市实践。中心商务区的研究应在传统研究方法的基础上，更多地使用比较研究的方法，从不同国家、不同民族、地域、经济发展程度、文化习俗等多方面进行研究，从横向共时和纵向历时的角度进行比较研究，以全面反映中心商务区的内在本质和各自特征。

城市在发展，中心商务区在不断发展变化。今天，特别是信息技术、知识经济、全球经济一体化的影响，使得中心商务区发展变化速度之快、周期之短，令人目不暇接。因此必须以发展的眼光来看待中心商务区研究，必须采用历史的和动态的（dynamic）研究方法，不断研究新内容，吸收新事物，才能搞好中心商务区的规划建设。例如，运用地理信息系统（GIS）和空间分析（spatial analysis）方法，建立中心商务区的基础数据库和各种专题数据库，如以等级划分的银行证券业布点、大型商业设施布点、建筑规模、从业人口、营业面积等，使中心商务区规划中所需的信息数字化、实时化，从而为中心商务区研究、城市规划设计与管理，以及为比较城市中心商务区专题研究提供实时动态信息，增强分析论证的科学性与实用性。

5.3.4 城市的指标、指标体系和评价

城市规划建设指标反映城市各组成因素或总体特征的状况，是规划建设和管理城市的重要信息。进行比较城市研究，除掌握城市的历史演变、城市结构形态等信息外，作为基本内容，还必须掌握城市的规划指标体系及其主要规划建设指标，这也是进行定量分析和城市综合评价的基础。

统计是现代政府行政管理的主要手段和工具，各国政府都有相应的统计部门及其完整的体系。我国国家统计局及各省（自治区、直辖市）统计局有完整的统计指标体系和相应的调查队伍，定期公开有关统计数据。除国家统计局外，国家各行业主管部门也要求省市对口部门上报日常的报表统计，进行分析研究，作为制定行业政策和管理的依据。建设部2001年印发新的《城市建设统计指标解释》，为适应社会主义市场经济条件下城市规划、建设与管理的需要，对1991年

版的《城市建设统计指标解释》进行了修订。修订后的《城市建设统计指标解释》包括综合指标，城市、人口与建设用地，供水和节约用水，燃气，供热，公共交通，市政工程（道路、桥涵、排水、路灯、防洪等），园林绿化与风景名胜区和市容环境卫生共 9 个部分。

在比较城市研究中，采用指标的比较分析是非常简捷有效的方法。但是，必须避免比较研究的简单化、概念化，妄下片面的结论，必须作深入的比较分析。例如，对城市人口密度、开发强度和建筑密度等指标进行比较，虽然数值能够反映城市的形态及其质量的一些方面的特征，但并不是全部。数据最好与专题分析图纸相结合；而且，随着地理信息技术的发展，许多指标的比较还可以使用空间分析方法，将分析深入街区，使用轴测图等手段，使结果更形象化，更加全面地发现和反映问题。需要注意的是，由于世界各国行政管理体制和统计概念的不尽相同，因此，在进行跨国的城市比较研究时，如世界城市建设用地指标比较研究等，需要首先认真学习了解各国指标的确切含义，并作出相应的说明，以确保比较的客观合理。

比较城市研究中涉及多个指标和城市评价时，要使用指标体系和综合评价方法。指标体系的建立是进行预测或评价研究的前提和基础。城市指标体系有许多种类，如宜居城市、生态城市、智慧城市、城市竞争力、城市创新能力等，也包括城市定位、发展目标和国际城市等指标体系。这些指标体系，一般以城市一些基本的规划建设指标和专项指标组合形成，通过一定的科学方法，确定指标组成和各指标因素的权值，形成指标体系。对城市进行系统的指标体系比较的研究成果有很多，如朱庆芳的《世界大城市社会指标比较研究》、张晓军等的《国外城乡规划指标的特点及启示：以美、英、法、德、日等国规划案例为例》。北京市为实现建设成为世界城市的目标，建立了城市发展指标体系，并且与世界上主要的世界城市的指标进行比较分析（图 5.23）。

对城市按照某个指标体系进行评分和排序是目前各研究机构经常做的事情，也就是进行城市综合评价。一般的城市指标体系涉及的因素少的有 20～30 个，多的有 80～100 多个，即使划分成层次，也难以把握。城市综合评价是对城市的指标体系进行打分，这种方法比城市指标体系容易理解，适于宣传；但是，由于完全用数值来表示，取消了具体指标的属性，所以太抽象，而且综合评价的"黑箱"过程，无法反映城市的真实状况。所以，即使进行城市综合评价，也最好采用关键指标法和雷达图等改进的方法，能够做到突出重点，把握主要指标，而且表现得更加直观，易于理解和把握。

自从《中国城市发展报告》2002 年第一次出版，已经连续出版 10 多年，是

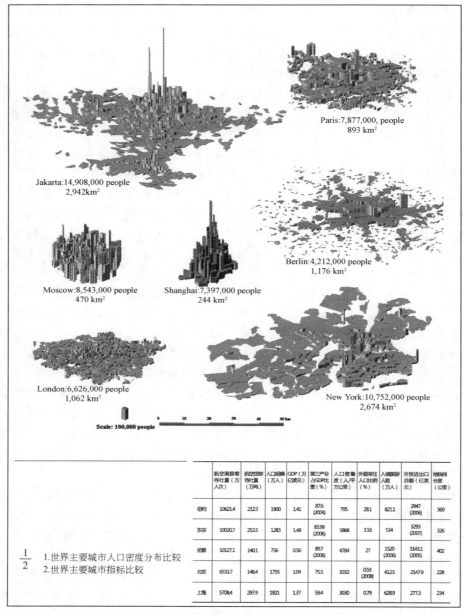

図 5.23　世界主要城市中心人口密度比较研究

资料来源：根据有关资料整理

目前我国城市方面的权威研究报告。该报告是由中国市长协会组织，著名专家编写，主要内容为中国产业化、城市发展现状、城镇化与城市化、城市规划、主要经济中心（城市群体）的详细介绍，并从理论高度提出发展建议。该书附录篇收录"中国城市基本数据"，读者可通过比较，从统计数据的角度，定量观察中国 655 个城市所发生的变化；为了更加直观，也采用了雷达图的表示方法。

城市的指标体系及其评价是相对的，具有一定的科学性，但也不能唯指标而指标，舍本逐末。包括城市建设用地指标，即使我们用一定数量的城市指标进行比较，也不能简单地把比较结论作为城市规划编制的标准和依据，像过去计划经济时期的城市规划定额指标一样，而必须实事求是地进行研究，综合各种情况和因素来确定。

第 6 章　世界主要国家和地区
城市规划体系比较研究

自 20 世纪初开始，在各自政治制度、经济制度和历史文化传统的影响下，世界各国逐步形成了相对完整、各具特色的城市规划体系。城市规划体系作为完整的制度体系，包括规划行政体系、规划编制体系、规划实施管理体系和规划法律体系等四个基本方面。城市规划行政体系是由国家基本政治制度决定的，城市规划作为政府公共管理的主要内容和手段之一，规划行政体系对规划编制和实施具有决定性的影响。规划编制是城市规划的核心，规划编制的内容是城市发展的目标和规划实施管理的依据。规划管理体系是将规划目标、规划政策和规划方案转变成为现实的开发控制手段。规划法律体系是现代城市规划体系的法律支撑，为规划行政、规划编制和规划管理提供法定依据和法定程序。以上四个方面相互关联，互为因果，需要全面深入、融会贯通地比较研究。同时，应该看到，百年来世界许多国家的城市规划体系是在不断改革和发展的，因此，要用发展的眼光来进行比较研究，才能对不同国家的城市规划体系有整体的把握。

世界主要国家和地区城市规划体系的比较研究是比较城市规划的基本内容，学习和从事城市规划工作必须要了解世界主要国家的城市规划体系。通过多个国家和地区城市规划体系的求同研究，可以探索城市规划的共同规律；通过不同国家和地区城市规划体系的见异研究，则能够深入了解世界各国的不同国情，以及城市规划与社会政治经济的关系，更好地吸收和借鉴他国的成功经验。

6.1　城市规划体系

在人类文明发展史上，很早就有了城市和城市规划；但是，现代城市规划作为政府行政管理的一项职能，形成完整的体系，则是百余年的事情。18 世纪初期，英国成为工业革命的发源地。到了 18 世纪中叶，德国、法国和美国等主要西方国家也都相继完成了工业革命。与之相对应，西方国家建立了资本主义占主导地位的政府，初步形成了政府的现代行政管理体系。所谓现代行政管理体系即政府以行政权力为核心的、对公共事务的管理，依法行政是其根本特征。但是，直到 20 世纪初叶，城市规划才逐渐成为政府行政管理的一项职能。

伴随着工业化进程，城市在国家的经济和社会发展中越来越处于主导地位。产业和人口的大规模集中导致城市急剧膨胀，城市问题，如公共卫生和住房问题等，日益激化，不仅引发了社会矛盾，也危及经济发展。尽管一些先驱思想家们，如霍华德等，提出的"花园城市"等城市规划理念产生了深远影响，并有一些开明企业家进行了新型城镇的建设试验，但是完全依靠市场机制和民间行为，显然无法解决这些城市问题，必须运用政府的行政权力，遵循相应的行政法规，对于市场经济和私人产权进行合理和必要的干预，才能确保城市物质环境的有序发展，使社会各方的利益得以平衡。在 1909 年，英国颁布了世界上第一部城市规划法《住房和城市规划诸法》，一些工业国家也相继制定了城市规划法，标志着城市规划成为政府行政管理的法定职能。经过半个世纪的发展，到第二次世界大战结束以后，西方国家才形成了相对比较成熟的现代城市规划体系。

按照吉登斯（Giddens）的定义，体系（system）是跨越时间和空间的社会关系的模式，理解为再生的实践活动（the patterning of social relations across time and space, understood as reproduced practices）。城市规划体系就是将建成环境作为对象、跨越空间和时间的、有秩序的社会空间实践（socio-spatial practices）。城市规划体系与不同国家的政治制度、经济制度和历史文化传统是密切相关的。城市规划体系作为完整的制度体系，包括规划行政体系、规划编制体系、规划实施体系（或称开发控制）和规划法律体系等四个基本方面。城市规划行政体系是由国家基本政治制度决定的。城市规划作为政府公共管理的主要内容和手段之一，规划行政体系对规划编制和实施具有决定性的影响。规划编制是城市规划的核心，规划编制的内容是城市发展的目标和规划实施管理的依据。规划管理体系是将规划目标、规划政策和规划方案转变成为现实的开发控制手段。规划法律体系是现代城市规划体系的法律支撑，为规划行政、规划编制和规划管理提供法定依据和法定程序。以上四个方面相互关联，互为因果，需要全面深入、融会贯通的比较研究。

英国的城市规划体系开世界现代城市规划体系的先河。德国、法国城市规划体系各自的特征非常突出。美国的城市规划体系与欧洲国家又有很大差别。通过对世界主要发达国家和地区，如英国、德国、法国、美国、日本、新加坡和中国香港城市规划体系进行比较，为城市规划体系比较研究夯实基础，并为跨国、跨文化的比较城市规划研究，特别是影响研究做好准备。

6.1.1　城市规划行政管理体系：中央集权与地方自治

城市规划的行政管理体制主要依据各国不同的政体而定。由于目前世界上政体主要包括中央集权和联邦制政府两大类型，因此，世界各国和地区的规划行政体系基本上可以分为两种体制，即中央集权和地方自治。

英国是典型的中央集权国家，实施严格的自上而下的垂直管理，包括城市规划。英国政府架构为中央政府、郡政府和区政府三级体系，中央政府的副首相办公室是城市规划的主管部门，其基本职能包括制定有关的法规和政策，指导地方政府的规划工作，审批区域空间战略，受理规划上诉，并有权干预地方政府的地方发展框架规划，对影响较大的开发项目进行直接审批管理。

美国是一个联邦制国家，联邦政府、州政府和地方政府组成三级行政体系。但联邦政府并不具有法定的规划职能，只能借助财政手段，如联邦补助金等，发挥间接的影响。地方政府的行政管理职能，包括城市规划，由州的立法授权。由于各州的立法各不相同，因此，各州地方政府的城市规划职能也就有所差别。但总体看，美国城市规划主要的审批与规划编制在市县一级的地方政府，联邦和州政府一般不干涉市县的规划和审批，体现出一种务实和地方自治的基本态度。当然，市县的规划不能与本州及联邦的法律法规相冲突，否则就违法、违宪。

德国也是一个联邦制国家，但与美国不同，德国联邦政府具有规划权。1949年的《基本法》并没有联邦土地利用规划的立法内容，各州都有各自的规划立法和相应的规划体系。直到 1960 年，才制定了《联邦建设法》，随后又制定了有关条例，以规范各州的发展规划和规划管理。联邦政府的规划主管部门是区域规划、建设与城市发展部，其职能是制定有关的法规和政策，协调各州的发展规划，并且负责制定跨区域基础设施，如铁路、机场和高速公路的发展规划。除了执行联邦的规划法，州也有立法权，但州立法必须符合联邦法。联邦和州的规划法规都是规划编制和规划管理的法定依据。

英国、美国是中央集权和地方自治两种不同规划行政体系的典型代表。德国虽然是联邦国家，但规划具有部分中央集权的特征。日本的行政管理体系与英国相类似，包括中央政府、都道府县和区市町村。但中央政府对于地方政府的影响是以立法和财务为主，并不直接干预地方政府的发展规划和开发控制。新加坡和香港都是比较特殊的类型，分别是城市国家和城市地区，新加坡政府和香港特区政府包揽了全部规划职能。

6.1.2　城市规划编制体系：总体规划与详细规划

编制规划是城市规划的核心内容和实施规划管理的基本手段和依据。虽然各国和各地区的城市规划行政、法律体系有所不同，但城市规划编制体系大体上较为相似。尽管名称各不相同，但经过多年的发展演变，目前世界各国基本都形成了宏观的、综合性、战略性、指导城市发展方向和布局的城市总体规划，以及具体指导城市建设和规划管理的详细规划，如区划、建造规划等两个层面。由于详细规划，如区划、建造规划等，是开发控制的法定依据，所以又称作法定规划（statutory plan）。

战略性总体规划是制定城市总的长期战略目标，以及土地利用、交通管理、环境保护和基础设施等方面的发展准则和空间策略，为城市各分区和各系统的实施性规划提供指导框架，但不足以成为开发控制的直接依据。英国 2004 年前的结构规划（structure plan）和现在的区域空间战略（regional spatial strategy）、美国的综合性总体规划（comprehensive plan）、德国的城市土地利用规划（F-plan）、日本的地域区划（area division）、新加坡的概念规划（concept plan）和中国香港的全港和次区域发展策略（development strategy），以及中国的城市总体规划等，都是战略性的城市总体规划。

以战略性总体规划为依据，针对城市中的各个分区，制订详细规划，作为开发控制的依据。英国的"地区发展框架"（*Local Development Framework*）中有关开发控制内容、美国的区划（zoning）、德国的分区建造规划（B-plan）、日本的土地利用分区（land use district）和分区规划（district plan）、新加坡的开发指导规划（development guide plan）和中国香港的分区计划大纲图（outline zoning plan），以及中国的控制性详细规划都是作为开发控制的法定依据。

美国的区划条例包含了全部的规划控制要求。在德国和日本，除了一般的区划条例，还通过分区开发规划，一般是几公顷，确定每个特定分区的开发原则和建造控制要求。相比之下，英国、新加坡和中国香港的法定规划是比较原则性的，有待于在规划审批、土地批租时针对开发个案提出更为具体的规定。

6.1.3　城市规划实施管理体系：通则式和判例式

城市所有的建设活动都要经过规划审批，或称行政许可。规划审批是建设活动的法定程序，审批文件也是建设项目物权登记的前提和依据。因此，规划审批是实施规划管理的主要手段。规划管理必须要依法审批，在审批程序上要合法，在审批内容依据方面要符合法定详细规划。由于法定规划内容的不同，规划审批形成了两种模式，通则式和判例式。

作为规划管理的依据，法定详细规划关系到开发控制的方式。美国、德国和日本的法定详细规划是作为开发控制的唯一依据，规划人员的在审理开发申请个案时不享有自由量裁权。只要开发活动符合这些规定，就一定能够获得规划许可。这种通则式的开发控制具有透明和明确的优点，但在灵活性和适应性方面较为欠缺。

在英国、新加坡和中国香港，法定规划只是作为开发控制的主要依据，规划部门有权在审理开发申请个案时，附加特定的规划条件，甚至在必要情况下修改法定规划的某些规定，因而使规划控制具有灵活性和针对性，但也难免会存在不透明和不确定的问题。

由于通则式和判例式的开发控制各有利弊，各国和地区都在两者之间寻求更为完善的开发控制体系。通则式和判例式相结合的开发控制体系包括两个控制层面，在第一个层面上，针对整个城市地区，制定一般的规划要求，采取区划方式，进行通则式控制；在第二个层面上，针对各类重点地区，制定特别的规划要求，采取个案审批方式，进行判例式控制。

美国的一些城市在传统区划的基础上，增加了个案审理的环节，如有条件的用途许可、基地规划和环境设计评审等特定审查内容和程序。有条件的用途许可由规划委员会进行个案审理，并举行公众听证会。针对具有显著影响的开发项目，进行基地规划和环境设计评审，举行公众听证会。尽管德国和日本都采取通则式开发控制，却比较注重地区发展的整体性和独特性。日本在土地利用区划的基础上，划定各类特别分区，如需要发展、更新、改善或保护的重点地区，效仿德国的建造规划（B-plan），制定分区规划，并可对上一层面的土地利用区划进行必要的修改，这被称为综合规划控制体系（a comprehensive planning control system）。

20 世纪 80 年代以来，英国的开发控制体系也经历了一些重要变化。在一些工业和高新技术园区进行了通则式开发控制的试验，类似美国的区划，政府把简化规划控制作为改善投资环境的一项措施。当时的环境部还告诫地方规划部门不要轻率地和过分地干预私人住宅区的规划和设计，以使开发商能够对于市场需求及其变化作出及时反应。当然，这种做法与美国、德国的不一样，不是规划管理手段的完善或简化，而主要是放权（de-regulation）。

就新加坡的法定规划而言，分区层面上的开发指导规划取代了全岛层面上的总体规划，法定规划更为具体和详细，因而也就更具针对性和指导性。在香港，尽管作为法定规划的分区计划大纲图是比较原则的，包括土地用途和开发强度，但政府拥有土地永业权，可以通过土地契约中的规划条款，针对每一开发地块制定具体的规划控制要求，特别是在城市设计方面。根据香港城市规划条例，城市规划委员会可将特定地区划为"综合开发区"或"特别控制区"。在"综合开发区"或"特别控制区"，开发活动受到特别的规划控制，以保护地区的独特风貌和环境。

6.1.4 城市规划法律体系：基本法与从属法

现代城市规划作为政府行政管理的法定职能，遵循依法行政的原则，城市规划法律体系是政府行政的法律依据。虽然世界法律体系分成欧洲大陆法系和英美判例法系两类，但世界各国城市规划法规体系基本构成是相似的，有城市规划基本法作为主干，配套从属法规、专项法和相关法，经过多年的发展演变，形成完整的城市规划法律体系。

城市规划法是规划法律体系的核心，因而又被称作主干法（principal act），其主要内容是有关规划行政、规划编制和规划管理的法律条款。尽管各国城市规划法的详略程度不同，但都具有纲领性和原则性的特征。由于城市规划法不可能对各个实施细节作出具体规定，因而需要有相应的二级法律（by-law）或从属法规（subsidiary legislation）来阐明规划法的有关条款的实施细则，特别是在规划编制和规划管理方面。根据立法体制，规划法由国家立法机构，如议会制定，从属法规则由规划法授权政府的规划主管部门制定并报立法机构备案。

以英国为例，主要的从属法规包括《用途分类规则》《一般开发规则》《特别开发规则》等，每个法律确定特定的内容。例如，《特别开发规则》界定特别开发地区，如新城、国家公园和城市复兴地区，由特定机构来管理，包括新城开发公司、国家公园管理局和城市开发公司，不受地方规划部门的规划控制。很显然，如果没有这些从属法规，规划法将会变得冗长庞杂，而且每当发生细节变化时，都得修改主干法。

尽管如此，许多国家的规划法在演进过程中具有综合化的趋势。作为大陆法系的代表国家，德国曾在 1960 年和 1971 年分别制定了《联邦建设法》和《城市建设促进法》，在 1987 年汇总成为《联邦建设法典》，在 1990 年又将《住宅建设减轻负担法》纳入重新修编的《联邦建设法典》。在英国，1990 年的《城乡规划法》并没有提出新的城市规划体系，而是归纳了原有的规划法和有关的专项法，从而成为一部综合法。再以中国香港为例，1966 年的《城市规划条例》草案增加了许多新的条款，也相应地废除或修改了有些从属法规和相关法律。

然而，无论是主干法的综合化趋势还是采取法典形式，都无法完全替代从属法规和专项法。即使在采用法典的德国，仍然需要有《建筑使用规定》《建设规划规定》《规划图例规范》等从属法规和专项法。

城市规划的专项法是针对规划中某些特定议题的立法。由于主干法具有普遍的适用性和相对的稳定性，这些特定议题，也许会有空间上和时间上的特定性，就不宜由主干法来提供法定依据。还以英国为例，1946 年的《新城法》、1949 年的《国家公园法》、1965 年的《产业分布法》、1978 年的《内城法》和 1980 年《地方政府、规划和土地法》等都是针对特定议题的专项立法，为规划行政、规划编制和规划管理等方面的某些特殊措施提供法定依据。

在新加坡，大部分的住宅区和工业区由政府进行建设，相应的主管机构是住房发展局和裕廊工业区管理局，需要有专项立法为其行使法定职能提供依据。在德国合并以后，为了促进住房建设，1993 年颁布了《减轻投资负担和住宅建设用地法》，该法推行的各项政策就有明确的期限。日本的《国土利用规划法》和《城市更新法》也都属于专项法。

由于城市物质环境的建设和管理包含多个方面和涉及多个行政部门，因而需要各种与城市规划相应的立法，即相关法。尽管有些立法不是特别针对城市规划的，但是会对城市规划产生重要的影响，较为突出的是有关地方政府机构和环境方面的立法。

以英国为例，1985 年的《地方政府法》撤销了伦敦和其他 6 个大都会政府，其规划职能随之移交给下属的区政府，影响到规划编制和规划管理。原来的规划包括两个层面，结构规划由大都会政府和郡政府编制，地方规划由区政府编制。在地方政府改组以后，大都会地区采用了单一发展规划，包括原来结构规划和地方规划两个部分的内容，均由各区政府编制。

在美国，联邦政府并不具有规划职能，但有关的环境立法对于城市开发产生了重要影响。例如，《海滨地区管理法》，鼓励州政府对于环境敏感的海滨地区的开发活动实行除区划外的特别许可制度。根据《国家环境政策法》，许多州政府要求大型发展项目进行环境影响评估（environmental impact assessment）。《清洁空气法》和《清洁水体法》规定的排放许可制度（discharge permit system）对于开发活动也有显著的影响。

当然，由于世界法律体系中存在英美法系和大陆法系两个体系，分别采用判例式和成文式法律，而且世界各国的司法制度、法院体系也不相同，所以各国的城市规划法律体系，特别是在法律条文和司法审判上，也会呈现出各自的特点。在现代城市规划发展史上，一些国家法院对与城市规划有关的司法判决对现代城市规划体系产生了重要影响，对完善城市规划体系发挥了积极的作用。现代城市规划行政体系作为政府管理公共事务的一种职能，世界各国越来越呈现出趋同性。而城市规划行政体系对城市规划法律体系具有决定性影响。所以，尽管不同国家各个法律部分的具体内容会有差异，但总体上结构类似。我们可以说，现代城市规划法律体系在一定程度上是在为城市规划行政体系背书。

6.2 世界主要国家和地区城市规划体系

6.2.1 英国、德国和法国

1. 英国城市规划体系

英国国土面积24万平方公里，人口6300万人，包括英格兰、苏格兰、威尔士和北爱尔兰。英格兰可以说是英国的主体，面积13万平方公里，人口5200万人。苏格兰、威尔士和北爱尔兰在行政管理上相对独立。

现代城市规划发源于英国，英国的城市规划具有悠久的传统，经过百年来的不断变革，形成了相对完整的城市规划体系。总体来看，英国的城市规划体系比较繁杂多变，规划行政机构和职能随着政府机构调整和行政区划的调整在不断变化，规划编制的类型同样在不断变化，规划的法律法规随着规划行政体系和编制体系的改变一直在作相应调整。目前，英国的城市规划体系仍然处在不断的变化中。按帕慈·希利的说法，英国规划体系的变化是英国政府机构改革的历史反映。

1）英国的城市规划行政体系

英国是一个传统的中央集权国家，20世纪60年代以前，一直是由中央政府、郡政府和地方政府组成基本的三级政府体系，实行自上而下的垂直管理，基本未发生重大变化。20世纪60年代起，伴随着城市化的快速发展，遇到区划不清、管理混乱、城乡对立等一系列问题，因此，决心改革地方政府，加强对地方政府的控制。1963年《伦敦政府法》确定正式建立大伦敦议会，下设32个自治区（市）。直到20世纪80年代，撒切尔领导的工党政府上台，为促进经济发展，提高政府效率，开始进行以减少政府层级、简政放权（deregulation）为主的大刀阔斧的改革。从此，近30年来，英国不断地进行着地方管理体制和行政区划的改革。根据 1985 年的《地方政府法》，英格兰撤销了大伦敦地区和 6 个大都市郡议会，只保留 32 个伦敦自治区议会和 36 个大都市议会。1992 年的《地方政府法》对行政区划进行新一轮调整，打破 1974 年行政界限调整以来形成的较大的郡，恢复一些历史界限，将一些较大的两级管理机构，即郡管区，分解成了更多的独立的"单一管理区"。根据 1998 年颁布的《区域发展机构法》，成立了区域政府。同时，英格兰建立了以区域政府办公室、区域发展机构和区域议院为核心的区域政府架构。2000 年的《地方政府法》确定伦敦重设大伦敦委员会和伦敦市长。英国区域划分图及英国规划的组织机构，如图 6.1 所示。

如今，英格兰共有四级行政区划，分别是区域、郡、区和教区。包括大伦敦在内，划分为西北部、东北部、约克郡与亨伯赛德郡（Yorkshire and The Humberside）、中西部、中东部、西南部、东南部、东部共 9 个区域，平均每个区域面积为 2 万平方公里左右，每个区域内还划分为一些次区域。9 个区域下辖一或几个郡级行政区。郡级行政区有 5 种，分别是名誉郡、非大都市郡、大都市郡、单一管理区和大伦敦，都设有议会和政府。区是英格兰地方基本的行政区划单位，主要是市或镇，有时这些区可能会兼有自治市镇（Borough）、城市地位（city status）或皇家自治市镇（royal borough）的地位。其中非大都市区为非大都市郡的次级区划，通常与郡议会分享自治权。教区的划分和设立大部分都有宗教渊源，但今日的教区早已与英格兰国教会不再有关。

英国政府一直十分重视从全国到地方的城市规划事务，因此也一直保持着从中央到地方连贯的规划行政体系。在中央政府，一直有专门的部门负责城市规划，尽管机构经常变化。在 1909 年颁布《住房和城市规划诸法》之前，城市规划由地方政府委员会管理。立法之后，可能是由于当时城市病的问题突出，城市规划交由健康部管理。1943 年颁布的英国第一部现代意义的《城乡规划法》，确定成立城乡规划部，专门管理城市规划事务。1950 年，规划管理调整到住宅和地方政府部。1970 年以后，城市规划管理职能转移到环境部（DOE）。1997 年规划管理从环境部调整到环境、交通和区域部（DETR）。2001 年规划管理调整到交通、地方政府和区域部（department of transport, local government and the regions, DTLR）。百年间虽然城市规划管理部门在变，但是中央政府管理城市规划的主线没有改变。

进入 21 世纪，英国政府的改革没有停止。尽管对欧盟的许多做法存在不满，但随着全球化的大潮和欧盟的不断发展，英国还是不得不更多地向欧盟靠拢，融入其中。在规划领域，英国也对自己传统的区域和城乡规划体系进行了调整。英国 2002 年政府机构改革，成立副首相办公室（Office of the Deputy Prime Minister,

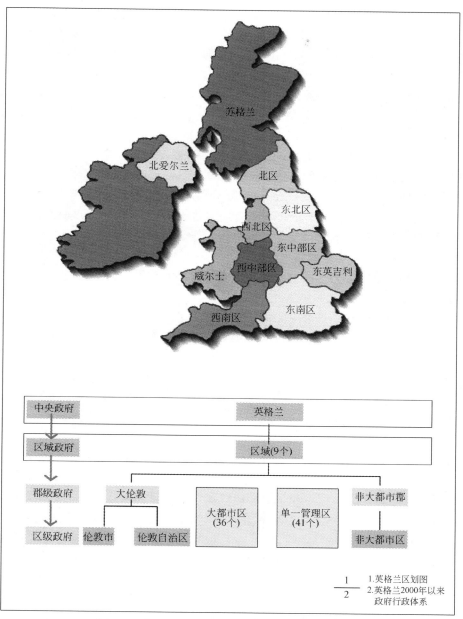

图 6.1 英国区域划分图及英国规划的组织机构图
资料来源：缪春胜，2009

161

ODPM），替代了原来的交通、地方政府和区域部（DTLR），负责住房、规划、转移支付（devolution）、区域和地方政府事务，也负责消防、社会隔阂消除单位计划（social exclusive units，SEU）、邻里单位更新计划（neighborhood regeneration units，NRU）和政府区域办公室（government offices for the regions，GO）。副首相办公室（ODPM）有总共 6500 名职工，包括在 4 个分支机构的 1800 名职工和在 9 个区域政府办公室的 2700 名职工。副首相办公室（ODPM）每年负责安排 500 亿英镑的开支。

设立在中央政府直接管理下的 9 个综合的区域规划办公室（IRO），执行中央政府对区域的规划控制职能。这 9 个区域办公室和大都市区政府构成了具有英国特色的区域政府，它处于中央政府和郡、地方区和市之间，也是英国行政体制不断改革的重点。这些区域和大都市管理机构都设有规划委员会等规划机构。非大都市郡政府和区政府的城市规划管理机构一般是规划局。

2）英国的城市规划编制体系

英国的现代城市规划体系，经过 100 多年的发展历程，其核心内容——规划编制到目前为止先后经历了 5 个重要的改革阶段，变化比较多。

从 1909 年《住房与城镇规划诸法》开始，英国地方政府编制城镇规划大纲，确定城市道路交通、开发密度和用地划分，要对所有开发项目进行明确，是比较具体的物质规划。直到第二次世界大战后，面对战后重建和严重的城市问题，城镇规划大纲表现出约束不够、灵活性不强等局限，不能满足需要。1947 年《城乡规划法》颁布，初步的开发规划体系建立，开发规划包括一般政策方针和详细的开发规划两部分，突出了公共建筑、市政工程和自然保护区、居住区、工业区、农业区等的规划布局。

1968 年的《城乡规划法》确立了郡结构规划和地方规划的"二级"城市规划体系，加上区域规划，英国形成全国规划政策指引（PPG）、区域规划导则（RPG）、结构规划（structure plan）和地方规划（local plan）完整的城市和区域规划体系。结构规划的基本内容包括郡范围内的总体发展战略，包括就业、住房、城市中心、交通和基础设施等方面。地方规划是对结构规划的完善和补充，重点是土地利用规划的内容，为地方规划局进行规划管理提供详细的依据。

到 1985 年，撒切尔夫人执政期间，颁布《地方政府法》，进行行政区划调整，包括撤销大伦敦议会等机构。调整后，在所有的大都市地区和一些非大都市地区，整合的一级政府只编制一种规划，即整体开发规划（unitary development plan），它包含了原结构规划和地方规划两级规划的内容。而非大都市郡依然沿用结构规划和地方规划两级体系。这样，导致英国城市规划编制体系进入结构规划、地方规划和单一发展规划并存的"双轨制"阶段。

"双轨制"形成一个复杂的局面，规划体系和层次过于复杂，地方规划编制内容过于细致、具体，规划决策速度慢的问题没有解决，规划更新昂贵，社区参与困难等问题逐渐暴露出来。伴随着欧盟的发展，为适应欧洲战略空间规划的要求，2004 年颁布的《规划与强制购买法》（*Planning and Compulsory Purchase Act*），标志着英国规划编制体系进入一个新的阶段，形成由区域空间战略（regional spatial strategy，RSS）和地方发展框架（local development framework，LDF）构成的"新二级"体系阶段。区域空间战略的编制内容涵盖了可持续发展、经济、交通、环境保护、文化等多方面。地方发展框架包括社区参与、年度监测报告、地方发展日程、发展规划文件、补充规划文件、地方发展规划和单一性规划分区等一系列文件，其中以政策为主的发展规划文件是核心内容。

尽管不是法定地方发展框架规划中的正式组成部分，但地方交通规划与城市土地利用规划紧密相连。地方交通规划由大都市或郡的相关机构编制，规划内容包含所有的交通形式，分配地方交通基本建设投资，用于协调和改善地方交通供给。地方交通规划与法定的地方发展框架规划两者都要与区域空间战略（RSS）相一致。

随着规划编制体系和内容的变化，英国规划审批的程序也在变化。历史上，中央政府制定的国家和区域规划政策指导地方的规划，地方规划必须与中央政策协调一致，必须得到中央政府的批准。最早的城镇规划大纲必须经国务大臣和住房与地方事务部大臣批准后方可生效，开发规划也要由国务大臣和城乡规划部大臣审批，这造成规划审批时间过长，难以适应发展的要求。1968 年开始形成"两级"体系，结构规划仍然由国务大臣审批，而地方规划由地方政府组织编制，地方审批，但国务大臣可以随时检查（call-in）。现在，区域空间战略由副首相办公室审批，地方发展框架每三年编制一次，由区政府审批，但需经过副首相派遣的规划督察员的检查。

3）英国的城市规划管理体系

英国城市规划管理的核心是开发控制，即对项目的审批，所谓规划许可。规划许可是现代城市规划管理的基本手段和保障。从 1909 年《住房与城镇规划诸法》明确进行开发控制开始，规划许可基本由地方政府规划部门负责，规划管理审批的程序不断得到完善。

根据 1990 年的《城市规划法》，规划审批管理包括规划申请、规划许可、规划上诉、规划协议和规划执法等几个方面。对周边地区具有显著影响的开发项目提出规划申请时要在地方报纸刊登广告，在现场张贴告示。对于部分项目在规划申请时要求开发商提供环境影响报告。规划许可的主要依据是地方发展框架（LDF）和有关政策文件，规划部门必须与有关的利益团体和政府部门磋商。规划部门必须在收到申请后的 8 周内作出决定，包括无条件许可、有条件许可和否决 3 种结果。

提高办公效率一直是英国政府改革的要点。中央政府要求地方政府改善它们在处理规划申请时的工作表现。中央政府的目标是 80% 的规划申请应该在 8 周内得到许可，目前平均仍然是 62%。尽管几乎 100% 的地方规划机构（LPA）试图在 8 周内许可 70% 或更多比例的申请，这表明在某些地方需要更大的改善和改革，包括促进规划审批一站式服务等措施。同时，也需要更广泛地宣传规划制定和规划申请过程有关的经验。

中央政府也在规划决策中发挥作用，特别是与上诉程序有关。1998 年环境交通和区域部曾颁布了两个关于加快程序的措施文件。第一是试图恢复某些公共听证的费用，以减少上诉，尽可能在地方解决规划许可。第二是建议对规划上诉程序进行一系列改善。

减少审批是提高效率的好方法。1987 年《城乡规划（用途分类）规则》界定了土地和建筑物的用途类别以及每一用途类别中的具体内容，在同一类别中的用途变化不构成开发活动，因而不需要申请规划许可。1988 年《城乡规划（一般开发）规则》界定不需要申请规划许可的小型开发活动，因为这些开发活动对于周围环境不会产生显著影响，只要符合该规则的基本规划要求，没有必要进行个案申请。这些小型开发活动是大量的，采用通则式管理方式，提高了规划工作的效率。同时，《城乡规划（特殊地区）规则》明确特定区域不受地方城市规划部门控制，例如，新城由新城公司负责，城市开发区由开发公司负责，国家公园由国家公园管理部门负责。

4）英国的城市规划法律体系

1909 年，英国颁布《住房与城镇规划诸法》，是世界上第一部现代城市规划法律，具有划时代意义。而 1947 年的《城乡规划法》，则是英国现代城市规划法律体系建立的标志。

英国城市规划法律法规体系包括城市规划核心法、城市规划从属法和技术条例、城市规划专项法，以及与核心法平行的相关法。核心法主要内容是有关城市规划行政、规划编制和规划管理的法律规定，具有纲领性和原则性的特征，而不对各个实施细节作出具体规定。从属法是用来明确核心法有关部分的实施细则，如 1991 年《城乡规划条例》，对 1990 年新的《城乡规划法》进行细化和具体化。专项法是针对某些特定议题的立法，如为适应卫星城建设的需要，1964 年颁布的《新城法》。相关法是指非针对城市规划方面的，但会对城市规划产生重要影响的法律，如《地方政府法》《环境保护法》等。

英国城市规划法律体系百年来在不断修改完善，核心法《城乡规划法》，从 1932 年到 1990 年，应该说已经经过 7 轮重大的修改，加上小的修订共计 18 次之多。目前生效的英国城乡规划的核心法包括 1990 年版《城乡规划法》、1991 年版的《规划与赔偿法》和 2004 年版的《规划和强制购买法案》。

5）英国的区域和空间规划体系

路易斯·芒福德说："真正的城市规划是区域规划。"要全面了解城市规划体系，也必须了解与城市规划密不可分的区域和空间规划体系。当然，区域和空间规划体系是另外的大题目，在本书中只对世界主要国家与城市规划相关的内容作简单的描述。

作为现代城市规划的发源地，英国早在 20 世纪 20 年代就开始区域规划实践。1919 年的《住宅和城镇规划诸法》中就提出区域规划的概念，并建议组成区域的联合委员会（A Joint Committee）。1920 年，各郡议会之间成立了联合委员会，集中处理各郡之间的土地开发控制等问题，并着手编制区域发展规划（regional development plan）。1926 年曼彻斯特区域规划试点取得进展。1928 年，为了实施区域规划和管理，区域规划办公室成立。1929 年关于伦敦地区区域开发的第一份报告出台。

1942 年，第二轮伦敦区域规划——大伦敦规划开始，由艾伯克隆比担任首席规划师，伦敦城市与郡委员会同时参与编制。1943 年，艾伯克隆比的大伦敦规划完成，对现代城市规划产生重大影响，也显示英国区域规划步入高潮期。到 1944 年，英格兰和威尔士 71% 的地方政府以联合委员会的形式组织起来开展区域规划研究，虽然区域规划还不是法定规划，但为日后的发展奠定了有利的基础。到 20 世纪 60 年代，新城建设和大伦敦议会的成立是区域规划发展的成果。

1985 年，大伦敦议会被取消，标志着英国区域规划又一次进入低潮期。到 20 世纪 90 年代，欧盟空间规划的迅速发展为英国区域规划复兴提供了外部条件。根据 1998 年《区域发展机构法》，英国成立了区域政府，英格兰成立区域政府办公室、区域发展机构和区域议会。2000 年《地方政府法》重设大伦敦议会（Great London Authority，GLA）。

2004 年的《规划和强制购买法案》强调了区域规划的地位和重要性，它用法定的区域空间战略（regional spatial strategy，RSS）替代了区域规划导则（regional planning guidance，RPG）。除极少数例外，现有的所有的区域规划导则都要变成区域空间战略（RSS）。《规划和强制购买法案》确定了区域空间战略的制定单位和修订程序，由区域规划机构（Regional Planning Body，RPB）负责区域规划导则到区域空间战略的修订。从此，区域空间战略成为英格兰法定的发展规划体系中的一部分，具有法定地位。

有很长历史的规划政策指导（planning policy guidance note，PPG）由规划政策陈述（planning policy statement，PPS）替代，规划政策陈述制定了在规划不同方面政府的全国政策，这个政策适合除伦敦外的全英国，伦敦市长负责制定自己的空间开发战略（spatial development strategy，SDS）。这是规划政策陈述补充而不是替代或高于其他全国性的规划政策，因此，该政策需要与其他相关的国家规划政策一起发挥作用。这样，英国形成了由规划政策陈述、区域空间战略和地方发展框架组成的三级区域和城市规划体系。

6）大伦敦规划和大伦敦空间发展战略（SDS）

大伦敦规划严格说是一个区域规划。1942 年，艾伯克隆比主持编制大伦敦规划，研究半径达到 48 公里，规划范围面积 6731 平方公里，1938 年统计的人口约 650 万人，包括 143 个地方行政机构。规划吸收了霍华德的"花园城市"和盖迪斯的区域生态、组合城市理论，采取限制大城市中心区发展、疏解工业和人口、发展外围小城镇和卫星城的战略。规划建设宽度达 10 公里的绿带阻止城市无序扩张，由 8 个新城和原城镇吸纳疏解人口。规划将大伦敦划分为内圈、近郊圈、绿带和外围 4 个圈层，形成单中心的同心圆形态，组成由放射路和环路构成的道路系统。大量提高人均绿地面积，重点绿化泰晤士河两岸。艾伯克隆比的大伦敦规划是集权主义的分散式规划，是大胆和创新的规划。但其规划目标与土地私有制下的城市开发机制之间、与市场经济聚集效益之间存在根本性矛盾，虽然英国政府大力推进新城建设，但与规划相比，总量还是太小。而且，外围城镇非但没有吸纳中心城区人口，反而吸引了伦敦地区以外的人口进入。伴随着第三产业的发展，远距离通勤现象导致新城成为"卧城"，造成中心城区更多的交通压力。所以说，艾伯克隆比的大伦敦规划是不成功的。英国空间规划的类型和大伦敦空间发展战略，如图 6.2 所示。

在 20 世纪 50 ~ 60 年代经济高速增长期，伦敦的规划一直坚持艾伯克隆比的大伦敦规划思路，限制中心城区发展，大力发展卫星城。到了 20 世纪 70 年代后期，经济增长的高峰过去，伦敦内城出现了萎缩。英国 1978 年通过《内城法》，试图恢复内城的经济。到 20 世纪 80 年代，伦敦工业增加值下降，经济衰退，人口不断减少，由高峰时的 800 万人减少到 1985 年的 680 万人。到此，艾伯克隆比的以限制发展为核心的大伦敦规划画上了句号。

20 世纪 90 年代，伦敦成功转型，经济复苏，人口增长到 740 万人。作为世

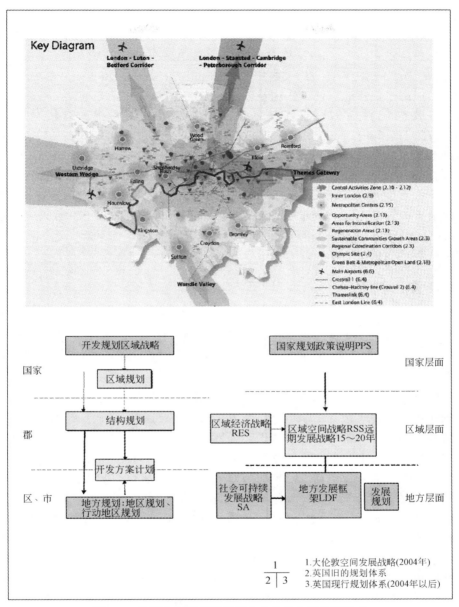

图 6.2　英国空间规划的类型和大伦敦空间发展战略

资料来源：EC The EU Compendium of Spatial Planning Systems and Policies,

The Spatial Development Strategy for Greater London, 2009

界城市，伦敦高质量的贸易和金融服务、航运中心功能，吸引了大量国际公司落户。同时，多样的就业机会、文化和教育等优势资源，吸引了大量国外移民来到伦敦，伦敦焕发了活力。1985 年大伦敦议会撤销后，大伦敦规划进入空白期；虽然成立了大伦敦规划咨询委员会（London Planning Advisory Committee，LPAC），但由于是咨询机构，作用有限。2000 年，大伦敦议会重设，重新开始统筹大伦敦的规划。2004 年，制定《大伦敦空间发展战略》，强调集中、紧凑发展，更好地与公共交通系统结合，保证商业、办公和住宅的供应和高品质，明确东伦敦等地区为空间发展优先地区等。2008 年，伦敦制定新的空间开发战略——"规划更美好的伦敦"，将大伦敦划分为 5 个次区域和 3 个圈层，预计人口要持续增长。规划重点考虑确保经济增长、提供充足住房、促进交通发展和应对环境挑战等内容。2009 年，成为正式的伦敦空间开发战略（Spatial Development Strategy for Greater London，SDS）。目前，大伦敦的规划更加平和，更多的是顺应发展的形势和采用引导的方法，而不是传统的控制。

2. 德国的城市规划体系

德国位于欧洲中部，东邻波兰、捷克，南接奥地利、瑞士，西接荷兰、比利时、卢森堡、法国，北与丹麦相连并临北海和波罗的海，是欧洲邻国最多的国家。国土面积为 35 万平方公里，人口 8200 万人。德国区划示意图及规划的组织机构图，如图 6.3 所示。

德国共有大中小城市 500 多个，其中绝大部分为中小城市，人口在 2 万 ~20 万人的城市占城市总数的 70% 以上，城市化水平达到 95% 以上，是以中小城镇为主的高度城市化。相对英国、法国等西欧国家来说，德国人口的分布比较均衡。中部地带由几个较为密集且密切关联的城市化区域构成，如汉堡、柏林、莱茵-鲁尔、莱茵-美茵河、斯图加特和慕尼黑等地区，以 11% 的土地聚集了 49% 的人口和 57% 的就业岗位，是德国城市化的核心地区。边缘地带远离中部地带，约占国土面积的 60% 和人口的 25%，能够比较方便地与中部地带连接。两者之间是过渡地带，占领土面积的 30% 和人口的 25% 以上。由于采取了大分散小集中的开发模式，德国的城镇发展与自然环境的保护非常协调，森林、河流、耕地的土地面积占国土总面积的 80% 以上。也许正是因为这种空间布局决定了德国城市规划体系是统一、均衡、简单的体系，与英国不断变化的城市规划体系相比，相对比较稳定。

1）德国的城市规划行政体系

德国是联邦制国家，政府总体上分为联邦（bund）、州（lander）、市镇三

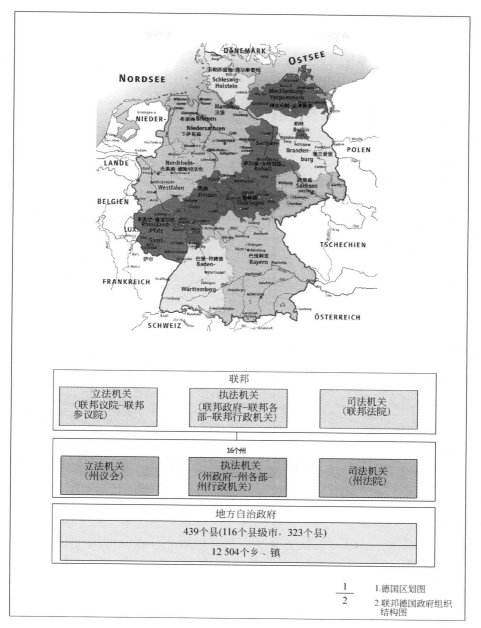

图6.3　德国区划示意图及规划的组织机构图

资料来源：European Commission，1997

级，共有巴登-符腾堡、巴伐利亚、柏林、勃兰登堡、不来梅、汉堡、黑森等 16 个州，其中柏林、不来梅和汉堡是市州。每个州在政治意义上是一个具有独立立法权的国家，但不具备军事与外交权，各联邦州的法律必须在联邦法的框架内编制。细分起来，有的州下边还有大区政府（regierungsbezirke）、区域规划机构（planungsverbande）、社区联合会（landkreise）和独立社区（stadtkreise）等层次。大区政府是州下设机构，区域规划机构有些是州下设机构，有些是区域自治机构，后 3 个层次通常理解为是地方政府。

德国虽然是联邦制国家，但在政府管理上体现出强烈的中央集权的特征，管理从上到下非常统一，号令一致。在城市规划领域，虽然《建设法典》中规定，城市规划是城市政府自我管理的一项公共事物，城市政府对其负有责任；但《建设法典》中也同时明确规定城市规划，作为国家完整空间规划体系的组成部分，必须与联邦和联邦州层次上的区域总体规划的目标相协调一致。

国家建设部，全称为空间秩序规划、建设与城市规划部（Bundesministerium fuer Raumordnung, Bauwesen und Staedtebau）负责城市规划事务，从其全称即可看出，它同时负责全国的空间规划和区域规划。在州和市镇，城市规划局负责城市规划和相应的空间规划，包括土地管理。

2）德国的城市规划编制体系

德国的空间规划是指各种范围的土地及其上部空间的使用规划和秩序的总和。现行的空间规划体系是在 20 世纪 90 年代初，结合东西德合并的形势，在西德现有的国土和区域规划的基础上，建立起的一套完整的国家空间规划体系。德国的空间规划由 3 个层次、4 种主要规划构成，即联邦空间秩序规划（bundesraumordnung），是全国范围内的空间规划；在联邦州层面，有州域规划（landesraumplanung）和地区规划（regionalplanung）；地方层面有地方规划（ortsplanung），即城镇规划。

与世界上大部分国家一样，德国的地方规划，即城镇规划也包括两个部分，预备性土地利用规划（Flaechennutzungsplan，F-Plan）和建造规划（Bauungsplan，B-Plan）。预备性土地利用规划相当于城市总体规划，规划图用 1：10 000 或 1：20 000 的比例尺。建造规划在预备性土地利用规划的指导下，主要针对特定区域，确定各种土地利用和建筑控制的法定指标。建造规划的编制通常采用 1：1 000 的比例尺，有时也采用 1：500 的比例尺。与预备性土地利用规划的指导性不同，建造规划是作为一种法令，具有地方法律法规的效力。德国的建造规划起源于 19 世纪，可以追溯到巴登 1868 年出台的《建筑红线条例》和 1891 年的《分级建筑法令》。从某种意义上说，世界各国的区划都直接或间接地受到德国建造规划的影响。

在《建筑法典》中，对规划编制程序的主要阶段进行了规定，预备性土地利用规划和建造规划采取的程序和方式基本相同，包括作出编制规划的决议，公众参与和与行政机构协调，规划委员会讨论和作出规划草案，议会审查和形成法律法规，报批程序，社会公告和法律生效等。土地利用规划在城市议会作出决议后，还必须报上一级行政管理机构确定。建造规划由地方编制和审批。建造规划的范围可能小到一个单独的地块，也可能大到一个或几个街区。建造规划的主要控制指标包括：建筑和土地利用的类型和强度、覆盖类型、建筑在地块中的位置、公共基础设施和公用设施相关的控制指标、绿色空间和相关保护地区的控制指标、特殊用地类型的控制指标、公共交通设施和主要道路的控制指标等。覆盖类型是指建筑在街道上的连续程度，封闭覆盖类型指建筑建成之后不存在空间上的断裂，而开放覆盖类型指建筑建成之后在空间上的断裂，如独立、半独立住宅等。还有几个指标，如建筑立方米率、建筑覆盖进深等，与我们一般的控制指标不一样，包括最小控制指标的建造规划称为"限制性的"规划，其他称为"非限制性的"规划。在很多情况下，控制城市发展的区域可以使用包含很少控制指标的非限制性的建造规划来很好地实现。

德国空间规划最为明显的特征是三级战略规划，从联邦层面、州层面到地方层面，规划的指导性逐渐减弱，详细性和建设性逐渐增强，这样不仅赋予地方规划建设比较明确的方向和原则，同时给予地方发展一定的灵活和自主性。

3）德国的城市规划管理体系

在德国，城市规划是地方政府自我管理的一项公共事物，城市管理主要责任和权利在地方政府，在地方政府的规划机构。

依据建造规划，建设许可是规划管理的基本手段，由基层建筑管理部门颁发。当建设项目位于限制性建造规划覆盖的区域，而且只要不突破控制指标，同时又保证公共设施和基础设施的供应，则建设项目可以被许可。当建设项目位于非限制性建造规划覆盖的区域，同样不能突破控制指标，同时要对建设项目进行详细的审查，审查通过则建设项目可以被许可。同时，在建造规划控制指标实施中还有例外和特许的内容，在出于对城市公共利益的考虑、背离规划有充分的理由或建造规划实施遭遇未曾预料的明显的困难时，也可以考虑建设许可，但要经过严格的程序。作为强制性要求，背离规划要求要得到的城市政府的同意。该措施十分强调城市政府对于规划事务的管理权，即使单体建筑的审批过程也是如此。

作为开发控制的依据，法定详细规划关系到开发控制的方式。德国的建造规划是作为开发控制的唯一依据，规划管理人员的在审理开发申请个案时不享有自由量裁权。只要开发活动符合这些规定，就肯定能够获得规划许可。这种通则式的开发控制具有透明和明确的优点。

4）德国的城市规划法律体系

德国城市规划方面的立法始于1868年南德的巴登大公国正式颁布的《道路红线法》（Fluchtliniengesetz），成为具有现代意义的物质规划的立法起点。1891年佛朗兹·阿迪克斯主持制定的《分级建筑法令》（Staffelbaurdnungen），不仅标志着德国区划的诞生，也标志着德国城市规划立法的开始。

1946～1959年，德国处于苏联、美国、英国、法国4个战胜国的共同占领下。因第二次世界大战后重建的需要，德国各联邦州制定了《重建法案》（Aufbaugesetz）来执行城市的重建。法案的内容不仅包括道路规划，还规定了建筑的用途和建设利用的程度。1960年，在经过长达10年的联邦政府与各州政府的讨论，《联邦建设法》正式通过，这是德国城市规划立法的重要里程碑。该法是德国城市规划的主干法，为地方土地利用规划和建造规划提供了明确的法律框架。

1986年，西德联邦议会在1960年《联邦建筑法》和《城镇建设促进法》的基础上，颁布了新的《建设法典》，成为德国城市规划新的根本大法。历年来，经过多次修订，一直沿用至今。目前，德国城市规划法的主体集成于《建设法典》，虽然名为建筑法，实际是城市规划法，涵盖了城市规划、开发项目许可、土地再分配、公共基础设施项目的补偿、城市开发契约、新城开发措施、城市与村镇更新、建筑管理、司法调控等主要内容。

《联邦土地使用法规》是配套的法规，规定了综合土地利用类型和具体土地利用类型的概念。当确定一个地区的具体土地利用类型时，可以在《联邦土地使用法规》中所规定的十种具体土地利用类型中加以选择。《联邦土地使用法规》中有关开发许可相关控制措施的规定将自动成为建造规划的一部分。城市政府被允许使用有限度的权力去更改土地使用类型目录，以适应建造规划中的具体情况，但这种特例是有限度的。

由于德国的立法权分为联邦和州两级，而且，并不是所有管理建设和规划的规定都能够在《建筑法典》及其《建设法典实施法》中找到。与城市规划相关的法律还包括：区域规划和地区规划在联邦和州一级的有关立法，如《空间规划法》及配套的《空间规划条例》。联邦和州旨在通过专门措施调控专项规划，如道路和铁路的法律。各州均有关于建筑结构方面要求的法规，也有一套授予建筑许可的程序规定。联邦和州其他法律条款中涉及建筑法律的条款，称为《辅助建筑法》。这些条款可见于环境立法、工作地点安全性立法等领域。

5) 德国的空间规划体系

德国是世界上最早开展区域规划的国家之一。19 世纪，德国的城市化水平快速提升，工业化使得德国从落后的农业国上升为一个现代工业化国家。当时，德国城市规划管理的一般准则是规划管理的范围要与城市建设区可能扩展范围的大小相适应，同时把相邻的村镇居民点也考虑在规划之内。随着城市化的快速发展，这种做法在实践中逐渐引起大量的矛盾和冲突，造成规划重叠等问题。例如，鲁尔工业区内的城镇群分属 2 个相邻省、3 个不同的地区政府管辖，情况更为复杂。从现有的各自为政的行政体制出发，城乡间和相邻城镇间的利益冲突日益严重。城市排水管道的出口的定位、道路系统的连接都是问题。

为了解决这些问题，1920 年，鲁尔工业区成立了"鲁尔煤炭工业区居民点协会"，其常设机构为协会的全体大会，由地区内的各个地方政府代表和经济界代表构成，来协调地区内的土地开发、资源利用、基础设施和公共设施的共建共享等问题。其编制的鲁尔区区域居民点总体规划可以说是德国第一个区域规划。1929 年，德国成立了以汉堡为中心的"汉堡普鲁士国土规划协会"（Hamburgisch-Preussische Landesplanung-sausschuss），来解决汉堡与相邻城镇的空间与土地发展规划问题。此前，德国还成立有"德国中部较密集工业区国土规划协会"（Landesplanngsverband fuer den engeren mitteldeutschen Industie-bezirk）和"奥伯勒森州国土规划协会"（Landes-planungs-verein Ober-schlesien）。到 20 世纪 30 年代，德国开始编制全国空间秩序规划。

第二次世界大战后，德国作为战败国，百废待兴，从 1945 年开始原联邦德国着手编制联邦德国国土整治纲要，各个州也开始编制空间规划和区域规划，对战后重建加快发展发挥了重要作用。1965 年制定了《区域规划法》，1976 年又制定了第二部《区域规划法》，德国空间规划走上了稳步发展的轨道。

州域规划，虽然 landesplanung 这个词还在沿用，但今天已经不再是各州自发的规划，而成为法定的一项规划程序，成为一种各个联邦州为完成联邦政府下达的发展任务而编制的、覆盖州政府全部辖区的州域空间规划。

历史上，在出现州域规划的同时，也出现了针对某个地区的规划（regional-planung），即超越一个中心城镇外，但又没有达到整个联邦州地域上的空间规划。它是插在城镇规划层面与州域规划层面之间的规划层面，以解决城镇密集地区城镇之间的空间发展问题为目标。因此，德国的地区规划的规划范围的弹性就比较大。按照德国的法律，地区规划必须由地区内的城市和乡镇直接或间接地参与编制。德国因为其联邦政治体制，各个州的地区规划（regionalplanung）的建制是不同的。例如，南部的巴伐利亚州分为 18 个以建制市或县城为中心的地区，

173

每个地区的界线都是县域地界，也就是说，州内的所有县的县域都不被地区界线分割。但在黑森等地区，规划的范围却打破了现有的县域的划分，有些县的县域被分到两个不同的地区规划中。

20 世纪 90 年代初期，面对来自经济全球化、欧洲政治一体化的挑战，面对来自东欧的大量移民潮和国家统一后东部向西部的人口大规模迁移，面对社会上主动性环境保护意识的要求和长远可持续发展的呼声，德国建设部制定了 3 个重要文件以主动应对。1993 年，制定了德国统一后的第一个全面的空间发展规划报告《空间（秩序）规划报告 1993》（*Raumoednungsbericht* 1993）呈交德国国家议会。1993 年 2 月，公开发表了德国《空间秩序规划政策导向框架》（*Raum-ordnungspolitischen Orientierungs-rahmen*），其中确定了德国空间发展的 4 项方针。在此基础上，建设部 1995 年在杜塞尔多夫召开了中央联邦政府与各州政府共同参加的国家空间秩序规划建设部部长会议，通过了《空间秩序规划政策措施框架》（*Raum-ordnungspolitischen Handlungs-rahmen*），作为国家中期行动的纲领，德国联邦层面上的空间规划政策框架由此确定。同时确定了全国的居民点体系发展、区域间交通框架、环境保护政策措施和空间景观保护的导向和方针等内容。

德国宪法规定，联邦政府必须向各州提供空间发展的导向，目前采取的形式是提供《空间发展报告》。《空间发展报告》由联邦建设和区域规划办公室（BBR）组织，每四年编制一次，是德国空间规划的框架性文件。最近的《空间发展报告》是 2010 年颁布的，主要内容包括：描述全国空间结构的现状，包括城市群、城市化地区、农村地区及居住和交通走廊，论述城市之间、地区之间的空间交互关系，分析经济社会的结构变化对空间开发的影响，预测城市体系和农村地区空间开发的趋势，提出空间规划的实施机制等。《空间发展报告》本身没有约束力，联邦政府不直接规定一个州该做什么或不该做什么，主要是提出空间规划的原则。这些原则是各州编制空间规划的基本依据，甚至也是联邦政府筛选政府投资项目的依据。

德国空间规划的法定权限在各联邦州和大区政府，联邦政府仅拥有确立空间规划总体框架的权限。所以，德国没有一个覆盖全国的有约束力的空间规划。但联邦政府和各州共同制定空间开发模式的指导原则，由各级政府组织实施空间开发。联邦州以及地方规划要将这些开发模式和指导原则细化为各自具体的规划，各地方政府再以具有法律约束力的空间规划来组织实施。空间规划的重点在州一级，但越到地方，内容越具体，约束性越强。从中可以看出德国空间规划从上到下、严格的中央集权体系的特征。

6）柏林–勃兰登堡区域规划

柏林–勃兰登堡首都区域总面积 3 万平方公里，人口 600 万人，空间结构上存在很大的差异性，是欧盟跨省（州）、市合作的一个典范。柏林是德国的首都，传统重工业发达，经历结构转型后服务业也十分发达，但其缺陷是发展腹地有限，面积仅 892 平方公里，人口 338 万人。与柏林相邻的勃兰登堡州地域广阔，面积 29 474 平方公里，是德国传统的农业重镇，农业和森林覆盖区域占84.9%。因此，两个州各自都存在优劣势和结构矛盾，如能互补合作便可取得双赢。长期以来，两个州之间的居民和经济往来，已结成一个互利互惠的区域整体。特别是 1989 年柏林墙倒塌和德国统一后，东柏林和西柏林作为意识形态上的两个分割概念不再存在，柏林得以在空间上重新整合。与此同时，两个州之间的经济和社会交往以及移民和民间流动变得非常频繁，交通和通信基础设施要求连接成网以实现规模效益，许多有价值的地块和自然资源也正面临持续发展的压力。为此，两个州从提升区域整体竞争力和保持可持续发展能力的共同利益出发，决定摒弃原来那种近乎各自为政的发展思维，打造一个在欧洲乃至全世界都享有盛名的首都区域经济圈。1992 年，两州决定实施《联合空间发展计划》（*LEPro*）和地区《空间发展规划》（*LEPeV*）。1995 年，两州永久性合作规划协定生效，在这个合作规划协定指导下，即使一些令双方最棘手的问题也能在"基本共识"（common consent）下得以合理解决。1996 年，成立柏林–勃兰登堡两州联合规划部（Joint State Planning Department），提出两州共同发展方案和共同发展计划这两个概念规划，把两个州涵盖的区域全部纳入统一的空间规划。联合规划部是柏林参议院发展规划部和布兰登博格基础设施与区域规划部的重要组成部分，作为一种制度化合作框架，这在德国联邦共和国内是非常独特的。1998年，第一个跨州的规划开始实施，2003 年关于新机场选址和 2004 年整体区域规划相继落实。这样，持续多年的谈判和相互协调终于成功。两州跨境合作的最大贡献就在于，达成了双方的利益均衡，同时确保了双方作为一个联邦成员的平等的利益诉求。从实践中来看，90% 以上的跨州问题可以通过这个机构得以解决，只有小部分问题需要双方的政治领导人来决定，即使一些最具争议性的问题也已通过双方的政治谈判得以妥善解决。

目前，柏林–勃兰登堡首都区域，已作为地方政府跨境合作的一个成功范例，影响着欧洲的空间整合和一体化进程。而且，它的目标还在于把一个跨边界的大都市区域，整合扩展为德国–波兰跨境发展的更好样板。需要指出的是，两州的跨境合作并不是通过联邦政府自上而下的刻意协调，或者"大鱼吃小鱼"的行政区划兼并方式来进行的，在行政建制上柏林和布兰登博格仍然是联邦下属的两个州，二者的权利和地位是均等的。两州联合规划部达成跨区域协议的四道决策程序是：首先由部的首脑和常驻代表协商，如存在异议则交由州秘书处，如仍有异议再交由两州部长和议长协商，最后还有异议的话交由联合的区域政府规划会议来裁决。柏林–勃兰登堡首都区域规划方案，如图6.4所示。

3. 法国城市规划体系

法国位于欧洲西部，濒临北海、英吉利海峡、大西洋和地中海四大海域，三面邻海，西北隔拉芒什海峡与英国相望，包括科西嘉岛，国土面积55万平方公里，人口6300万人，是欧洲西部面积最大的国家。

在西欧国家中，法国的现代城市规划体系形成比较晚，而且其城市规划体系即使在欧洲也相当独特，其中一个重要原因是它与众不同的地方管理体系。法国是共和制的中央集权国家，但地方实施双重的行政管理，即由代表国家、由中央政府下设的地方政府和由代表地方居民集体利益、由居民直选的"地方集体"（collectivites locales）共同管理地方事务，这一点是理解法国公共政策的关键。近30多年来，逐步实施向"地方集体"转移的"地方分权"改革，是法国城市规划体系的基本特征。

法国现代城市规划体系的发展演变可以划分为三个阶段，第一阶段是1919～1967年，以《土地指导法》为标志的中央集权时期；第二阶段是1967～1983年，以《地方分权法》为标志的中央地方合作伙伴关系时期；第三阶段是1983～2000年，以《城市互助和更新法》为标志的中央地方整合时期。

1）法国的规划行政体系

法国行政区划分为大区、省和市镇三级。法国本土共划为巴黎大区、普洛旺斯–阿尔卑斯–蓝色海岸、上诺曼底、下诺曼底等22个大区、96个省、36 565个市镇，市镇中人口不足3500人的有3.4万个，人口超过3万人的市有231个，人口超过10万人的市有37个。市镇规模小是法国城镇体系的特点。法国区域划分图及规划的组织机构图，如图6.5所示。

在1960年之前，法国一直是两级地方政府，省和市镇。国家在省下设地方政府，是向下实施市镇管理的重要中介环节。法国55万平方公里国土中，有92个省。显然，这种行政体制安排不符合制定地方经济发展政策和统一规划大型基础设施和公共设施的要求，因此，从20世纪60年代就开始实施"地区化调整"。1964年，制定了22个地区发展计划，将"大区"作为新的国家行政区划的单位。但"大区"还不是法律意义上的地方集体。到1972年，各大区才建立与国家机构相应的公共机构——大区议会。1982～1983年，经过一系列法律的

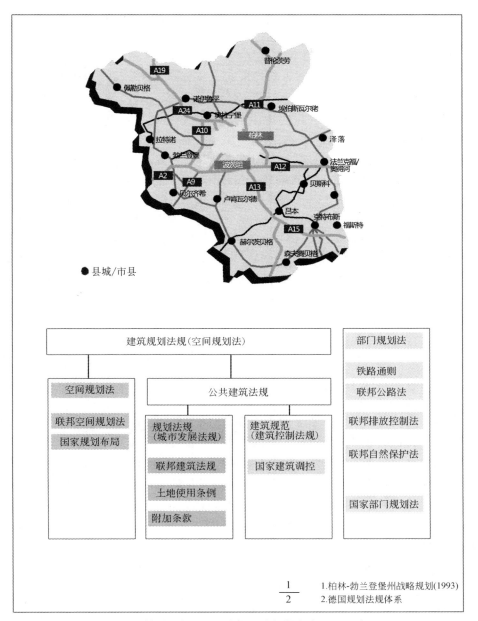

图 6.4　柏林-勃兰登堡首都区域规划方案（1993 年）

资料来源：柏林新闻情报局，《柏林概况》

调整，《地方分权法》颁布，标志着中央政府与地方集体相互关系和公共政策干预的根本转变，"大区"确定为法定的地方集体。这样，法国地方集体正式形成三个层次，即市镇、省、大区。地方集体通过直接选举产生，市镇市长也是市议会主席。市长、省议长、大区议长是地方事务管理负责人，相互之间没有联系，只对选民、居民负责。在法律上规定的市镇决定的事务，省议会、大区议会，甚至国家都不干涉。在《地方分权法》中，城市规划是国家向地方集体转移的最重要的一项公共权力。

法国是共和体制，中央集权国家，总统是共和国领袖，统领立法、执法和司法。政府是执法机构，也在不断调整，目前由 13 个部组成。按照 1943 年的法律，法国现代城市规划行政体系真正建立，组建了（战后）重建与城市规划部，将城市规划的相关职能从内务部调整过来。随后，重建与城市规划部的名称变化为建设规划部。到 1966 年，建设规划部重组，更名为"装备部"，负责城市规划。装备部的名称目前为"装备、住房、交通、旅游与海洋部"，仍然简称为装备部。装备部除负责城市规划事务外，还负责交通和市政基础设施等。与城市规划相关的部还有：内务部，负责总体城市政策；文化部，负责历史街区保护；环境部，负责防灾、水、大气环境等。中央政府下设代表国家的大区政府和省政府，内务部直接任命大区和省行政长官。国家装备部向大区和省派设大区装备局（DRE）、省装备局（DDE），负责省和市镇的城市规划事务。两者也没有上下隶属关系。目前大区装备局、省装备局的职能由直接规划管理，转变为监督。

2）法国的规划编制体系

虽然法国现代城市规划制度产生较晚，但早在 1902 年，法律就对巴黎的建筑高度和形式制定了严格的规定，应该说法国有很好的城市规划传统。

第二次世界大战后，1945～1950 年，共有 1850 项规划项目通过审批，付诸实施。虽然这一时期的规划文件和图纸缺少统一规范，但直接由当时的建设部审批，后征询地方集体意见，效率比较高，满足了重建的速度要求。

1967 年的《土地指导法》，明确地方编制两个层次的规划，作为规划管理的依据和工具：一是相当于城市总体规划的"城市规划整治指导纲要"（SDAU），二是相当于详细规划的"土地利用规划"（POS）。这一规定从此建立了法国城市规划编制的两级体系。由于法国市镇很小，因此，城市规划整治指导纲要（SDAU）要在城市群的尺度上编制，规划期限为 30 年，使用图纸的比例为 1：10 000 万到 1：50 000 万。规划是指导性的，不具备法律效力。土地利用规划（POS）采用土地区划的方式，图纸比例为 1：1000 到 1：2000，是按每个市镇范围由省装备局负责编制，由国家装备部审批，是规划管理所必须依据的法律。与

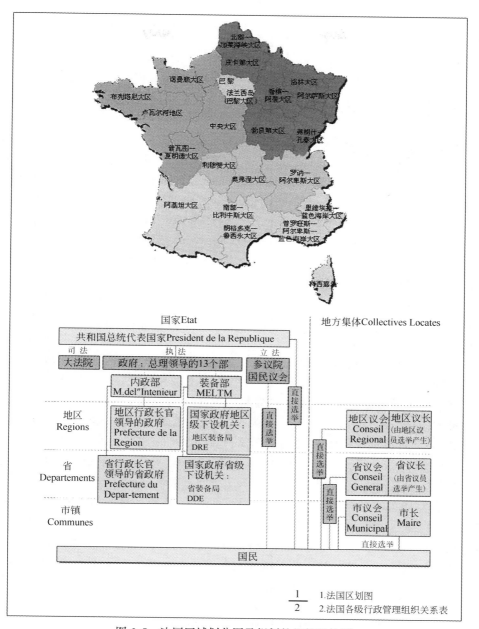

$$\frac{1}{2}$$
1.法国区划图
2.法国各级行政管理组织关系表

图6.5 法国区域划分图及规划的组织机构图

资料来源：EC The EU Compendium of Spatial Planning Systems and Policies

其他国家详细规划不同的是，在细分土地前，先把用地分为城市用地和自然用地两大类，而且，容积率（COS）是选择性指标，不是强制性。同时，在两个规划的编制过程中，开始尝试中央政府同地方集体之间的合作交流。

1971 年为《土地指导法》正式实施的时间，中央政府规定，凡届时没有完成土地利用规划（POS）审批的市镇，由国家依据《城市规划国家条例》直接实施对该市镇土地利用的管理。尽管规划的编制和审批权完全在国家，但这一规定激发了地方编制土地利用规划（POS）的动力。到 1982 年，共通过了 15 000 个土地利用规划（POS），覆盖了法国一半的国土和 85% 的人口。而同期只有 187 项城市规划整治指导纲要（SDAU）通过，只有 18% 的市镇完成，覆盖 40% 的人口。有些人批评省装备部在短时间内仓促地编制了大量的土地利用规划（POS），水平不高；但历史地看，这项工作对法国城市规划体系的形成和完善发挥了重要的作用。1983 的《地方分权法》基本保留了两级规划体系，只是将"城市规划整治指导纲要"（SDAU）简化为"总体规划纲要"（SD），将编制和审批权由省装备部划归市镇集体。

地方分权实际加剧了总体规划的危机，地方不积极，省政府不管，导致 1983 ~ 1994 年，法国只有 23 个"总体规划纲要"（SD）获得通过。由于缺乏总体规划，导致土地利用规划（POS）出现问题，单纯从地方经济发展的短期利益出发，为吸引投资项目，随意修改土地利用规划（POS）。1992 年，法国行政院对总体规划纲要（SD）实施情况的分析报告建议由国家政府在大区或省一级编制"城市规划地域指令"（DTA），强制地方落实国家确定的中长期规划政策，以保护国家整体利益。这一提议在 1995 年《地域规划与发展指导法》（LOADT）中得到落实。该法案提出两项新的规划文件，一是由国家在大区尺度上编制城市规划地域指令（DTA），二是由大区议会编制"地区国土规划纲要"（SRADT），作为地区发展的规划方案，但对下一级规划不具备指导作用和约束力。

2000 年颁布的《城市互助与更新法》（SRU），肯定了目前规划分权的做法，提出彻底更新《土地指导法》以来的两项规划文件，即总体规划纲要（SD）和土地利用规划（POS），以摆脱总体规划危机，保证国家政府和地方集体在规划政策上的一致性。它提出以"地域协调发展纲要"（SCOT）取代总体规划纲要（SD）。在市镇尺度上，"地方城市规划"（PLU）取代土地利用规划（POS）。地方城市规划（PLU）要求与地域协调发展纲要（SCOT）协调，在编制内容和方法上有很多改进。首先，地方城市规划（PLU）不仅是地方进行规划管理的控制性文件，也是地方发展的战略性实施方案，与住房发展计划、地方交通规划等相互统一。而且，区划的原理被抛弃，以方案的概念取而代之。地方城市规划

（PLU）不再进行土地细分，也不再制定容积率等抽象指标，而是根据方案确定用地性质和具体的建筑控制要求，也就是更加强调城市设计的内容。

目前，法国仍然在对规划编制内容和程序进行研究调整，修订法律的某些条文，规划编制仍然处在不断的演变中。只要我们理解整个发展的过程，就比较容易理解其变化。

3）法国的规划管理体系

1943 年有关城市规划的法律在法国建立了一套从中央政府到地方的规划管理机构，设立国家建设部，以及国家和各地方规划委员会，负责编制规划。同时，更重要的是在法律上确定了各种建设项目要经过许可，获得"建筑许可证"方可实施。"建筑许可证"作为地方事务，由市镇的市长签发，这形成法国规划管理的法律基础。随着两级规划的建立，依据土地利用规划（POS）进行建设审批，成为法国规划管理的基本程序。

同时，为满足城市发展的新情况，也出现许多新的规划管理审批方式和程序。1958 年，为解决战后住房年紧缺，法国大量兴建住宅小区，并将这些成片开发的区域称为"优化城市化地区"（ZUP）。通过对这种做法进行总结，法国制定了"协议开发区"（ZAC），明确了成片开发的程序。容许地方集体和开发企业进行合作，形成合作伙伴关系，共同制定开发区详细规划（PAZ），作为该开发区的法定文件，取代土地利用规划（POS）。另外，在国家划定的历史保护区，城市遗产保护和再利用规划（PSMV）也可取代土地利用规划（POS）。1967年的《土地指导法》为满足个别地区成片综合开发的需要，对 1943 年法律进行了修改，以法律形式规定了在特定地区进行综合性开发时编制"实施性规划"（urbanisme operationel）及程序，以及需要编制的文件。这说明为了特定目的，可以对管理审批进行适当调整，满足发展的需要。

2000 年，随着地方城市规划（PLU）取代土地利用规划（POS），市镇依据地方城市规划（PLU）进行管理，管理更加细致完善。

4）法国的规划法律体系

同英国一样，法国的规划法律体系也是逐步形成的，并不断修改完善，一些重要的法律对法国城市规划的发展具有重要的影响。

1919 年颁布的"Cornudet 法"，是法国第一部明确提出"城市规划"（urbanisme）概念的法律。但它没有规定任何行政处罚措施，因此到 1924 年修订前，实际是一纸空文。1943 年有关城市规划的法律虽然是国家最高法院直接认可、没有经过议会审批，但它对法国建立现代城市规划体系发挥了至关重要的作用。

1967 年颁布的《土地指导法》（LOF），其内容 1973 年汇编成为法国《城市规划法典》（*Code de l'Urbanisme*），第一次对规划文件内容和形式做了统一规定，从此形成了法国规划编制的两级体系。

1983 颁布的《地方分权法》是法国城市规划体系改革、实施地方分权的标志。2000 年颁布的《城市互助与更新法》（SRU），肯定了目前规划分权的做法，提出彻底更新《土地指导法》以来的两项规划文件，即总体规划纲要（SD）和土地利用规划（POS），以摆脱总体规划危机，保证国家政府和地方集体在规划政策上的一致性。这一法律标志着法国政府和地方集体整合新的时期的开始。

以上对法国近百年现代城市规划从行政、编制、管理和法律四个方面演变的回顾，一方面反映了法国城市规划由中央集权逐步向地方分权的演变过程，另一方面，也反映出法国城市规划体系为适应国内外形势变化而作出的相应调整。第二次世界大战的 30 年是法国高速发展时期，到 20 世纪 60 年代，公众参与运动兴起。20 世纪 70 年代法国城市居民对国家大搞工人新村、社会住宅举行抗议，提出"小就是美"，批评国家单纯追求数量而忽视质量的做法。20 世纪 70 年代的石油危机，也引发了环境保护运动。因此，中央政府向地方分权，包括城市规划权，都是对局势的回应。到 20 世纪 80 年代，可持续发展成为主题，同时，欧盟的发展也对欧洲各国提出了相应改变的要求。法国市镇共同体、聚居区共同体和城市共同体的大量出现，也说明了区域协调、区域规划的发展趋势。

5）法国的区域和空间规划体系

法国应该说具有良好的国家空间规划的传统。由于省、市镇数量多，规模小，如人口少于 1000 人的市镇占总数的 70%，因此难以进行产业发展和公共设施的配套，所以区域协调是一个老课题。1963 年，成立的内政部直属的国土规划与地区发展委员会（DATAR），标志着法国空间规划的开始，其主要目的是解决像《巴黎和荒凉的法国》一书中所描述的巴黎过于聚集而其他地区发展缓慢落后的不平衡问题，达到地区平衡发展和工业布局调整。期间，从 1964 年开始谋划，到 1983 年《地方法权法》颁布，在 96 个省的基础上，以法律的形式建立了 22 个大区，作为地方集体，这是一次区域行政区划调整的成功尝试。1971 年还曾经设想对市镇进行合并，但遭到地方强烈反对。政府转向加强市镇间合作组织——"市镇群共同体"（Communaute intercommunale）的组建。1992 年《共和国地域行政管理法》通过法律手段赋予共同体一定的公共权力，保证其有稳定的税收来源。至 1998 年，适应小市镇联合的市镇共同体获得很大成功，共有 13 811 个市镇，共计 1600 万人，结合成 1241 个市镇共同体。1999 年"Chevenment 法"简化成立共同体的程序，进一步确定共同体为法定公共管理机构，统一称为"市镇间联合管理公共机构"（EPCI），各市镇将一定的权力和一部分税收交给它，如规划权、公共服务设施网络的建设经营权、工业小区的开发等。在这个机关架构的基础上，法国形成了全国的公共服务纲要（SSC）、大区的城市规划地域指令（DTA）和地区国土规划纲要（SRADT），以及城市群或聚居区的地域协调发展纲要（SCOT）等三级空间规划体系。空间规划与市镇的地方城市规划（PLU）配合，形成完整的法国城市、区域和空间规划体系。

6）大巴黎地区的战略规划演变

巴黎是法国的政治、经济、文化中心。20 世纪以来，巴黎区域城市规划思想的演变一直围绕着有效疏解和区域协调发展来进行。应该看到，大巴黎的规划实际不仅仅是一个城市的规划，而是大都市地区的区域规划（图 6.6）。

1934 年的巴黎地区国土规划纲要（PROST），是在巴黎地区郊区蔓延发展日趋严重的情况下制定的，规划提出通过限定城市建设用地范围、区分建设用地和非建设用地等方式来遏止郊区蔓延。规划制定了半径 35 千米的范围为大巴黎整顿规划范围，首次尝试从区域尺度对城市建设发展的空间组织进行调整和完善。

1960 年的巴黎地区国土开发与空间组织计划（PADOG）提出建立多中心的城市结构，在城市建设区内建设城市新的发展极核，与巴黎共同组成"多中心的城市聚焦区"，以抑制城市聚集区的蔓延扩张，将巴黎的工业和金融扩散出去，追求整体均衡发展。

1965 年的巴黎地区国土开发与城市规划指导纲要（SDAURP），面对巴黎地区城市化加速发展的空间需求，提出打破原有的单中心布局模式，沿南北两条主要交通干线建设新的城市极核，形成城市发展轴，在 20 公里范围内建设一批新区，构成区域空间结构的主体，标志着区域规划思想从以限制为主向以发展为主的转变。规划预计到 2000 年大巴黎人口达到 1400 万人。

1994 年的法兰西岛地区发展指导纲要（SDRIF），为了应对世界城市竞争日益激烈的挑战，以更大的区域视野来分析巴黎地区的区域空间布局，提出通过建立"多中心的巴黎地区"和推进合理、可行、可持续的区域发展来提高区域整体的吸引力和竞争力。规划采取了包括在近郊发展德方斯等 9 个副中心、建立 5 个自然生态平衡区等具体措施。

2007 年的巴黎大区总体规划，延续了 1994 年规划的思路。从建设世界城市的目标出发，在区域协调和平衡发展的基础上，强调巴黎市的发展应该重新成为大巴黎建设的核心。同时，总结过去 30 年新城建设的经验，强调大巴黎区域本身的空间结构应该得到进一步的优化，充分考虑社会、经济、人文和空间等各方

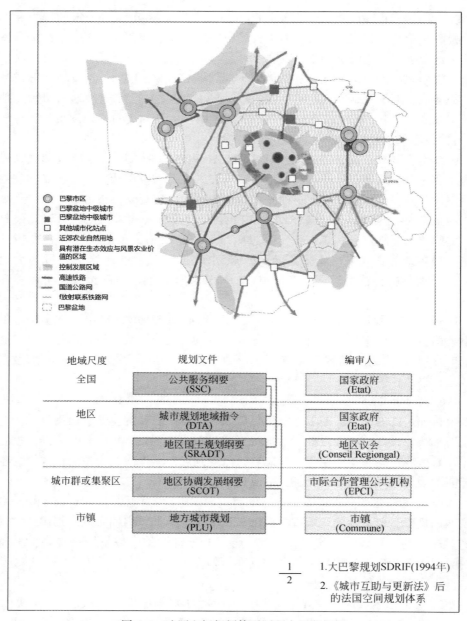

图 6.6 法国空间规划体系图和大巴黎规划
资料来源：EC The EU Compendium of Spatial Planning Systems and Policies

面可持续发展的融合, 致力于将整个大巴黎地区构筑成一个世界级的可持续发展的大都市区。

总结近一个世纪巴黎城市区域规划思想的演变, 可以得到以下启示: 以区域规划来解决城市发展问题, 以有选择的重点建设来促进区域的均衡发展, 以区域交通基础设施建设来协调区域整体发展, 以区域化的城市管理来保障区域和城市发展目标的实现。

6.2.2 美国城市规划体系

美国国土面积 962 万平方公里, 人口超过 3 亿人, 2012 年国内生产总值 15.7 亿美元, 经济规模世界第一。美国是一个年轻的国家, 优越的自然条件, 适度的人口规模, 为其发展提供了广阔的空间。

虽然美国的城市规划只有 200 多年的历史, 但其以地方为基础的、广泛而坚实的城市规划体系, 以及长期形成并一直持续的城市间良好的区域协调机制, 加上联邦的适度调控, 形成了美国完善的、具有鲜明特色的城市规划体系, 为城市的规划建设提供了保证。虽然存在城市蔓延等问题, 但总体看, 美国城市规划建设取得了巨大成绩。

1. 美国的城市规划行政体系

美国是一个联邦制的国家, 由联邦、州和地方政府三个层次构成。在政治上实行立法、行政、司法 "三权" 分立。联邦负责国家军事、外交等重大事物, 州政府有较大的自主权, 同样具有立法、行政、司法等完整权力。在联邦宪法及绝大部分州宪法中, 城市规划作为地方事物, 各种权力被授予地方政府, 地方政府在城市规划管理方面具有绝对的话语权。

在美国的地方政府中, 县 (county) 是存在最广的地方政府机构。美国共有 3143 个县。除了在新英格兰州是由镇来承担县政府的职能外, 其余各州都有县的建制。县范围内的市、镇均由县政府管辖。但自治市 (municipality) 是一种独特的地方组织机构, 它同时具有立法、行政和司法三种权力。

市是美国基本的行政管理机构。按照美国联邦调查局的标准, 人口超过 2000 人的居民点, 均可以被定义为城市。按照这个标准, 美国共有 22 000 多个城市。

地方政府权力的来源只能是州宪法和法律的授权, 以及州宪法和法律所规定的自治权。因此, 各州的地方政府在法律性质、区域大小、人口多少、职能和组织上存在着很多的分歧, 同一个名称在不同的州可能有不同的意义和内容。即使

185

在同一个州内，地方政府之间也可能存在分歧。这是美国地方政府制度的一个重要特征。

罗伯特·雅鲁说：美国联邦、州和地方政府责任的层次，像彩虹或大理石的纹路，水平地和垂直地缠绕在一起。由此，美国城市和区域规划行政体系也如大理石的纹路一般复杂多样；但是，总体看，作为美国城市规划基石的市县地方政府在规划行政体系上具有相似性。

1）地方城市规划管理机构

美国市县地方政府管理机构有多种组织形式，如议会–市长制、委员会制和议会–行政官制等，城市规划管理体制也相应有变化。但就具体的城市而言，各类与城市规划相关的机构，包括市议会、规划委员会、规划行政部门等，有着确定的地位，从事着明确的工作。

市县议会是城市的立法机构，在城市规划管理中作为决策者而起作用。它决定是否成立规划委员会，决定规划委员会的成员构成，为规划委员会划拨资金，并对规划委员会的行动予以支持等。通过规划委员会的介绍和建议，立法机构将规划转变为法律或政治决定而付诸行动（图 6.7）。

规划委员会是一种联席会议制度，在绝大部分城市是法定机构，大量的规划通过该机构得到执行。规划委员会有民选和提名两种方式产生，民选制一般每两年选举一次，提名方式由市长或城市行政长官提名并由立法机构批准。委员会通常由 9 位左右的各界人士组成，他们一般是城市的银行家、企业家、房地产商、各种商会等方面的领导人物，或者是律师、建筑师、医生、企业员工代表、社会工作者等的代表，不是专职的，只是每月定期开会，讨论规划局提交的规划或项目审查方案。这些会议一般是在晚上召开，而且是公开的。会议前要分布通告，通知会议时间、地点和内容，会议有时电视直播。利益相关者或任何人都可以参加，可以发言，但只有规划委员会委员有投票权。规划能否通过一般由委员会票决。由于美国一般的城市规模比较小，讨论的规划项目比较具体，利益相关者都可以参与，所以效果比较好。应该说，民主的尺度比较合适是成功的一个保证。

建立这样的委员会的目的是为了及时掌握市民的意见和想法，对规划编制和决策提供多方面的协调，并对规划行政机构进行监督。有的规划委员会还有地方政府各个部门的负责人参加，但他们的职责主要是对一些事务提供专业帮助。就立法机构而言，规划委员会只具有顾问性的作用。当议会处理有关规划的事务时就要求规划委员会提出相应的报告和建议，议会有权同意或否决这些报告和建议。由于城市总体规划或区划经过批准后，对城市内所有的人、土地和所有的地

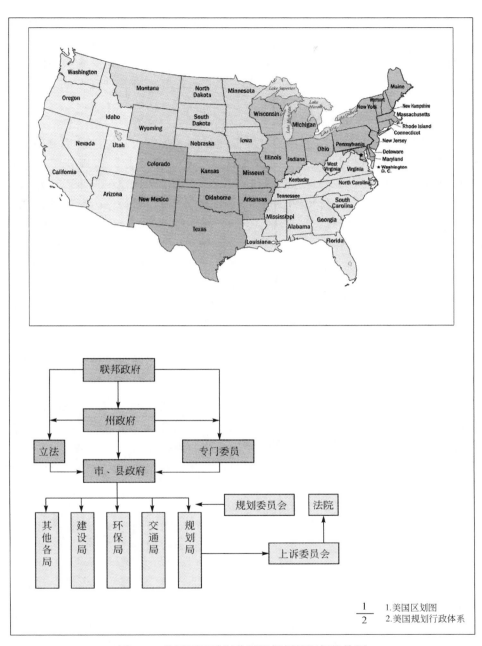

$\dfrac{1}{2}$ 1.美国区划图
2.美国规划行政体系

图 6.7 美国国区域划分图及规划的组织机构图

方政府机构都具有支配性的作用，因此要求所有的公共部门都需将各自管辖范围内的具体改进规划提交规划委员会进行审查和批准。

美国市县地方政府都设有规划部门，一般称为规划局。如果一个市下辖若干二级市或县，那么也可能设立社区发展部，负责受理和审批各种许可证。在很大程度上，规划委员会要发挥作用就需要依赖规划行政部门的技术人员，立法机构对一些政策的最后批准也需依赖规划行政部门。通常，规划行政机构的负责人由城市的行政长官予以任命，并得到立法机构的批准。规划行政部门的主要职责在于编制综合性的总体规划、区划法规和土地细分管理的条款。在规划实施过程中，在政府其他部门的协作下，规划行政部门负责街道和道路、卫生教育娱乐设施、市政公用设施、警察局和消防设施的建设管理，以及对城市内所有建设和工程行为进行管理。在美国许多州，法律还要求规划行政部门合作编制行政管理方面和基础设施改进计划方面的城市预算。近年来，其他与规划相关的政府职能也不断地设置于规划行政机构中。许多城市将经济发展管理机构也设置在规划机构中或依附于规划机构，环境保护机构也是如此。

在大城市，由于建设的数量和种类繁多，因此，除了设有规划委员会，还设有独立的区划管理机构和上诉委员会。区划管理机构的职责在于对具体的申请案提供区划条例的解释，并在授权的情况下可对区划条例作适当的修正。在这种情况下，规划委员会编制区划法规，区划管理机构而不是规划行政机构来执行区划法规。

由于地方政府事务在复杂性方面的增加，区划条例的解释和区划变动需要设立上诉委员会这样的机构，其控制权限和设置与规划委员会相类似。这个机构受理针对规划委员会和区划管理机构所作出的决定而提出的上诉。这是在诉诸法律之前的一个调解环节。上诉委员会一般由熟悉州和地方土地利用和区划的人士和律师组成。

2）州规划管理机构

美国各州都有独立的立法、行政和司法体制。城市规划相应立法由州议会通过。州政府规划部门，一般是城市规划局，管理州的规划事物，基本不直接干涉地方的规划编制和审批管理。

3）联邦规划管理机构

美国国会设有城市规划委员会和其他专门委员会，负责城市规划方面立法的具体事宜。联邦政府设有"住房和城市发展部"（HUD），负责城市规划事物。另外，作为行业管理的社会组织，美国的规划协会在城市规划建设中也发挥着重要的作用。

作为联邦制国家，美国各州都有独立的立法和行政体制，城市规划权属于县市地方政府，国家没有区域规划的法律，也缺乏相应的行政协调机构和机制。城市和住宅等领域的权限由州政府负责，联邦政府参与城市规划相关活动的主要手段就是一些间接性的手段，如联邦补助金等财政方式给予激励。

2. 美国的城市规划法律体系

与美国联邦国体、三权分立政治体制及其判例法律体制相对应，美国形成了以地方区划法为主干、相关地方法律以及州和联邦相关法律为配套的地方、州和联邦完善的三级城市规划法律体系。

1）地方法：区划法

在美国，地方政府作为城市规划的真正管理者，其依据的法律就是"区划法"。"区划法"是美国城市规划法律体系的核心，也是美国规划法律制度真正形成的起点。

美国的宪法强调个人权利和私有财产的不可侵犯性。因此，19 世纪之前的美国城市发展是在缺少规划和公共控制的状况下进行的，由此导致了城市发展过程中出现了拥挤、不卫生、丑陋和灾害等城市问题。这些问题促进了一系列的改革运动的形成，如卫生改革、保证城市开放空间运动、住房改革运动等，形成了许多影响至今的规划制度。其中，由 1893 年哥伦比亚博览会所引发和推动的城市美化运动，既是对过去各项改革运动的集大成者，也是美国现代城市规划的开拓者。当时，规划工作是在基本没有具体法律框架的状况下开展的，规划的实施由城市政府运用常规权力，主要是征税和发行公债的权力，以保证对规划项目的资助。1909 年和 1915 年，联邦最高法院在两起诉讼案中，从维护社会公共利益和政府行政权力的角度出发，分别确认了地方政府有权限制建筑物的高度和规定未来的土地用途而无需作出补偿，这为随后出现的区划提供了法理上的支持。

19 世纪末、20 世纪初，纽约进入高速发展期，曼哈顿南端过高过密的开发影响了城市的通风、采光，仓库和工业混杂在第五大街的商业区中，居住区也出现了工厂，在独立式住宅邻里中建多户住宅，导致原有居住区品质和风貌受到破坏。为此，学习借鉴德国的《分级建筑规则》，纽约 1916 年颁布全美第一部《区划条例》（*Zonning Ordinance*）。从此，区划成为美国城市规划管理的重要手段，区划法规得到了普遍推行，对美国城市发展产生重大影响。至 1926 年，美国的大多数城市都有了自己的区划法规。

区划指定一定区域的用地性质，规定其开发强度与建设方式，是法定文件，是法律。而基于美国判例法体系，区划的格式采用了图纸和文本结合的方式，规制是非常具体的，不同于大陆法系注重法律条文为主的方式。

自 20 世纪 20 年代以来，区划作为城市规划实施的工具，受到广泛关注和深入讨论。针对区划条例过度固定、缺乏弹性、导致社会分离等问题，进行改进。采用奖励区划、开发权转让、规划单元整体开发、组团式区划、包容式区划、开发协议、特别区划等大量新的手段，使区划得到进一步发展。

在美国历史上，区划与总体规划是相互脱节的，各行其道。到 20 世纪 70 年代，法庭判案的原则发生转变，土地纠纷案的裁决一般要以总体规划为依据。因此，总体规划受到重视。同时，一些州议会也开始立法，强制要求地方政府编制总体规划，理顺了总体规划和区划两者之间的联系。总体规划作为城市长远和综合性规划，由区划来具体落实。

2）州规划授权法（Planning Enabling Act）

美国各州通过规划授权法案对地方政府的规划活动进行授权和界定。许多州都颁布多个授权法案，由地方政府任选一个，作为地方规划的法律依据。此类法案名称不一，有《规划授权法》《规划委员会法》《区划授权法》等。州的《区划授权法》（Zonning Enbling Act）授予地方制定区划的权力。州的《区划授权法》往往也详细地定义区划的范围、批准区划条例的过程、区划委员会的构成及其权力和功能以及区划条例修正的方法及区划条例的例外等。按照这些法案，地方区划只需要议会批准、市长签署即可作为法律生效，不需要州政府审批。

在目前 50 个州的规划授权法案中，只有 11 个州对地方规划有较强的控制，有 22 个州对地方规划的控制极为薄弱。事实上，美国各州规划授权法是在进行背书，重点可以说是对法律程序的完备，而不是要强化对地方规划的控制。

3）联邦与城市规划相关的法律法规

在美国，城市规划是州和地方事物，因此，联邦没有城市规划法律，而是以制定与城市规划相关的法规为主。随着 20 世纪 20 年代区划和总体规划的发展，美国商务部推动了两部法案的出台，即 1922 年的《州分区规划授权法案标准》和 1928 年的《城市规划授权法案标准》。这两个法案为各州在授予地方政府规划权利时，提供了参考的立法模式。90 多年来，这两个法案成为美国城市规划的法律依据和基础。

与地方城市规划密切相关的联邦法律有很多，涉及住房、旧区改造、交通和环境等，对美国的城市发展和城市规划形成重大影响。例如，从 1935 年开始，联邦政府为购房者提供住房贷款抵押保险，促成了美国城市的郊区化。《1949 年住房法案》要求州和地方政府在申请联邦的城市再开发基金时，必须有总体规划作参考。《1957 年住房法案》对申请联邦的都市复兴基金提出了类似的条件。美国国会从 1956 年起设立专项税收基金，统一修建全国州际高速公路网，共约 6 万公里，投资 1290 亿美元，对地方的规划也有同样的要求。由此，总体规划在美国形成热潮。1969 年颁布的《国家环境政策法案》（NEPA），对城市规划产生重大影响，该法案把环境规划的概念引入传统的规划活动中；而且，要求凡申请联邦资金资助的项目一律要先作环境影响评价报告，由此，快速推动了环境保护工作的开展。凡此种种，为了充分调动地方的积极性，有效达到对城市规划引导和控制的目的，美国联邦政府的规划法规普遍采取以基金引导为主、以法规控制为辅的原则。

另外，联邦政府也通过各种途径对州和地方的城市发展政策和规划的实施提供必要的政策导引。1978 年总统向国会提交的城市政策报告是对 1977 年通过的住房法修正案条款的进一步阐述。此后每两年总统就提交一份这样的城市政策报告。这类报告提出了国家的城市政策，由此决定了联邦政府各类计划的构成及其作用范围。通过计划资助而影响地方城市所采取的具体措施，同时也对州政府的城市政策和工作重点起到引导和推进的作用。与此同时，各类专业性学术机构也会通过对专业规划师的宣传和学术交流活动而促进城市规划工作的开展，以此来引导规划的实践者，并能够促进立法者和法庭对规划的认识。

4）美国法院制度体系

要深入认识美国城市规划的法律体系，还必须了解美国的法院制度。与中国、德国、法国等大陆法系国家不同，美国是实行判例法的英美法系国家。美国司法制度体现了三权分立的原则，实行司法独立，法院组织体系复杂。概言之，美国法院组织分为联邦、州和地方三大系统，联邦最高法院享有特殊的司法审查权。联邦法院和州法院两大系统适用各自的宪法和法律，管辖不同的案件和地域。美国没有统一的行政法院，行政纠纷案件除由普通法院审理外，各独立机构也有权受理和裁决。此外，还有国会根据需要通过有关法令建立的特别法院，如联邦权利申诉法院等。美国法院诉讼都实行"三审终审制"，不同于我国的二审终审制。联邦法院系统有三个等级的法院，即联邦最高法院（U. S. Supreme Court）、联邦巡回法院（U. S. Circuit Court）、联邦地区法院（U. S. District Court）。其中巡回法院亦称上诉法院，相当于国内的中级法院，但不直接审理一审案件。联邦地区法院则作为联邦系统的基层法院。美国 50 个州划分为 13 个审判区域，设有 13 个巡回法院，一个巡回法院往往下辖数个地区法院。所有联邦法院的经费直接来源于联邦政府。与联邦法院系统相比，州法院系统的情况相对复杂。原因在于美国是联邦制国家，各州有自己的宪法，有各自的法院系统，自成体系。但州法院系统一般分为三个层次：州最高法院（State Supreme Court）、州上诉法院（Superior Court of Appellate Division）及初审法院（County or Municipal Court）。联邦系统法院管辖的案件主要是：因联邦法律、条约或州宪法而系争的所谓"联邦问题案件"，包括宪法规定由最高法院初审或终审的案件，以及联邦法律规定由联邦系统的法院专属管辖的案件，如破产案件等。双方当事人为不同国籍或州籍而且系争数额达一万美元的案件，可由当事人自行决定由联邦法院或州法院审理，但离婚案件除外。联邦其他法院移送的案件，以及原属联邦与州双重管辖而双方当事人自愿转由联邦法院审理的案件。不属联邦法院专属管辖的案件，州法院均可管辖。至于各州之间的管辖，由于法律规定各异，与适用何州法律的冲突法问题密切相关，是美国法中争执较多、较难解决的问题。

城市规划涉及的法律纠纷一般是区划，主要在地方法院受理和审理，可以上诉到联邦上诉法院。而美国联邦最高法院也曾对一些涉及城市规划的案件进行过审判，对美国的城市规划产生重大的影响。在美国，与城市规划相关的诉讼往往涉及美国联邦宪法第五修正案和第十四修正案，即城市规划的内容和政府执行过程是否存在"公共利益"扩大化的问题和"剥夺"私有财产而没有合理补偿的问题，并由联邦或州最高法院作出"合宪"或"违宪"的判断。值得注意的是，在这一类判例中，联邦最高法院九名法官通常不会意见一致，甚至常常是五比四的投票结果。这说明美国社会对城市规划限制甚至剥夺私有土地的使用权这一问题采取了相当谨慎和微妙的态度。值得一提的是，美国采用判例法，每个重要案例的判决文书都写得非常完善，道理讲得很清楚。应该说，这对完善和提高全民的规划和法律意识发挥着潜移默化的作用，不容小觑。

3. 美国的城市规划编制体系

区划和总体规划是美国城市规划编制的主体，处理好两者的关系也是经常讨论的话题。

区划的编制有详细和严密的法定程序和技术规程。因为区划实际上是法律，因此其制定的过程应该是法律制定的过程。从区划产生到目前为止，可以说经过三个主要阶段，内容和重点在不断发展变化。第一阶段是以关注公共利益的消极控制为主，在保证城市日照、通风等基本卫生条件的同时，也造成城市空间单调乏味、缺乏生气的问题。第二阶段是从20世纪50~60年代开始，区划更注重规划引导和富有弹性，引入一系列控制指标和技术手段。第三阶段是从20世纪70~80年代开始，引入了城市总体规划，特别是城市设计的内容，区划作为实施规划管理的依据，更加细化和强调城市环境品质。同时，在区划基本控制的基础上，历史保护地区的设计导则对特定地区和地段提出进一步的具体设计要求。它们一般不是立法，而是建议和鼓励性的原则。实施设计导则依靠一些办法：一是政府投资的公共项目率先以导则为依据，示范和带动引导周围的私人项目；二是在特定地区和地段的项目审查程序中再增加一个城市设计层面的审查。

城市总体规划是 20 世纪初开始在美国兴起，1909 年，伯莱姆和班尼特编制了芝加哥总体规划。经过半个世纪的发展，城市总体规划已经成为美国普遍的城市规划内容。各州的立法通常都要求地方编制综合性的总体规划（comprehensive plan），并确立了该类规划的作用范围。例如，加利福尼亚州的《保护、规划和区划法》（*Laws Relating to Conservation, Planning and Zonning*）就指出："每一个规划委员会和规划部门都应编制并审批综合的和长期的规划，这些规划应当是有关城市、县、地区或区域的，以及尽管是位于边界之外的但委员会认为与规划有着密切关系的区域的物质发展（physical development）。"规划机构在编制规划过程中所收集的资料、研究成果及提出的规划建议必须提交由公众参加的定期研究会议进行讨论和确定，在提交给规划委员会和立法机构决策之前还必须召开正式的公共听证会。

在美国，涉及州、地区和地方事务的规划都由州和城市、县进行颁布和实施，联邦政府通常是被排除在地方事务之外。因此，城市和区域的规划和实施由地方政府作出决定而无需州和国家机构进行复审。各个州的规划审批过程是不同的，尽管有些城市为了更好地实施规划，会由立法机构对综合规划进行审批并由市长签署对规划的批准，但在大多数的州，综合规划是不必经立法机构审批的，而是由规划委员会来承担这一职能。在州的授权法中一般都规定了规划委员会审批综合规划的程序，如在审批之前必须进行公共听证会，审批时对规划委员会投票数要求等。在各个州的授权法中对批准后的综合规划的效用也有明确规定。根据这些法规，有关于社区发展、再开发、社会公共设施的改进及其预算等决定都应当与综合规划的原则和内容相符合，而且必须明确阐述这些决定所可能的结果与规划目标实现之间的关系。许多州的土地使用法不仅要求编制综合规划而且还要求定期对综合规划进行审查和修订。如果地方政府不执行这样的要求，会遭到州政府向州法院的检控，而且这也会得到法庭的支持，并将综合规划作为相关司法实践的依据，由此而确立了城市综合规划的法律地位。综合规划在对社区未来发展进行全面安排的基础上，还必须包括广泛的具体项目和计划，这些项目与计划的目的在于综合规划作为一个整体是无法在短时期内完全实现的，因此需要从时间和环境上提供保障。

除区划和总体规划外，各个城市还编制一些其他规划，主要类型包括基础设施规划（capital facilities planning）、城市设计、城市更新规划和社区发展规划、交通规划、经济发展规划、增长管理规划（growing management planning）、环境和能源规划等。这类具体规划有多种类型，各个城市对此都没有具体的规定，而是在实践过程中，按照城市总体规划，根据所要解决的实际问题而予以选取。

区划法规是美国城市中进行规划管理的主要依据，因此，对于规划实施而言，区划法与城市总体规划和各类规划之间的关系就成为一个重要的问题。只有将城市总体规划的内容全面而具体地转译为区划法的内容，城市规划才有可能得到实施。在这方面，绝大多数的州都在法律条文中明确要求区划法规的制定必须以总体规划为基础。地方政府是依据州的授权法而制定区划条例，在这样的授权中也提供了达到这一要求的具体方法。在一些州的授权法中，一般都要求规划机构作为负责区划法规编制的机构。在有些州设有独立的区划委员会，它们也必须与已有的规划委员会之间进行紧密的协作。有些州不设规划委员会，但总体规划的基本原则也必须运用到区划法规的阐述之中。

区划和总体规划一般都由地方议会或规划委员会审批，州和联邦不参与。但州和联邦通过政策和基金对地方城市总体规划实际上产生重要影响。根据联邦政府各项计划的要求，如果地方政府想要获得联邦政府的项目资助，就必须先编制综合性的总体规划，并表明该项资助有利于实现规划目标。

在美国，与汗牛充栋般的区划和总体规划相比，州和联邦编制的综合性规划很少。一些州制定全州的总体规划，或环境保护、经济增长规划等，而一些州，如加利福尼亚，几十年来从不制定全州的规划，还是体现了城市规划以地方为主的原则。联邦政府编制综合性规划更是罕见，只是在20世纪30年代罗斯福新政时，为促进区域经济发展，制定过田纳西峡谷等大的区域规划，后来再没有过。而能够与区划和总体规划相媲美的是由区域议会（COGs）制定的各种各样的区域规划，数量大，内容复杂，需要单独来研究。

4. 美国的城市规划管理体系

三权分立的运作机制，不仅把美国城市规划中法律制定、行政管理和司法等三个相互制约的因素既分离又紧密地联系起来，而且使得规划活动在联邦、州和地方每一个层面都能进行有效的自我修正与调整，形成良好的内部循环，不需要很多自上而下的行政监督和强制干预。

在美国，城市规划管理以地方的区划为基础。地方政府规划管理部门以区划以及大量而广泛的配套详细规定保证规划管理的有效和高水平。区划法规确定了地方政府辖区内所有地块的土地使用、建筑类型及开发强度。在区划法规批准后，所有的建设都必须按照其所在地块规定的内容实施。区划作为开发控制的最主要方式，具有确定和透明的特征，适用于通则式开发控制。场址规划审查、设计审查和地标控制等方式则是对于城市中具有重要和特殊意义的地区进行更为特定和详尽的个案控制。

在具体项目审批上，对于与区划法规相符的开发案的审批无需举行公共听证会，快速审批，提高效率，除非区划条例中有特别规定。在实施过程中，由于种种原因而需要对区划法规进行调整，那么就需按照法定程序进行。这些程序按照所需调整的内容而有所不同，而且往往都非常复杂，有的甚至与区划法规制定的程序完全一致。这些程序在州的授权法和区划法规中都有详细的规定。在区划法规实施的过程中，由于土地所有者对区划法规修改的内容、对规划委员会、区划委员会或立法机构的决定不满，或者社区居民对区划调整有意见，可以向上诉委员会申诉，或最终将这些案件呈交法庭进行审理。

地方政府规划管理部门在审批项目的过程中，还采用了土地细分（subdivision）和场址规划审查（site plan review）等具体的审批程序。土地细分是一种对土地地块划分的法律过程，主要是将大的地块划分成尺寸较小的建设地块，以满足地块产权转让的需要。在美国，这个过程通常得到了非常细致的控制。在建设地块可以出售之前，或者土地的所有者在对地面设施进行改建之前，必须先获得市政当局对土地产权范围的勘定。根据相应的法规，在土地产权的地图上至少要表示出街道、地块的边界和公共设施的通行权（easements for utilities）。此外还会规定在建设地块出售或建设许可得到批准之前必须进行怎样的改进。这样，社区就可以要求地产的所有者在地块内建设街道，并在符合宽度、安全和建设质量标准的基础上，以适当的方式与城市的街道系统相联系。同样，也可以要求地产的开发者提供给水、排水及下水道等设施以符合社区的标准。土地细分的要求通常还会规定地产开发者必须向社区贡献出一定量的土地，或者为替代这种贡献而需支付的款项，以作为社区建设学校、娱乐设施或社区设施所需。土地细分控制也考虑其他基础设施的可供应范围，如给水和排水、消防设施的可获得性以及公园、学校、路灯等的服务设施的供应范围等。

场址规划审查（site plan review）通常用来保证区划条例中的各项标准在重要的开发项目中得到贯彻。需要进行场址规划审查的项目在各个城市是不同的，一般由地方政府决定。在新泽西州中部的西温索尔市（West Windsor），除了联排式独户住宅及其附属设施的建设以外的所有开发都需经过场址规划审查。而位于同一个州、执行同一部州授权法的泽西市（Jersey）则只审查较少的项目，只审查 10 户以上的住宅建筑或基地面积在 10 000 平方英尺①以上或者扩建面积在原有建筑面积 50% 以上的建设项目。在有的城市，场址规划审查是作为获得建设许可过程中的一个组成部分，因此其主要内容也就更多涉及建设工程标准的审查。

另外还有两类相关的控制可归纳为美学方面的控制，一类是地标控制 (landmark controls)，即通过保存历史建筑本身和保证在历史地区新的开发在规模和设计上与这些地区的特征相和谐的方式，并通过管理这些指定建筑物作为财产的转让和转换过程，而达到对建筑遗产的保护。另一类是在一些城市中除了有标准的建设法典之外，还要经过独立的设计审查 (design review) 过程。

地方政府在执行权力的同时，也还受到联邦宪法和州宪法保障个人权利条款的引导和限制。当个人权利和政府权力范围发生不一致时，最终的裁定者是法院系统。因此，地方规划工作就要考虑如果正在处理的争端提交法庭进行法律审查，法庭会作出怎样的决定。由于美国的法院依循案例法 (case law) 的原则作出判决，因此规划工作会受到过去同类案件的处理和对法庭会作出的可能判决的揣测的限制。在许多情况下，地方规划工作也受到法庭的影响。

就总体而言，州和联邦政府在规划管理方面的作用是间接的，只有极少数的直接管理。但直接规划管理的范围自 20 世纪 70 年代以来变得越来越广泛，而且也越来越复杂，审批的权限也开始相对集中。例如，新泽西州的《州建设管理程序导则》(*Directory of State Programs for Regulating Construction*) 就详细列出了至少 38 项必须经州审批的内容。对于一些特定的项目还需要由联邦政府进行审批，如有可能影响到湿地等环境敏感地区的项目等。这些要求虽然往往强调的是具体的环境方面的内容，但对规划管理也带来了重要影响。

5. 美国的区域规划体系

美国的区域规划与现代城市规划同样久远，也有近百年的历史，形成了优良传统。正如彼得·霍尔指出的，如果说花园城市理论是产生于美国而在英国繁荣，则区域规划思想产生于法国，经苏格兰来到美国，并空前繁荣发展。在美国，除 20 世纪 30 年代国家规划昙花一现外，看不到国家统一的城市和区域规划，国家通过政策控制和引导区域发展。但各类区域规划一直在区域和地方层次进行。万洛普在论述美国区域规划发展演变时，以"持续的区域规划"作为题

---

① 1 英尺 = 0.3048 米

目，从中可以清楚地看出这个特征。区域规划在美国一直在有效地运作，发挥着重要作用，没有大的波动。

由于美国城市通常规模比较小，随着城市和区域的迅速扩展，带来许多需要跨城市协调发展的问题。据美国最新人口普查统计，全美 20 万人口以上的城市共有 78 座，10 万~20 万人口的城市有 131 座。这基本是按行政辖区的人口多少而定，并不完全反映各大城市的实际规模。因为美国的许多城市，特别是老城市，行政辖区偏小，只管市区，或只管部分市区。市区的另一部分和郊区市镇，由另外的县市管。例如，波士顿的市辖区只有 125 平方公里。哈佛大学所在市区与波士顿市中心尽管有地铁相通，联系非常紧密，但行政上却归另一市，因而这些市区和郊区实际上是大城市的组成部分。为此，美国联邦统计机构又使用了"都市区"这一概念，即都市区至少有一个 5 万人以上的城市或总人口在 5 万人以上的孪生城市，并包括在社会和经济上与中心城市联成一体的相邻各县。按此定义，美国共有 43 个 100 万人口以上的都市区，居住着总人口的 54.4%。其中 300 万人口以上的都市区有 13 座，即纽约、洛杉矶、芝加哥、华盛顿、旧金山、费城、波士顿、底特律、达拉斯、休斯敦、迈阿密、亚特兰大和西雅图。这种多样化的城市形态，也决定了美国城市规划管理体系的复杂多样。

因此，在许多区域形成了大量的有地方政府组成的政府议会组织（Council of Governments，CoGs）。早在 1790 年，费罗达非亚地区就成立了特别区去管理监狱、学校、公共健康和港口。纽约在 1857 年成立负责警察的大都市委员会，1866 年成立负责健康的大都市委员会。马塞诸塞州在 19 世纪 90 年代有负责排水、公园和水务的地区委员会。波士顿 1902 年成立大都市改善规划委员会，委员会具有综合的区域规划的责任。这种区域规划机构，如加利福尼亚州湾区区域政府联合会（ABAG）等，不论是区域议会或大都市规划委员会，其形成有两种主要形式；一是由地方政府自愿联合并达成管理协议的政府议会；二是由州立法授权或强制要求地方政府联合成立区域规划委员会。除极个别是选举和具有立法、财政的区域政府外，绝大部分是区域政府联合的非法律组织，没有立法权和统一的财政，主要靠政府间的协商机制。这种机制运作一直很成功，因此，美国没有必要，也一定不会去建立中央集权的统一的城市和区域规划体系。

经过百年的发展，政府议会组织成为美国城市和区域规划管理的重要力量，据美国区域议会联合会（National Association of Regional Counicils，NARC）的统计，包括政府议会和大都市规划委员会，全美现有区域议会约 3000 多个。

当然，联邦政府和州的规划在美国区域规划中也发挥着重要作用。20 世纪 30 年代开始的"新政"（New Deal），通过一系列的行动，如联邦政府资助地方和州的规划工作、州际高速公路系统规划、创立国家资源规划委员会（National Resources Planning Board）及开展田纳西流域规划等大量的区域规划工作，推动了区域规划。第二次世界大战后，联邦政府推动的城市更新是战后第一个重要创制。从贫民窟清理和住房建设的计划开始，不久又增加了推动商业发展的内容。在此过程中，地方机构为了获得联邦资助必须编制市县、甚至州的总体规划，由此推动了城市和区域规划的进一步发展。在人口增长、郊区化和环境保护意识增强等多方面因素的影响下，20世纪60年代后出现了增长控制和精明增长等新的规划领域。并且，随着对环境问题认识的不断高涨，越来越多从事传统土地使用规划的机构也来考虑环境方面的问题，由此促进了环境规划的开展，包括州域范围的规划也在不断增加。州域规划强调多种环境或发展管理目标，强调州域范围内的整体协调发展，这些往往是地方层次的规划或部分区域规划所无法实现的。

6. 纽约三州区域规划

各种区域协调机制能够很好地运转，除因为利益冲突不十分剧烈外，学术和社会共识发挥着重要作用。路易思·芒福德最早从盖迪斯那里认识到区域规划的重要性，也导致纽约区域规划协会（RPA）的诞生。在美国，有许多像纽约区域规划协会这样的民间组织，由区域规划的官员、规划师、学者以及大公司总裁等参与，得到各种基金的支持，长期对一个区域进行规划研究。区域规划和区域研究在美国持续进行，不时会有重要的成果给各界带来影响，包括规划概念和人们的观念。

纽约三州区域①面积约3.6万平方公里，人口2000多万人，是美国东北沿岸大都市区域的重要组成部分，具有悠久的区域规划传统。1926～1929年，纽约区域规划协会组织编制了第一次纽约区域规划。1968年编制了第二次纽约区域规划。1996年，美国区域规划协会以"危险中的区域"为题，发表了第三次纽约大都市区区域规划。这次规划体现了在全球经济中增强地区竞争力的广阔的视野，它从整体上清楚说明了纽约与相邻两州区域共同增强经济繁荣、社会公平与环境质量的前景，提出再绿化、再连接、再中心化等举措，影响很大。

纽约三州区域规划的成果之一是《危机中的区域——纽约、新泽西、康涅狄格三州大都市地区第三次区域规划》一书，该书由四部分、十二章组成。第一部分为危机中的区域分析，包括目标选择和达成目标的方法。第二部分的标题

① 指由纽约州、新泽西州、康涅狄格州组成的大都市区域。

是我们在哪？我们向哪里去？重点讨论向竞争性全球经济的经济转型、社会公平和过去、现在和未来的区域安全，以及环境和受到攻击的绿色基础设施。第三部分谈论五个战役，即绿境行动、中心化行动、机动化行动、劳动力行动和管制行动。第四部分是从规划到行动，包括规划的经济分析和协调规划的实施。结论是抓住机遇。附录是对未来采取不同规划策略所产生的两种景象（scenarios）的分析论述。

《危机中的区域》结构简洁、特色突出，以危机中的区域的经济、公平、环境之"3E 目标"以及实现目标的绿境、中心、机动性、劳动力和管制五大战役为开篇，体现了以问题和目标为双导向的规划思想和方法。"3E 目标"是经济、社会、环境三位一体的统一。五大战役作为实现规划"3E 目标"的措施和行动，既与"3E 目标"紧密对应，同时又突出了空间发展的重点。五大战役高度概括、综合，以空间，即绿境、中心、机动性引领，又突出了人，即劳动力在空间发展中的核心和主导地位，以及区域管制的现实和重要性。统篇阐明了规划的目标和规划行动的全部内涵。

在美国，学者、专家成为政府行政管理者是很平常的事情，这一点看似小事，实际对美国城市和区域规划有重要意义。目前，"美国 2050"（America 2050）是个新的全国的城市规划组织，由规划师、学者和决策者组成，目的是为美国未来的增长提供一个框架，看似势单力薄，实际上一定会发挥重要作用，我们拭目以待纽约区域规划图及美国 2050 交通规划示意图，如图 6.8 所示。

6.2.3　日本、新加坡和中国香港

1. 日本的城市规划体系

日本是个岛国，主要由 4 个本岛组成，总人口 1.3 亿人中的 80% 居住在本岛上，还有 3000 多座小的火山岛，从北到南绵延 1600 公里。日本国土面积约 38 万平方公里，整个领土的 3/4 是山区，森林密布，耕地相对比较小。由于是岛国，日本经常遭受自然灾害，如地震、台风、海潮等。

日本 1868 年实施"明治维新"后，敞开大门向西方学习，逐步走上现代化、工业化道路。日本的现代城市规划受西方发达国家影响很大，在综合借鉴西方各国经验的基础上，形成了具有自身特色的城市规划体系。

1）日本的城市规划行政体系

日本是中央集权国家，根据宪法和其他的法律，日本由三级政府组成，即中

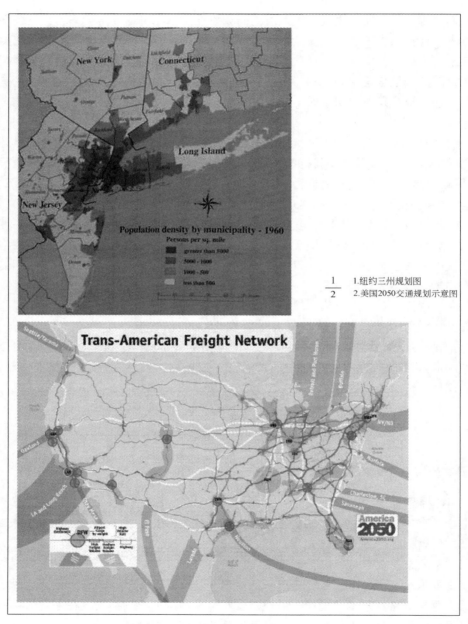

<table>
<tr><td>1</td><td>1.纽约三州规划图</td></tr>
<tr><td>2</td><td>2.美国2050交通规划示意图</td></tr>
</table>

图 6.8　纽约区域规划图及美国 2050 交通规划示意图

资料来源：纽约区域规划和美国 2050 网站

央政府、47 个都道府县和超过 3200 个的市村町。按照日本国土规划的分区，目前有 10 个规划区域，但它们并没有相当的行政机构。

从 20 世纪 60 年代开始，日本建立了自上而下的完整的国土、土地利用和城市规划体系，分为三类，一是全国国土整治规划和首都圈等重要区域规划，二是土地利用规划，包括全国、都道府和市村町的三级土地利用规划，三是都市计划，即城市规划，以都道府和市村町为主。

在日本，城市规划是一个相对独立的领域。城市规划的决定权限分别掌握在中央政府的主管部门、都道府县一级政府和作为基本行政单位的市町村手中。目前，市町村一级政府成为城市规划管理的主要部门，都道府县仅掌管部分涉及区域和较为重要的规划权限，而中央政府仅保留了监督和协调的权限（图 6.9）。

在中央政府中，国土交通省是城市规划的主管部门。由于中央政府基本上不再具有具体规划的决定权，所以国土交通省的主要工作是制定与城市规划相关的政策，组织相关法规的修订并进行解释等。同时，利用中央政府所掌握的预算，采取补助金等形式积极引导和推动各地方城市规划与建设活动。另外，由于日本城市规划的立法与建筑立法同时进行，两者相互配合形成完整的规划管理体系，所以地方政府的城市规划部门在城市规划编制审定后，除对一定规模以上的土地开发实施"开发许可"外，并不直接负责以单体建筑为主的具体建设项目的审批。建设项目审批由建筑审查部门负责。

2）日本的城市规划编制体系

1888 年颁布的《东京市区改正条例》是日本历史上第一部有关城市规划的法律，其所体现的内容被认为深受奥斯曼巴黎改造规划的影响。1919 年《城市规划法》和《城市建筑法》颁布，通过学习借鉴德国的预备性土地利用规划和美国的区划，日本初步建立了城市土地使用规划体系，主要包括地域划分和分区制度。1968 年的《城市规划法》对城市土地使用规划体系进一步完善，使其成为日本现代城市规划的基础。值得注意的是，城市总体规划是在 20 世纪 80 年代在日本开始流行。到 1993 年规划法修订，城市总体规划被正式引入规划编制体系。

日本城市土地使用规划包括地域划分、分区制度和街区规划等规划内容。地域划分是土地使用规划的基础。城市土地使用规划的范围是城市规划区，城市规划区包括城市建成区以及周边的农业和森林区域，其范围往往是城市建成区的 4～5 倍。根据 1968 年的《城市规划法》，城市规划区划分为城市化促进地域和城市化控制地域。地域划分的依据是未来 10 年的城市化趋势和人口分布预测。地域划分与城市规划区的交通网络规划、公共设施规划和土地调整计划相结合，

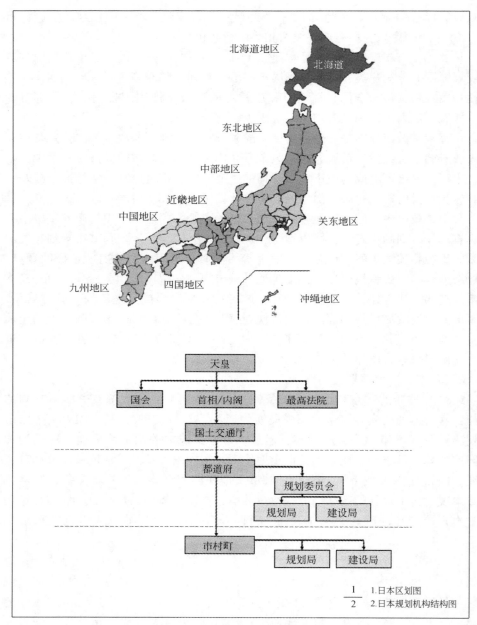

图 6.9　日本行政区划与政府和规划机构结构图

目的是防止城市无序蔓延，控制城市形态和土地配置，提高公共设施的投资效益、确保城市的协调发展。

城市化促进地域，包括现状的建成区，是城市未来将要优先发展的地区，基础设施和公共设施的政府投资将会集中在这类地区，区内农田可以转变为城市用地，开发活动受到土地使用区划的管制。在城市化控制地域，一般不允许与农业无关的开发活动，基础设施和公共设施的政府投资也不会集中在这类地域。都道府县政府每隔 5 年进行城市规划区的基本状况调查，涉及人口、产业、土地和交通等方面。

土地使用区划是日本城市土地使用规划体系的核心部分。城市化促进地域划分为 12 类土地使用分区，包括 7 类居住地区、2 类商业地区和 3 类工业地区。在不同的土地使用分区，依据《城市规划法》和《建筑标准法》，对于建筑物的用途、容量、高度和形态等方面进行相应的管制。土地使用分区是为了避免用地混杂所造成的相互干扰、维护地区形态特征和确保城市环境质量。

早在 1919 年，日本的《城市规划法》和《城市建筑法》就引入了土地使用区划制度，当时仅分为居住区、商业区和工业区三种类型，以确保私人部门的开发活动与公共部门的基础设施建设计划之间相互协调。在 1950 年，增设了准工业区类型。1968 年的《城市规划法》对于居住区、商业区和工业区又进行了细划，土地使用分区增至 8 类，以提高城市环境质量。20 世纪 80 年代以来，随着第三产业的发展，居住区面临着商业建筑和办公建筑的开发压力，导致用地价格飞涨。到 1993 年，居住区又进行了细化，以限制各类居住区内的商业建筑和办公建筑，土地使用分区也从 8 类增至 12 类。

在 1964 年，引入了容积率作为建筑容量的限制规定。在此之前，建筑容量控制的相关规定是基地覆盖率和建筑高度。日本是一个地震多发地区，建筑高度一直受到严格控制。随着建筑抗震结构技术的进步，建筑高度限制逐渐放宽。容积率规定在控制建筑容量的同时使建筑设计具有更多的可能性。与此同时，建筑物的斜面管制界定了建筑物的"外壳"，以确保城市环境质量的最低限度，特别是日照要求。在斜面管制的"外壳"之内，建筑物的形态设计是完全自由的。

土地使用分区的法定依据是《城市规划法》和《建筑标准法》。《城市规划法》规定土地用途、地块面积、基地覆盖率和容积率，《建筑标准法》则涉及建筑物的具体规定，如斜面限制和阴影限制等。尽管如此，土地使用分区制度作为对于私人产权的有限控制，只是确保城市环境质量的最低限度，但不能达到城市发展的理想状态。

除了土地使用分区作为基本区划以外，还有各种特别区划。这些补充性的特别区划是以有关的专项法而不是城市规划法为依据的。特别区划并不覆盖整个城市化促进地域，只是根据特定目的而选择其中的部分地区，包括高度控制区、火灾设防区和历史保护区等。

　　街区规划是为了提高城市规划建设水平而采取的更加详细的区划。在 20 世纪 70 年代后期，随着经济发展带来生活水平的提高，人们越来越关注城市环境质量，公众参与的意识也日益增强。如前所述，土地使用区划只是确保城市环境质量的最低限度，并不能达到城市发展的理想状态。在 1979 年，中央政府的规划委员会和建筑委员会提出了地区规划的建议。在 1980 年，对《城市规划法》和《建筑法》进行了相应的修改，以采纳街区规划。

　　日本的街区规划作为促进地区发展的整体性和独特性的一种规划措施，参照了德国的建造规划（B-Plan）。街区规划范围为数公顷，针对街区的特定情况，对于土地使用区划的有关规定进行细化，并对建筑和设施的实际建造进行详细布置。因此，街区规划是比土地使用分区更为精细化的管制方式，有助于增强街区发展的整体性和独特性。

　　街区规划内容包括规划文件和规划图则，有时还附有地区景观意象图示，以帮助公众对于规划意图的理解。规划文件包括发展政策和物质规划两个部分。发展政策部分阐述地区发展目标以及实施策略，不具有开发控制的法律效力；物质规划包括土地使用、公共设施、建筑设计等内容，如车辆通道、公园和其他开敞空间，除了容积率、基地覆盖率、地块面积、建筑后退和高度控制以外，还包括建筑物的形态和外观，以及保留树木等的详细规定。

　　近年来，街区规划的应用越来越广泛，已经不仅是对于土地使用区划的细化，往往还可以修改和取代土地使用区划的有些规定。土地使用分区是定期修编的，而街区规划可以根据需要随时编制。街区规划逐渐被作为一种有效且有灵活性的规划措施来促进私人部门参与城市开发项目，同时也使当地社区享有更多的参与机会。街区规划的实施依赖于开发商和土地业主的各项建造活动，因此要促使所有的权益者都参与规划编制过程，对于街区发展前景达成广泛的共识。

　　除土地使用规划外，城市还编制公共设施规划和城市开发计划，如重点地区的规划和土地再调整规划等，来推动公共设施和市政基础设施、重点区域的开发建设。

　　城市总体规划与土地利用规划相比，更加宏观和战略性，它制定未来 10 ~ 20 年的发展目标以及实施策略，包括人口和产业的分布、土地使用配置、城市开发、交通体系、公共设施、环境保护和城市防灾等方面内容。规划的内容分为规划控制和规划实施项目两大类。城市规划控制包括以下内容：将城市规划区划分为城市化地区和城市化控制地区，以控制城市用地发展方向，类似区划制度的地域地区。配合相关法规促进土地利用规划意图实现的促进区域，以城市局部地区为对象开展更为详细规划控制的地区规划；配合城市化地区、城市化控制地区的划分，形成良好市区并防止城市建设用地无序蔓延的开发许可制度。城市规划实施项目包括：道路广场、公园绿地、给排水等城市设施，土地区划整理、城市改造等城市开发实施项目，确保大型住宅区开发、工业区开发等项目实施的城市开发项目预定区域指定制度等。

城市总体规划由都道府县和市村町编制，编制的总体规划在经过公示和城市规划地方委员会的审议后，报经建设大臣认可，即可最终确定。市町村编制的总体规划在经过公示后，报经所属都道府县知事同意，即可最终确定。

3）日本的城市规划管理体系

日本城市规划法中对土地利用的控制是通过基于建筑法规的建筑审批制度实现的，相反，城市规划也为建筑审批提供规划条件上的依据，即由城市规划划定各种土地利用的范围，由建筑法规落实各个范围中的规划意图。从 1919 年的《城市规划法》与《市街地建筑物法》到现行的《城市规划法》与《建筑基准法》，城市规划法规与建筑法规一直保持着这种相互依存、相互配合的关系。

在日本，开发许可，即对土地、建筑等活动进行审批，是规划实施管理的基本手段。其依据是城市规划，城市规划一经决定，对其范围内的开发建设活动具有法律上的约束力。开发许可的目的在于通过对一定规模以上的开发建设活动实行申请、许可制度，使得开发后的地区在道路、排水等基础设施方面达到一定水准；同时，防止城市化控制区中发生有悖于控制城市化目的的开发活动。在开发建设审批中，以单体建筑为主的大量日常性建设活动，以及城市局部地区规划有关的开发建设，其审批权归市町村；而较大规模的土地开发以及与城市核心地段的开发建设相关的审批权归都道府县。

现行《建筑基准法》于 1950 年颁布，并在之后的实施过程中有过多次较大的改动。现行《建筑基准法》由 7 章，共 103 条组成，不包括第四章的两个附加章和其中的附加款。其中，第二章建筑物用地、结构及建筑设备主要对建筑物单体的安全、卫生等作出规定；第三章城市规划区内的建筑物用地、结构及建筑设备主要对城市中建筑物群体的环境卫生、安全等作出规定，所以，该章节的内容又被称为"集团规定"，与城市规划相关的也正是这部分内容。

现行的《建筑基准法》中的"集团规定"主要对建筑物以及建筑物用地在以下方面作出限制规定：建筑用地与道路的关系，每个地块必须与一定标准以上的道路相接壤；建筑物用途的限制，列出十二种用地中，各自限制建设的建筑种类；建筑物位置、形态的限制，包括道路红线、后退红线、建筑密度、容积率、高度等；建筑物构造上的限制，防火地域及准防火地域中的建筑须采用耐火构造等。因此，某个具体建筑物的用途、形态等是根据其所在地段的用地分区等地域地区划分和地块形状，以及与周边道路和其他地块的关系具体确定的。

4）日本的城市规划法律体系

日本近现代城市规划立法历史中有三次重要的立法活动，即 1888 年《东京市区改正条例》、1919 年《城市规划法》和 1968 年《城市规划法》。这些立法活动的进行与当时城市所面临的问题、政府的意图以及城市规划技术的引进和发展密切相关。其立法内容也反映出各个时代对城市规划实质的认识，对日本城市的发展都产生了深远的影响。

1868 年明治维新后，当时日本的维新政府在城市建设方面所面临的主要任务，一是要解决由密集木结构建筑所组成城市的防火和环境问题，二是急于改变城市原有的落后面貌，跻身"文明开化"国家的行列。1888 年《东京市区改正条例》，在由于财政预算问题没有得到当时的立法机构元老院通过的情况下，以"敕令"的形式强行公布。

《东京市区改正条例》共 16 条，以当今的标准衡量过于简单，但对当时急需解决的主要问题作出规定，即确定了城市规划编制及实施的组织，城市规划的审批程序，按照规划进行城市建设所需经费的来源及征收和使用方法。与《东京市区改正条例》相配套制定的还有 1889 年《东京市区改正土地建筑处置规则》，计划同时出台的《房屋建筑条例》因故未能颁布。

《东京市区改正条例》的重点是保障作为城市骨架的道路、桥梁、公园、给排水等城市基础设施的建设。由于《房屋建筑条例》的流产，城市规划立法的另外一项主要职能，即对大量的单体建设活动实施控制的目的未能得到体现。

虽然《东京市区改正条例》最初的适用对象仅为东京，直至 1919 年《城市规划法》颁布前夕才扩大到大阪、京都等其他五大城市；但其颁布是日本城市规划立法中的一个里程碑，它代表着日本的城市规划与建设从此走上法制化道路。

在《东京市区改正条例》颁布后的三十余年中，日本的城市有了较大的发展，城市发展过程中的各种问题对城市规划立法提出新的需求。伴随工商业的发展，城市经济在国民经济中的比重有了较大的提高，城市与城市人口的数量有了相应的增加，需要带有普遍性的城市规划立法。以东京的城市改造为目的的《东京市区改正条例》，无论是其内容还是手法都无法满足新兴工业、军事城市的建设，以及大城市向郊区扩展过程中对相应规划手段的要求。同时，西方工业化国家中城市化的实践及产生的相应城市规划技术，以及大阪等地方城市中对建筑物控制的实践，为新的立法提供了可借鉴的思路。

1919 年《城市规划法》以及与之相配套的《市街地建筑物法》，由内务省提交帝国议会审议后，正式颁布。该法由正文 26 条、附则 7 条，共 33 条组成。1919 年《城市规划法》虽然在城市规划编制审定程序、机构、城市规划项目的实施体系等方面继承了《东京市区改正条例》，但在对城市规划的理解、城市规划技术法律化等方面有所突破。这主要表现在以下几个方面：一是扩展法律适用范围，确立城市规划区的概念；二是区别对待城市规划与城市规划实施项目，引入城市规划控制的概念；三是引入区划（zoning）、土地区划整理以及指定建筑线等城市规划技术，将其法律化；四是确立以推进城市规划的实施为目的的土地及建筑物等的征用制度；五是创立受益者负担制度。

1919 年《城市规划法》《市街地建筑物法》及其相关法令的颁布标志着日本近现代城市规划理念的初步形成和城市规划立法体系的初步建立。其中所确立的法定城市规划的内容、制度和建立起的城市规划与建筑法规的关系依然是现行日本法定城市规划的核心。

1923 年关东大地震和第二次世界大战分别对东京及日本其他的主要城市造成了大面积的破坏。为恢复重建，1923 年颁布了《特别城市规划法》，1946 年颁布了《特别城市规划法》，这两次城市规划特别立法的主要目的都是为了促进城市在较短时期内的重建，以及利用重建的机会，实现在正常情况下难以在短期内实现的规划内容。因此，土地区划整理被作为主要手段，其实施主体由私人土地主组成的合作社扩展到政府机构或公共团体，实施方式由自愿扩展到强制实施，实施对象由向郊外扩张的城市用地转向建成区的改造重建。

第二次世界大战结束后，虽然要求修改城市规划法的呼声较高；但由于种种原因，仅仅将 1919 年《市街地建筑物法》改为 1950 年的《建筑基本法》。直至 1968 年，新的《城市规划法》才颁布实施。1970 年《建筑基准法》中的"集团规定"也有了较大改动。全面修订后的《城市规划法》及《建筑基准法》所组成的法规体系主要有以下变化：一是城市规划行政的权限由中央政府转移至都道府县和市町村地方政府；二是新增了城市规划方案编制及审定过程中市民参与的程序；三是将城市规划区划分为城市化促进地区和城市化控制区，并增加了与之配套的开发许可制度；四是增加、细化了确定及限制城市土地利用的分区种类，并广泛采用容积率作为控制指标。1968 年《城市规划法》虽然在最终颁布内容上仍有一定的遗憾，但在城市规划现代化以及适应时代发展潮流方面迈出了一大步，是日本城市规划由开发建设型规划真正向控制引导型规划过渡的转折点。

1968 年的《城市规划法》和 1970 年修改后的《建筑基准法》构成了日本现代的城市规划法律体系，基于该体系的城市规划行政重点已经由中央政府转向以市村町一级政府为代表的地方政府。

《城市规划法》在 20 世纪 80 年代初和 20 世纪 90 年代初分别有过 2 次较大的修订。一次是 1980 年的修订，新增了"地区规划"等详细规划层次的内容，填补了以往规划法规中缺少详细规划方面内容的空白。另一次是 1990 年及 1992 年的修订，对用地分区进一步进行了细化，将原来的 8 种扩展到 12 种，并新设立了 3 种特别用地分区，增设地区规划的种类，并通过双重设定容积率以促进地区基础设施建设等，进一步扩充了地区规划制度；首次将总体规划的概念引入城市规划编制体系；设立促进转换利用闲置土地的地区制度。

这几次重大修订均反映出高速城市化时代结束后，日本城市规划的重点由大刀阔斧的城市基础设施建设和大规模城市扩张转向注重以居住为主的生活环境质量，以及对土地利用实施更加切合实际的合理、细致的控制。

在日本，除了以《城市规划法》为主干法的城市规划法律外，还有其他三类规划法律：一是在城市规划法之上的国土发展综合法、国土利用规划法等；二是与城市规划相关的法律，如促进农业地区发展法、森林法、土地征用法等；三是一些有关的专项法律，如港口法、城市更新法等。这三种法律与城市规划法一道构成了日本完善的规划法律体系（图 6.10）。

5）日本的国土规划体系

日本国土开发的现状是单极空间结构，产生的问题之一是人口和主要的经济功能过度集中在环太平洋带地区，特别是东京。东京都市圈有 3670 万人，超过全国四分之一的人口生活在以东京为中心、半径 80 公里范围内的地区。这种结构是 20 世纪经济快速发展的结果。为了在经济上赶上西方工业化国家，因此优先发展效率工业，导致重化工业在太平洋沿岸的聚集。这种聚集的理由包括两个方面：一是交通，沿海岸的主要港口为进口原材料和出口商品提供了条件；二是市场，离主要的市场，如东京、大阪较近。

这种聚集促进了日本的加速发展，在短时期内达到今天的经济水平。但是，同时导致大量的空间问题，如大城市的拥挤和乡村地区人口的过度减少。更重要的是，由于这些问题，不管是在城市还是在乡村，大量的日本人感到他们的生活质量与取得的经济发展成就应该带给他们的好处相比存在很大的差距。

日本国土规划体系的中心作用之一就是解决大都市地区过度集中的问题，同时进一步促进落后地区的发展。这个体系通过大量的立法建立起来，包括 1950 年的《国土综合开发法》和 1974 年的《国土利用规划法》。日本国土规划的框

(在《城市规划法》之上的法律) (地区和区划)

国土综合开发法(1950年)
国土利用规划法(1974年)
国家首都圈(地区)开发法(1956年)
京畿地区开发法(1963年)
地区开发法(1966年)
新工业城市建设促进法(1962年)
工业发展特殊区域开发促进法(1964年)
工业进入农业地区促进法(1971年)
工业迁移促进法(1972年)
基本污染控制法(1967年)
其他

城市规划法(1968年)

土地征用法(1951年)
农业用地法(1952年)
农业促进地区重组法(1969年)
地方税收法(1950年)
特别税收措施法(1975年)
城市开发基金借贷法(1966年)
广岛和平城建设法和其他特殊城市
　建设法
在首都地区内部城市地区
　限制工业的法律(1959年)
在京畿地区内部城市地区
　限制工业的法律(1959年)
促进公共设施用地扩展的法律(1972年)

建筑标准法(1950年)
停车场法(1957年)
港口法(1950年)
关于建成区流通业务开发法(1966年)
古代城市历史自然特征保护法(1966年)
首都地区郊区绿色空间保护法(1966年)
城市绿色空间保护法(1973年)
城市化促进地区保留农业用地法(1974年)
文化特征保护法(1950年)
(项目促进地区)
城市更新改造法(1969年)
在主要大城市地区促进居住用地
供给的特别措施法(1975年)
　(城市设施)
批发市场法(1971年)
运河法(1913年)
河流法(1964年)
废物处理和公共清洁法(1970年)
污水排放法(1958年)
　关于公墓、火葬厂的法律
城市公园法(1956年)
汽车终点站法(1959年)
停车场法(1972年)
铁路轨道法(1921年)
地方铁路法(1919年)
公路(道路)法(1952年)
屠宰场法(1953年)
政府和公共办公设施建设法(1970年)
建成区物流业务开发法(1966年)
公共住房法(1951年)
其他
(建城区开发项目)
土地再调整法(1954年)
新住宅区开发法(1963年)
城市更新改造法(1969年)
新城基础开发法(1972年)
在首都城市开发地区和郊区开发法(1958年)
在京畿城市开发地区和郊区开发法(1964年)
在大都市地区提供住宅用地的特别措施法

图 6.10　日本城市规划法律体系

资料来源：东京都规划有关资料

架包括了空间发展规划和土地利用两部分。

全国综合开发规划是最基本的国土规划，它提供国土发展的主要方向，以及整个国家的土地利用和保护规划。从 1962 年至今，为了适应社会经济状况的变化，适应各个时期特殊的空间问题，全国综合开发规划已经被五次修订，最新一次在 1998 年公布出版。根据《国土综合开发法》，这个规划的责任人是日本首相，他指定国土厅具体负责，规划需要经过所有内阁大臣的一致通过。

全国综合开发规划是长期的规划，规划期限 10～20 年，它同时制定几套策略以解决不同的空间问题和区域间的不平衡，全国综合开发规划的重要原则是促进全国均衡的发展。

在全国综合开发规划的指导下，大臣、中央政府的机构、都道府县和市村町的地方政府根据规划制定和实施各自具体的政策，进行基础设施建设、区域发展、城市和乡村发展等。三个大都市地区，即首都地区、大阪地区、名古屋地区，由国土厅协助首相编制了各自的规划。进而，三个大都市地区之外的七个区域都编制了规划，每一个规划都由不同的法律确定，这些法律在 1950 年到 1971 年逐步确立。上述大部分规划是由国土厅协助首相编制的。最后，根据每个地区各自的问题和需要，对所谓的"障碍地区"，如半岛、山村和遥远的岛屿，都编制开发规划。

国土利用规划与国土综合开发规划不同，是纯粹的土地利用规划。《国土利用规划法》提供了在国家、都道府县和市村町三个层次上土地利用规划的框架。

在全国的层次上，土地利用规划原则确定全国土地利用定量的框架，它包括土地利用最基本的策略，每类土地的定量目标。这些原则和标准由国土厅提出，内阁批准。都道府县土地利用根据国家的原则确定，市村町土地利用根据国家和都道府县的原则确定。根据法律，国家的规划要考虑都道府县行政长官的不同意见，都道府县的规划要考虑市村町市长和其他官员的意见，市村町要考虑居民的意见。

除土地利用原则外，都道府县的行政长官需要制定行政范围内的土地利用规划，土地利用规划把土地划分为五种类型：城市地区、农业地区、森林地区、自然公园地区和自然保护区。为了保证合理的土地利用，规范土地利用的政策措施是建立在相关的政策和规划上，如城市规划、农业开发、森林、国家公园、自然环境保护等。

实施国土规划成功的关键是把他们与财政计划联系起来，日本国土发展的五年行动规划由中期财政规划所支持，两个规划合作制定。关于项目的大小、财政分配等，是在中央和地方政府间签订合同。为了使用大量资金，创造思路和管理经验，在基础设施项目中需要私有部门参与，日本政府多年来一直尽一切努力吸引私人公司，特别是国外公司参与到项目中。

6）东京都市圈规划

东京都市圈有广义和狭义之分，广义的东京都市圈主要指日本东海岸太平洋沿岸城市带，从东京湾的鹿岛开始经千叶、东京、横滨、静冈、名古屋、大阪、神户和长崎，总面积约 10 万平方公里，占日本总面积的 26.5%，人口近 7000 万人，占日本总人口的 61%，全日本 11 个人口在 100 万人以上的大城市中有 10 个在该大都市圈内。在东京都市圈内，又包括东京、大阪、名古屋三个城市圈。东京作为三大城市圈之首，是日本政治、经济、文化中心，也是世界上人口最多、经济实力最强的城市聚集体之一。

20 世纪 50 年代，日本城市规划学会、首都圈建设委员会分别于 1954 年及 1958 年对东京及周边城市形态与规模进行了研究，并根据"大都市否定论"与"大都市肯定论"提出了多种发展模式的比较方案，在此基础之上，参照 1944 年的大伦敦规划，于 1958 年编制了第一次首都圈建设规划。第二次首都圈建设规划 1968 年发布，第三次首都圈建设规划 1976 年出台，第四次首都圈建设规划于 1986 年制订。第四次规划基本上延续了第三次规划的思想，对周边核心城市进行了调整，提出了进一步强化中心区的国际金融职能和高层次中枢管理职能的设想。东京的几次都市圈规划，虽几经波折，但除未能实现绿化带设想外，"新城"、城市轨道公共交通体系等现代城市建设都在不同程度上得到了体现。日本东京规划结构和日本规划体系，如图 6.11 所示。

20 世纪 90 年代以后，日本中央政府、地方政府以及学界、财界、政界均提出过不同的解决方案。1998 年，日本第五次全国综合开发规划，即《21 世纪国土的总体设计》出台，对首都职能和东京的提法是：立足长远观点实现向多轴型国土结构的转变，在国土职能分担和协作的原则下，抑制和分散东京职能的过度集中，积极构建一个工作和居住相平衡的地域结构；扭转以东京为极点的都市等级结构，推进东京大都市圈与中枢据点都市圈间职能分工和协作，加速高级都市职能在全国的发展和网络化；积极做好首都职能的转移，促进政治、行政中心和经济、文化中心的物理分离。在《21 世纪国土的总体设计》基础上制定的第五次首都圈规划，提出了"迁都"的设想，1990 年日本国会通过了有关"迁都"的决议，1992 年 12 月正式通过了《关于迁移国会等的法律》，预想中的新首都距东京 60~300 公里。但随后日本经济进入长期低速期，迁都一事没有实施。

值得注意的是，东京包括土地在内的各种自然资源十分有限，东京的发展有别于欧美国家城市在发展过程中低密度、粗放式的扩张模式，而是采取了以便

211

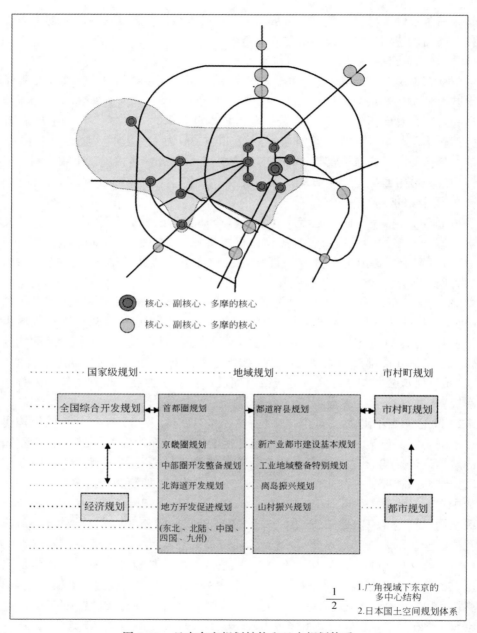

图 6.11　日本东京规划结构和日本规划体系

利、完善的基础设施为基础，形成疏密相间、适度集中、集约化发展格局的模式。东京都市圈的五次综合规划都体现了以产业、居住、交通、环境等为主题的规划理念，并制定出了相应的行动纲领。例如，针对人口膨胀、商务办公云集、"一级集中"的尖锐矛盾、交通与环境污染等大城市通病日益恶化等问题，在日本逐渐形成了"多核心型"城市结构理论，即"控制商务功能向中心区的继续集中，使其向副中心疏散，促进就业和居住平衡接近的城市"。为了分担日益向东京中心集中的商务办公功能，第三次规划（1976 年）和第四次规划（1986 年）分别提出构建以商务核心城市为中心，独立的自立型都市圈，最终形成"区域多核心功能分散"的都市圈结构。

2. 新加坡的城市规划体系

新加坡是一个城市国家，国土东西长 40 多公里，南北宽 20 多公里，面积只有 716 多平方公里，人口 530 多万人。正是由于国土面积小，其城市规划体系能够做到十分精细和有效。

1）新加坡的城市规划行政体系

新加坡作为一个城市国家，行政结构是一级政府，没有地方一级行政机构，中央政府在公共管理事务中起着主导作用。所谓市镇理事会（town councils）是结合选区设置的、由国会议员担任理事长的社区管理机构，不是地方政府。

国家发展部（Ministry of National Development）主管城市发展和规划，具体的职能部门是城市重建局（Urban Redevelopment Authority，URA）。规划法授权国家发展部部长行使与规划有关的各种职责，包括制定规划法的实施条例和细则、任命规划机构的主管官员、审批总体规划、受理规划上诉，并可直接审批开发申请。

城市重建局是统一负责发展规划、开发控制、旧区改造和历史保护的规划机构，最高行政主管是总规划师（Chief Planner）。除了各个职能部门以外，还设置两个委员会，分别是总体规划委员会（Master Plan Committee，MPC）和开发控制委员会（Development Control Committee，DCC），由总规划师兼任主席，成员则由部长任命。

总体规划委员会（MPC）的成员包括主要公共建设部门的代表，每隔两周召开例会，讨论政府部门的公共建设项目，提交部长决策，其作用是协调各项公共建设计划的用地要求，使之尽快得以落实。开发控制委员会的成员包括有关专业组织，新加坡的规划协会和建筑师协会和政府部门，公用事业局和环境部的代表，同样每隔两周召开例会，讨论非公共部门的重大开发项目。开发控制委员会可以修改城市重建局的开发控制建议，参与制定或修改与私人部门开发活动有关的规划标准、政策和规定。

与形态发展规划有关的其他政府部门包括住房发展部、裕廊工业区管理局和公用事业局，分别负责居住新镇、工业园区和公共道路的规划、建设和管理，因而与城市重建局的城市规划有着密切的关系，总体规划委员会就是为了协调和落实这些公共建设计划的用地需求而设立。

城市重建局为法定机构，其工作人员有 600 人左右，除负责城市规划的管理外，还负责规划编制，以及土地管理，这一点非常重要。

2）新加坡的城市规划编制体系

新加坡的城市规划采取二级体系（two-tier system），分别是战略性的概念规划（concept plan）和实施性的开发指导规划（development guide plan，DGP）或总体规划（master plan），相当于我国现行的控制性详细规划。新加坡的区划和重建局的机构框架，如图 6.12 所示。

概念规划是长期性和战略性的，制定长远发展的目标和原则，体现在形态结构、空间布局和基础设施体系。概念规划的作用是协调和指导公共建设（pubilc sector development）的长期计划，并为实施性规划提供依据。规划图只是示意性的，并不是详细的土地利用区划，不足以指导具体的开发活动，因而不是法定规划。

新加坡独立后，在联合国的帮助下，于 1967～1971 年，编制了第一个概念规划。经过几种方案的比较，最后确定的是一个环状发展方案（ring plan），发展环的核心是水源的生态保护区，禁止任何开发活动。城市中心在南海岸的中部，将发展成为一个国际性的经济、金融、商业和旅游中心。沿着快速交通走廊，包括大容量快速交通体系和高速公路，形成兼有居住和轻型工业的新镇（new towns），市中心的人口和产业将疏散到这些新镇。一般工业集中在西部的裕廊工业区。国际机场位于本岛的东端，加上其他的四个机场，决定了新加坡建筑的高度不能超过 280 米。

1991 年开始，新加坡重新制定了经济和社会发展的远景，并对概念规划进行了相应的修编，形成 2000 年、2010 年和 X 年三个阶段的形态发展框架。新一轮概念规划的重点是建设一个具有国际水准的城市中心，并形成四个地区中心，完善快速交通体系，在交通节点和地区中心周围发展由科学园区（science parks）和商务园区（business parks）构成的“高科技走廊”（technolohy corridors）。提升居住环境品质，提供更多的低层和多层住宅，并将更多的绿地和水体融入城市空间体系。值得指出的是，概念规划的远景只是一个发展目标，指新加坡的人口

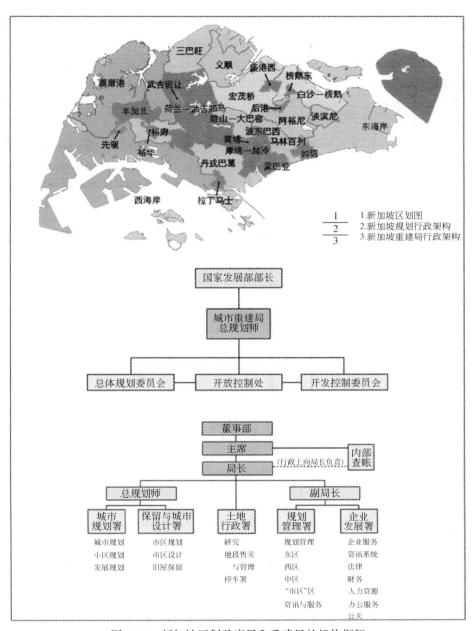

图 6.12　新加坡区划及当局和重建局的机构框架

215

达到400万人，并没有具体的实现期限（year X）。新加坡的概念规划，如图6.13所示。

总体规划是新加坡的法定规划（statutory plan），作为开发控制的法定依据。由于总体规划的法定地位，其编制、修改和审批都必须遵循法定程序。总体规划的任务是制定土地使用的管制措施，包括用途区划和开发强度，以及基础设施和其他公共建设的预留用地。

对于具有重要和特殊意义的地区，如景观走廊和历史保护地区，以及开发活动比较活跃的地区，还需要在总体规划的基础上，制定非法定的地区规划，包括局部地段区划（microzoning plans）、城市设计指导规划（urban design guide plans）和项目规划（scheme plans），提供更为详细和具体的开发控制和引导，包括有关建筑物和基地布置的规定等。

20世纪80年代以来，开发指导规划逐步取代了总体规划，成为开发控制的法定依据，其编制、修改和审批的程序与总体规划相同。

城市重建局在开发指导规划的编制中起着全面协调的作用，但有些地区的开发指导规划是由规划事务所承担的。新加坡被划为5个规划区域（DGP regions），再细分为55个规划分区（planning areas）。到1997年年底，完成了每个分区的开发指导规划，取代了1985年总体规划的相应部分。

每个分区的开发指导规划以土地使用和交通规划为核心，根据概念规划的原则和政策，针对分区的特定发展条件，制定用途区划、交通组织、环境改善、步行和开敞空间体系、历史保护和旧区改造等方面的开发指导细则。分区的开发指导规划显然要比全岛的总体规划更为详细和更有针对性，因而对于具体的开发活动更具有指导意义。开发指导规划逐步取代了法定的总体规划，而且在很大程度上涵盖了非法定的地区规划内容。

3）新加坡的规划实施管理

新加坡规划法中所确定的开发定义与英国相同，不但指建造、工程和采掘等物质性开发，还包括建筑物和土地的用途变更。1981年的用途分类条例划分了6类用途，每个类别之内的用途变更不构成开发。

国家发展部有权制定各种开发授权（development authorization）通告，在授权范围内的开发活动不再需要规划申请。这些被授权的开发活动往往是政府部门为执行法定职能而进行的建设活动。例如，1987年的规划通告授权新加坡港务局在其用地范围内，进行与法定职能，如航运和装卸有关的开发活动，因而这些开发活动不需要规划申请。1964年的规划通告曾把新加坡的外岛列入开发控制的豁免范围，在1984年又取消了其中38个外岛的豁免地位。

尽管开发指导规划/总体规划是开发控制的法定依据，这并不意味着对于开发活动的许可性的事先约定（prescription）。也就是说，与开发指导规划相符并不能保证开发申请必然会取得规划许可，开发控制部门还可以附加其他的有关条件，因而具有较强的适应性和针对性。

新加坡是一个土地资源极其匮乏的岛国，为了加强政府对于土地资源的有效控制，除了法定的开发控制，政府还通过强制征地的手段，把大部分土地收归国有。除了用于公共建设，其余土地按照规划意图，制定合约条款，批租给开发商。城市重建局和裕廊工业区管理局代表政府，分别行使非工业用地和工业用的批租职能。

为了确保规划作为一项政府职能的民主性，规范明确了公众参与和规划上诉的法定程序。无论是编制战略性的概念规划还是实施性的开发指导规划，都要通过公众评议，并将公众意见呈报国家发展部部长，作出妥善处理。如果对于开发控制，包括征收开发费的审理结果不满，可以向国家发展部部长提出上诉，由其进行最终裁决。

4）新加坡的规划法律体系

新加坡规划法规体系的核心是1959年的《规划法令》及其各项修正案，包括规划机构、发展规划和开发控制等方面的条款。根据1959年的《规划法令》，建立了规划局（Planning Department）。该法令授权规划部门每隔五年对总体规划进行重新编制，并在任何时候进行必要的调整和修改。该法令还授权规划部门对于所有的开发活动进行控制，开发者必须在开工前取得规划部门的许可，以确保总体规划的实施。

1964年的《规划法令修正案》［The Planning（Amendment）Ordinance 1964］增加了有关开发费和规划许可有效期限的条款。根据该项修正案，凡经规划当局允许，可以变更总体规划规定的开发强度和用途区划，但要交纳开发费（development charge），目的是将由此带来的土地增值收归国有。为了防止开发者/土地业主利用规划许可进行土地投机，修正案规定规划许可的有效期限为两年，没有完成建设的开发项目要重新审核规划许可。

1989年，新加坡颁布了两项规划法修正案，并被纳入1990年《规划法》。根据第一项修正案，规划局并入城市重建局，合并后规划机构的职能包括发展规划、开发控制、旧区改造和历史保护。第二项修正案对于开发费的核算方法进行了修改。

除规划法外，从属法规包括各种条例和通告，是规划法各项条款的实施细则。规划法授权政府主管部门，即国家发展部制定这些细则。

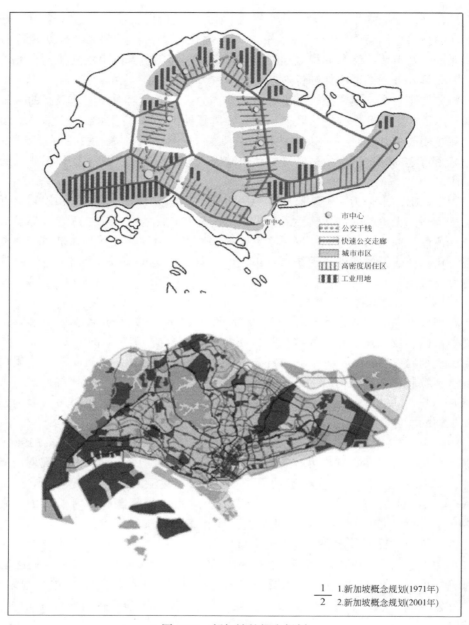

图例：
- 市中心
- 公交干线
- 快速公交走廊
- 城市市区
- 高密度居住区
- 工业用地

1. 新加坡概念规划(1971年)
2. 新加坡概念规划(2001年)

图 6.13　新加坡的概念规划

资料来源：新加坡重建局宣传资料

根据 1970 年《规划法》的第二十八条，1981 年关于用途分类的《规划条例》［*The Planning（Use Classes）Rules* 1981］将土地和建筑物用途分为六个类别，包括商店或食品店用途（use as a shop or food shop）、办公用途（use as an office）、轻型工业用途（use as a light industrial building）、一般工业用途（use as a general industrial building）、仓库用途（use as a warehouse）、宗教用途（use as building for public worship）。如果建筑物的新用途与原用途属于同一类别，这样的用途变更不构成开发。所谓原用途之前的实际用途（existing use）是指 1960 年 2 月 1 日之前的实际用途或曾经获得批准的规划用途。

3. 中国香港特别行政区的城市规划体系

中国香港特别行政区面积 1104 平方公里，人口 713 余万人，面积相当于内地一个县或大的区的规模，其完善的城市规划体系与新加坡有相似性，包括完整协调的规划行政、规划编制、规划管理和规划法规体系。由于曾经是英国殖民地，因此其城市规划体系秉承了英国的城市规划传统。同时，香港近 30 年来借助珠江三角洲的开放和快速发展，充分发挥自己的优势，统筹区域和港岛、新界的发展，特别是在 1997 年回归祖国后，协调与珠江三角洲和内地的关系，取得了成功。

1）香港的城市规划行政体系

根据《中华人民共和国香港特别行政区基本法》，除防务和外交事务归中央人民政府管理外，香港特别行政区实行高度自治，享有行政管理权、立法权、独立的司法权和终审权。行政长官是香港特别行政区的首长。行政会议负责就重要决策向行政长官提供意见，其成员由行政长官委任。在香港特别行政区的代议政制架构下，特区层面为立法会，负责制定法律、控制公共开支，以及监察行政机关的表现。地区层面则有 18 个区议会，分别就所属地区的政策推行事宜提供意见。政府的主要官员，包括 3 位司长，即政务司司长、财政司司长、律政司司长和 11 位局长，就其政策范畴内的事宜，承担全部责任。所有主要官员均获委任为行政会议的成员，各自负责其政策范畴内的一切事宜，包括厘定政策目标和方针，构思、制定和推行政策，以及为政策的成效承担责任。香港在行政上是一级政府，没有区级政府。18 个区议会的设置纯粹用作方便香港区议会选举和行政之效，并不设立区政府等政权组织，无独立立法权、司法权，政府部门亦不完全把这些区域作为工作区域划分的依据。香港区划及规划行政架构和发展规划体系，如图 6.14 所示。

根据《城市规划条例》，香港现行城市规划行政架构大致如下：由特区行政长官下令拟定法定图则，由行政长官会同行政局核准图则。特区政府设立规划委员会，作为香港城市规划的法定机构，由规划、环境和地政局担任主席，由政府和非政府人员组成，主要工作是制定法定图则，以及审核规划许可申请。上诉委员会是 20 世纪 90 年代设立的，其成员由特区行政长官委任，职能包括审理和裁定有关规划许可申请或对于违例发展发出恢复原状通知所提出的上诉。1990 年，香港政府成立了规划署（Planning Department），使城市规划脱离了土地管理部门而成为独立职能。规划署是规划委员会的主要行政部门，负责制定、监察及检讨市区和郊区的规划政策，以及建设方面的有关计划，同时也制定全港、次区域和地区三个层次的规划，并且为市民、政府其他部门及咨询机构提供有关城市规划的意见。规划署设有全港及次区域规划处和地区规划处。前者负责处理全港和五个次区域的中长期策略，后者则负责各地区的发展规划和发展管制。规划及土地发展委员会属于政府机构，由规划、环境和地政司担任主席，负责拟定香港长远发展战略，审议大型发展计划，制订规划标准和审批政府内部的规划图则。

2）香港的规划编制体系

香港的规划体系包括发展规划和发展管制两部分。香港的发展规划分为全港、次区域和地区三个层面，因而形成全港发展策略、次区域发展策略及地区图则三层架构的发展规划系统。《香港规划标准与准则》是技术政策文件，列明各类土地用途在设施配置方面的标准，同时也为公共和私人发展计划的规划大纲提供指导。

全港发展策略制定长远规划大纲，贯彻政府的土地用途、交通基础设施及环境方面的政策，作为次区域及地区规划的依据。次区域发展策略将全港发展目标在五个次区域，即都会区、新界东北、新界西北、新界东南及新界西南，演绎为更具体的规划目标。地区图则是详细的土地用途图则，将全港及次区域层面的概要规划原则在地区层面加以落实。地区图则分为法定图则及政府内部图则两类。法定图则包括分区计划大纲图（Outline Zonning Plan，OZP）和发展审批地区图（Development Permission Area Plan，DPA Plan）。分区计划大纲图明确规划分区内的拟议土地用途，包括住宅、商业、工业、游憩用地、政府/团体/社区用途、绿化地带、保护区、综合发展区、乡村式发展、露天存货或其他指定用途和主要道路系统。发展审批地区图主要为非城市化地区而制定的过渡性图则。内部图则包括发展大纲图（Development Scheme Plan，DSP）和详细蓝图（Layout Plan）。发展大纲图比法定分区计划大纲图更加详细。而详细蓝图是 1：500 到1：2000 的设计深度，主要用作发展工程审批时的参考图则。依照法定程序，法定图则由规划

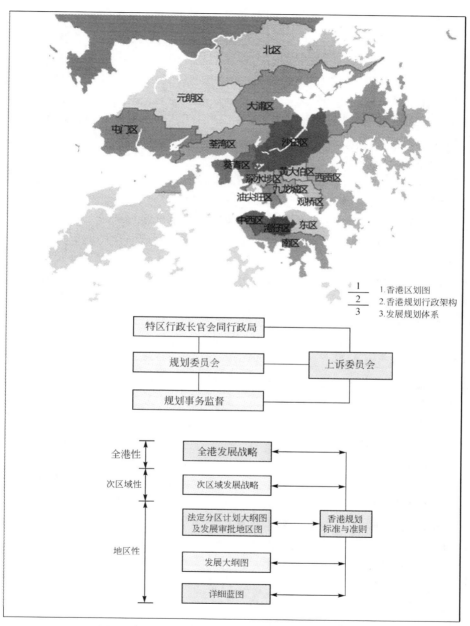

图 6.14　香港区划及规划行政架构和发展规划体系
资料来源：根据香港规划署资料绘制

委员会遵照特区行政长官会同行政局的指令，按照严格的程序制定。

全港发展策略为其他层面的规划提供指引，也作为配置公共资源及决定重要公共工程的依据，各次区域发展策略为地区规划图则提供指引。在地区层面上，规划土地用途和基础设施的实施经常会以不同政府部门的各类计划作为指引，包括公共工程建设计划、新市镇发展计划、公共房屋计划、社区设施计划和卖地计划。这些计划不但指引及控制公共工程的实施时间，也因控制卖地计划而间接限定了私营发展速度。

3）香港的规划管理体系

为了实现规划目标，香港通过法定和非法定的方式实施发展管制。法定管制包括特别规划管制。特别规划管制采纳了有关环境保育和城市设计等方式和手段，包括指定发展、环境敏感地区、特别设计区和综合发展区等。

由规划、环境和地政局制订规划，将可能会对健康或安全构成危险或导致环境不利影响的若干发展列为"指定发展"。所有指定发展都必须向规划委员会申请规划许可，并附有环境报告。除此之外，规划委员会还可在个别图则内指定其他发展为"指定发展"。规划图则可把任何易受发展影响或毗邻污染来源的地区划为"环境敏感地区"。在这些地区内进行的所有发展都必须申请规划许可，并附有环境报告，但获得豁免申请许可的发展不受此限。任何具有建筑、历史和特别城市设计价值的地区都可指定为"特别设计区"。这类地区的所有发展除非获有关图则豁免申请规划许可，否则必须向规划委员会提出申请，并提交城市设计图、总体发展蓝图、景观图或其他有关资料，有关规定将在图则中列出。在综合发展区内的发展项目必须向规划委员会申请规划许可，并附有总体发展蓝图、景观图及其他有关材料。

非法定的管制主要通过土地契约、发展密度分区进行。地契条款不仅规定了容积率和楼宇覆盖率等基本数据，而且对是否兴建及如何兴建人行天桥、汽车泊位、绿化面积和消防通道等都提出具体要求。地契条款还具体规定承租方完成全部建筑物的期限和逾期的惩罚措施。香港的土地契约在控制发展上起着十分重要的作用，因为城市规划部门原来是隶属于土地部门的。发展密度分区纳入《香港规划标准与准则》，以管制港岛和九龙市区内住宅楼宇的发展密度。市区划分为 3 个发展密度区，容积率为 3～10。在新界局部地区，只适合进行低层和低密度的住宅发展。在特别发展管制区，发展管制主要是通过批约条款来执行，当局在修订分区计划大纲图时，会采纳特别发展管制区内的管制条款。

4）香港的规划法规体系

香港城市规划的法律架构已经相当齐全，而且简洁，为公共和私营机构进行各项发展提供指引，并解决因土地的使用和发展而引致的利益冲突。同时，这些法例也能够因相应变化进行修正，以适应现时的形势。

《城市规划条例》及其修正案是香港规划体系的核心。该条例于 1939 年首次颁布，直到 1974 年、1991 年、1996 年才进行数项重要的修订。根据 1996 年的《城市规划条例》草案，该条例 "旨在就规划和管制土地的使用和发展，以及就有关事宜，制定条文，以期促进社区的卫生、安全、便利及一般福利和改善环境"。《城市规划条例》包括规划机构、规划编制、规划管制、违例处置和规划上诉等内容。

相关的专项法例包括《建筑物条例》和《建筑物设计规例》《郊野公园条例》和《海岸公园条例》《古物及古迹条例》《香港机场（管制障碍物）条例》；填海、排水、道路工程方面的法规包括《前滨及海床（填海）条例》、《土地排水条例》《道路（工程、使用及补偿）条例》《水务设施条例》等；环境方面的法规包括《空气污染管制条例》《废物处理条例》《水污染管制条例》和《噪声管制条例》等。

5）香港 2030 规划远景与策略

香港全港发展策略（Territory Development Strategy，TDS）是 1984 年制定的，随着形势的变化，1996 年完成了全港发展策略检讨。2006 年，又进行了 "香港 2030 规划远景与策略" 研究，旨在更新全港发展策略。

香港 2030 规划远景与策略研究以未来 20 ~ 30 年塑造香港的空间环境、回应各种社会、经济与环境的需求为重点，提出香港发展的远景，"香港不仅是中国主要城市之一，更要成为亚洲首要国际都会，享有类似北美洲的纽约和欧洲的伦敦那样重要的地位"，主要围绕加强与内地的联系、增强竞争力、提升生活素质以及确立特色和形象展开（图 6.15）。

空间规划的总体目标是贯彻可持续发展概念，提供更佳的生活品质。具体的规划目标是：提供优质生活环境，确保香港的发展按环境的可承载能力进行，美化城市景观，以促进旧区重建；保护具有生态、地质、科学及其他价值的自然环境，保护文化遗产；提升香港作为经济枢纽功能，预留充足的土地储备，配合日新月异的工贸和商业需求；加强香港国际及亚洲金融商业中心的地位；加强香港作为国际及区内贸易、运输及物流中心的地位；进一步发展为华南地区的创新科技中心；确保能适时提供充足的土地及基建配套，以发展房屋及社区设施，满足房屋及社区的需求；制订规划大纲，发展一个安全、高效率、合乎经济效益及符合环境原则的运输系统；推动艺术、文化及旅游，使香港继续作为一个具备独特文化体验的世界级旅游目的地；加强与内地的联系，应付增长迅速的跨界交流

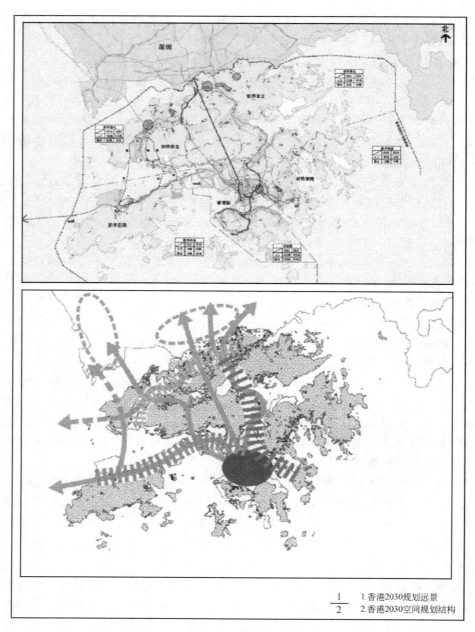

1   1.香港2030规划远景
—
2   2.香港2030空间规划结构

图 6.15　香港 2030 规划远景与策略示意图
资料来源：香港规划署网站

活动。

香港政府推算显示，到 2036 年香港人口将达到 860 万人，比现在增加 25%，相当于每年增加 57 000 人；低出生率造成的住户人数减少和人口老化，对房屋及社会设施规划构成影响；劳动人口减少影响经济的持续增长；就职人员流动性增加，对跨界设施和航空服务造成更大压力。为创造高品质的生活质量，研究提出"称心的生活环境"的概念，包括以下目标：绿色和清洁的环境、良好的美学观念、便捷的交通、空间感、提供多元化的选择、地方感、完善的城市基建、包容互爱的社会。

香港 2030 研究对发展建议方案进行了环境、经济财务、土地用途规划、社会和交通等多方面的影响评估。环境评价包括空气质量、水质、固体废物、噪声、生态、文物、景观、危险装置和能源等方面。发展建议方案经济财务基本可行，回应了各项用地需求，分散布局减轻过海交通负担，都市重建可以保护乡村和郊区，提供充足的住房用地和基础设施，满足需求，重建私人房屋项目少，对社会的干扰降到最低，交通网络能够满足 2020 年增长的需求。

香港 2030 研究在注意规划策略更具弹性的同时，提出了应变机制的概念。应变机制可提供指引，包括评估房屋、交通和环境，以调整发展架构并修订实施计划，要进一步强调定期检讨和监测，以适应新的情况。

香港 2030 规划远景与策略研究指出，其旨在提供一个空间规划框架，为未来主要基础建设的发展及供应作指引。而远景的实现有赖于其他政策层面上的策略，各项策略必须一致，这个研究正好提供了一个空间规划框架来加以综合。研究的成果不仅是计划，更是对发展所持的思维及态度的基本转变，一种规划模式的转移，需要更有远见的取向，改变宏图大计的传统智慧，转而强调可持续增长，使香港真正成为可持续发展的城市。

6.3　城市规划体系比较研究

世界上共有 190 多个国家，每个国家都有自己特定的城市规划体系。城市规划体系作为各国政治、经济、社会、行政管理体系的一部分，由于政体的不同，所以世界各国各自不同的城市规划体系呈现出多样性。虽然全球化的浪潮一浪高过一浪，世界科学技术的进步和经济文化的交流带来趋同性，但各国的社会政治体制的特征依然十分明显，欧洲、美洲及亚洲各国城市规划体系的特点非常突出。

城市规划体系的比较研究是一个庞大的课题，需要一个长期的研究过程，需要像欧盟一样组织跨国的合作研究，才能真正取得全面的成效。在这里，主要是对世界几个主要国家城市规划体系的案例分析和简要比较研究，为比较城市规划研究提供实证支持。而系统的比较城市规划体系研究的还有许多工作要做。

6.3.1 城市规划体系比较研究的分类和方法

城市规划体系的比较研究是一项基础性的工作。在对世界各国城市规划体系实例研究分析的基础上，进行系统的分析梳理，发现事物发展变化的规律，提高我们的认识深度，意义重大。由于研究的内容十分庞杂，要做好城市规划体系的比较研究，首先需要对比较研究的框架，即对研究分类和方法有清楚的认识和了解。

城市规划体系求同比较研究根据研究目的和方法的不同可划分成以下三种基本类型。第一，城市规划体系规律性比较研究主要是通过对不同国家和地区规划体系的比较研究以及其中所涉及的方针政策的专题比较研究，探索城市规划体系的共同特征和国家、地区发展的规律，便于各国城市规划的交流和合作，制定符合发展规律的方针政策。第二，城市规划体系的类型学研究主要包括对不同国家的规划体制进行分类研究，对规划对象，如不同的国家、区域和城市区域等进行类型学研究等。第三，城市规划体系的综合评价研究，主要包括对不同国家或区域综合实力和具体规划、政策等方面的综合评价等。对不同国家的规划行政体系的比较研究一般不宜进行所谓优劣的综合评价，这是"欧盟空间规划体系和政策概要"研究中特别强调的。

城市规划体系的求同比较研究中的规律性研究、类型学研究和综合评价研究三方面各自具有不同的特点，对深化和完善城市规划科学具有重要意义。但是，它们共同的缺陷是忽略了对城市规划体系主体各自特征的深入研究，因此，既使对城市规划体系及其空间发展的客观规律已有一定的认识，也很难制定出符合不同国家、区域和城市特征的规划。

不同的城市和区域及其城市规划体系最早是在各种文化圈中平行地发展起来的，随着人类相互的交往活动，不同城市规划体系开始交流、借鉴和影响，而且在不断加深。同时，随着全球化，不同国家和地区包括城市规划在内的国家规划体系之间的交流交往愈加密切。要深入了解不同国家城市规划体系的特征就需要进行两方面的比较研究，我们借用比较文学的概念，把对不同国家城市规划体系本身所固有特征的比较研究称为"平行研究"，把它们之间相互交流、借鉴和影响的比较研究称为"影响研究"，同时强调两者的不可分性。

比较城市规划体系研究中的平行研究注重不同国家和地区城市规划体系各自特征的比较研究，"有比较才有鉴别"。城市规划体系的特征是在自身固有本质特征的基础上，受其他城市规划体系的影响，经过同化、被同化及异化而形成的具体特征的外在表象，可以说是历史发展的产物。平行研究抛开历史的因素，仅对不同的表象进行共时的比较研究，这样能够更全面系统地反映出不同城市规划体系的整体特征。平行研究可进一步划分成对本质特征的原型研究和对外在表象的共时研究两部分。

影响研究探讨不同文化、不同国家间城市规划体系的相互影响，可称为"城市规划的国际关系史"研究。它首先要对不同城市规划体系的相互影响的历史现象进行叙述和提供解释，而且要深入研究外来因素对城市规划体系的同化，以及被同化或异化的过程和规律。影响研究可进一步划分为研究城市规划思潮传播过程的传播研究和研究这种思潮对城市规划体系产生影响的同化研究两部分。

平行研究和影响研究分别从共时和历时两方面对不同的城市规划体系进行比较研究，两者的结合能从本质上全面地、发展地反映不同城市规划体系的特征，并解释其形成的历史原因和发展的方向。因此，我们在进行见异的比较研究时，应同时进行共时的平行研究和历时的影响研究。

城市规划体系是多因素、多层次的复杂系统，比较城市规划体系研究可以是某一层次、某种因素的专题比较研究，也可以是整个系统的整体比较研究。专题比较研究应用灵活，以简洁、清晰、易出成果为特点，是比较城市规划体系研究中较活跃的研究领域，已取得许多成果。当专题比较研究发展到一定程度时，随着人们对城市规划体系中各因素及其相互关系认识的深入，即出现了开展整体比较研究的要求。整体比较研究是不同文化、不同国家城市规划体系之间的比较研究，通过这种研究可以发现共同的规律和各自整体的特征，这对提高城市规划研究的水平、制定更加科学的发展规划具有重要意义。同时，整体比较研究对专题比较研究具有指导作用，坚持整体比较研究，才能把握比较城市规划研究的发展方向。

彼得·霍尔在《城市和区域规划》（1975年）一书第八章"1945年以来的西欧规划"和第九章"1945年以来的美国规划"中，对第二次世界大战后法国、联邦德国、意大利、荷兰、美国和英国等国的城市规划体系作了整体比较研究，由于篇幅所限，比较研究只是初步的，但表达了进行整体比较研究的愿望。

城市规划体系的比较研究，习惯上是把比较内容分割开来，如规划制度是制度，规划内容是内容，分别进行比较。实际上，在今天，城市规划制度与规划内容已经成为不可分割的整体，许多规划内容如果没有相应的制度保证是毫无意义的。因此，需要综合整体的比较研究。

6.3.2　城市规划体系比较研究：求同研究

在不同国家城市规划体系求同比较研究中，重点是规律性的比较研究和类型学研究，包括规划体制和机制、政策内容等，综合评价研究一般是在具体的案例或规划内容研究中使用。

1. 比较研究的框架和格式

目前，许多国际会议和论文集中，有许多不同国家的作者对本国的城市规划体系和实践经验进行介绍和分析研究的成果。同时，也有越来越多的关于某个国家城市规划体系的深入研究分析。针对如此大量的研究成果，为了更好地进行比较研究，需要相对统一的研究格式。

尽管城市规划有清晰的定义，但由于各国规划的体制和机制不同，在规划的实施和政策上有丰富的多样性，而且一个国家内部不同地区也有差别，就进一步增加了研究的复杂性。特别是随着欧盟内跨国空间规划活动的不断增加，需要对不同国家的概念有清楚和统一的认知，因此，开展不同国家地区城市和空间规划体系的比较研究十分必要。从 1991 年开始，欧盟 15 个成员国参与的"欧盟空间规划体系和政策概要"比较研究，对总体的比较研究、15 个国家的研究分册制定了统一的格式，包括 7 个方面：规划体系和内涵、规划和政策制定与审查、规划管理规定和许可、负责开发和保护的组织和机制、政策体系、专题政策、系统运行，实践证明它是非常有效的研究框架。

规划体系和内涵主要是各国规划传统和行政体制的分析，三个主要因素对规划体系有决定性作用，宪法、政府结构和空间规划责任的法律框架，而且系统随着形势的变化也在缓慢演变。规划和政策制定与审查主要是讨论规划和政策的类型，划分为国家（national policy and perspectives）、战略（strategic）、框架/总体规划（framework/masterplan）和法定（regulatory）四个层次类型。规划管理规定和许可主要是对各国城市规划管理机制的比较研究，城市规划是空间规划不可分割的一部分，空间规划的实施主要是通过城市规划管理。负责开发和保护的组织和机制主要是讨论各国对土地开发的主导性。政策体系和专题政策主要是对空间规划内容和策略的分类比较分析。系统运行讨论规划目标、规划方案和决策之间的关系和紧密程度。按照这样的格式来开展比较研究，条理清晰，研究深入。

帕齐·希莉等主编的《制定战略空间规划：欧洲的革新》（*Making Strategic*

Spatial Plans：*Innovation in Europe*）一书中，为了进行欧洲各国空间规划实例的比较研究，在总结前人经验的基础上，制定了一个共同的研究格式（the pro forma），包括城市规划的背景（the Context）、规划实践的实例（the case）、规划的政策议程（policy agendas）、规划的方法（methods）、规划实施的结果（consequences）、规划创新的驱动力（the driving forces of innovation）、推动革新主要的内部和外部因素（endogenous，exogenous）等内容。与"欧盟空间规划体系和政策概要"长期系统的比较研究相比，更注重纪实性，强调实例的分析和变化。事实证明，这同样也是一个很好的求同比较研究的范式。

总结上面两种研究格式，尽管名称不同，但可以看出基本的共同点。我们通常进行的城市规划体系求同比较研究的框架包括四个方面的内容，规划体制、规划编制、规划审批管理、规划法律和监督，其中规划体制和规划编制类型的比较研究是重点。应该说，这种方法总体上是可行的，但需要注意到，由于分类简单，缺少仔细确立的研究框架，容易流于空泛。"欧盟空间规划体系和政策概要"比较研究的格式值得我们借鉴，同时，要增加案例和实施结果的内容，注重动态和实例研究，通过实例的分析，深入理解内在的原因和规律，避免研究的概念化。

2. 不同政制国家城市和空间规划体系的分类研究

城市规划体系在不同的国家有各自的行政机构形式，而且是以不同的方式实现的。由于城市规划是城市经济、社会、文化和生态政策的地理表达，因此受地域、历史文化、法律、政体的影响很大。例如，是中央集权国家还是联邦制、是大陆法系还是英美法系等，其城市规划体系都具有各自的特点。对不同国家城市规划体系按特征进行分类研究，对于深入理解城市规划及其机制意义重大，是比较城市规划体系的重点课题。

对世界各国城市规划体系分类有多种方法。以政体划分，城市规划体系基本可以分为三种类型：中央集权国家的城市规划体系、联邦制国家的城市规划体系和联盟（各种政治、经济联盟）和邦联国家的城市规划体系。英国、法国、日本等是中央集权式国家城市规划体系的典型代表。美国、德国等是联邦制国家城市规划体系的代表。欧盟、欧洲联合会，以及欧盟下的跨国跨区域合作组织是联盟（各种政治、经济联盟）和邦联国家城市规划体系的代表。这种分类主要是基于国家的政治和法律体系，但没有反映出城市规划体系本身具体的类型。

"欧盟空间规划体系和政策概要"比较研究中，将欧盟成员国的政府划分为三种类型：单一型、区域型和联邦型。欧盟大部分国家政府是单一型，包括英国、法国、荷兰、丹麦、芬兰、希腊、爱尔兰、卢森堡、葡萄牙和瑞典，权力集中在中央政府，有少部分权利给予政府负责特定区域的部门或地方政府。区域型有意大利和西班牙，权力按照宪法在国家和下边的区域或地方政府之间进行划分，尽管一些区域政府有立法权，但是在中央政府法律的框架下，不同于联邦州具有独立立法权。联邦型有德国、奥地利和比利时，国家和区域政府分享权力，在某些领域有自治权，有独立立法权。尽管划分为三类，实际不同国家还有很多细微的不同。

国家行政体制的复杂多样也造成城市规划体系的多种多样。概括起来，欧盟各国规划都有等级体系，在国家层面，所有国家，除比利时外，都负责制定全国的空间规划。希腊完全由中央政府负责国家空间规划，英国、爱尔兰、卢森堡也类似。奥地利政府与比利时接近，中央政府在全国空间规划方面责任有限。在区域层面，比利时、奥地利区域政府在空间规划方面发挥主导作用，德国、西班牙、意大利区域政府在空间规划方面也独立于中央政府，法国、丹麦、芬兰和荷兰区域政府也很重要。相比之下，英国、爱尔兰和卢森堡区域层次的政府不重要。在地方层面，在上级国家和区域规划的指导下，所有国家的地方政府都负责制定土地利用规划和详细规划。在单一型政府中的地方政府权力最大，丹麦、芬兰和瑞典是这样。希腊地方政府的角色最不重要。地方政府一般都经常参与城市规划的制定。需要注意的是，政府的结构与实践中空间规划的权力和责任没有对应关系，许多非选举的区域机构在空间规划方面具有重要的作用。

城市规划体系的演进表现在规划行政、规划编制和规划管理三个方面的重大变革，由规划法规提供法定依据和法定程序，从而决定了各国和地区的城市规划体系的基本特征。规划行政可以分为中央集权和地方自治两种基本体制，发展规划分为战略规划（包括国家、区域和城市范围的）和法定规划（作为开发控制的法定依据）两个基本层面；开发控制分为通则式和判例式两种基本类型。

根据上述三个方面，可以比较各国和地区的城市规划体系的基本特征，其主要差别在于规划行政和规划编制。尽管国家和区域范围的发展规划各不相同，城市规划都是具有战略规划和法定规划两个层面，但法定规划的详尽程度有较大的差异，且与开发控制方式有关。

美国是一个较为特殊的类型，联邦政府不具有城市规划的法定职能，地方政府的规划职能由州的立法授权，因而各州地方政府的规划职能存在差异，编制城市发展规划并非是每个地方政府的法定职能，开发控制更多地采取通则方式。英国则是另一种类型的代表，在城市规划领域具有较为显著的中央集权特征，法定规划不是作为开发控制的唯一依据，开发控制采取判例方式，因而具有较大的灵活性和适应性。德国和日本在上述三个方面都介于美英两种体系之间。联邦/中央政府和地方政府在规划职能上比较平衡；尽管法定规划采取区划形式，同时又注重分区发展的整体性和独特性，在区划的基础上，特定地区由分区规划提出特定控制要求。新加坡和香港都曾为英国的殖民地，在城市规划体系上受到英国的影响。作为一个城市国家和城市地区，新加坡的中央政府和香港的特区政府包揽了全部规划职能。

各国都有较完善的法律法规体系，而且经常处于变化中。新城市规划法的诞生或旧的法律的修订都标志着城市规划体系进入一个新的历史阶段，在规划行政、规划编制和规划管理等方面的重大变革，由规划法规提供法定依据，明确法定程序。世界主要国家规划行政和法律体系比较，如图 6.16 所示。

3. 规划政策内容的专题研究

除去规划体制的比较研究外，对规划内容，即规划政策的比较研究是求同比较研究的另一个重点。每个国家的城市规划都包括针对一些主要问题的政策和策略措施。在不同的时期，政策的主题是不同的，确定比较研究的主题是做好专题比较研究的第一步。"欧盟空间规划体系和政策概要"对每个国家空间规划中的主要政策进行汇总分析，形成了十个方面的政策。求同研究是寻求政策的共同点，实际上空间政策是多样和复杂的，经常与其他非空间政策相互交叉在一起。欧盟各国的政策一般分为四个层次，即欧盟、国家、区域和地方，不同层次政策制定和执行的情形也不太一样，其中区域政策比较模糊，各国情况也不尽相同。这是在进行专题比较研究中需要注意的一点。

城市规划一般都包括涉及不同行业的政策主题，对各国政策比较研究可以掌握发展的趋势。"欧盟空间规划体系和政策概要"对每个政策主题都按照共同的格式进行比较分析，包括政策简介、内容和问题、欧盟政策、国家层次的政策、其余政策，以及地方政策和趋势等几个方面。主要政策专题包括：商业开发、经济发展、环境保护、遗产保护、住房、工业开发、休闲和旅游、自然资源（包括农业、林业、矿业、水）、交通、废物管理和污染等十个方面，涵盖了经济社会和环境三大主题。通过对过去一二十年发展经验的总结，揭示出各项政策发展的轨迹。比较各国政策的异同，可以进一步揭示发展的规律和未来的趋势。同时，通过欧盟、国家、区域和地方四个层次政策的比较，可以看出政策在空间上的相关性，以及问题在不同层次上其重要性的变化，及解决要点的变化。这一点非常重要，是空间规划的核心问题之一，也就是我们通常所说的政策不能"一刀切"。例如，住房问题，国家层面上关键是政策框架、税收措施等，区域和地

	规划行政体系		规划管理体系	
	中央集权	地方自治	通则式	判例式
英国		√		√
德国		√	√	
法国		√		√
日本	√	√	√	√
新加坡	√			√
香港	√			√
美国	√			√

	第一部规划法的诞生，标志着城市规划成为政府行政管理的法定职能	第二次世界大战以后的规划法为现代城市规划体系奠定了基础
英国	1909年的《住房和城市规划诸法》	1947年的《城乡规划法》
德国	只有地方性法规	1960年的《联邦建设法》
法国	1913年的《Cornudet法》	1973年的《城市规划法规》
日本	1919年的《城市规划法》	1968年的《城市规划法》
新加坡	1927年的《新加坡改善条例》	1959年的《规划条例》
香港	1939年的《城市规划条例》	1974年的《城市规划条例》
美国(纽约)	1916年的《区划条例》	1961年的《区划条例》

*美国没有联邦的规划立法；新加坡和香港当时为殖民地，只能制定条例

$\frac{1}{2}$ 1.世界主要国家和地区规划体系比较
2.世界主要国家和地区规划法规体系比较

图6.16　世界主要国家规划行政和法律体系比较

方层面主要是位置和数量的具体布局。

通过对欧盟各国政策热点的分析梳理，归纳出政策主题的十项内容，实际是找到了欧洲空间规划的十个重点问题。对十个重点政策逐一的比较分析，成为制定《欧洲空间发展展望》（ESDP）主要策略的重要基础和支撑。通过政策内容的专题比较研究可以帮助我们深入地理解和掌握重点问题的发展演变规律，在城市规划中制定更加符合各国各地区实际情况的政策措施，这种方法十分重要。

4. 城市规划体系的发展趋势：民主、公正和环境意识

公众参与是确保城市规划民主性的重要环节。在发达国家和地区，规划法规为总体规划和详细规划两个阶段的公众参与提供了法定依据和法定程序。

在战略规划和法定规划的编制过程中，有不同程度和不同方式的公众参与的法定环节。一般来说，法定规则具有更为直接的公众利益影响，因而公众享有在程度上和方式上更为完全的参与机会。在开发控制阶段，具有显著影响的开发活动必须公之于众，使任何可能受到影响的第三方也有机会参与。

美国在审理有条件的用途许可和规划设计评审时，都要举行公众咨询。在英国的地方规划编制程序中，要进行为期数周的公众征询；如果公众意见不能得到解决，则要由环境部任命的规划监察员（Planning Inspector）来主持听证会。

近年来，香港城市规划条例修订的一项核心议题是在规划过程中设置公众参与的法定环节。在编制法定图则前，首先发表规划研究报告，进行为期三个月的公众征询，为编制法定图则提供参考。在完成法定图则的草案后，公众可在两个月内提出建议，由规划委员会加以考虑。对于法定图则的修订，公众征询阶段从三周增加到六周，使公众有足够的参与机会。在开发控制阶段，应先公布规划申请的发展计划，让公众发表意见，供规划审批时参考。

与政府的其他行政管理职能一样，规划上诉是维护政府机构行政行为公正性的必要机制。规划上诉的机构设置和法定程序是规划法的重要组成部分。当规划申请被否决或规划附有条件时，开发申请者（称为行政相对方）有权对于规划审批决定提出上诉；在对违例开发活动进行强制处置时，行政相对方也有上诉的权利。规划上诉由相对独立的监察部门（如美国的区划上诉委员会和英国的规划监察部门）进行裁决。当规划部门享有较大的自由裁量权时，法定的监督机制就更为必要了。

20世纪70年代以来，环境意识不断增强，环境保护已经成为政府行政管理的一项重要职能，同时形成了较为完善的环境保护的法规体系。如美国的环境法规体系以国家《环境保护法》作为主干法，包括《清洁空气法》《清洁水体法》

233

和《联邦海滨地区管理法》等专项法。城市规划中的环境意识在法规上表现为两种方式。一种是以环境保护法规作为城市规划的相关法规，开发活动必须与环境保护法规相符合。另一种是以环境保护法为依据，在规划法规中增加环境保护条款或制定环境保护条例。在香港 1996 年的《城市规划条例草案》的特别规划管制部分，要求在环境敏感地区中的所有开发活动进行环境影响评估，并在开发申请中附上环境影响报告。英国制定了《城市规划（环境影响评估）条例》，要求具有不利环境影响的开发项目进行环境影响评估，并使公众有机会参与评议，规划部门也需要更多的时间进行审理。德国以《联邦自然环境保护法》为依据，在 1995 年的《联邦建设法典》中加强了环境保护的条款。随着环境意识的不断增强，开发项目的环境影响评估将会越来越普遍。

6.3.3 不同类型城市规划体系的比较研究：见异研究

世界各国各地区的城市规划体系都具有各自鲜明的特点；但是，要很好地了解和掌握不同体系各自的特点，也需要深入的比较研究。实际上，城市规划体系的求同和见异研究是不可分割的。一方面，在求同研究中一定要看到各自的差异，如果一味地按照统一的格式进行比较研究，让人容易产生乏味感觉，使各种规划体系缺少个性。另一方面，在见异研究中也要在共性的基础上展示差异，这样不同体系的特征才会更加明显。这里，我们没有能力对各国的城市规划体系的优劣妄加评论，进行见异比较研究只是为了让各国城市规划体系的特点更加突显出来。

世界各国各地区的城市规划体系是非常复杂的，我们对一些国家城市规划体系进行了简洁的论述，限于篇幅，不够全面。像彼得·霍尔用《城市和区域规划》一本书来论述英国城市和区域规划的演变，才够完整。因此，对世界各国城市规划体系的研究是我们的长期课题。

1. 英国的城市规划体系：规划官僚

英国国土面积 24 万平方公里，人口 5700 万人，是传统的中央集权国家。作为脱离欧洲大陆的一个岛国，英国与欧洲其他国家的关系若即若离。作为现代城市和城市规划的发源地，英国的城市规划行政和法律体系渊源很深，可以说是世界上最完善、最复杂的规划体系。在 20 世纪末基本上保持自上而下的三级结构，形成以全国规划政策指导（planning policy guidance notes，PPG）、区域规划指导（regional planning guidance，RPG）和区域规划构成的国家级的规划；以"结构规划"（structural plan）为主的郡级规划；和以"地方规划"（local plan）为主的地区规划。中央政府负责国家和区域规划，政府中设有9个区域办公室，国家级规划对下级规划具有指导作用。同时也形成一套完整繁杂的规划审批、听证制度。随着形势的发展，英国的规划体系受到越来越多的非议，被批评为"僵化、教条、官僚的程序""本应促进发展的规划体系却成了阻碍发展的绊脚石"，等等。实际上，英国的城市和城市规划体系在不断变革。2004年，《规划和强制收购法》对城市和区域规划体系又进行了调整，一是用区域空间战略（regional spatial strategy，RSS）取代区域规划指导（RPG），将全国规划政策指导（PPG）改名为规划政策陈述（planning policy statements，PPS）。二是用地方发展框架（local development framework，LDF）取代结构规划和地方规划，将三级结构调整为二级结构，减少了一个层次。

虽然作了较大的调整，总体来看，英国城市规划体系制度完善严密的本质特征没有根本改变。《欧盟空间规划体系和政策概要》开宗明义指出，"孤立的规划不再可能"，为适应欧盟的发展，英国将区域规划指导（RPG）改为区域空间战略（RSS）。为提高效率，将城市规划的两个层次合并，减少一个层次的规划。但实际上，中央政府仍然控制着对地方发展框架（LDF）有指导作用的区域空间战略（RSS）和区域规划。区域规划单纯靠中央政府，地方缺乏自治，区域参与和协调不够，规划机制缺少生气。同时，英国有大量与空间规划并行的行业规划，如经济、环境等，行业规划协调一直是一个问题。另外，七个大都市政府是英国的特色，它们制定各自的规划。1986年，在撒切尔执政时期，为推行去集权化，将大伦敦议会撤销。1997年，工党上台后，又恢复成立大伦敦政府，从一个侧面反映了英国政治及其规划体系的演变。笔者1994年访问伦敦时，看到正准备改造成酒店的大伦敦议会旧址。2007年重访伦敦时，在泰晤士河畔看到了福斯特设计的新大伦敦政府大楼在余晖中熠熠生辉。

2. 德国的城市规划体系：全民的空间规划

德国国土面积35万平方公里，人口8000多万人，是一个传统的、中等规模的联邦国家；位于欧洲的中心位置，与多国接壤，环境条件好，人口密度较大，工业发达。德国尽管经历两次世界大战的毁灭性打击；但在第二次世界大战后仍然能够迅速恢复，成为经济技术强国，国土建设质量保持在较高的水平，生活质量较高，生态环境优美。虽然同为高度自治的联邦制国家，但是与美国不是一个等级，国土面积只相当于美国的一个州，但人口又远大于美国任何一个州。与欧洲大部分国家不同，德国城市体系突出的特点是多中心，没有如何一个单独的城市称得上占有明显的支配地位，形成了城市职能分工明确的城市群，柏林、汉堡、莱茵–美茵地区、慕尼黑以及莱茵鲁尔等。在莱茵鲁尔这样的城市区域内部，杜塞尔多夫、科隆、多特蒙德、埃森和杜伊斯堡等城市同样分工合作，各具特色。同时，城市建设与生态环境也显著地表现出良好的合作关系。

在德国，城市规划也就是空间规划。德国的空间规划体系给人的印象非常清晰合理，像机器一样运转。依据基本法，联邦规定全国空间发展的理念、原则。各州有绝对的自治权和立法权，在考虑联邦导向的情况下，制定州规划及下一级的大区和区域规划。地方政府制定土地利用规划——F规划和详细建设规划——B规划，而且有完善的配套法规进行具体的规划建设管理。这样形成的联邦、州、大区和地方四级规划结构，简单清晰，关系明确。但是，在实际运作中，也存在许多的问题，比如区域行政管理上重叠和交叉等，也许这就是区域和空间规划的本质，没有重叠和交叉，也就无所谓区域和空间规划。

在德国，看不到明显的国家干预经济发展和建设的痕迹。不论是第一次世界大战时期修建的高速公路，还是20世纪80年代修建的高速铁路，都与城市和环境很好地融为一体。从德国的成功经验看，规划体系要与自身的国情，包括国民素质等整体情况相匹配。20世纪20年代，在鲁尔工业区成立了"鲁尔煤炭工业区居民点协会"，编制了历史上第一个住房建设的区域规划。在21世纪的今天，德国依然高度重视空间规划建设的教育，正如德国空间发展报告指出的，空间规划中最难的是全体居民整齐划一地、公正地使用和开发空间，并使之保持可持续发展，这抓住了国家城市、区域和空间规划体系的本质。

3. 法国的城市规划体系：巴黎和荒凉的法国

法国国土面积55万平方公里，人口6300万人，三面临海，是传统的中央集权国家。除工业、商业、旅游、贸易发达外，农业是法国的一个突出特点，在全部国土中，农业用地占61%，林业占27%，其余12%为城市建设和其他用地。随着城市化，农村人口不断减少，大量的人口主要聚集在巴黎等少数城市区域，城乡差别明显。早在1947年，历史和地理学家让·弗郎索瓦·格拉维埃通过他的著作《巴黎和荒凉的法国》提醒人们注意法国在城市发展上的不平衡。书中指出，巴黎的过度增长导致法国其他地区发展的停滞。1881年巴黎区域的人口是法国总人口的5%，1975年则达到19%。与此同时，巴黎周围地区人口和劳动力大幅下降。巴黎的快速发展部分是由于自然市场因素，但大部分是因为法国政府强化巴黎作用和功能所实施的包括众多交通项目在内的大规模建设计划的结果。格拉维埃最后指出巴黎人为的过度发展会威胁法国整体的利益。

从 20 世纪 50 年代开始，法国启动国土整治规划。到 1963 年，成立了负责国土规划的机构——领土整治和地方行动代表处（DATAR），负责法国五年经济计划和区域发展方面的内容。从第四次五年经济规划开始，这种形式持续了三十多年。从 20 世纪 90 年代开始，五年经济计划的地位逐渐弱化。1995 年制定了《城市规划和开发法案》，1999 年制定《区域规划法案》，确定了两种新的规划工具，即"地区空间规划和发展蓝图"和"公共服务规划"，改变了以往国家主导基础设施建设来达到国土均衡发展的方式，转向中央政府与各州签订五年的公共投资项目规划和费用分摊的《国家综合服务合同》（CPER）的形式，试图避免欧盟各国对法国采取国家补助所带来的不公平竞争问题的意见和矛盾。中央政府在高等教育和研究、文化、卫生保健、信息通信、旅客运输、货物运输、能源、自然与农村空间、体育等领域制定综合服务规划。各州在制定州发展规划时，要考虑国家综合服务规划。中央政府制定特定地区的发展方针，地方自治体的土地利用规划必须适合该方针。由此，法国空间规划形成国家的国土规划理念和战略、国家综合公共服务规划（SSC）、州发展规划（SRADT）和特定地区建设方针、地方自治体土地利用规划，包括地区综合规划（SOCT）和地方城市规划（POS）的体系。

平衡发展一直是法国空间规划中为解决城市过度集中问题的主导策略。进入 21 世纪，在全球竞争的情形下，与德国等国家一样，为保持国家在全球的竞争力，法国也开始调整这样简单的策略，强调大都市区域的发展的重要性。实际上，平衡发展问题是空间规划永恒的主题，但并不是一成不变的唯一主题，在新的经济形势和技术发展趋势下，空间规划必须积极变革，顺应时代发展的潮流。

4. 美国的城市规划体系：区划+持续的区域规划

美国是一个大国，年轻的大国，历史的纠缠比较少，国土面积广阔，发展空间比较大，人口规模适宜。在政体上采用联邦制，国家与各州的关系明确、简单，各州发展水平差距不大，各种矛盾和问题容易处理，地方政府有较大的自主权。经过两百多年的发展，美国目前依然是世界第一大国，环境优美，社会福利相对比较好。当然也存在许多问题，经济危机时有发生，医疗保险、移民和种族等社会问题严重，蔓延发展、能源消耗和高排放模式，等等。对美国未来发展走向难以评论，但其城市规划体系相对是成功的，也比较稳定。美国城市规划体系有三个突出特点：一是没有统一的国家空间规划，但具有持续的区域规划机制；二是具有良好的城市协调机制；三是长期的学术研究和社会共识。

美国城市规划系统的最显著特征体现在三个方面：一是在政府体制架构上，

城市规划基本上是由州和自治市负责，不构成国家城市规划的概念；二是国家不具有统一的城市规划法规，因此城市规划的行政体系和运作体系在各个州均有所不同，甚至在一个州之内的各个自治市也各不相同；三是区划几乎是所有城市规划管理的基本手段。在各个城市中，立法机构是城市发展和建设的最终决策者。规划委员会是绝大部分城市的法定机构，通过该机构执行大量的规划并且从事大量的规划行为。在规划部门的帮助下，规划委员会编制综合规划和区划条例，批准对土地细分的许可，审批有条件使用的许可和对区划条例的一些调整。区划上诉委员会则负责审查对区划条例的其他一些调整的申请。美国各个城市的规划体系并不一致，绝大部分城市都有区划法规作为规划管理的依据，但编制总体规划并不是每个地方政府的法定职能，尽管总体规划在城市发展过程中担当着重要的角色。联邦政府对地方发展的资助计划都要求以总体规划作为依据，地方政府的建设计划和开发控制也一般都以综合的总体规划为依据。

5. 日本的城市规划体系：国土形成规划＋都市计划

日本是个岛国，国土面积 38 万平方公里，是英国国土面积的 1.5 倍，但山地丘陵占 70%，人口众多，对资源需求巨大，时刻有危机感。明治维新后，向西方学习，日本成为经济和军事强国。第二次世界大战战败后，利用中央集权的优势，集中所有精力进行重建和发展经济，使日本迅速成为世界举足轻重的经济体。在这个快速发展的过程中，国土规划应该说发挥了重要作用。从 1950 年制定《国土综合开发法》以来，日本先后编制了 5 次全国综合开发规划，习惯上简称"五全综"。每次规划都根据当时的形势确定特定且清晰的发展目标和主题，分别是地区均衡发展（1962 年）、创造丰富多样的环境（1969 年）、人类居住综合环境的改善（1977 年）、多极分散型国土的构建（1987 年）和形成多轴格局的基础建设（1998 年）。同时，逐步建立起了完善的、自上而下的全国、地域和市町村三级国土、区域和都市规划体系。在地域规划中，除都道府县规划外，更有首都圈等特殊地域的规划，对指导全国及重点区域的整体协调发展发挥着重要的作用。在几十年的发展过程中，日本的城市规划体系一直相对比较稳定，同时，国土规划编制也一直由中央政府负责，基本不征求地方政府的意见。20 世纪 90 年代以来，特别是泡沫经济破灭后，为了纠正过分依赖中央政府的国土开发体制，正确对待全球气候变化、人口减少和老龄化等问题，国土开发工作发生转变，进入促进地区自立发展时期。"五全综"与前四次规划相比，有较大变化，提出了改变东京一极模式，建立由四个国土轴组成的多轴型国土结构。在国土规划体系上，"五全综"也明确规定对 20 世纪 50 年代形成的规划体系和制度进行改革。

2005 年，《国土综合开发法》修订为《国土形成规划法》。2008 年，国土形成规划（全国规划）编制完成，经内阁会议批准通过，规划的目标是自立的广域综合体的构建。同时，《国土形成规划法》明确了公民和地方政府在规划编制过程中的参与作用，还对旧的规划体系进行改革和简化，废止和合并了一些繁杂的内容，实现国土规划体系的简洁化和一体化。

我们可以把日本国土形成规划习惯上称为"六全综"，但实际上，国土形成规划已经不同于过去的国土综合开发规划。以前的五次综合开发规划主要以开发为基调，追求物质上量的增加。现在的国土形成规划强调规划应体现成熟型社会的特点，规划应在质上得到充实和提高，这值得我们深思和借鉴。

日本取得了经济发展的巨大成就，但总体来看，城市和区域建设相对比较混乱。虽然经过治理，城市和区域环境得到极大改善，但城市发展秩序混乱，许多问题完全是靠工程技术手段来解决，工程技术手段用到极致。在日本，可以看到许多国家规划干预的痕迹，新干线、临海副都心开发、关西海上国际机场等。在经济快速发展时，会发挥巨大作用。随着经济的衰退，当年规划预计和制定的大的发展规划会落空，造成长期的影响，要避免规划过度刺激经济发展和开发带来的后果。国此，国土、区域和城市规划应该恰如其分。

6.3.4 城市规划、区域规划、国土规划和空间规划

路易斯·孟福德说，真正的城市规划是区域规划，因为城市不可能孤立地存在。区域和国土规划是城市规划在地域尺度上的扩展，它不仅仅局限于城市，而是扩展到区域、国家的尺度。城市规划是区域和国土规划的基础，区域和国土规划需要城市规划来实现。因此，要完整地了解一个国家的城市规划体系，必须从城市规划扩展到区域规划、国土规划，乃至空间规划。

回顾历史，比较主要国家城市和区域规划发展的历史进程，我们发现，区域规划与城市规划几乎是同时产生的。现代城市的发展超越了传统狭小的城市范围，城市扩展和城市问题的解决都需要跳出城市，从更大的区域范围来进行研究，区域规划由此产生。

苏格兰人盖迪斯（Patrick Geddes），作为生物科学家，把都市区域看作是一个复杂的生态系统。他认为大都市的规划首先要从更大的生态区域进行区域分析。受法国地理学家和无政府主义者克劳博特金（Peter Kropotkin）的影响，盖迪斯认为工业社会的快速发展带有极大的危险。而社会学家霍华德（Ebenezer

Howard）则采用一个更加广泛、多学科综合的方法，他的花园城市模型在大都市尺度上把经济、社会和物质形体规划很好地结合了起来。尽管区域规划的发起人盖迪斯、霍华德并不是建筑和规划师出身，但这并不影响物质形体规划在区域规划上的重要作用。作为当时区域规划的实践者，伯恩汉姆（Daniel Burnham）、博内特（William Bennett）和奥尔姆斯蒂德（Frederick Law Olmsted）等编制的区域规划方案，基本上集中在物质形态环境的改善上，作为提高区域经济健康和可居住性的一种根本途径。

伯恩汉姆（Daniel Burnham）1909年的大芝加哥规划是新区域规划产生的标志。1923年，以芒福德、建筑师斯特恩（Clarence Stein）、莱特（Henry Wright）、艾克曼（Lee Ackerman）和生态学家麦克凯伊（Benton MacKaye）为主的美国区域规划协会（RPAA）成立，同年，69岁的盖迪斯在美国与28岁的芒福德见面，标志着美国区域规划的成熟。芒福德的名言"真正的城市规划是区域规划"预示着区域发展时代的来临，尽管当时小汽车和郊区化刚刚出现；而弗兰克·莱特（Frank Wright）1924年"广亩城"（Broadacre City）的设想成为美国城市和区域发展的原形。

从20世纪初，区域规划在美国出现，到20~30年代，区域主义（regionalism）形成了特色鲜明的三个流派。第一个流派，由芒福德和美国区域规划协会（Regional Planning Association of America，RPAA）领导，继承盖迪斯和霍华德的传统，强调在大都市尺度上采用物质形体、社会和经济发展整体融合的方法，目的是转变社会。麦克凯伊也强调在更大的生态区域尺度上开展规划工作。第二个流派，以亚当斯（Thomas Adams）和纽约区域规划协会（New York Regional Plan Association）为代表，发展了大都市区域更加实用的物质形体规划方法，强调交通、住房和土地使用的安排。这一流派使用定量的方法，采集大量的住房、交通、基础设施和人口数据进行分析。第三个流派是由奥塔姆（Howard Odum）领导的文化区域主义流派，他们对美国大尺度的文化区域抵抗工业增长对地域文化的屠杀的有效方式感兴趣，但他们很少能够找到合适的规划机制。

20世纪30年代开始的"新政"（New Deal）则通过一系列的行动，如联邦政府资助地方和州的规划工作、州际高速公路系统规划、创立国家资源规划委员会（National Resources Planning Board），以及开展田纳西流域规划等大量的区域规划工作，进一步推动了城市和区域规划的发展。

第二次世界大战后，经济复苏，郊区化迅猛发展，区域的重要性越来越突出，问题越来越复杂。区域城市和区域中的城市的概念开始流行，区域规划的学术研究也开始展开，并达到高潮。英美两国规划人员就区域城市进行交流研讨。

欧洲也出现了对区域规划的关切，包括跨国、跨行政区的区域规划，大城市地区规划等。同时，区域成为许多学科研究的重点，如区域经济学、地理学、生态科学等。区域研究与城市研究相呼应，成为一门综合交叉学科。

第二次世界大战后，因对定量科学和新古典经济学的盲目崇拜，实证主义在区域规划研究中占上风，并由此创造了一门新的学科：区域科学（regional science）。区域科学家温格（Lowdon Wingo）和培洛弗（Harvey Perloff）花了大量时间研究开发区域系统的定量模型，尽管实际上用处不大。在这个时期，许多发展经济学家也在区域这个尺度上进行研究。弗里德曼（John Friedman）和阿伦索（William Alonso）在1964年主编的《区域发展和规划》（*Regional Development and Planning*）一书，事实上将区域发展限定为"经济景观"改变的过程。区域分析坚定地扎根于经济模型和抽象分析，很少关心场所的实际经验。

在20世纪60年代末和70年代，马克思主义的批评家哈维（David Harvey）和卡斯特尔斯（Manuel Castells）挑战区域科学的非政治本性，向人们展示出社会中强大的政治和经济因素如何影响着城市空间的发展。许多研究者的经验研究也表明社会精英和增长联盟会如何塑造区域发展的形态。但是，这些以及后来的分析基本上仍然在经济地理的学科范围内。

20世纪60年代后，增长控制和增长管理成为新的规划领域，并且随着对环境问题的认识不断高涨，鼓励从事传统土地使用规划的机构来考虑环境方面的问题，由此促进了环境规划的开展。与此同时，美国的州域范围的规划也在不断增加。州域规划强调多种环境或发展管理目的，这些往往是地方层次的规划所无法涉及的。

在20世纪末的后20年，信息革命和全球化浪潮再一次改变了人们的生活工作方式和空间形态。新区域主义研究兴旺，新的区域概念和对区域新的关心走到前台。环境问题、增长管理（growth management）、社会公平问题都需要在大都市和生物区域的尺度上（bioregional scale）进行行动。对都市区域内场所质量的关心点燃了新都市主义（new urbanism）、精明增长（smart growth）、和可居住的社区（livable communities）等运动。虽然，可持续发展的概念寻求在一个旗帜下统一所有的问题，但经常集中在区域的行动框架上。同时，在全球范围内，全球城市区域、世界城市、城市群、都市区等新区域形态的研究成为城市和区域规划研究的前沿阵地，成为考虑国家、区域和地方规划的出发点。"全球眼光，地方行动"也成为指导城市和区域规划实践的指南。欧盟的空间规划运动在全欧洲普遍展开，美国的"精明增长"运动和州发展规划、区域规划也在不断开展，日本和韩国的"国土综合整治规划"不断深入。由此，空间规划得到复兴和进一步发展，特别是欧盟的空间规划实践，极大地促进了空间规划实践和理论研究的蓬勃发展。在这一轮新的发展中，空间规划在紧紧跟随全球政治、经济、科技文化发展的趋势的同时，坚持发挥空间规划自身的优势，在研究和处理空间规划建设的规范、准则等方面发挥作用，突出空间规划具有空间想象和思维能力的特点。

新的区域主义需要一个多学科交叉的、城市区域的战略愿景（a highly inter-disciplinary, strategic vision of the urban region），提供给规划师、政治家和普通市民，告诉大家产生长期积极改变的方式。新的区域制度、政策、设计和物质形体规划方法是必需的。这种新的区域主义将把 20 世纪早期区域规划最好的内容与最新的规划工具手段结合起来。同时，也需要认识到像硅谷（Silicon Valley）等地区区域"超增长"（regional "hypergrowth"）对区域环境和社会公平产生影响的危险。区域发展的经济、环境和社会目标必须按照可持续发展的思路进行协调。因为要达成可持续发展为导向的场所（sustainability-oriented places）所面临的障碍非常大，因此，如果在 21 世纪新区域议程要结出硕果的话，需要规划师和理论研究者担起领导者的责任。

当然，城市曾经是，将来也仍然是人类社会经济政治活动的中心。现代城市和区域规划学科和实践经过百余年的发展已经相对成熟，以城市和区域规划为核心和基础向空间规划扩展是比较合适的。但是，城市和区域规划不能完全代替空间规划。空间规划，涵盖区域、国土和跨国的区域规划，作为规划的最新发展，是相对独立的，需要全新的知识和视野。随着世界政治经济和科学技术的发展，空间规划的视野要进一步扩展，需要采用新的理论、新的思维方式和新的技术手段，处理大尺度的空间发展问题。在实践中，经过自然的发展演变，空间规划是否成为一门涵盖城市和区域规划、国土规划的综合学科，我们无法预测，只能让时间来回答。目前，对战略空间规划能否代替所有规划的问题，答案应该是否定的。空间规划虽然可以整合各种层次的规划、各种行业的规划，但即使在空间规划大行其道的欧洲，目前仍然存在许多其他类型的规划，如英国的区域规划等。在具有悠久区域规划传统的美国目前还几乎没有正式以空间规划命名的规划。日本、韩国的国土综合整治开发规划的英文翻译为空间规划，但实际规划内容与欧洲的空间规划也有区别。在一些新兴国家有建立统一的空间规划的愿望，南非目前正在尝试建立完整的空间规划体系，愿望是好的，也可能是一种发展选择和发展趋势，但一定是一个长期的工作。

第7章 中西比较城市规划研究

中西比较城市规划研究是中国城市和城市规划体系与以西欧和北美诸发达国家为代表的西方城市与城市规划体系之间的比较研究。这一研究的兴起除城市规划学科自身发展的要求外，主要成因于目前在我国及世界上广为开展的中西比较文化研究。20世纪80年代比较文化研究的兴起，是在世界缓和的局势下，随着"欧洲文化中心论"的抛弃和"多元主义"（Pluralism）思想的形成而产生的。中西比较文化研究由我国的改革开放形势所引起，为中国现代化趋势所必然。中西比较城市规划研究必然是文化层次上的比较研究，而不能只拘泥于简单的物质形态。

我们进行中西比较城市规划研究，除为了深入了解两者在历史发展过程中的相互影响之外，更重要的目的是要认识它们各自的本质特征——深层结构。我们把在城市和城市规划所蕴藏的深层结构定义为城市规划原型[①]。不论这一概念是客观实在还是主观臆造的，通过中西城市规划原型的比较研究，可以对中西城市和城市规划的本质特征有深入的了解，这对于解释历史上的某些现象和正确对待"传统"具有很重要的意义。

7.1 基 本 概 念

7.1.1 中西比较城市规划研究

城市远在公元前3500年左右就出现在底格里斯河与幼发拉底河流域的冲积平原地带。公元前3100年，尼罗河流域的古代城市出现。公元前2500年，印度河流域的古代城市出现。公元前1500年，黄河流域的古代城市出现。在上古社会里，这些地区的城市聚落是平行地、孤立地发展的。从有意识地安排建筑空间和物质环境这个意义上说，城市规划与城市一样古老，是与城市同时产生和发展

---

① 本章"原型"指"prototype"

的，两者紧密结合成一个整体。人类城市化发展到今日，从地域分布上看，城市及其城市规划形成以国家或地区为基本单位的不同的城市和城市规划体系。

　　文化，是群体人的活动方式及它所创造的物质产品和精神产品，是人区别于其他生物而安身立命的根本点。它有物质现象（器物）和精神产品（哲学、艺术等）两大部分，又有表层（日常行为）和深层（观念、意识）双重结构，还有俗文化和雅文化两个类别。由于民族性和地域性的存在，就决定了文化聚落的多样性，产生了文化圈的概念。作为具有人类物质和精神双重产品的城市及其规划体系，因此也呈现出很强的个性特征。同时，人类的交往活动（包括战争、贸易、旅游等）使各文化间出现相互接触和影响。因此，不同的城市与城市规划体系之间也产生了相互的交流和影响。从发展的眼光看，城市和城市规划体系是在自身固有原始形态的基础上，在与其他体系的交互作用下，成长发展起来的，经过对所吸收的外来影响同化或异化的新陈代谢过程，而形成目前的形态。比较城市规划研究即是以不同城市和城市规划体系之间的比较研究为基本内容的，其研究的重点就是比较各城市和城市规划体系原始形态的异同，探讨其相互的影响及目前各自的状况。

　　中西比较城市规划研究是中国城市和城市规划体系与以西欧和北美诸发达国家为代表的西方城市与城市规划体系之间的比较研究。这一研究的兴起除城市规划学科自身发展的要求外，主要成因为在我国及世界上广为开展的中西比较文化研究。20 世纪 80 年代比较文化研究的兴起，是在世界缓和的局势下，随着"欧洲文化中心论"的抛弃和"多元主义"（pluralism）思想的形成而产生的。而中西比较文化研究实由我国改革开放的形势所引起，为中国现代化趋势所必然。作为整个中西比较文化研究的一员，中西比较城市规划研究必然是文化层次上的比较研究，而不能只拘泥于简单的物质形态。

　　路易斯·孟福德在《城市的形式和功能》一文中认为，城市的贡献和作用在于它能够保存、留传和发展社会文化。文章指出："如果说在过去许多世纪中，一些名都大邑，如巴比伦、罗马、雅典、巴格达、北京、巴黎和伦敦成功地支持了各自国家的历史的话，那只是因为这些城市始终能够代表他们民族的文化，并把其绝大部分流传给后代。"因此，中西比较城市规划研究应该把城市与城市规划体系放到整个文化体系当中，在整个比较文化研究的引导下，进行历史学的、人类学的、社会学的多方面的整体的比较研究。

　　我们强调整体的中西比较城市规划研究。整体的思想是系统论的基本观点，早在古希腊时期，亚里士多德就说过"整体大于它的部分之和"。通过整体的比较研究，我们能够对我国城市和城市规划的现状有全面的了解，把握住传统的内核而不是皮毛现象，从而才具备了制定具有中国特色的城市规划的基础。

在近现代城市规划的成长史上，中国的城市规划师们一直处于被动式学习的地位。不论是殖民主义的侵略，还是苏维埃主义的灌输，未不如此。这使得他们没有可能对这些思想进行比较和评判。同时，盲目的民族文化优越感也使他们无法对传统作出较为客观的批评。今天中西比较城市规划研究的兴起为中国的城市规划师们提供了客观地用比较研究来认识自己的可能，这是一个非常难得的机遇，要惜之又甚，不能错过。著名的苏格兰诗人彭斯说："我多想有那么一天，我能用别人的眼光来看我自己。"

从研究的内容来看，中西比较城市规划研究主要包括平行研究和影响研究两部分。影响研究主要针对中国近代城市、现代城市和城市规划的发展，研究西方城市规划是如何对我们实施影响的问题。平行研究则不考虑时间因素，主要探讨中西城市和城市规划体系的各自本质特征。

7.1.2 世界城市规划体系的相互关系

进行中西比较城市规划研究，首先要搞清两者间的关系，为了全面翔实地反映这一点，我们把它放到整个世界城市规划体系的关系中来考察。

历史上，世界城市和城市规划体系经历了一个从互相封闭、孤立到相互开放交融这样一个发展过程。这一过程以三个历史时期为显著点，即古代、文艺复兴和近现代。

古代的城市文化起始于埃及、美索不达米亚、叙利亚、伊朗和小亚细亚等地区。最初这些地区是各自独立地发展起来的，找不到国与国或地区与地区之间的相互影响。依从自然环境条件的特征是这时城市规划的共同法则。同时，由于宗教曾是这个时代最集中的文化现象，因而宗教影响也十分明显地见于当时的城市建筑，不同的宗教信仰促成了不同的城市和城市规划现象。从古代社会到中世纪，这三大文化圈基本上是独立发展的，城市与规划体系之间的交往甚少。即使在文化圈内部出现了交流活动，而由这种交流所产生的影响一般也很快地被同化。各种城市和城市规划体系表现出强烈的独立倾向。公元 8 世纪，日本人借鉴中国唐朝长安城的建城模式，建造了平城京、平安京等。但自公元 1200 年以后，日本开始抛弃中国传统，而转向优美、辽远、开阔的自然风格，形成自己独特的体系。

14 世纪文艺复兴思想推动了城市规划思想的发展，也使得城市规划思想作为一种理论而广为传播。阿尔伯蒂继承了古罗马建筑师维特鲁威的思想，主张首先从城市的环境因素，如地形、土壤、气候等，来合理地考虑城市的选址和布局；而且结合军事防卫的需要来考虑街道系统的安排。他是用理性原则考虑城市建设的，主张从实际需要出发实现城市的合理布局。他的主张反映了文艺复兴时期注重实际和合乎理性原则的思想特征。阿尔伯蒂的设计思想由意大利传入法国、德国、西班牙，以及其他欧洲国家，影响远及俄国。一时各地相关理论著作极多。

到近代，法国古典主义城市规划的广泛传播标志着城市与城市规划体系之间的交流已达到世界水平。17 世纪，法国古典主义在巴洛克（Baroque）基础上发展成形，巴黎成为世界仰慕的中心。古典主义城市规划理论不仅在欧洲得到推崇，而且传到美洲和明治维新的日本。到 19 世纪，帝国主义的殖民侵略将古典主义输入中国、印度等亚洲殖民地国家。

进入 20 世纪，由于工业革命，资本主义国家都产生了许多相同的城市问题。为解决这些问题而产生的城市规划理论也成为一种思潮遍及世界各地。突出地形成了以英国、美国以及苏联为代表的三种城市和城市规划体系，对世界各国的城市和城市规划体系都产生了很大影响，表现出趋同的趋势。到 20 世纪 70 年代后期，在世界形势的影响下，各国城市和城市规划体系开始努力保持各自的特征。

我国的城市和城市规划体系以鸦片战争为界分为两个发展阶段。作为一个历史悠久的文明古国，中国一直是在封闭的、自我完善的文化圈内发展的，表现出强烈的独立性，即使外来佛教也很快地为中国文化所同化。在这个个性很强的文化圈中，城市和城市规划体系也同样表现出封闭的特征，几千年间一直没有发生大的改变。但是，由于过分的封闭和对外来文化的抵触，这一体系就不可避免地存在着不足。

中国近现代城市和城市规划体系的萌芽始于鸦片战争，直到第二次世界大战前的这段时间里才逐步形成，是在被动地接受西方冲击的情况下产生的，中国传统的农业文化不可能自发地产生这种动力。鸦片战争后，我国沿海城市出现了租界的建设，使得沿海城市发展起来，而内地一些传统的商业贸易城市开始衰败，一种较开放的城市体系开始替代传统的、封闭的城市体系。近代西方城市规划思想借外国规划师、建筑师传入我国，这是我国近现代城市和城市规划体系形成的始点。

1895~1911 年是帝国主义在我国较大规模的租界建设阶段。天津、上海租界的城市规划很零乱；其他一些城市，如青岛、大连、旅顺和哈尔滨等，是在一个帝国主义国家控制下建设起来的，有较成熟的城市规划。这些规划主要还是古典主义的，或者是美国新兴城市的方格网加一些放射路的手法，完全由外国人一手包办。在这种形势下，中国青年学生开始负笈出洋。到 1927 年，国民党政府定都南京，开始对南京和特别行政区上海进行大规模的建设，规划手法上采用了当时流行的小方格网加放射路的布局形式。在 1929 年上海新市区中心区的规划中，出现了所谓"中西合璧"的尝试，这是中国规划师首次在近代城市规划中试图尝试传统的形式，与当时整个文化界"中学为用"的思潮相一致。九一八事件后，日本帝国主义侵略中国，先后制定了长春、哈尔滨、沈阳等城市的规划，基本上是日本追随西欧近代建筑和城市规划的"复兴式"手法。抗战胜利后，现代城市规划的思想和方法已由多种渠道传入我国。重庆"陪都"10 年建设计划草案和大上海都市计划一、二、三案中，已出现了邻里单位、卫星城等分散主义的现代城市规划手法。

新中国成立后，苏联城市规划思想体系又全盘进入我国城市规划领域，苏联专家亲自辅导进行了洛阳、郑州、西安、沈阳等许多城市的规划。社会主义计划经济的城市规划成为我们城市规划的主流，定额指标和居住小区的规划方法一直到今天还在使用。

以上非常简单地叙述了近现代我国城市和城市规划发展的大事记。回顾这一段历史，我们可以看到，中国近现代城市规划思想体系完全是在外来影响下形成的。中国的城市规划师们几乎没有机会坐下来，进行比较分析和评价选择。因此，今天在我国进入新的发展阶段的时候，对这一段历史进行比较全面的比较研究，就有十分重要的意义。通过"平行研究"和"影响研究"，我们可以对我国目前城市和城市规划体系的现状和本质特征作全面深入的认识。

7.2　中西古代城市规划原型比较研究

7.2.1　结构人类学与原型理论

结构主义哲学思想形成于 18 世纪末，对整个科学的发展产生很大影响。原型理论与结构主义一脉相承。精神分析心理学创始人弗洛伊德的高徒、瑞士心理学家荣格批判了老师的泛性欲主义之后提出了"集体无意识"观点，并以"自主情结"代替"恋母情结"。他认为，无意识的表层结构是"个体无意识"，深层结构是"集体无意识"，后者对个人的行为起决定性作用。集体无意识通过"种族心理积淀"而形成"种族记忆"，代代相传，好比一部无法译解的密码写成的种族心理经验史，深藏在每个人心中，但永远不会进入人的意识领域。我们何以知其存在呢？荣格认为从各民族的神话、图腾、传说、文艺作品、怪梦、民

俗习惯中可以发现一些反复出现的"原始意象"，它们就是集体无意识的表现形式，称之为"原型"（prototype）

法国人类学家列维·施特劳斯受结构主义语言学家雅各布森和乔姆斯基启发创立了结构主义人类学，致力于研究神话中的"原型"——代代相传的深层结构。他的《神话学》和《结构人类学》出版后，在人文与社会学领域引起了革新浪潮。"原型"理论也就逐步具有方法论的意义。

我们进行中西比较城市规划研究，除为了深入了解两者在历史发展过程中的相互影响之外，更重要的目的是要认识它们各自的本质特征——深层结构。我们把在城市和城市规划中所蕴藏的深层结构定义为城市规划原型。不论这一概念是客观实在还是主观臆造的，通过中西城市规划原型的比较研究，我们就会对中西城市和城市规划体系的本质特征有深入的了解，这对于解释历史上的某些现象和正确对待"传统"具有很重要的意义。

城市规划原型被政治、文化、技术和自然条件等像层层帷幕一样掩盖起来。由于古代社会政治、经济、文化相对简单，因此我们选择中西古代城市规划原型作为整个原型研究的突破口。古代城市规划原型通过古代城市、古代城市规划和人们关于城市的种种想象——理想城市（ideal city）反映出来。《周礼·考工记》与维特鲁威《建筑十书》中有关城市规划理论的比较、明清北京城和古罗马城的比较以及中西各种理想城市思想的比较可以是我们具体的研究对象。由于这项研究很复杂，涉及历史、人类学、宗教等多方面的知识，加上时间的限制，在此我们只能简单地勾勒出一个大体的轮廓。

7.2.2 《周礼·考工记》与《建筑十书》

《周礼·考工记》和维特鲁威的《建筑十书》是中国和西方各自现存最早的载有城市规划理论的著作；并且，两者的思想在相当长的历史时期内影响着各自城市的发展和城市规划的理论方法。

《周礼》，近代人考定为战国时的著作，共分"汉宫""地宫""春宫""夏宫""秋宫""冬宫"六篇。其中"冬宫"早轶，《考工记》为汉时所补。《考工记》中的"营国制度"是我国古代最早的王城规划思想。它对我国历代的城市规划有着重要的影响。"匠人营国，方九里，旁三门，国中九经九纬，经涂九轨，左祖右社，面朝后市，市朝一夫"。这段话按字面意思不难理解，它反映了中国古代城市构成要素之间的关系。同时，也反映出了当时的社会、政治文化和技术。要探寻城市规划的原型，就必须首先解析出这些社会、政治、文化和技术的因素，并通过比较研究来完成。

维特鲁威著的《建筑十书》是古罗马时代留下来的一部久负盛名的西方建筑全书。它原是维特鲁威向罗马皇帝奥古斯都·恺撒呈献的十封谈论建筑的书信，因此得名《建筑十书》。此书大约成书于公元前 1 世纪末，原用拉丁文写成，不久便遗失，留下的只是抄本。以后迭经战乱，连抄本也少见流传。到了中世纪，营造教堂的修道士，偶然发现了《建筑十书》，便用来作为建筑营造的依据。文艺复兴时期，《建筑十书》更受到人们的重视，被建筑师们当作建筑创作的规范。阿尔伯蒂根据维特鲁威的思想，创立了理性的巴洛克规划设计思想，其后发展成为古典主义规划设计和建筑思潮，使得整个西方的城市面貌发生了很大变化。

《建筑十书》在第一卷谈及城市选址时说："对于城市本身，实际上就是原则。首先选择最有益于健康的土地，即那里应当是高地，无雾无霜。应注意到天空的风，随着太阳上升向市镇方向吹来，上升的雾霾随风移动，沼泽动物的有毒气息，便与雾霾混成气流，要扩散到居民区，这时那里就会成为不卫生的地方。""如果城市临海，并朝向西方或南方，那就是不合理的。因为夏季，南方天空在日出时就成正午灼晒。"等等。由此可见，《建筑十书》是从理性和功能的角度来考虑城市规划的。

如果单单通过《周礼·考工记》与《建筑十书》的比较就武断地认为中国古代城市规划讲"礼"、重情，而西方则重理、薄情，那么未免失之偏颇。我们应当以发展的眼光在整个城市纷繁历史发展中比较研究这个问题，这也是一个大课题。

7.2.3 明清时期北京城与古罗马城

北京是我国古代社会的最后一座都城。1260 年忽必烈决定在金中都附近新建都城，命汉人刘秉忠主持规划及建设，于 1267 年开工，1271 年完成。元大都是自唐长安之后，平地而起新建的最大的都城，它继承和发展了我国古代都城规划的优秀传统。经过明清的完善，达到了我国古代城市规划的顶峰。有西方人称之为"庙宇化了的都城"（the city of a temple）（图 7.1）。

古罗马城，西方人称其为"永恒之城"（the eternal city），是西方古代城市的典范。古代罗马在建筑和城市规划上已取得了辉煌的成就，虽然中世纪的异教徒把古罗马全部破坏，但到了文艺复兴时期，罗马古典主义的城市规划和设计极盛一时，成为欧洲古典主义思潮的发起点（图 7.2）。

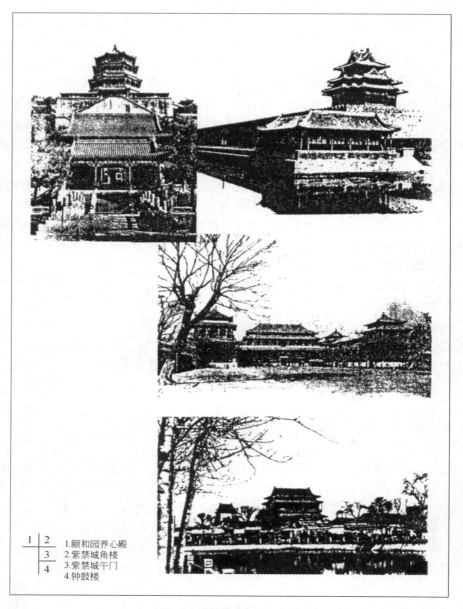

1.颐和园养心殿
2.紫禁城角楼
3.紫禁城午门
4.钟鼓楼

图 7.1　明清时期的北京城

1.意大利广场
2.3.巴洛克建筑
4.1936年复制的古罗马城模型

图7.2　古罗马城

明清时期北京城和古罗马城是两座现存的、分别代表东西方古文化的城市。这就是开展明清时期北京城与古罗马城比较研究的可比依据。通过两者比较研究，可找到中西古代城市规划原型的相同点和差异点。

7.3 理想城市原型比较研究

7.3.1 "乌托邦" 的诠释

诠释（hermenent）原是对《圣经》的解释，后发展成为诠释学（hermenentics）。诠释学以现象哲学为基础，讨论文学作品（或其他文本）如何被理解和解释，研究什么是 "意义"（meaning），并探讨其被解释的各种可能性。

"乌托邦"（utopia）一词源于希腊字，意为不存在的地方。尽管这个词由托马斯·莫尔在 1519 年才提出，但其思想可上溯到柏拉图的《理想国》。莫尔之后，有康帕内拉、温斯坦莱、梅叶、傅立叶、罗·欧文等一大批空想家。乌托邦来源于理想与现实的矛盾与困惑，也是在理想与现实之间架起桥梁的一条途径。

根据比较宗教学的研究成果，所有的人为宗教都有天堂地狱说，它们在死后的灵魂世界里设一个悲惨万分的阴府地狱和无比幸福的天堂。《宇宙之谜》的作者海克尔说，天堂地狱只是现实生活的增补修订版而已。例如，美洲的印第安人以狩猎为主，因此他们想象中的天堂里有极广阔的狩猎地，有无数野牛和狗熊。生活在北极附近的爱斯基摩人期待阳光和猎物，因此他们把天堂想象为阳光普照的雪地，有着无穷无尽的白熊、海狗和其他北极动物。另外，锡兰的僧伽罗人和伊斯兰教的阿拉伯人也有各自的天堂地狱说。因此，天堂地狱说不仅表达了人类的理想，也反映出了现实的生活。乌托邦相比之下则较为现实和理性，从而成为理想与现实之间的桥梁。

乌托邦思想很早就与理想城市联系在一起，最早是托马斯·莫尔《乌托邦》中的中世纪理想城市国度。到文艺复兴以后，这种理想城市的乌托邦思想发展相当普遍，直到现代仍然长兴不衰。乌托邦作为一种世界性现象，尽管这个词来自西方，但在中国，自古至今，这样的思想也存在，所不同的是它的内容和表现方法上存在差别。

7.3.2 《桃花源记》与《理想城市》

中国的理想城市除《周礼·考工记》一书表现出这样的思想外，没有较系统的理论和著作，只是散见于一些古代文学作品中。杜甫《茅屋为秋风所破歌》中的诗句："安得广厦千万间，大庇天下寒士俱欢颜。"叹咏此句我们脑海中可构筑出一幅古代理想城市的图画。晋朝陶渊明的《桃花源记》则描写了一处世外桃源的所在："……土地平旷，屋舍俨然，有良田美池桑竹之属。阡陌交通，鸡犬相闻。其中往来种作，男女衣着，悉如外人。"还有流传的对江南城市苏州和杭州的赞颂："上有天堂，下有苏杭"等，追求一种自然、世俗的理想。中西理想城市原型比较，如图7.3、图7.4所示。

在西方，理想城市在文艺复兴时形成完整的规划理论。在继承维特鲁威理性思想的基础上，阿尔伯蒂提出了理想城市（ideal cities）的设想。约从1500年起，意大利人马丁尼从事建筑理论研究，设计了多种理想城市的模型。其后1592年的罗立尼和1615年的司开马射都设计了各自的理想模市模型。而建于1593年的巴马纽带城是一个极为理想的城市。尽管理想城市的类型多种多样，但都反映了共同的追求理性和完善的思想。

通过中西古代理想城市非常简短的比较，我们可以发现，古代中国追求一种自然的、世俗的未来城市模式；而古代西方则注重理性。但这并不足以全面地概括分析各自的特征。例如《周礼·考工记》的"理想城市"中也表现出对理性和完美的追求。

7.3.3 近现代理想城市论

进入近现代社会，理想城市理论以霍华德的"田园城市"为起点再次勃兴，并对现代城市规划和建设产生了巨大影响。在今天，也有许多对未来城市的设想，如仿生城市、行走城市、水上城市等。

在我国，进入近现代后，理想城市的思想寥寥无几，今天几乎绝迹。理想城市虽然忽略了许多重要的社会、政治、经济和文化因素，但它另一方面却反映出深刻的城市问题，因此理想城市的研究具有重要的现实意义。

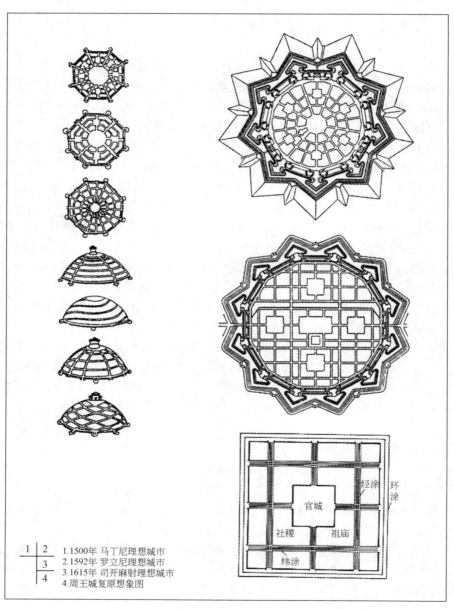

1	2	
	3	
	4	

1.1500年 马丁尼理想城市
2.1592年 罗立尼理想城市
3.1615年 司开麻射理想城市
4.周王城复原想象图

图 7.3　中西理想城市原型比较：文艺复兴 VS 周王城

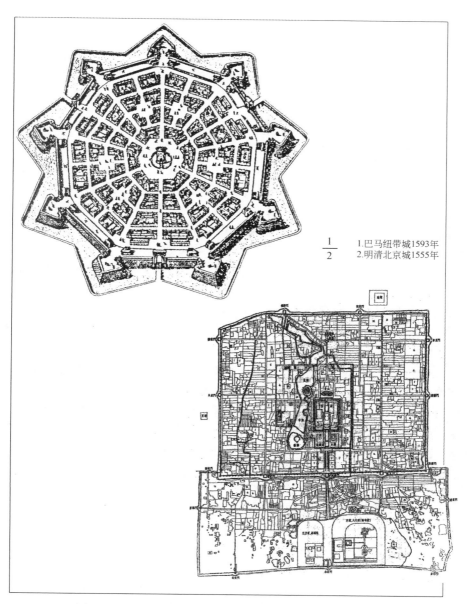

$\dfrac{1}{2}$　1.巴马纽带城1593年
　　2.明清北京城1555年

图 7.4　中西理想城市原型比较：巴马纽带城与明清北京城

255

第8章 中西当代城市规划影响研究

　　中国现代城市规划在形成和发展过程中一直受到外来理论、思潮、技术和方法的巨大影响。自20世纪初叶现代城市规划理论和方法传入中国，至今已百年，大体上经历了新中国成立前、新中国成立后和改革开放三个不同的阶段。尤其是改革开放30余年来，是外来城市规划对我国影响和冲击最大的时期，也是我国城市化发展最为迅速的时期，中国社会发生了翻天覆地的变化，举世瞩目。城市规划建设也取得了巨大成就，对经济发展和社会进步发挥了重大作用。在摸着石头过河的改革开放过程中，具有中国特色的城市规划体系已然形成，成绩斐然。

　　在取得成绩的同时，问题和矛盾越来越凸显。改革开放初期，我们希望通过借鉴西方国家的成功经验，发挥"后发优势"，提高我们的发展质量和水平，同时能够避免其曾经走过的弯路。今天，西方发达国家曾经经历过的交通拥挤、环境污染、房价高涨、城市特色缺失等问题，在我国大城市正在重演，并留下许多遗憾和困惑。

　　21世纪，我国进入新的历史时期，针对当前城市普遍存在的城市病和新型城镇化的建设任务，反思我国改革开放30余年来城市规划的发展及其接受外来影响的过程，理清关键问题及其根源，完善我国的城市规划理论方法，改革城市规划体系，寻找适合中国特色社会主义的城镇化道路，开展比较城市规划研究，特别是回顾改革开放30多年来我国城市规划发展的影响研究大有裨益，这也是我们进行比较城市规划的最初目的和根本所在。

8.1　西方对现代中国城市规划的影响

　　20世纪初叶，现代城市规划理论和方法传入中国，这是我国现代城市和城市规划体系形成的始点，也是影响的始点。从此，中国现代城市规划在形成和发展过程中一直受到外来理论、思潮、技术和方法的巨大影响。百年来，大体上可以分为三个历史阶段。其一，20世纪上半叶，以霍华德花园城市理论为代表的西方现代城市规划理论和方法由中国留学生介绍进入中国，形成了中国现代城市规划的萌芽。其二，1949年新中国成立后，苏联计划经济模式在我国得到系统地复制，虽然时间不长，但留下深刻的烙印。完整的规划体制建立起来，计划总图式城市总体规划、居住小区理论方法等对人的观念的影响远比实际城市规划建设的实体影响来得深远。其三，1978 年的改革开放打开了国门，当代西方城市规划大举进入，助力了我们的现代化建设。尤其是这改革开放的 30 余年，是外来城市规划对我国影响和冲击最大的时期，也是我国城市化发展最为迅速的时期，中国社会发生了翻天覆地的变化，举世瞩目。城市规划建设也取得了巨大成就，对经济发展和社会进步发挥了重大作用。在摸着石头过河的改革开放过程中，具有中国特色带城市规划体系已然形成，成绩斐然。

近年来，中国比较城市规划之影响研究已经形成了较为丰富的研究成果，特别是对近现代的城市和城市规划，考证翔实，分析透彻。虽然还不够深刻，但是对苏联的影响研究也每每在新中国城市规划的历史研究中谈到。目前，相对较弱的是对改革开放后外来城市规划的影响研究，还没有抓住重点。对这一时期进行深入分析研究，对我国提高城市规划建设水平，找到新型城镇化道路，大有裨益。

8.1.1　第一阶段：“花园城市”理想的启蒙（1898～1949 年）

1898 年霍华德发表《花园城市：通向改革的道路》一书，标志着现代城市规划的诞生。在 20 世纪初花园城市的思想传入我国，在其后直到新中国成立前的 50 年中，霍华德分散主义的花园城市思想及现代城市规划理论方法分两种方式对我国城市规划产生影响。一是留学生和市政专家，他们通过理论研究，介绍霍华德的花园城市思想及现代城市规划，并大声疾呼学习效仿。由于这种畅想与中国当时的实际相差甚远，难以实现，但其萌芽已经在中国生根发芽。二是市政当局。抗战胜利后，现代城市规划的思想和方法传播更加广泛。重庆“陪都”10 年建设计划草案、大上海都市计划一、二、三轮方案和天津特别市都市计划中，都采用了土地利用总图方法，已出现了邻里单位、卫星城等分散主义思想和当时新的现代城市规划手法。虽然规划基本没有实施，但这种思想对中国近现代城市规划的成形和思想发展演变产生重要影响。

回顾历史，西方当时最先进的规划理论思潮传入中国，而中国当时还处在农业社会和半封建半殖民地时期。所以，许多借用花园城市等现代城市规划理论的规划设想与中国的实际状况相差甚远，无法落地实施。但是，这种分散主义的城市规划，与当时战时要求城市和人口疏散的环境相匹配，与中国传统对山水等自然环境和田园生活向往的深层结构相契合。应该看到，虽然规划不能实现，但影响是深远的。同时，这段时期应该是中国现代城市规划的启蒙时期，还没有形成完整的城市规划行政、规划编制、规划法律和规划管理体系，学习借鉴外来的先进经验也是零星的和随机的。

在这段时期还出现了一种现象，就是对中国传统文化的追随。"五四运动"打倒孔家店，中国传统文化几乎没有生存余地。但是在追随"赛先生"和"德先生"的过程中，中国人的民族情节萦绕在心。在 1929 年上海新市区中心区和 1946 年南京特别市的规划中，出现了所谓"中西合璧"的尝试，当然主要是建筑形式上的继承，缺少对中国传统城市规划和建筑设计内涵深层次的研究。这是中国规划师在现代城市规划中首次试图尝试传统的形式，与当时整个文化界"中学为体，西学为用"的思潮相一致。

8.1.2 第二阶段：苏联计划经济式城市规划的烙印 (1949~1978 年)

新中国成立后，帝国主义对中国采取封锁策略，中国对外开放的大门又一次关上。这一阶段约有 30 年时间，中国城市规划的发展可以分为三个时期。1950~1957 年全盘接受苏联影响时期；1958~1965 年是快速和农村式的城市规划时期；1966~1977 是"文化大革命"的十年，规划靠边站。这段时期，分散主义的城市规划思想，与苏联社会主义城市规划理论基本一致，继续在我国规划界流传。苏联计划经济式的城市规划行政管理和规划编制体系在我国全盘复制，在我们的思想深处留下深深的烙印。

1950 年中苏签订友好条约，苏联派专家支援新中国的建设，苏联计划经济和"五年计划"方法的引入，对中国形成全面的影响。同时，苏联城市规划思想体系也全盘进入我国城市规划领域，包括城市总体规划和详细规划两级规划编制体系，以及定额指标和居住小区的规划方法等。苏联专家亲自辅导进行了洛阳、郑州、西安、沈阳等城市的规划，在实践中锻炼培养了我国自己的规划人才队伍。

虽然只有短短几年时间，但苏联的影响异常深刻。按照苏联的规划体系，城市总体规划是对国民经济和社会发展"五年计划"的落实，是蓝图式的，规划主要内容是项目落地，工业区与居住区协调布局，技术经济指标合理。详细规划是具体建设项目的规划设计。定额指标和居住小区的规划方法也反映了计划经济时期整齐划一的规划理念和方法。这种计划指令式的规划编制体系和方法借用过来，与我们心里潜在的希望改变中国半殖民地半封建社会一片散沙局面的愿望相吻合，与我们内心深处封建社会集权的思想一脉相承，与我们的社会主义管理体制高度一致，又简单易学，所以很快成为我国城市规划编制的主体，一直在今天还在使用。这段时期形成的以计划经济思想和方法为主的中国城市规划体系，成为现代中国城市规划的主体。以至在以后的改革开放 30 余年中，虽然进行了大量的改革创新，但计划经济式的规划一直在起主导作用。

这一时期，西方的城市规划思想的传入主要是依靠从国外回国的著名专家学者，但他们是小众。1950 年 2 月，梁思成先生和陈占祥先生共同提出《关于中央人民政府行政中心区位置的建设》，史称 "梁陈方案"。主要内容是为了北京古城的完整留存，在城外西部规划建设新的行政中心区。"梁陈方案" 所包含的正是当时世界上最先进的城市发展理念，它是一个全面的、系统的城市规划设计建设书。由于限于当时政治意识、眼界和经济水平，几乎所有决策者都反对，包括苏联专家，"梁陈方案" 没能实施。巧合的是，1955 年，法国巴黎为保护老城区的历史格局，同时适应发展的需求，决定在老城外规划建设德方斯商务区。

北京的城市规划首先是天安门广场的改造。当时的苏联专家们执意要在北京看到一个莫斯科红场的翻版，坚持必须以天安门为政治中心，扩建广场，以备群众游行所用。关键是，这完全符合最高领导人的意志。同时，中国各地纷纷掀起拆城竞赛。20 世纪 50 年代中期，北京和南京拆除城墙的群众运动进入高潮。为迎接建国十周年，展现新中国的成就，在北京建设十大建筑。中国建筑师为主导，除个别是学习苏联的建筑形式外，大部分建筑设计在满足现代建筑功能的同时，吸收了中国传统和民族建筑形式，建筑设计和建造水平达到一个顶峰。

自 1957 年开始，中国进入 20 年的混乱期。这段时期，分散主义的城市规划思想，与苏联社会主义城市规划理论基本一致，继续在我国规划界传播，如 1958 ~1965 年，城市规划是快速和农村式的。同时，在城市规划和建筑设计理论上出现一种简单化的趋势。历史传统是复辟，资本主义马上走向灭亡。对 "大屋顶" 的批判和 "适用、经济、在可能条件下注意美观" 的观点与现代建筑运动表面看是一致的，这为 1978 年改革开放以后，现代主义在中国盛行奠定了思想基础。1966 ~1977 年，虽然城市规划行政管理和规划编制体系不复存在，但苏联计划经济式的城市规划在我们的思想深处留下深深的烙印。这一时期，可以说西方世界对中国城市规划的影响很少。

8.1.3　第三阶段：现代建筑运动和多样化的影响（1978 年至今）

1978 年中国实施改革开放，国门再一次向世界打开，这是一次主动的开放。这个阶段可划分为三个时期，1978~1989 年，是中国城市规划恢复时期。1990 ~

2008 年，是中国城市规划快速发展时期，与世界的交往继续扩大，所受影响是多方面的。2008 年至今，中国发展与世界同步，中国城市规划开始反思，是寻求建立具有中国特色的城市规划体系的时期。在这个阶段，不论怎么变化，总体来看，我国的城市规划是以现代建筑运动和功能主义为主，简单粗放，符合中国当时的国情。今天，中国的城市规划到了一个转折点。

1978~1989 年，是中国城市规划恢复时期。在城市规划领域，外来的规划理论、思想和方法，以及发达国家的实践经验蜂拥而至，对我国城市规划建设产生了积极和巨大的影响。在百废待兴的形势下，中国城市规划工作者努力工作，用短短 10 年时间，在满足城市建设发展的同时，完成了城市规划体系的恢复和重建。1989 年《城市规划法》的颁布具有划时代的历史意义。这一年全国主要城市第一轮城市总体规划基本编制完成，标志着中国城市规划体系的建立。

1990~2008 年，是中国城市规划大规模实践和走向成熟的时期，是所谓"城市规划的第三个春天"。随着我国改革的深入和社会主义市场经济体制的建立，城市的作用越来越突出，发展势头强劲。土地使用和住房制度改革促使房地产的迅猛发展，高速公路四通八达和私人小汽车逐步普及，高速铁路和轨道交通缩短了时空距离。这些大的事件促进着城市发展，影响着城市的规划。我们通过学习借鉴西方国家在城市规划行政、规划编制、规划管理和法律体系方面的成功经验，将外来的文化与我国的具体情况相结合，通过改革创新，走出了一条具有中国特色的城市规划道路，取得了举世瞩目的成绩。例如，深圳通过学习借鉴香港的法定图则，创立了控制性详细规划。广州学习英国结构规划等战略规划，开展了城市空间发展战略规划研究。地方的实践促进了城市规划的进步。这个时期，中国与世界的交往继续扩大，更多的中国人走出国门，也有许多西方的规划师、建筑师参与中国的规划设计。西方更多的城市规划理论、方法、流派为国人所了解，许多新的规划理论方法得到研究和借鉴。2008 年的奥运会和 2009 年的世博会的成功举办，标志着中国城市规划走上世界舞台。

2008 年到当下是一个新的重要的历史时期。奥运会后，在城市规划建设取得辉煌成绩之后，城市的矛盾和问题也越来越突出，中国城市规划开始反思，寻求找到更好的模式，完善具有中国特色的城市规划体系。这一时期，我们深入系统地掌握了发达国家的城市规划体系，看到的已经不只是在改革开放初期所了解的表面现象，已经知其然，又知其所以然。另外，对我国现阶段城市规划存在的问题认识也越来越清晰。城市问题不单单是功能问题、规模问题、交通问题、环境问题、建筑问题，而是社会经济环境问题，是体系问题，是城市整体以及城市区域、国家空间发展战略问题。对中国城市规划体系改革的目标越来越清晰，只是改革到了深水区，难以起步。2007 年新的《城乡规划法》颁布，与 20 年前的法律并没有太大的改变。计划经济蓝图式的城市总体规划理念依然起很大作用。城市规划体系对社会主义市场经济的调控能力依然十分有限，一放就乱，一抓就死。同时，控制性详细规划太过简单，造成城市环境质量的低下。中国城市规划必须要进行系统的改革，中国城市规划到了一个转折点。

应该说，中国现代城市规划主要受到功能主义和现代建筑运动的影响。功能主义和现代建筑运动的思想与我国传统的"适用、经济、在可能条件下注意美观"的观点表面上是一致的，这也是现代主义在中国盛行的思想基础。但是，当我们亲眼看到密斯的作品时，才真正理解什么是现代建筑运动的真谛。在中国，由于发展阶段的不同，建筑技术、材料、构造、技术水平，包括造价都没有达到相应的要求，因此，中国所谓现代主义建筑学习的是皮毛，没有领会真谛，形成了"火柴盒"式的形体简单、没有细部的建筑，只能说是简陋、低质、没有文化内涵，因此被全社会所诟病。在这种形势下，后现代建筑运动、多样性的理论思潮涌入，形成中国城市规划和建筑设计的另外一个问题，追赶潮流。年轻的建筑师还没有掌握基本的建筑设计技能，就想要做大师，不会走路就要跑步。由于并不真正理解现代建筑的内涵，没有经验的积累和文化的积淀，因此只了解外形的变化，许多建筑理念肤浅、混乱，同时却无视城市的环境文脉，而注重城市文脉正是后现代建筑的核心。今天，在重视城市历史街区保护的同时，我们对中国传统文化的探索反而减少了，值得我们深思。

8.2 中国城市规划 21 世纪的反思

今天，中国是世界最大的"工地"，世界各国的规划师、建筑师在中国进行着规划设计，最新的建筑理念能够在中国得以实现。在取得骄人成绩的同时，回顾走过的路程，发现还存在许多不完善的地方。改革开放初期，我们希望通过借鉴西方国家的成功经验，发挥"后发优势"，提高我们的发展质量和水平，同时能够避免走他们曾经走过的弯路。今天，西方发达国家曾经经历过的交通拥挤、环境污染、房价高涨、城市特色缺失等问题，在我国大城市正在重演，留下许多遗憾和困惑。

21 世纪，我国进入新的历史时期，针对当前城市普遍存在的城市病和新型城镇化的建设任务，反思我国改革开放 30 余年来城市规划的发展及其接受外来影响的过程，理清关键问题及其根源，继续学习借鉴发达国家的成功经验，完善城市规划理论方法，改革城市规划体系，寻找适合中国特色社会主义的城镇化道路，开展影响研究大有裨益。当然，城市问题不会消失，影响研究是一个长期和持久的课题。

在新的历史时期，需要我们在城市发展目标、城市扩展方式、城市布局结构与交通、城市经营与房地产、城市形态和特色等重点方面进行反思，包括对当时认识不清，或知其然，不知其所以然，囫囵吞枣，难以消化的东西进一步分析了解，再次比较研究，查找问题所在。在新的起点上，通过进一步深化改革，寻找21世纪新的正确的发展道路。

8.2.1 城市发展目标：经济增长与生活质量

城市发展的最终目的是为人创造良好的生活工作环境，经济发展是必要的手段，但不是最终目的。改革开放以来，我国城市发展的目标经历了以经济增长为主和经济、社会、环境协调发展两个阶段。虽然经济、社会、生态环境协调发展在我国已经提了许多年，但在实际的城市规划工作中，依然是经济增长占主导地位，而对社会和生态总体上关注不够，问题很多。

1978年12月，中共十一届三中全会，全面纠正"文化大革命"以及以前的"左倾"错误，确立了解放思想、实事求是的思想路线，停止使用"以阶级斗争为纲"的口号，作出了把工作重点转移到国家经济建设上来的战略决策，使我国在经历了"文化大革命"的混沌之后，走上了正确的发展轨道。20世纪80年代末，全国主要城市都编制完成了城市总体规划，大部分城市在城市定位中使用的仍然是工业基地等表述，延续了计划经济的思路。1993年11月，中共十四届三中全会举行，通过了《中共中央关于建立社会主义市场经济体制若干问题的决定》，这个决定勾画了社会主义市场经济体制的基本框架，规定了国有企业改革的基本方向，是20世纪90年代进行经济体制改革的行动纲领。因此，在20世纪90年代城市总体规划修编中，许多城市在城市定位中使用了经济中心这样的字眼。2003年10月，中国共产党第十六届三中全会审议通过了《中共中央关于完善社会主义市场经济体制若干问题的决定》，提出了统筹城乡发展、统筹区域发展、统筹经济社会发展、统筹人与自然和谐发展、统筹国内发展和对外开放"五个统筹"的改革目标。科学发展观，在中国共产党第十七次全国代表大会上写入党章，成为重要的指导思想。2000年以后的城市总体规划，在强调经济增长的同时，都提出了包含生态城市、宜居城市等内容的城市定位和发展目标。但是，在实际工作中，不管是城市的领导，还是规划设计工作者，对城市生态环境和社会和谐方面重视的不够，即便是在经济发展方面，也还是以速度和总量为主，对质量关注不够。这些问题是造成我国目前城市规划存在问题的主要原因之一，必须引起高度的重视并作出相应的转变。

回顾历史，人类对发展的认识经历了一个过程，从以经济增长为中心的发展观逐步发展到经济社会综合发展、可持续发展和以人为中心的综合发展观。1956年，诺贝尔经济学奖获得者美国经济学家刘易斯的《经济增长理论》成为发展经济学开山之作，他把发展视同于增长。1968年，诺贝尔经济学奖获得者瑞典经济学家缪尔达尔的《亚洲的戏剧：对一些国家贫困问题的研究》被誉为不朽之作。他认为，发展不只是增长，而是包括整个经济、文化和社会发展过程的上升运动，是一个摆脱贫困、实现现代化的过程。1972年，罗马俱乐部发表了著名的研究报告《增长的极限》，明确提出了"持续增长"和"合理的持久的均衡发展"的理念。1987年，以挪威首相布伦特兰为主席的联合国世界与环境委员会发表了报告《我们共同的未来》，正式提出可持续发展的概念，在1992年的联合国环境与发展大会上得到普遍承认。1983年，联合国推出法国经济学家佩鲁的著作《新发展观》，提出了整体的、内生的、综合的发展，并称之为"以人为中心"的新发展观。1987年，欧文斯在《发展中世界的自由前景：伴随政治改革的经济发展》一书中指出，现在该是我们把政治与经济理论结合起来考虑问题的时候了，不仅考虑发展的方式，而且考虑发展的质量，即是说人的发展重于物的发展。1990年，联合国开发署提出人类发展观，它着重于人类自身的发展，认为增长只是手段，而人类发展才是目的。

目前，世界各国的城市都把经济社会环境协调发展作为城市发展的目标。美国许多城市在规划发展目标的表达上采用了"生活的质量"这一综合表述的方法，基本延续了"美国梦"的概念，比较容易理解。生活的质量由社会、环境和经济所决定，强调社会公平、环境保护和经济发展三者并重，这也与新的发展观一致。在纽约区域规划协会（RPA）1996年制定的纽约第三次区域规划《纽约：危机的区域》（*Third Regional Plan*, *A Region at Risk*）中，规划目标图解为"三原色"，非常有代表性，在这里经济被有意地放在最下边，而三个圆环交织的核心地方即是生活的质量。生活质量实际上与宜居环境概念是一致的，包括社会公平的内涵。纽约区域规划三环目标、欧盟战略空间规划目标和中国城市发展目标，如图8.1所示。

与美国精明增长（smart growth）规划的背景不同，欧盟空间规划目前的主要目的是欧洲的联合，实现领土和社会的融合，形成合力，共同发展。在欧盟1999年《欧洲空间发展展望 ESDP》中，规划目标三角图的核心目标是追求平衡和可持续的空间发展，强调社会、经济和环境三者的统一。在《欧洲空间规划

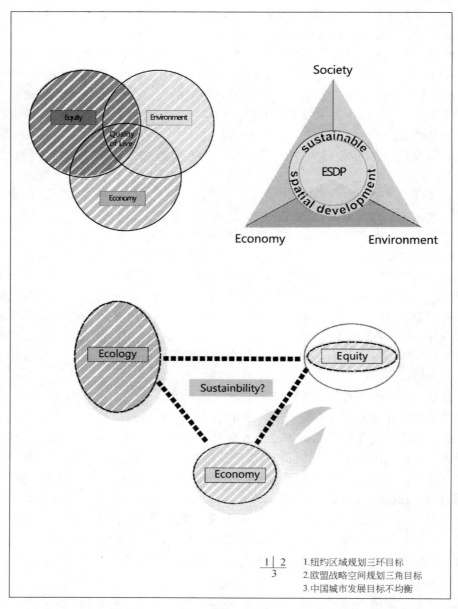

图 8.1　纽约区域规划三环目标、欧盟战略空间规划目标和中国城市发展目标
资料来源：朱雷梅等，2008 年，《城市设计在中国》，华中科技大学出版社

宪章》等文件中，规划的基本目的是寻求平衡的区域社会经济发展，改善居民的生活质量，管理自然资源和保护环境，合理利用土地。从中可以看出，尽管生活质量同样是规划追求的目标，但对欧盟来说，追求平衡的区域社会经济发展更重要，是第一位的，这是欧盟存在的基础。

从国外的实践可以看到，城市发展目标不仅强调经济社会环境三者协调发展，更主要的是特别强调三者协调发展的核心是形成高品质、可持续的生活质量和环境，这方面是我们目前最欠缺的。在我们对城市定位和发展目标的制定上，与对经济增长的重视程度相比，对社会和谐和环境保护的重视程度还是不够。而且，在对统筹经济社会环境发展目标的表述上，也比较抽象直白，缺少像城市发展的最终目标是塑造高品质的人居环境和高质量的生活这样具体、直观、形象的描述。

随着新的发展观的形成，规划目标从单纯追求经济增长，拼消耗、拼 GDP 增长的发展模式向全面、平衡协调和可持续发展转变。在我国，对于城市发展目标的研究是一个新的课题，需要加强研究和不断丰富完善。不管是"美国梦"，还是"中国梦"，不管是"生活质量"的追求，还是"小康社会"，都必须与时俱进，不断创新。

8.2.2 城市扩展模式：摊大饼与城市区域

"严格控制大城市规模，合理发展中等城市，大力发展小城镇"是我们城市发展长期的方针。我国人多地少，合理利用和节约每一寸土地是我们的基本国策。受西方分散主义城市规划思想的影响，以及内心深处对田园城市的向往，加上 20 世纪 70 年代备战、备荒和唐山大地震的影响，我国城市规划领域一直奉行分散主义的城市规划思想，并形成根深蒂固的传统观念。实际上，当时我国城市发展的聚集程度还远远不够，只是由于多年缺乏建设，城市中以平房为主，建筑和人口密度过高，给人造成城市过于拥挤的印象。在这期间城市总体规划的编制和审批中，一直严格控制城市人口规模和城镇用地规模，大城市人均用地控制在 85 平方米以内，一般城市 100 平方米以内，小城市 120 平方米以内。这种简单的标准，容易记住，便于审查。

毕业后，导师赵炳时教授借调我回到清华大学，参与"我国特大城市结构与形态比较研究"课题。搜集整理我国当时 100 万人以上特大城市的规划资料，进行定量评价。当时赵炳时教授从美国做访问学者回来，给我美国几个城市的计算机图形资料，在清华大学计算机系国家图形辅助设计中心，我把中国的几个城市的形态输入，当把同比例的美国特大城市与我国特大城市放在一起时，惊奇地发现我们城市的建成区范围与美国相比实在是太小了，而人口又多很多，说明我们城市的密度太高。当时，北京、上海、天津等特大城市中心人口密度在 2 万 ~ 4 万人，居住环境恶劣。因此，疏解人口也是各城市规划的内容，当然，主要方法还是规划建设卫星城。但是，事实上，我们的城市太小了，需要合理扩展。

改革开放后，以经济建设为中心，经济建设以城市为中心，思路逐步明确。因此，出现了发展大城市的呼声，地方政府也有积极性和实际需求，因为大城市是效率最高的地方。然而，城市规划对此并没有相应的回应，规划控制大城市发展的总体思路没有改变。结果是规划既没有约束到城市的扩展，更没能引导城市形成合理的结构和形态。

1. 环路加放射路+外围绿化带环绕+远郊卫星城

20 世纪 80 年代末，我国城市第一轮城市总体规划基本编制完毕。受到大伦敦规划、大莫斯科规划的影响，我国大城市的总体规划都是环路加放射路、外围绿化带环绕、远郊卫星城的典型布局。没有考虑中国当时城市化和经济发展所处的阶段等因素，是理想化的规划。在这些规划中，天津城市总体规划比较特殊，除中心城区同样采用了环路加放射路、外围绿化带环绕和远郊卫星城的经典布局方式之外，在塘沽港口规划了滨海地区。这是结合天津实际，按照世界港口发展的规律制定的，实践证明，比较成功。

30 余年来，中国大城市社会经济都取得了很大的发展，在中国经济发展中发挥了巨大的带动作用。但回头看城市规划建设，发现问题很多，城市病明显，交通拥挤、环境污染，西方大城市的老问题重现。在城市扩展上，城市呈"摊大饼"式发展，没有经过设计的形态，绿化带没有起作用，近远郊区连成一片。总体看，这一时期的城市总体规划是不成功的。高架路、立交桥、宽马路、大广场、大公园和高楼林立，成为中国城市现代化的典型写照。

2. 开发区+园区+新城

与"摊大饼"式发展相对应的，是开发区的规划建设，这是中国改革开放30 余年来空间发展的一个特色，也对中国经济和城市的发展发挥了巨大作用，改变着中国的城市形态。

笔者的硕士研究生论文选题，最早是《我国沿海开放城市经济技术开发区比较研究》，之所以选择这个题目，一是因为当时开发区是热点；二是在本科时，参加了吴良镛先生主持的北京海淀区文教园区的规划研究，对世界上主要的科技园,如硅谷、剑桥、筑波等进行了比较研究,收获很大。在跑遍了我国 14 个沿海开放城市大部分开发区,把开发区的规划资料与亚洲四小龙出口加工区的资料进行对比时,笔者又一次惊奇地发现,国外的出口加工区一般都只有 1~2 平方公里,而我们的经济技术开发区都很大,10~20 平方公里,而规划又十分简单。为了能够搞清楚比较研究的一些基本问题,笔者把硕士论文题目改成了"比较城市规划研究初探"一个更大的题目。

毕业后,首先在规划局接触的是国家对开发区的清理整顿工作,包括要求开发区的规划和土地管理不能脱离城市自搞一套。30 多年来,开发区发展迅速,出现各种类型,从经济技术开发区发展到保税区、出口加工区、高新技术产业园区,以及教育园区、体育园区,发展出许多新区,有的新区面积更是扩展到几百平方公里。有少数的开发区规划按照城市来规划,如苏州新加坡工业园区,围绕金鸡湖规划了城市中心和生活设施,效果不错。大部分开发区没有城市的概念,以大片的工业区为主,宽马路、大广场,不宜人宜居,与城市的关系也处理得不好。

3. 城市扩展:比较英国和美国做法的异同

城市必须要扩展,如何扩展,是中国城市面临的课题。长期以来,我国受英国以大伦敦规划为代表的分散主义城市规划的影响,一直采用限制大城市扩展、在外围规划建设卫星城的做法。在实践中,也学习借鉴莫斯科、华盛顿等城市沿交通走廊布局新城镇的做法,不断进行改良。但是,经过改革开放 30 余年的发展,总体看,最后的结果不好,以北京为代表,城市无序地蔓延扩展。这要求我们回过头来重新对西方分散主义城市规划理论和实践进行更加深入的剖析,以真正理解和把握其内在的社会经济政治文化技术等因素的作用。

1901 年,威尔斯(H. G. Wells)在其著作《机械和科学进步对人类生活和思想影响的预测》(*Anticipations of the Reaction of Mechanical and Scientific Progress upon Human Life and Thought*)一书中,对小汽车、高速公路和城市扩展都作出了准确的预测。近百年来,小汽车、高速公路和城市扩展一直是城市规划理论和实践领域不断探讨的重大课题。英美在这个问题上的观点和做法一直存在差别。比较两种理论和实践,有利于全面深入了解和掌握内在的发展规律和各自的特征。

1)郊区化:大争论

1906 年,纽约开始修建世界第一条高速公路意义的花园路,1908 年福特普及型大众 T 型汽车面世。到 20 世纪 20 年代,美国的郊区化已经受到小汽车的影响，比传统以火车和公交为主的郊区化有了很大的发展。在一些地方已经出现了小汽车交通拥挤的情况。佛兰克·劳埃德·莱特在 1924 年提出了他的"广亩城"设想，试图通过采用新的规划模式和方法，以适应小汽车等新技术的使用。受到霍华德花园城市理想的影响，莱特也强调城乡的融合，反对大城市。而1929 年开始的经济大萧条延缓了私人小汽车和郊区化的发展。

在第二次世界大战后，汽车产业很快得到恢复和进一步发展，小汽车拥有量快速提高，城市郊区化迅速蔓延。转眼之间，莱特的广亩城设想在全美国实现。但需要特别注意的是，新的郊区化内涵完全不是莱特所设想的内容，而且之所以能够如此迅速地郊区化，其内在的动力机制是关键。郊区化受 1956 年联邦《跨州高速公路法案》和郊区住房按揭政策的刺激，迅速发展。可以看出，城市郊区化蔓延发展是由几个因素共同造成的。首先是经济的发展和人均收入的提高，这是前提。二是有了小汽车技术和 20 世纪 20 年代开始的大规模的工业化生产。三是高速公路的建设和国家对住房和消费等方面的政策支持。

美国的郊区化从一开始就受到欧洲广泛的批判，这是因为美国的郊区化与传统分散主义的花园城市思想并不一致。对美国郊区化的批评集中在以下几个方面：浪费土地，增加了通勤时间，更高的服务成本，缺乏公共用地，关键是缺乏城市的形式。蒙福德指出：现代城市，不是中世纪的城镇，必须有确定的大小、形式和边界。而郊区化，任何房子之间均没有关系，是孤立的建筑，不能形成城市空间。

欧洲一直在努力控制郊区化。用外环路和绿化带围住，限制城市蔓延，同时，规划卫星城，以容纳新的发展。实践证明，欧洲大都市+卫星城的规划模式并不十分成功，也同样没能解决交通拥挤等问题。1945～1975 年，欧洲替代美国成为全球最重要的汽车制造商，即在福特 T 型汽车开始的 40 年后，汽车革命来到欧洲。在这个过程中，它开始广泛地影响欧洲传统的生活方式和城市结构。

2）城市改建+高架路

相对欧洲来说，美国的城市是新兴的城市。200 年前由测量师作的方格网的城市规划恰巧与汽车时代的要求比较适应。欧洲的城市大部分是自然形成的，汽车与老的城镇矛盾尖锐。小汽车的发展使城市原本紧凑的结构变得松散。城市中心大规模建设必然需要提高城市的机动性。从 20 世纪 50 年代中叶开始的新一代交通规划主导了欧美城市规划 10 年的时间，计算机模型表明必须建设大量新的城市高速和快速路网络才能满足快速增长的交通量的需求。这在当时的美国和欧洲没有遇到什么阻力。城市中心因小汽车的普及而改变，如图 8.2 所示。

1963 年，英国交通部公布了由布坎南（Colin Buchanan）主持，按照特尔普

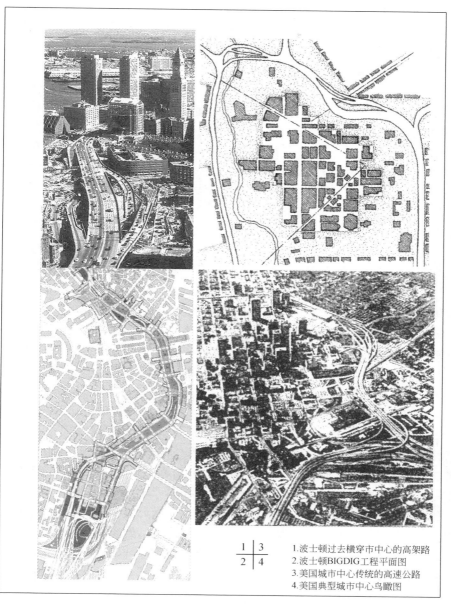

1	3
2	4

1.波士顿过去横穿市中心的高架路
2.波士顿BIGDIG工程平面图
3.美国城市中心传统的高速公路
4.美国典型城市中心鸟瞰图

图 8.2　城市中心因小汽车的普及而改变
资料来源：波士顿规划网站

（Alken Tripp）的"交通小区规划"（precinct planning）原理制定的《城镇交通报告》。结论是：城市中心要保持发展和强大，城市要保持一定的交通服务标准，则必须通过大规模重建来容纳大量的交通，否则只能限制交通。按照这个思路，要把英国城市翻个底朝天。一开始，英国人平静地接受，甚至带着一些兴奋，因为综合改造是件好事。伦敦规划了几百英里的城市快速路（urban motorways），以及联系每一个省会城市的高速公路。结合第二次世界大战后重建，英国的许多城市在市中心进行大规模拆迁，建设远比传统老城区内街道宽许多的内环路等道路，形成了环行加放射的快速路网结构。与此同时，结合城市更新，美国在大城市中心修建以放射状为主的快速路，许多是高架的。在把大量小汽车交通引入市中心的同时，破坏了城市的景观和环境。

3）反对高速公路运动+发展公交

加利福尼亚州，作为先驱者，改变了这个潮流。20世纪50年代初，旧金山作为最欧洲化的美国城市，开始反思和改变，停止了沿城市中心滨水岸线，包括渔夫码头在内的多层高架快速路的规划建设，这是世界上第一个对高速路的"起义"。今天看来，这个决定的确是正确的、英明的。由此，旧金山停止了市区所有新的高速路建设，许多高架路结构停在半空中。1952～1962年，两份咨询报告建议修建一个投资9000万美元的新的轨道系统BART，目的是保护旧金山作为一个欧洲化的、中心强大的城市。经过长期争论和公民投票，BART项目获得通过，终于开始规划建设，1972年首期开通运营。

从此，对高速路的"起义"遍及北美，包括多伦多，也到了欧洲。1973年，新当选的大伦敦议会工党实现了选举的承诺，废止了大伦敦的机动路规划。这些举措成为新时代精神的一部分。这是罗马俱乐部发表增长极限报告的年代，相信"小就是美"，而且石油危机直接导致了这些思想观念的改变。应该看到，对高速路的"起义"早于能源危机，能源危机只是加剧了这种改变。欧洲的交通投资转向公共交通，特别是轨道交通。

欧洲的城市一直有较好的地铁和公交系统，包括郊区也有公交、地铁和市郊铁路服务，为没有汽车的人提供了一个选择。美国也开始沿欧洲的方向前进，20世纪80年代中，超过40个主要城市开始运营、建设或规划轨道系统，形式多种多样。轨道规划建设也同时包括以轨道为导向的郊区建设。这种模式单靠市场的机制是形不成的，需要政府的支持。有人得出结论：在美国轨道交通不会成功，因为它们不适应分散的土地利用模式。与小汽车相比，轨道交通方式不吸引人。目前美国在轨道交通和城市布局规划方面正作出改进，如采用以公交捷运为导向的开发模式（TOD）等。但是，除非美国人愿意像欧洲人那样生活，并接受欧洲的土地利用规划系统，否则，效果的确是有限的。

4）环境保护

在郊区化发展的过程中，人们逐步认识到无序的蔓延对城市和区域生态环境的破坏。1972 年，加利福尼亚州议会通过法律，禁止沿海岸线的开发，保证圣弗郎西斯科湾被绿带所环绕。这种规划做法导致住房和土地变得稀少，住房、土地价格走高；但这种价格的增长是有道理的，因为住房周围的环境变得更好。与此同时，郊区化仍沿交通走廊蔓延，继续导致"郊区拥挤"和"郊区网格锁定"。高速路系统被郊区到郊区的通勤占满，即住在郊区，而工作岗位在另外一个郊区；而轨道交通一般是中心放射型的线形系统，这导致小汽车交通持续增长。

20 世纪 70 年代，与美国一样，能源危机并没有一下改变欧洲的郊区化，反而进一步加剧了。人口持续外迁，欧洲各国中心城市的人口开始减少。尽管城市有许多成功的轨道系统，解决了一部分交通问题，但都需要大量的财政补贴。

20 世纪 80 年代末 90 年代初，波士顿开始了一项旷日持久、耗资巨大的"大开挖"（BIG DIG）工程，计划用 10 年左右的时间，投资 500 亿美元，拆除通过城市中心的高架路，全部入地下，形成地下快速路交通网络，地面恢复为公园绿地。目前，这项工程基本完工，正接受实践的检验。

5）英美城市扩展模式的结果比较

今天，在大西洋两岸，好像高速路的城市正在赢得与传统公交结构为主城市的竞争，人们"用轮子投票"。准确地说，有车的人用车来投票，每年越来越多的人新买车，包括伦敦这样的以公交为主要运力的传统城市。目前美国政府投资于公共交通和小汽车的资金比例仍然是 1 : 7。私人小汽车拥有量保持在较高的水平，出行次数在稳步增长。在欧洲，在对私人小汽车控制了半个多世纪后，私人小汽车的拥有量也开始了持续增长。欧洲也没有能够阻止人们拥有和使用汽车。

从历史上看，美国，作为所谓的民主国家，地方政府拥有规划权，国民和公司拥有相对的自由，因此，规划本身无法控制城市的蔓延和小汽车的发展和使用，只是到了发展的后期，许多城市开始控制城市的发展范围。与此相反，英国作为传统上中央集权国家的代表，采取了控制城市蔓延的城市规划，采用绿化带、卫星城手法，以限制城市的扩张。实际上，美国的规划模式是鼓励私人小汽车发展的，而英国一直采取了以公共交通为主、限制私人小汽车发展的规划模式。但今天，英国的私人小汽车拥有量在不断增长，这值得我们思考。

当英国和美国规划研究人员比较两国城市发展的结果时，他们得出结论，两个规划制度都产生了与规划不一致的或相反的结果。对汽车限制较严的英国规划和较松的美国规划制度都产生了同一种城市结构，是很少有人想到的，或者愿意选择的。在英国，中产阶级住的区域太密、太小，注定要变成贫民窟。而美国太分散，浪费土地，需要过高的服务费用。在两个国家，规划对土地的控制使得郊区可开发的土地稀少，这实际上帮助了土地投机商和开发商。

英国有精细的规划，而美国规划从不许诺什么。研究的结论表明，如何判断两者的优劣主要依据判断者自身的价值观。如果你更多地优先考虑通过市场机制给人们提供大部分的物质商品，则会倾向于美国模式的郊区，因为它的低密度和低建设维护成本，是大大优于英国的紧凑和高成本的规划建设。如果你更多地关心自然资源和土地的保护，那么你会选英国模式。美国模式是大众的，英国模式是精英的。经济学家则认为，规划多少停车场合适也是经济学，并不是多多益善，规划资源也是商品，也是规划调控的手段。

在得出以上结论 15 年后，英国模式稳定地向美国模式方向转变。不断增加的压力是让土地市场自由化，因为这可以让不同收入阶层从中获得好处。在英国，许多人仍坚信农村的保护和限制制度，他们仍然很好地被组织在他们的乡村群落和城市区域中。在市场化问题上，即使是激进的右翼政党也存在矛盾。一方面是让开发商服务市场的愿望，一方面仍然是对打破传统信念的恐惧。例如，伦敦 25 公里宽的城市绿化带，仍然是神圣不可侵犯的。在美国，在维护市场自由的情形下，正在开展保护生态环境的精明增长和反增长运动，这导致地价和房地产的高价格。所以，正如彼得·霍尔所说，可能这两个国家正相对前进。

与规划管制模式相对应的，是汽车时代合理的城市区域空间模式。有文章认为，美国圣弗朗西斯科湾区将是 21 世纪最好的城市区域之一。因为它有合适的规模，多中心的布局结构，良好的生态环境，与城市融合、开放的公交和私人小汽车互相配合的交通网络、信息和高科技产业等，还有一点非常重要，因为湾区是低密度、建筑低层数的城市区域。在城市和建筑形象方面，文丘里指出：向拉斯维加斯学习。在汽车时代新的城市区域空间模式下，城市建筑、景观和城市形态可以采取具有时代特征的全新的模式。

4. 中国未来的城市扩展：城市区域

通过深入研究西方发达国家城市扩展和郊区化的过程，我们发现其中内在的经济、技术、政治、社会、文化等多方面因素是决定力量，是市场在发挥主导作用，这是城市发展的客观规律。

我们过去 50 年的规划，照抄照搬西方的理论，但并未真正理解其内在的动因，掌握城市和市场运动的规律，是简单的模仿和理想化，计划经济的意图很浓，习惯于"发号施令"。用行政的手引导市场之手，而我们并没有看到所谓市场之手在哪儿。因此，经典的环路＋绿带＋卫星城的规划模式，最后的结果是"摊大饼"和规划控制区外遍地开花的开发区。

城市要发展就需要扩展，研究中国的城市未来的发展必须研究未来经济、社会发展和技术进步的规律，研究人的活动和运动，综合考虑老城区保护、密度疏解和新区发展等问题，探索21世纪适应小汽车合理发展的城市扩展模式。

城市区域（city region），或称城市地区，在英语和汉语都是一个新的概念、新的词汇，是介于城市群（megalopolis）和城市之间的重要形态。爱伦·斯科特（Allen Scott）指出，城市区域有两种典型的形态，一种是以一个强大的核心城市为主的大都市聚集区，如伦敦、墨西哥城等；另一种是多中心的城市网络，如荷兰兰斯塔德和意大利埃米利亚－罗曼尼亚（Emilia-Romagna）。肯尼奇·欧米（Kenichi Ohmae）认为，由于具有通信、资本、公司和消费者等优势，在全球化的情形下，城市区域将是未来最佳的城市发展模式。因此，研究和掌握城市区域在新的社会经济和技术条件下的发展形态和规律，寻找合适的规划理论和手段是非常重要的。

帕兹·希丽（Patsy Healey）对城市区域的定义是：城市区域是指这样一个地区，在这个地区内日常生活的相互作用延伸开来，与商务活动相互联系，表现出"核心关系"，如交通和市政公用设施网络、土地和劳动力市场。它可以是指一个大都市（metropolis），一个都市节点的密集聚居城市综合体或一个通勤或休闲的腹地，它或与行政界限不一致。拉维兹（J. Ravetz）以城市区域的概念对2020年英国大曼彻斯特的发展前景进行深入研究，认为大曼彻斯特城市区域是一个以曼彻斯特为核心的"城市－腹地"地域系统，内部具有行政、产业、通勤、流域等联系。围绕整体发展的最佳模式来重新规划和安排政治地图，往往具有长期的功效，或者说可以成为一个有效的功能区域。

城市区域是经济区域，城市区域的规模变化很大。按照爱伦·斯科特（2001年）的观点，全球人口超过100万人口的300多个城市都是城市区域。而有经济学者认为，人口规模达到500万～2000万人才是理想的城市区域。从空间尺度上讲，城市区域以经济活动为标尺，从数百平方公里到上万平方公里，如美国旧金山湾区，作为一个成功的城市区域，面积超过1万多平方公里。

21世纪是城市的世纪，更是区域的世纪，新区域主义（new regionalism）已经成为重要的思潮。随着城市规模扩大，数量增加，交通和通信技术的飞速发展，城市区域的作用越来越明显，是当前经济社会政治活动的焦点之一，同时也是人居环境建设的重要内容。

近年来，我国在特大城市建设和城市群的规划研究和实践方面取得了丰富的成果，但是，如果要在城市和区域的人居环境建设方面有所突破，急需开展对城市区域的研究和规划实践。当前，我们一方面应该从城市区域的角度对北京、上海、天津等特大城市规划进行深化调整，另一方面，对一些新的规划地区，如天津滨海新区等，也必须要用城市区域的理论来进行规划理论和实践探索。天津滨海新区，与20世纪80年代的深圳特区规划、90年代的上海浦东新区规划相比，其战略空间规划层面最突出的特点，就是作为一个城市区域，而不单单是一个城市。

一个好的城市区域需要一个好的城市区域规划结构和形态。以美国为代表的郊区化蔓延式发展，是高耗能、高排放的模式。以洛杉矶为例，连绵的独立住宅一望无际、城市高快速路密布如织，以小汽车为主导的交通模式造成了城市拥堵和空气污染。以欧洲为代表的单中心城市+卫星城的发展模式，比郊区化蔓延式发展相对紧凑，但也存在许多问题。以伦敦为例，伦敦城单中心集聚，城市"摊大饼"蔓延，虽然有绿带隔离，但城市规模已经较大，而卫星城的布局模式也造成通勤时间长、交通潮汐现象严重等问题。以上两种类型是我们比较熟悉的空间模式，我国大部分城市过去都在追寻单中心城市+卫星城的发展模式。目前，卫星城没有发展起来，又遇到郊区化的问题。北京既"摊大饼"又郊区化，问题暴露得很严重。

分析美国圣弗朗西斯科湾区和荷兰兰斯塔德城市区域的有益经验，给我们启示。数座城市星状围绕圣弗朗西斯科海湾和中心绿心布局，形成环带状、组团式发展的网络化布局，以生态绿化分带隔城市，并通过有序的交通体系实现城市间便捷联系，城市互相分工协作，避免了单中心城市+卫星城和郊区化蔓延发展两种模式的许多问题。洛杉矶地区的城市蔓延模式、伦敦的中心城市+卫星城模式和兰斯塔德城市区域多中心模式，如图8.3所示。

2000年，罗杰·西蒙兹和盖里·哈克在他们编著的《全球城市区域：正在演进的形式》（*Global City Regions: Their Emerging Forms*）一书中，对全球11个重要的城市区域进行了研究，对包括新经济、新的区域政治和新的交通通信方式对城市带来的影响进行了分析，对未来城市区域发展的趋势进行了预测，认为城市区域的未来形态更多的应该是多中心网络化。

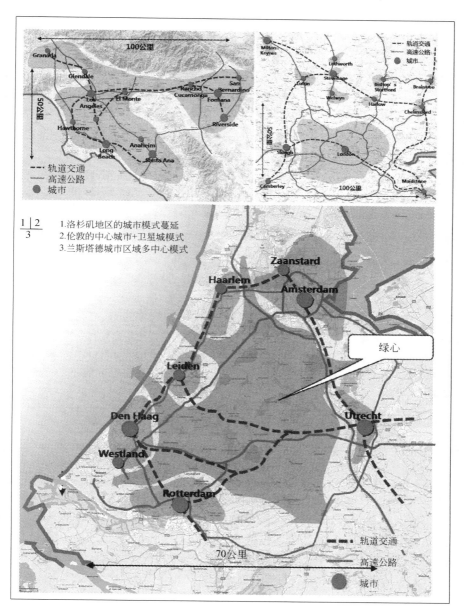

图 8.3　洛杉矶地区的城市蔓延模式、伦敦的中心城市+
卫星城模式和兰斯塔德城市区域多中心模式

8.2.3　城市布局结构：小汽车与轨道交通

在中国城市规划领域，以西方发达国家私人小汽车发展带来的严重城市问题为由，几十年来一直呼吁限制私人小汽车的过度发展，坚定地鼓吹以公共交通为主导的城市发展模式和布局结构。

在 1997 年亚洲金融危机之后，在如何选择拉动内需的经济增长点上，曾爆发过商品住房和私人小汽车之争。表面上商品住房占据了上风，实际上是汽车工业卧薪尝胆地发展。短短的几年后，在 21 世纪的今天，汽车工业已经成为推动我国国民经济快速发展的非常重要的主导产业之一，它拉动了众多相关产业和服务业的快速增长。这段时间，也正是环境保护、可持续发展、循环经济等观点的讨论最为热烈的时期。

事实表明，尽管小汽车在环境保护和资源等方面存在着严重的问题，这些问题越来越被大家所认识，但政府和公众还是选择了"用轮子投票"。私人小汽车拥有量的快速增长反映了人们生活水平提高之后对机动性的强烈需求。随着私人小汽车大量在城市出现，传统的以公交为主的城市布局模式被滚滚车轮碾碎，交通拥挤、空气污染成为最严重的城市问题之一。在车流滚滚的情形下，城市规划仍然坚持控制小汽车发展，几乎所有城市的总体规划修编和综合交通规划都依然遵循着以公交为主的城市布局和交通规划模式。这种做法无可厚非，但与此同时，城市交通问题在不断恶化。作为真正的规划工作者，我们必须客观地面对这样的局面，找到解决问题现实可行的办法。

1. 正视问题："用轮子投票"与"通向环境毁灭之路"

北京现象是我国小汽车发展的一个缩影。2003 年，我国私人汽车保有量达1200 万辆，其中私人小汽车保有量约 600 多万辆。2012 年，我国汽车产销量都超过 1900 多万辆，世界第一，小汽车保有量也已经达到 1.2 亿辆，成为汽车大国。目前，私人小汽车主要集中在我国经济比较发达的大城市。至 2012 年年底，北京市机动车保有量达到 520 万辆，其中私人汽车保有量为 407 万辆，占机动车总量的 78%，私人小汽车 298 万辆。按照北京目前常住人口 2069 万人计算，平均 4 人一辆机动车，5 人一辆私人小汽车，已经达到发达国家私人小汽车的拥有水平，北京在全国城市中率先进入小汽车时代。

北京市目前交通拥堵问题非常突出，堵车常态化，造成出行时间长，车速慢，停车难，加剧了汽车尾气污染，影响到人们的日常生活和工作，影响到经济发展。在这种情况下，北京市采取了一些措施，如编制规划，制定措施，加快地铁等城市轨道交通建设步伐，同时也在不断加快汽车工业的发展。北京市也曾多次表态，"不限制拥有小汽车"。到 2010 年，为了降低机动车保有量增长速度，北京开始对小汽车进行控制。个人或者单位要想办理车辆牌照，必须通过"摇号"程序获得机动车配置指标。2011 年北京规定机动车放牌量为 24 万个。

按照北京城市总体规划（2004~2020 年）的预测，到 2010 年，北京机动车保有量将达到 400 万辆，到 2020 年达到 500 万辆。现在北京机动车保有量已经提前 7 年的时间突破控制指标。按照原规划道路系统，道路交通饱和率将达到99%，整个北京城将陷入无法动一动的境地。因此，规划修编按照新的预测指标对老的道路交通系统进行了修正。虽然我们当时并没有看到十分清晰有效的修正方案，但现在这已经不重要了。

看来我们多年来试图限制私人小汽车发展的理想规划无法实现。这要求我们进行反思，重新从本质上认识小汽车发展的内在规律，来寻找小汽车时代城市和区域空间结构和形态变化发展的趋势及相应的规划范式。

1）为什么"用轮子投票"

私人小汽车的发展是一个潮流，车流滚滚，势不可当。在这个潮流背后的巨大动力就是私人小汽车满足了人们的需求和推动了社会经济的快速发展。解决私人小汽车的问题，首先要有科学、客观、全面的认识，要正确了解人们为什么"用轮子投票"。

回顾历史，人类文明的发展伴随着交通方式和手段的进步。工业革命以来出现的轮船、火车、汽车、飞机及城市轨道交通等运输工具，极大地促进了社会的进步和经济的发展。与工业革命前的徒步行走、马车和船运相比，人的出行能力和范围扩大，时空距离缩短，运输量巨量增长，人的生产和生活方式发生了根本的改变。与其他科技的发展一道，现代交通运输方式成为当代人类文明的重要组成部分，其中私人小汽车的普及是一道靓丽的风景线。

从 1908 年福特生产第一辆 T 型大众普及型轿车开始，百年来私人小汽车持续发展，它改变着社会经济和地域空间的景观。对于个体的人来说，私人小汽车是最便捷、最灵活自由、最舒适的交通方式，实现了人出行的理想。人们称美国是轮子上的社会，这不仅体现在字面上，而且有更深层次的含义。美国目前作为世界第一大国，私人小汽车的发展普及成为美国强大的重要途径之一。"花园洋房和小汽车"所构成的"美国梦"，代表了所谓民主、自由、平等、个性，是美国快速发展和日益强大的助推器之一。我国全面建设小康社会的具体指标中很重要的一个方面是人和社会的机动性和出行能力的提高。航空、铁路、公路、水运、管道运输以及信息的传输，对经济发展和人民生活水平的提高都具有重要的作用，而私人小汽车也是其中必不可少的一个关键指标，也代表了经济的发展和繁荣。

汽车工业是世界主要国家当代经济发展的支柱之一。汽车及其相关产业的发展构成了全球经济非常重要的、不可或缺的一个方面。我们可以从石化工业的产业链中看到，石油的产品，如汽油、柴油和化纤等需要汽车的消耗。其他许多产业，如钢铁、橡胶等同样如此。据统计，美国的汽车消耗了美国石油产量的50%，钢铁产量的50%，橡胶产量的30%，皮革产量的20%。在美国总的就业人口中，30%的就业与汽车有关。美国汽车制造和销售公司一年用去110亿美元的广告费推销汽车，单是 GM 通用公司就有 20 亿美元。私人小汽车的发展极大地推动了第三产业的发展，创造了许多新的经济形式。汽车及相关工业的发展促进了美国经济的发展和国力的增强。

汽车是中产阶级生活方式的主要内容之一。规划理论大师彼得·霍尔，作为一个英国人，又在美国生活、从事教育研究工作几十年，在比较美国和欧洲中产阶级的生活方式和质量时，谈到：今天，欧洲和美国相比，尤其是英国中产阶级的生活水平、生活质量与美国的中产阶级相比，美国明显地更好一点儿，这不仅仅体现在国家的富裕程度上，更体现在生活的丰富多样性、出行的频率和距离等具体指标上。彼得·霍尔的这个结论应该是很客观的，因此也很重要。根据最近的报道，英国伦敦这样公共交通比较发达、城市规划一直努力控制私人小汽车的城市，目前小汽车的拥有量又开始持续增长，小汽车出行占各种交通方式的比例又上升到30%。我们要全面建设小康社会，就是要形成两头小、中间大的以中产阶级为主的社会形态。私人小汽车具有门到门服务、自由、灵活、不用等候和换乘、舒适、综合成本便宜的优势，同时也是社会地位的象征。因此，拥有和使用私人小汽车成为我国中产阶级生活方式的必然选择，是提高生活质量，包括工作交往和休闲娱乐的必备工具。

城市的扩张蔓延实际是城市和区域发展的规律。城市聚集是社会经济发展的动力，城市的不断聚集就要求城市不断扩展，城市的扩展产生了对私人小汽车的需求，而私人小汽车的普及进一步推动了城市的扩张，使得城市规模可以更大，集约效益更明显。郊区化和汽车谁先实现，就像鸡与蛋的关系问题，谁也说不清。

实践证明，在大城市地区，更加完善的公共交通系统可以发挥更大的作用，特别是可以减少小汽车通勤出行的比例。但在周末超市购物、郊外休闲远足等出行需求方面，私人小汽车是无法完全被公共交通替代的。因此，在大城市地区，私人小汽车和公共交通系统可以组成互为补充的城市交通体系。今天，在日本东京，城市公共交通十分发达，但私人小汽车的拥有量已经达到了让人吃惊的水平，每两个人拥有一辆小汽车。但人们通勤还是坐公交，生活休闲多自驾车。

科学技术的进步要有具体的载体，科学技术转化为生产力更需要具体的商品，而汽车是完美的选择。汽车技术和产品的不断创新进步是人类科技进步的综合展现，也是吸引人们不断购买汽车的原因之一。

2）通向环境毁灭之路

除核武器外，20 世纪争论最多的就是私人小汽车的发展？反对派对私人小汽车深恶痛绝，认为它是造成城市无序蔓延、城市生活质量下降、环境污染、资源浪费、社会等问题的罪魁祸首，选择大量发展私人小汽车是一条通向环境毁灭之路。

这种观点以美国的教训为最有力的佐证。1908 年福特开始生产大众型 T 型轿车，他不仅实现了 "让普通美国人开上小汽车" 的预言，而且推动了现代化流水线大工业的发展。美国小汽车从此开始逐步普及。20 世纪 20 年代开始的郊区化，1956 年开始的跨州高速公路法案（*Interstate Highway Act*），一系列政策进一步促进了私人小汽车的加速发展。以 1991 年美国完成历经 35 年的跨州高速公路计划为标志，美国已经进入所谓的 "末汽车时代"。目前美国共有 2 亿辆汽车，是 1950 年的 4 倍。"美国人驾驶的汽车正在操纵着美国整个国家"，这是美国汽车制造者联合会的标语口号。

在今日美国，大量的高速公路，坡道和大片停车场占用了大量的城市土地，形成的景观十分单调、空旷。在城市郊区，以汽车为基础的购物中心等超大建筑破坏了城市的宜人氛围，城市形象消失。芒福德早就预测：在每个人都拥有汽车的时代，要求每辆车要达到每一栋建筑的权利实际就是消灭城市的权利。目前，美国流行着这样的城市定律：容易停车的话，就不容易生活；容易生活，就不容易停车。私人小汽车使得城市和出行也更加分散。在美国 2 亿辆汽车中有 8000 万辆为通勤汽车，汽车每年行驶总里程达 2 万亿英里①。每周 40 个小时的工作日之外，还需要 9 ~ 10 小时的通勤时间。

美国是一个交通极度拥挤的国家。局部交通拥挤在美国已经是习以为常的，而整个地区的交通同时堵塞，即所谓的 "网格锁定"（grid lock）也已经是普遍的现象。经常找不到停车位也是变相的堵车。虽然道路和停车场面积已经占了美

---

① 1 英里 = 1609.344 米

国城市建成区面积的 40% 左右，但交通状况仍然没有根本好转。美国每年堵车造成通勤者多消耗 80 亿小时。随着城市区域的发展，出现了区域交通拥挤的趋势。拥有美国 2/3 人口的沿海地区，如传统的波士顿–华盛顿（BOS-WASH）和洛杉矶–圣迭哥（LOS-DIEGOS）大都市群是交通拥挤的主要地区。

美国是一个被汽车锁定生活的国家。依靠汽车的生活方式和以私人小汽车为基本出行工具所构成的"出行链"，把美国人的生活紧紧地与小汽车锁在一起。随着城市向外蔓延，郊区的人口增加了 3 倍。密集、可步行和公交服务的城市数量萎缩。城市的蔓延造成距离和空间的分离，没有汽车便无法工作和生存，而且每次出行都是独立的，里程和交通量成倍增长。在美国，91% 的家庭拥有车。平均每个家庭每天 6 次往返出行，买什么都需要汽车，即使是牙膏和肥皂这类的日常用品。据调查统计，在小汽车出行里程中，33.3% 的出行与消费和家庭琐事有关，33.3% 与社交和娱乐有关，通勤出行占 22.5%，长途旅行只占 8% 左右。所以，每年每车平均 10 000～12 000 英里中超过 60% 与日常生活有关，生活锁定于汽车。

小汽车的发展加剧了环境污染问题，汽车尾气排放成为城市空气污染最严重的污染源。内城交通拥挤，污染严重，人们捂着鼻子跑出城，搬到郊区，这样就进一步增加了交通量，也就增加了尾气的排放。同时，汽车在其他方面的污染折磨着美国的一些贫困的社区和邻里，废弃的轮胎、泄露的电池、报废的汽车等，大量没有处理的汽车废弃物污染着美国的环境。据美国世界观察学院的研究，美国人在外用餐每 1 美元食物开销中有 46 美分是用在汽车上，这似乎无可非议，但由此带来的环境问题十分严重，包装产生的垃圾的能量等于美国每年从阿拉斯加州输油管输送的能源量。

3）需要辨清的问题

上面对私人小汽车优势和问题的阐述还不全面。实际上，许多问题并不是私人小汽车本身的问题，而是人类社会发展中长期面临的社会政治、经济、环境问题。

石油问题是一个典型的代表。对世界石油产量峰值年的预测有不同的观点，英国人坎贝尔的预测是 2016 年，美国地质调查局认为是 2040 年，差距比较大。但总体来看，石油是稀缺资源，应该节约使用。从经济学的角度讲，石油资源枯竭不是问题，市场可以通过价格调节供给和需求，促进节约。科技进步可以提高能源的使用效率，研究发现新的能源和替代品。石油作为战略资源是各国争夺的焦点，目前世界的石油能源危机，有时更多的是由世界政治和经济问题引起的，是世界地缘政治的表象。目前，中国已经成为世界石油输入大国。在全球一体化的情况下，中国石油问题的出路是经济强盛和科技的进步。

石油问题与私人小汽车问题紧密联系在一起，但实际上是两个不同的问题。要通过限制私人小汽车发展来解决或缓解石油危机问题，逻辑上是错误的。中国作为一个经济快速发展的大国，发展石化产业和汽车产业的重要目的是带动经济的发展。目前短时间内，我们还没有石化产业和小汽车产业的替代品，不发展石化和小汽车产业起码眼前是不可能的。国外小汽车产业发展的历史也证明了这一点。即使在20世纪70年代发生全球石油危机之后，美国的小汽车产业仍然得到进一步发展。因此，未雨绸缪非常必要，但不能因此而停止发展，发展是唯一出路。今天，汽车技术正在朝清洁环保能源和材料方向发展，进步很快。有些产品已经投放市场。同时，智能汽车、信息系统的进步将在改善交通状况和条件方面发挥越来越重要的作用。

中国发展私人小汽车面对的第二个困惑是土地资源和停车问题。私人小汽车的普及需要占用更多的道路和停车面积。与私人小汽车相呼应的商业、体育、文化、娱乐和医疗等建筑和设施的占地面积同样要扩大。据美国的有关统计，步行的人只需要约0.5~1平方米的面积，而汽车停车位需要约30平方米，以50公里的速度行驶起来的时候，每辆车需要300平方米。在商业上，驾车购物的人是步行购物的人所需要的面积的70倍。一般情况下，一辆小汽车至少需要两个固定车位，家里一个，工作单位一个，加上购物等其他活动，平均每辆车要3~4个车位。在洛杉矶，据称一辆汽车要占用8个停车位。在著名学府加利福尼亚州大学伯克利分校，对诺贝尔奖获得者最高的待遇是为获奖的教授在其办公室近旁提供一个固定的停车位。我要参加工作，但我找不到停车位，这成为美国人面对的现实问题。与此同时，住宅的车位在增加。例如，在南加利福尼亚州，过去40年间，具有2~3个车位/库的住房从7%上升到70%。目前，一半的美国人拥有1辆车以上，1/3的美国人购买第二辆车，1/5的美国人购买第三辆车。与美国极端的例子不同，欧洲国家和日本在发展私人小汽车的同时，通过有效的措施，如立体停车、收费和价格调节、道路和停车信息系统，来控制引导汽车的流向和流量，提高车位，特别是中心区车位的使用效率，有效减少交通和停车的占地面积。实践证明，这些措施都非常有效。

与石油一样，粮食问题对我国来说是战略问题。我国人多地少，保护耕地是长期国策，要严格坚持。但保护耕地、解决粮食问题不能机械、片面地看问题，要采取综合的手段，主要通过加大对农业的投入，依靠科技进步，提高单位产量和质量。发展是解决问题的出路，同石油问题的出路一样。因为要保护耕地所以限制甚至禁止小汽车的发展是不明智的，也是幼稚的。要辩证地看待小汽车占地和停车问题。交通的发展是社会经济发展的前提，合理利用土地是必要的。

私人小汽车的快速发展曾造成严重的空气污染，有人把它称为"通向环境毁灭的道路"。随着对汽车尾气不断得到治理，汽车技术的改进满足了尾气排放标准的逐步提高。小汽车尾气排放成功改善的经验证明，技术的发展进步可以改善生态环境。现在，以氢气和电力等为动力的零排放汽车技术逐步成熟，开始走向市场。

今天，平均一个美国人一周驾驶汽车 9 ~ 10 个小时。美国人的车是高速公路沙漠中的船，是他们的另外一个家，后座和后备箱成为这个家的阁楼。有一位硕士刚毕业即参加工作的美国人给自己作了统计，2 年半的时间，他每天驾车通勤上下班，总共行驶了 78 000 英里，基本没有去其他地方。这个距离是奥笛西斯远征距离的 50 倍，马可波罗旅行距离的 8 倍，红军万里长征路程的 10 倍。中国古语有云，"行千里路，胜读万卷书"。而这几万英里的路程是单调的重复，年复一年，日复一日，没有新的内容。

的确，今天的人们花更多的时间在汽车上和电视旁，很少有时间看书学习。人们只通过电视和汽车的挡风玻璃看世界，这限制了人们的思考。新的生活方式使文化产生了退化。标准化、非人性化的公路边的快餐店鳞次栉比。许多文化产品也出现了快餐式的倾向。虽然汽车不是快餐这种垃圾食品产生的唯一原因，但他确实是帮凶之一。更快并不简单地意味着更好。人一旦成为交通的附庸，在社会公正和机动化能力之间、在有效的运动和更高的速度之间、在个人的自由和工程化的路径之间的矛盾则变得非常尖锐突出。是汽车控制人，还是人驾驶汽车。

一个好的社会要照顾人的一生中三个最重要的时期，"日出时""黑暗时"和"黄昏时"。日出时是指儿童时期，黑暗时是指贫穷和患病时期，黄昏时是指老年时期。私人小汽车在种族问题、老年人问题和就业问题上设置了更高的障碍，因此也成为社会不平等的因素之一。

美国的公共交通主要服务于弱势群体。根据美国公共交通协会（APTA）的统计，在大城市，公共交通乘客中 60% 是妇女，48% 是黑人或西班牙裔，38% 是家庭年收入 15 000 美元以下的穷人。他们使用公共交通去工作岗位、医院、购物，但公共交通被给予小汽车的补贴严重地破坏了。40 年前，罗莎·帕克斯拒绝坐在公共汽车后边的座位，今天，也许她找不到公共汽车，或者当她上车后会发现所有乘客都是有色人种。

1/3 的美国人，约 8000 万人，法律规定其不能驾驶，他们太老、太年轻，或者太穷，他们因此而失去了部分出行能力。在老龄化时代，对小汽车的依赖是个大问题。在美国，60% 的老年人没有驾驶执照，超过一半的住在郊区的老人享受不到公共交通服务。根据美国国家人口普查局的资料，老人开车越多，危险越大。随着人的年纪增长，视力等各种能力下降，不再适合开车。但如果提高对驾驶员视觉、反应等条件的要求，则美国 1/3 的驾驶员要受到影响。这个社会要求机动性，老人放弃驾驶，某种程度上意味着其社会生命的死亡。

在依靠小汽车的社会中穷人生活困难。高速公路导向的公共政策使得公司向郊区转移，住房向郊区发展，把穷人与工作岗位分开。在过去 40 年中，每 3 个新的就业岗位中的 2 个转移到了郊区。资金投向了郊区，而不是市中心。贫困在城市中心的聚集和就业机会的分散如同空间陷阱。公共交通为节约成本，周末普遍减少运营，更对穷人不利。汽车也加剧了地理的不平等。

另外，还有女性问题。妇女送孩子上学、购物、送老人看病等，还要就业，妇女的驾驶的里程数是男性的两倍。在 1983 年后不到 10 年的时间里，美国妇女的出行量倍增。她们的生活因此而"疯狂"。"时间贫乏"是美国人的一个全国性的问题，而就业妇女谈到缺觉就像饥饿的人谈到食物一样。

以上的一些社会问题，从根本上讲不单单是私人小汽车造成的，而是社会深层次问题在小汽车上的反映，小汽车起到"帮凶"的作用。解决的办法要从社会政治和技术进步方面来寻找，同时这也是在城市规划上需要高度关注和思考的问题。

2. "手与手套"——公交捷运大都市（transit metropolis）

我国几十年来一直坚持以公交为主的城市规划模式，但在城市规划实际工作中一直是以道路为主的规划布局，至于路上走什么车似乎不是规划要管的事情。而且，在这个方面的理论研究一直没有深入下去，也从没有进行过以公交为主的实验性的城市规划和建设。

目前，在我国新一轮城市和区域发展的热潮中，在小汽车拥有量快速增长、城市交通不断恶化的情形下，几乎所有城市在城市总体规划修编中将继续发展公共交通，尤其是轨道交通作为平衡私人小汽车发展、缓解交通拥挤问题的唯一出路。国家也出台了支持公交发展的政策。但在规划理论和实践上，我国在交通与土地利用关系这一城市规划的关键问题上仍然缺乏深入考虑，止步不前。如果没有真正有效发挥公共交通作用的办法，即使制定新的以公共交通为主的城市和区域规划，发展公共交通注定是事倍功半。

1）国外的经验

协调公交与土地利用是全世界半个多世纪以来不断探索的规划理论和实践课题，有许多成功的经验，也有失败的教训，值得我们借鉴。欧洲实际上很早就开始与小汽车抗争。欧洲小汽车的生产和普及比美国晚了20多年。在小汽车普及之前，公共交通，包括公共汽车、有轨和无轨电车、地铁，以及郊区铁路都是城市主要的交通工具。到20世纪40年代，随着小汽车的普及发展，欧洲像巴黎、伦敦等主要城市都面临着严重的汽车交通拥挤问题。为解决交通问题，英国在战后重建中，通过改造，规划拓宽建设城市内环线等城市道路。随着道路的拓宽，吸引和生成了更多的交通，拥挤问题仍然突出。人们逐步认识到，交通问题不仅是道路的问题，而是与城市的扩展紧密地联系在一起，城市的不断聚集和蔓延是导致城市交通拥挤的根本原因。

在1943年大伦敦规划中，阿伯克伦比试图采取疏解的办法来解决包括交通拥挤在内的一系列城市问题。他用绿化带、卫星城来限制城市的蔓延，引导城市有序发展，试图通过新规划的高速环路和放射路来减少交通拥挤，通过规划的联系卫星城与城市中心的轨道交通线，鼓励人们使用公共交通。从20世纪40年代开始到60年代中期，欧洲主要首都城市，与伦敦一样，都采取了与美国快速路城市根本不同的选择，努力协调城市和小汽车的关系，这些规划都得以实施。按照欧洲的经验，这是必然的选择。不仅是像伦敦这样的1000万人的大城市，甚至包括像斯德哥尔摩这样60万人的中等城市，也开始在老城市外围规划新城。从结果看，卫星城并没有减少大城市的交通量，反而增加了大城市区域的交通拥挤。

20世纪70年代能源危机后，小汽车的使用受到限制，公交交通得到发展。政府加大对公共交通建设的投资和运营的补贴，在交通和城市空间布局规划的结合上出现了许多成功的范例。但是，发展到今天，从全球整体的角度看，在整个交通出行中，私人小汽车所占比例在持续增加，不断侵蚀原本已经不高的公交出行比例。1995年，美国个人出行中只有1.8%是采用公共交通，而1977年和1983年则分别是2.4%和2.2%。在通勤交通上，1995年采用公交的比例是3.5%，而1983年是4.5%。在欧洲情况同样不容乐观，像伦敦和马德里等传统上以公共交通为主的城市也正在变成像洛杉矶和达拉斯一样的以小汽车为主的城市。在英格兰和威尔士，公共交通出行占总出行的比例从1977年的33%下降到1991年的14%，变化是惊人的。所以说，发展公共交通的任务远没有结束，依然任重道远。

在全球私人小汽车进一步发展、私人小汽车在与公共交通斗争中不断取得节节胜利的今天，世界上有一些以公共交通为主的大都市的成功经验就显得难能可贵，如瑞典斯德哥尔摩、新加坡、丹麦哥本哈根、巴西库里提巴等。

2）公交捷运大都市和公交城市区域

总结国外成功城市的经验，可以看出，公共交通要打赢与私人小汽车这场战争，关键的因素之一是要处理好公共交通线路与城市和区域发展空间布局的关系，规划建设以公共交通为导向的公交捷运大都市。公交捷运大都市就是一个公交服务与城市形态非常匹配的区域，这意味着紧凑、混合土地使用以适应轨道交通的要求，或是大规模公交线路适合灵活的蔓延发展。它并不是要消灭私人小汽车，重点是公交和城市的和谐，就像"手与手套"的关系一样。

公交捷运大都市的城市结构和形态是问题的核心。交通量的增长和拥挤的产生有社会经济发展的客观原因，也有许多主观上人为的问题。城市规划就是要很好地处理大众公共交通与城市形态的关系。大众公共交通与城市形态的关系就如同"手与手套的关系"，一定要合适。例如，新加坡和丹麦的哥本哈根，城市的发展沿着轨道交通线布局，产生了一个导向公交出行的建成形式。加拿大渥太华和德国的卡尔斯路赫，公共交通线路的规划布局有效地把顾客送到他们的目的地，不用中途换乘。这些都是非常成功的例子。

在这种发展趋势和规律下，如何规划汽车时代合理的城市区域空间结构和形态？在这方面，已有的理论研究成果和实践经验还不够。汤普森（Thompson）在《城市布局与交通规划》一书中，总结归纳出城市交通政策与城市土地利用规划布局相配合的5种城市布局结构模式，反映了基本的空间和功能关系。但是，对于目前新的交通与空间布局的关系，特别是以捷运为导向的城市区域的交通结构应该加强研究和规划预测。

总结国际上成功的经验，塞文路（Robert Cervero）将公交捷运大都市划分为四类：适应公交的城市（adaptive cities）、适应城市的公交（adaptive transit）、强核城市（strong-core cities）和杂交城市（hybrids）。适应公交的城市布局结构模式，如图8.4所示。

适应公交的城市就是公交为导向的大都市，它们通过对轨道交通系统的投资来引导城市增长，同时满足更大的社会目标，如保护开敞空间，提供有轨道交通服务社区的低收入住房等。所有适应公交的城市都以紧凑的、混合使用的郊区社区和以公交节点为中心的新城为特征。这类城市的例子有斯德哥尔摩、哥本哈根、东京和新加坡等。

适应城市的公交是指以蔓延、低密度发展模式的城市，通过寻求合适的公交服务和新技术，最好地服务整个城市区域。例如，德国卡尔斯路赫的双轨系统是以技术为基础的例子，澳大利亚阿德莱得有轨道的公交是服务创新的例子，大墨西哥城的补给公交等是小型车和企业化服务的例子。

强核城市通过提供综合的公交服务，这种服务以混合电车和轻轨系统为中心，成功地把公交和城市发展整合在一个范围更加限定的中心城市内。布置在道

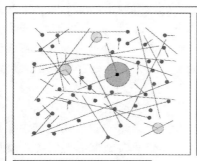
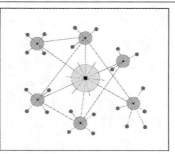
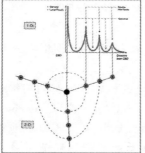

$$\frac{1|2}{3|4}$$

1.适应城市的公交布局模式
2.杂交城市公交布局模式
3.适应公交的城市布局结构模式
4.各种轨道交通方式间特征比较

	电车	电车/轻轨	地铁/重轨	通勤/市郊铁路
运行环境				
城市规模（1000 人）	200—5000	500—3000	超过 4000	超过 3000
CBD 岗位（1000 人）	超过 20	超过 30	超过 100	超过 40
线路				
轨道	地面	混合，主要分离	分离/排除的	分离/排除的
车站间隔				
郊区	350 米	1 公里	2—5 公里	3—10 公里
CBD	250 米	200—300 米	500 米—1 公里	—
CBD 环路	表面	表面/地铁	地铁	到 CBD 前为地面
硬件				
车辆数	1—2	2—4	最多 8	最多 12
容量	125—250	260—520	800—1600	1000—2200
电力供应	车头	车头	第三轨	车头、三轨、机车
运行/表现				
平均速度	10—20	30—40	30—40	45—65
高峰发车间隔（分钟）	2	3	6	2
最大小时乘客数	7500	11000	22000	48000

图 8.4 适应公交的城市布局结构模式

资料来源：Robert Cervero，1998，The Transit Metropolis，Island Press

路上的电车与人行和自行车共存。这些城市的首位度重要性（城市中心具有区域就业和零售较高的占有率）和健康的公交爱好者是将城市中心区复兴和电车复兴成功融合的基础，主要的例子有苏黎世和墨尔本。

杂交城市在沿主要公交走廊的集中开发和使公交有效服务它们蔓延的郊区和远郊区之间获得了一个平衡，实例有慕尼黑、渥太华和库里提巴等。大慕尼黑把重轨干线服务与轻轨和常规公交服务结合起来，两种公交由一个区域公交权威协调，强化了中心城市，同时也服务于郊区的增长轴。渥太华和库里提巴都引入了灵活的专用车道的公交，同时在主要公交站周围增加区域商业的比重。灵活的以公交为基础的服务和沿巴士走廊混合使用开发的结合导致了不寻常的高的人均公交出行。

3）公交服务和技术

塞文路（Robert Cervero）用捷运（transit）这个术语表示城市或区域中所有运送旅客的交通服务，包括从多起点和多目的地的、没有规定路线的小客车和小巴、中巴，到点对点的、有固定轨道的现代重轨列车。公共交通的各种类型构成了一个连续统（continuum），从车辆的类型、运送旅客的能力、到运营的环境。普通的公交形式大家都很清楚，主要包括以下主要类型：小公交（paratransit），也称为类公交，包括小客车（vans、jitneys）、机场穿梭巴士（shuttles）、小型公交（microbuses、minibuses）等出租汽车类公交、公共汽车（bus transit）、电车和轻轨（trams and light rail transit）、重轨和地铁（heavy rail and Metros）、通勤和郊区铁路（commuter and suburban railways）等。从长远发展看，小型商务或公用飞机、高速火车、高速轮船、高速长途公路客运等都会成为城市区域的公共交通工具形式。

以上不同类型的公共交通应该根据它们各自的特性来规划使用，并相互配合，与城市布局很好地结合起来，如图 8.4 所示。目前，在我国的交通规划中，对以上各种公共交通的使用思路不清晰，如轻轨线路盲目延伸，地铁与城市郊区化发展结合不够等问题，需要注意。同时，对不同种类公共交通工具之间的规划配合研究不够，缺乏细节处理，没有能够形成丰富多样的公交网络。

4）以捷运为导向的开发（TOD）

从上面四种类型的以公交为主的城市看，不论是土地利用追随公共交通，还是交通适应土地使用，交通和土地利用的关系虽然不是问题的全部，但仍然是问题的关键之一。要在城市规划中处理好公共交通和土地利用的关系，不仅体现在大尺度的规划结构上，而且体现在具体的城市设计上，要采用新的空间规划设计手法。

287

以捷运为导向的开发（transit oriented development，TOD）是"精明增长"和新城市主义规划理念的一种体现，规划以"手与手套的关系"为目标，协调好城市发展与公共交通的关系。以捷运为导向的开发实际包括以捷运为导向的居住开发、以捷运为导向的商业和就业中心开发两种主要类型。它具有最大的公交和非私人小汽车的可达性，鼓励乘坐公共交通。以公共交通站点为中心，周围以相对较高密度的开发围绕，随着距离加大，密度逐步减小。一个典型的例子就是：一个邻里中心有一个公交站，围绕着几栋多层的居住和商业建筑，外围是连排住宅和小的独立住宅，再外围是较大的独立住宅。TOD邻里一般具有以下特点：设计以自行车和步行为主，具有足够的设施和良好的道路吸引力；道路具有很好的联系，有控制汽车速度和降噪的措施；混合土地使用，包括商店、学校和其他公共设施，在每个社区中有多种不同类型和价格的住宅；通过停车管理以减少停车的占地面积，减少小汽车使用的频率。

在美国，TOD邻里一般是1/4英里或1/2英里的半径（车站间隔是0.5~1英里），也就是人步行的距离，需要合理的密度以支持公共交通的运营，一般要求居住区每英亩6户住宅以上，商业中心每英亩25个以上的就业岗位。如果要更好的公共交通服务，如轨道交通的话，以上数字要翻一倍。但是，绝不是说密度越高越好。合理的密度和高度也是新都市主义规划理念的核心本质。

5）相应的规划手段

除去公共交通与土地利用模式协调外，主要公共交通车站、换乘枢纽的设计、相应的停车和配套商业的布局，以及合理的城市密度和城市设计控制等一系列规划设计手段，对成功的公交城市是非常重要和有效的，细节决定成败。

6）公共交通政策

解决交通拥挤问题，发展公共交通需要相应的公共政策支持。支持公共交通发展的公共政策有许多不同的形式，可以归纳为两种类型：需求型政策和供给型政策。

需求型政策的重点是通过合理控制交通需求的增长和交通需求的类型，来鼓励公共交通的发展。需求型政策主要包括四种类型：交通需求管理（TDM）、限制汽车的使用、规范汽车的使用和设立合理的价格。其中交通需求管理，即鼓励公交出行和限制私人小汽车的快速增长是主要的两项政策。

私人小汽车具有门到门服务、自由灵活、不用等候和换乘、舒适安全等优点，这些优点，一般而言，公共交通是无法比拟的，也是造成人们最终还要选择私人小汽车的原因。如果没有限制，私人小汽车的发展会是灾难性的。因此，不管是反对小汽车的人，还是制造汽车和建设道路的人，面对当前的问题，解决问题的方法基本是一样的，如增加使用小汽车的税收和收费。例如，美国《地表运输联运及效率法案》（*Intermodel Surface Transportation Efficiency Act* 1999，ISTEA：），所谓"冰茶法案"，要求提高停车费、鼓励拼车（carpool）等。英国伦敦和新加坡也采取了汽车进城收费等措施。实践证明，通过经济手段，合理抑制不必要的小汽车出行，有效调节小汽车的时空分布是行之有效的。同时，通过收费增加公共交通的投资，增加公共交通供给。

解决交通问题的供给型政策有许多，它是对需求型政策很好的补充，主要包括发展先进技术、电子通信和非机动化的交通，即自行车交通等。洪强博士的研究表明，即使在信息发达的 SOHO 时代，出行反而会增加，因为社会活动会增加。所以，电子通信的进步无法减少交通出行。因此，发展先进的技术是供给型政策的主要手段。

近年来，先进的交通工程技术和智能交通信息系统（ITS）的发展取得了很大的进步，包括新型公交、交通流优化、车辆定位、即时交通和停车信息系统、线路优化和自动收费系统等，对优化公交服务、减少交通拥挤等问题发挥着越来越重要的作用。

公交优先是城市综合的公共政策，在城市规划建设中，把公共交通的建设、管理放在优先位置上，给予政策、资金、技术的多方扶持，使公交能以畅通的道路、良好的车况、纵横密集的线网站点，为公众出行提供更多、更快、更好的服务。

我国土地资源稀缺，能源紧缺、城市人口密集，优先发展城市公共交通是符合我国城市发展和交通发展的正确战略思想，是提高交通资源利用效率、缓解交通拥堵的重要手段。据测算：一个人如果乘坐大型公交车，占路约为 1 平方米，骑自行车约为 4 平方米，乘坐出租车约为 8 平方米，骑摩托车约为 10 平方米，驾私家车则高达 14 平方米。从这些数字不难看出发展城市公交的好处。同时，公交能够为收入水平总体还不高的民众提供方便。

虽然我国在 20 世纪 80 年代就提出"公交优先"的交通政策，但城市公共交通并没有像人们所期望的那样快速发展，反而一度出现公交客运量急剧下降的趋势。直至 20 世纪 90 年代中后期，这种状况才逐步有所扭转。人们反映公交普遍存在运行不准点，候车时间过长，线路和站点布局不尽合理，行车安全得不到保证等问题。造成以上问题除资金、建设管理体制和水平等方面的原因外，公交规划与城市规划脱节、道路交通规划设计水平低、粗放是主要问题。公交专用道太少，公交场站用地不足，城市综合换乘枢纽设计欠缺，造成乘客不便，没有做到以人为本。今天，公交优先在城市规划上，仍然体现在对公共交通系统的优化设计，处理好公交与城市形态结构的关系上。

"送我到地铁口吧""地铁口见"，这在国外是比较流行的话语，它体现了一个国家的公民对公共交通的信赖。在我国，必须创造一个公交导向的城市形态和结构，细化公交规划设计，才能实现公交大都市的目标。

7）建设时间对公共交通的影响

国外经验表明，公共交通的发展必须与城市和区域的发展同步或适当超前，在城市和区域快速发展时期大力发展公共交通是形成公交大都市的必备条件。因此，建设时机和时序很关键，要让居民习惯公共交通。在习惯小汽车出行后，不论是人还是城市再转变就很难。

8）国家和区域管理体制对公共交通的影响

国外经验表明，如果高速公路建设的力量很强，公共交通就会薄弱。美国全国高速公路建设管理局具有高度的权威，美国的公共交通就发展不起来。加拿大没有集权的高速公路建设管理机构，城市的公共交通就发达，例如，多伦多公交非常发达便捷，曾经是许多城市学习的榜样。

3. 中国小汽车时代的城市和区域规划结构和布局范式

在过去的几十年中，我国规划界在冥冥之中就试图限制小汽车的发展，几乎所有的规划都是按照这样的模式和固定思维来进行的。实际上，今天中国已经成为汽车世界产销量第一大国，汽车工业的发展和私人小汽车进入家庭已经成势不可当之势。因此，我们必须转变观念，加快理论研究和空间规划模式的创新，使城市和区域空间规划适应并促进小汽车时代统筹空间发展的要求。

总体布局结构和交通模式仍然是我国城市规划结构和布局的首要问题。小汽车、公交和土地利用就像是一个三条腿的板凳，需要平衡，但它本身就很难平衡，因此对规划提出了更高的要求。在美国，三条腿出现不平衡，小汽车这条腿太长，以至这个三条腿的板凳要倾覆。中国这个三条腿的板凳刚开始搭建，我们找到一个短的公交腿，发现一个可能会很长的小汽车腿，还差一个土地使用的腿。如何做这个板凳，即找到与综合交通模式相适应的城市总体布局结构，是中国城市和区域规划首先急需解决的问题。这个总体布局结构就是我国小汽车时代的空间规划布局的新范式。

按照规划的理论研究，规划作为政治过程和社会实践，是无法进行实验的。但是，西方发达国家走过的路为我们提供了很好的实践经验。通过总结归纳这些实践经验，汲取成功之处，规避失败的教训和不足，完成从理论—实践—理论的探索过程，总结出我国新时期战略空间规划布局新的范式。

　　我国小汽车时代的城市和区域总体布局结构可以归纳为三句相互关联的话：多心、轴向、疏密有致的城市区域，优美、平缓、自然的人文生态景观，安全、便捷、灵活的捷运大都市。第一句话描写城市区域的结构，第二句话描写它的外观形态，第三句话描写它的骨骼和血脉，三者组成一个活生生的整体。这个新的理想范式是在总结现代城市和区域规划产生的一个多世纪以来有关城市和区域空间布局各种理论和实践的基础上，综合考虑我国当前的形势和未来的发展趋势提出的。这些理论范式包括花园城市、卫星城、有机疏散、区域性城市和城市区域等。实践包括美国的郊区化、英国的卫星城、欧美等世界各国的大城市规划、城市区域规划等。特别是比较英美城市和区域空间规划模式研究的成果。形象地比喻，美国旧金山湾区就是基本符合这一范式的一个原型。

　　城市结构与形态是城市规划的核心之一。城市在发展初期，或在较低层次的小型城市，一般都是单中心的模式，城市紧凑，或依山，或傍水，城市环境优美，气候宜人，交通方便、安全。随着城市的不断扩展，多中心结构成为大城市、大城市地区及城市区域的主要结构形式。随着多中心模式的发展，城市区域结构出现了另外两个趋势，一是沿交通走廊的轴向发展，二是城市建成区与自然环境的交叉融合，表现为城市建成区的疏密有致。多心、轴向、疏密有致的城市区域是未来空间结构模式的发展方向。

　　在大都市地区多中心模式的空间规划上，通常有两种做法，分别是英国新城的模式和美国郊区化的模式，这两种模式是集权政府与分权政治的体现，是经济发展方式的结果。城市结构和形态的改变是内在的深层次的社会政治经济和文化的内涵在起主导作用，具有客观发展的规律。在过去的几十年，我们一直单纯地希望通过卫星城的规划模式来限制城市蔓延，形成理想的城市结构和形态，没有深入地研究城市发展演变和城市建设运作管理的客观规律，结果仍然是"摊大饼"。因此，城市规划要认识和顺应城市化过程中城市结构演变的规律，结合我国目前城市区域行政管理体制和治理结构的改革，进行合理的制度和政策设计，在具备可行的政治经济社会机制的前提下，规划进行现实合理的引导，而不是空想。

　　按照景观生态学的理论，城市区域景观，包括城市区域大地景观、城市整体景观和局部的景观，实际上反映出城市区域的生境，即人生活的整体环境的质量和水平，是评判宜居城市非常关键的综合性指标。亲近大自然的居住形态是人类最原始、同时也是最理想的宜居模式。而城市的不断扩展使得人们离自然环境越来越远，也使得人们保护自然环境的观念越来越强，人们只能通过园林绿化和描绘自然风光的文学艺术作品来抚慰内心。现代交通和通信技术的进步缩短了时空距离，使人有能力居住在远离城市中心的地方，既能融入优美的自然环境，又能享受到大城市的繁荣，避免了大城市的拥挤问题。同时，城市区域生态系统的多样和安全是整个城市区域人文生态景观的基础。可以说，优美、平缓、自然的人文生态景观是以人为本的宜居城市和生态城市的有机结合，是未来空间形态模式的发展方向。

高速、准时、安全的轨道交通系统是联系城市区域多中心的最有效的交通方式；而灵活、门对门的私人小汽车是满足人们多种出行需求的有效手段。两者的有机结合构成了现代大都市及其区域最合理的交通模式。而完全以公共交通为主的香港和新加坡是极特殊的例子，不具有广泛借鉴的条件。因此，要在正视私人小汽车发展的基础上，考虑捷运大都市的规划模式。要实现安全、便捷、灵活的交通发展目标，我国大都市地区必然形成以快速公共交通（包括轨道交通和快速公交）和私人小汽车为主，常规公共交通为辅的交通模式，满足各种交通需求。同时，通过规划设计，合理减少不必要的出行，既满足市民的出行增长的客观、合理需求，又通过以捷运为导向的开发（TOD）和与站点相结合的就业中心（Job Center）的规划开发建设模式，减少就业通勤的换乘次数和交通时间，鼓励公交通勤。

城市规划的作用关键在于统筹协调。北京现象不仅是小汽车发展的缩影，更是我国目前城市规划境地的缩影。按照北京城市总体规划确定的"多中心分散集团式"布局结构，规划的关键是要控制城市人口和机动车的无序发展。而这些年来，北京市并没有控制常住人口和机动车的过快增长。2012 年，北京常住人口突破 2000 万人，机动车保有量突破 520 万辆。房价的暴涨使得房地产开发利润较高，造成城市无序蔓延，开发强度居高不下。据统计，2012 年，北京全市建成区面积 1268 平方公里，与大伦敦 1060 平方公里、大巴黎 893 平方公里、大柏林 1176 平方公里相当，和纽约区域 2674 平方公里有差距，但他们的人口数分别是 660 万人、780 万人、420 万人和 1075 万人。北京大部分人口和交通集中在中心城区数百平方公里的范围内，造成交通拥挤、空气污染等问题。城市布局过度聚集是造成北京城市病的根源。目前，北京地铁通车里程达到 440 公里，15条线路运营，高峰客流达到 1000 万人次，车厢内拥挤不堪。按照规划，到 2020年，北京地铁里程要达到 1050 公里，30 条线路，420 个车站，世界第一。我们无法想象当时的情景。

这就是今天在我国城市规划领域里的奇怪现象。社会舆论普遍反对发展私人小汽车，城市规划，包括土地和环保领域，也反对以私人小汽车为主的交通模式，但并没有制定相应的政策措施。实际的结果是公众用轮子投票。与此同时，我们的城乡规划仍然不承认小汽车发展的现实，依然坚持所谓正统的、以公交为主的、目前看明显过于紧凑的城市和区域规划布局结构和形态，根本无法满足私人小汽车迅速发展对交通的需求。造成一方面是驾车人在长时间的驾驶和堵车，另一方面是乘客在地铁车厢中拥挤不堪、在公交车站长时间等车的双重困惑。我们必须要改变现状，转变观念，采取客观真实的规划行动。

我们需要改变。多心、轴向、疏密有致的城市区域，优美、平缓、自然的人文生态景观，安全、便捷、灵活的捷运大都市，三者不可分割，必须统筹协调。这是我国城市和城市区域规划建立小汽车、公交和土地利用平衡的空间规划布局的新范式。

"没有免费的午餐"，经济社会发展必然要付出一定的资源和环境的代价。历史的经验证明，整齐划一的标准化、以节约投资为导向的发展是无法建成和谐社会的。我们不能理想化地期望没有代价的经济社会发展，要准确客观地面对经济发展，面对城市的扩展。规划要正确应对和解决存在的问题和面临的困难，处理好长远与近期、现实与理想的关系。规划要有理想，也要切合实际。

需要注意的是，许多近现代建筑设计和城市规划的国际大师们并不全部反对私人小汽车交通，如莱特、柯布西耶等，他们试图寻找新的空间规划模式以期找到解决问题的答案。莱特说，"建筑就是设计美国人民的生活"，格罗匹斯等现代建筑大师试图通过建筑改变社会。实践证明，社会政治经济模式和生活方式与城市空间模式紧密相关。今天，我国在经济发展上选择了私人小汽车，也就决定了我们的空间发展模式必须要与之相匹配。在小汽车时代开始降临的时刻，如果我们不能面对现实，而是像看待皇帝的新衣一样无视私人小汽车的存在，试图单纯地以发展公交来解决城市交通问题，我们就会犯历史的错误。因此，我们必须客观理性地看待私人小汽车的发展，规划设计出既适宜公交，又满足私人小汽车发展的城市和区域空间模式。

20 世纪末，在吸收借鉴建筑类型学理论的基础上，新都市主义在美国产生并日益活跃，它强调小汽车、公交、步行、自行车等多种出行方式共存，城镇合理的尺度规模、合理的开发强度和密度，以及城市空间和形象的塑造，是较成功的新的城市规划范式。值得引起我们的深思。

8.2.4 城市经营模式：房地产与政府安居

经营城市和土地财政在我国是两个具有丰富内涵的专用词汇。改革开放 30 年来，我国税收财政预算体制不断进行改革优化，总体看，支持了我国的改革开放和现代化建设。在 1994 年，为适应社会主义市场经济发展的需要，启动了分税制财政体制改革。主要内容是通过国家与地方事权划分和转移支付等方式，扩大了中央政府在全部税收中所占的比例。在这种体制下，省市地方政府的财政基本是所谓的"吃饭财政"，城市维护费数量十分有限，没有多余的资金进行城市建设。经营城市的概念就是在这个时候提出，主要目的是通过市场化手段，盘活城市资源，加快城市建设发展。而土地是城市最重要的资源，地方在实践中取得许多成功经验，包括成立政府平台公司进行融资。到 2000 年以后，随着房地产的快速发展，土地出让达到空前的水平，土地使用权转让政府收益就成为我国城市建设的主要财源。2010 年、2011 年，全国土地出让金总额分别都达到 2.7 万亿元，达到高峰，而同期全国财政收入分别为 8.3 万亿元和 10 万亿元，土地出让金占全国财政收入的比例分别为 33% 和 27%。2012 年年底，全国政府平台公司累计融资余额 9.2 万亿元，大部分是用土地做抵押。这时，土地财政替代了城市经营，成为使用最频繁的词汇之一。同时，与土地和房地产相关的税收，如城镇土地使用税、土地增值税、房产税、城市房地产税和相关的印花税、契税、营业税、企业和个人所得税等成为地方政府税收增长的重要来源，特别是在没有工业的城区，这点更加突出。所以，从 20 世纪 90 年代以来，房地产成为推动我国城市建设发展的重要力量，城市功能得到提升，城市面貌发生改变，人民住房条件和居住环境得到改善，社会事业得到发展。这一切成绩的取得，经营城市和土地财政功不可没。

一个好的城市经济必须是繁荣的，城市财政上必须是持续殷实的，这样才能维持城市良好的运营，提供高水平的公共服务，推动城市建设，实现房地产保值增值。因此，一个城市必须有好的城市经营的模式，而城市规划也必须与城市经营相结合。所谓规划是生产力，狭义上讲也是针对好的规划能够提高土地价值来说的。同时，一个好的城市首先必须是宜居的城市，城市的房价应该在合理的水平，既能保值增值，又不能房价太高，大家买不起房。

目前，大家对土地财政的诟病实际主要是由住房价格过高和房地产过热的问题引起的。当然，土地财政还存在难于持久和寅吃卯粮的问题。同土地 40～70 年的土地使用权出让一次收取出让金一样，房地产税收结构不合理，在获得时税负重，而持有税负少，地方政府难以获得房地产持续的税收收入。这些问题错综复杂，是造成目前所谓土地财政问题的根源。

为了改善困难群众住房困难，给过热的房地产降温，中央政府采取加大政府保障性住房建设力度、限购限贷和开征房产税试点等一系列调控手段。目前，保障性住房和房地产是我国最主要的社会和经济话题，要解决其中错综复杂的问题，必须深化改革，认真进行制度设计。作为前提，需要对一些问题有清晰理性的认识。首先是对我国住房和房地产状况总体的把握，其次是对当前存在的房价过高等问题有客观的认识。在此基础上，借鉴国外成功经验，实事求是地总结我国住房改革的成绩和问题，进行系统的制度设计，继续深化住房改革，实现我国房地产的软着陆和健康可持续发展。

1. 我国住房制度改革及房地产发展遇到"天花板"

20 世纪 80 年代，深圳特区在我国土地使用权转让和商品住宅建设等重大问题上率先取得了历史性的突破，使我国的改革开放向前迈进了一大步。改革开放30 年来，我国住房制度改革总体上是成功的，取得的成绩令世人瞩目。通过停止福利分房，走向市场，解决了 13 亿人口大国的住房问题。我国城乡居住水平有了极大的提升，城市建设和面貌发生根本变化。房地产业成为促进我国经济持续高速发展的主要动力之一。与此同时，随着快速发展，我国当前住房和房地产存在的问题越来越严重，矛盾越来越尖锐。

1）住房问题成为我国当前深化社会经济和政治体制改革面临的一个"火山口"

据统计，经过 20 多年的大规模建设，我国城乡居住水平已经达到很高的程度。2012 年，我国城镇居民人均住房建筑面积达到 32 平方米，户均超过一套住房，虽然与美国人均居住面积 40 平方米，德国 38 平方米相比仍然有差距，但已经超过日本的 15.8 平方米和新加坡 30 平方米，居于世界较高水平。农村人均住房面积也达到 38 平方米左右。而与此同时，天价房、地王、豪宅、蜗居、开奔驰住经适房、房叔、房婶等，成为媒体上的热点词汇。这反映了许多真实的、深层次的问题和矛盾，以及国人内心深处对当前深化改革的复杂感受。

虽然住房保有量已经很大，人均居住建筑面积、住房自有化率达到世界发达国家水平，但是，住房供给结构不合理，包括区位分布、价格、房型等，不能满足有效需求，造成许多居民，特别是特大城市和大城市的所谓"夹心层"买不起房或买不到合适的住房。形成这些问题和矛盾涉及的原因非常多，包括收入差距过大、居民缺少投资渠道、对住房传统的观念、公共住房分配上的腐败、过多的人口涌入大城市等。但总体把握，是住房制度改革和房地产开发遇到天花板，需要突破。

目前，住房制度改革已经停滞，缺乏适应新时期、新形势的住房制度设计。我国从福利分房到住房货币商品化，不可以说改革不彻底，不是摸着石头过河，而是直接掉进河里。改革的彻底性使我国住房和房地产业快速发展成长。同时，在改革初期,地方政府一直对住房困难家庭进行各种帮助,积极进行改革探索和实践。但到了后期,政府完全将住房交给了市场,没有继续进一步深化改革,也成为目前我国住房和房地产问题较多的直接原因之一。眼前仓促的大规模公租房的建设也成为大家议论的话题。

2)所谓"房地产绑架了中国经济"

住房的强劲需求支持了房地产业的快速发展,房地产业已经成为支柱产业,拉动相关产业和就业。拉动的产业链条相当长,包括前期勘察设计咨询、建筑业、建材企业、家居、家电生产行业等。房地产业还带动了银行金融业的发展,公积金积累形成,个人住房按揭贷款是优良贷款,也培育了国人的现代金融观念和意识。伴随着房地产业的成长,一大批企业、企业家应运而生,成为社会主义市场经济的重要力量。总体看,房地产业对我国改革开放和社会与经济发展发挥了和正在发挥着十分重要的作用。

但是,房地产过热的问题已经十分突出。现在,平均每年全国城镇住宅建设保持 8 亿~10 亿平方米的巨大开工量,每年人均居住建筑面积要增加 1 平方米左右。农村住房建设量为 8 亿平方米左右。虽然城市化水平还有待提高,但城乡居住水平和建设量已经达到很高程度,住房需求和房地产产量的天花板已经是不能不考虑的问题。目前许多矛盾的根源也是总体产量过剩、质量不精、产品单一造成的。房地产开发量过大,投资过度,房价飞涨,形成泡沫。据有关方面分析,目前我国房地产总值是国民生产总值的 300% 左右,与日本房地产泡沫时期相似。全民热衷房地产,与美国次贷风暴异曲同工。地方政府过度靠土地来运作,大量银行贷款、企业资金、基金、民间信贷进入房地产领域,加上国外游资威胁,形成巨大风险。

面对严峻的形势,国家及时出台了限购、限贷等严格的调控措施,同时加大公租房建设力度,开展房产税试点等。从实施的情况看,阶段效果是明显的,避免了气泡继续被吹大。在调控的初期,新建商品房的销售价格和成交量出现持续下降,土地出现许多底价成交和流拍,效果还是明显的。但近期在一些一线城市土地和新建商品房的销售价格和成交量出现反弹。令人担心的是,一方面,如果简单取消限购、限贷等调控措施,市场会反弹,前功尽弃;另一方面,过度的抽气也会使气泡被压破。如何避免房地产硬着陆是当前急迫要解决的关键问题。历史的经验证明,继续深化住房制度改革,开展新时期住房制度设计,勇于实践探索,是解决当前我国房地产问题或危机的唯一出路。

2. 划分房地产市场，建立以中等收入人群为主的政府住房"安居"制度

通过对我国住房改革成功经验的总结、对国外发达国家住房制度和实践案例的经验分析和比较研究，特别是对过去两年中公租房建设等经验的思考，我们认为，我国住房制度深化改革应该结合各地的实际进行，重点在改革的总体思路和制度设计上认真探索，勇于实践。

1）深化住房制度改革的总体思路

中国的住房政策和房地产管理目前存在两个关键问题，第一，一直没有形成比较完整的国家住房政策概念和系统思路。目前的保障性住房包括城镇廉租住房、经济适用住房、公租房、限价房等，类型多而混乱，政府责任不清。商品房将面积在 140 平方米以上的定为高档商品房，低于 140 平方米的为普通商品房，实施 90/70 政策。第二，国家缺少对房地产市场调控的有效手段，特别是对飞涨房价的调控。

学习借鉴发达国家的经验教训，我们可以清楚地认识到，国家住宅政策应该是两极明确，中间多样化。对于困难家庭的住房保障，政府要做到应保尽保。对于富裕群体的住宅，要完全市场化，重点是用税收来平衡调节，保证社会公正公平。对于最大量的中产阶层住宅的政策，各国的做法不同。美国、英国等西方国家大部分应用市场化方式，由于人口数量相对较少，土地充足，加上一部分人选择长期租房，因此住房供应充足、价格合理，住房形式多样丰富。新加坡和日本是东方国家，人口多，土地少，因此采取政府主导的公共住房满足中等收入家庭住房需求。这些住房是全部由政府公司或信托公司建设、控制售价的公共住宅产品。公共住房也是商品住房，只是价格比较低，住房需求者采取排队和抽签的方式购买。新加坡由于国土面积比较小，人口少，政府对住房的规划和建设计划控制得比较好，住房需求者一般都能在较短时间内得到购买所谓政府组屋的机会。我国香港和日本由于这种住房建设量相对需求来说还是太少，造成轮候时间过长。暂时没有机会购买的人群只能通过租房解决居住问题。总体看，新加坡比较好，80% 是公共住房。我国香港和日本的比例在 30% 左右。但这三个国家和地区的大量中等收入家庭的住房形式与西方相比，略显单一。同时，对于房地产市场，美国比较放任，而日本缺少调控，这也是造成美国、日本房地产泡沫的原因之一。

中国改革开放以来以市场化为主的住房改革是非常成功的，在 20 年内改善了大部分人的住房条件，是巨大的成就，不能随便改变市场化的方向，绝不能回到政府福利住房的老路上去。目前，有人建议政府依靠公租房解决住房保障问题，国内外实践证明，这是行不通的。实际上，完成眼前的公租房建设任务政府

的财力已经很难承担。因此，必须坚持住房改革的市场化方向，要形成完整的制度和政策体系，在一些关键领域和重点内容上寻求突破，要形成对房地产的调控能力。总体看，改革应该是渐进的，是对目前我国住房制度和政策的微调，应坚持住房制度改革的市场化政策思路，主要是要加强政府的控制和引导。

近期深化住房制度改革的总体思路应该是：以实现小康型居住标准为目标，在做到基本的保障性住房应保尽保的基础上，继续贯彻住房商品化的总体改革思路不动摇，将目前的商品房市场进行划分，形成政府主导的商品化的公共住房市场和完全市场化的商品住房市场。建立政府主导、市场运作的政府公共住房制度，强调地方政府对政府公共住房建设管理的责任，逐步扩大政府公共住房的覆盖面，提高政府公共住房的质量和水平，使政府公共住房成为房地产中的重要力量，确保满足需求和房地产的保值增值，以及市场的健康发展。同时，放开对完全市场化的商品房在容积率、户型面积、价格等方面的限制，鼓励改善型购房，培育住房新的消费热点，提高新建纯商品住房类型、质量和水平，鼓励合理的住房投资和出租，保持房地产发展的规模和势头，使房地产软着陆。最终，形成政府出租型的保障性住房（简称"公租房"）、政府主导的商品化公共住房（简称"安居房"）和完全商品化的商品房（简称"商品房"）三种住房类型，形成政府主导的公共住房"安居房"和完全商品化的商品房相对封闭的两个市场。

应该说，我国住房制度深化改革和制度设计不是在一张白纸上进行，目前已经形成了许多客观的现实，但也不是无所作为，只要认真对待，还是可以大有作为。

2）政府保障性住房——"公租房"

随着经济社会的发展，我国城镇低收入家庭和住房困难家庭数量逐渐减少，一般在5%左右。解决城镇低收入家庭和住房困难家庭的住房，做到应保尽保，作为政府公共服务的一项重要职责，正在加快建立健全以公租房制度为重点、多渠道解决城市低收入家庭住房困难的政策体系，将"廉租房"纳入公租房已经基本达成共识。目前工作的难点主要有两个，一是公租房建设资金和租房补贴政府要保障，要完善运营管理的机制。二是要避免在城市边缘孤立地成片建设公租房社区，规划应该在每一项公共住房开发项目中按照低收入家庭和住房困难家庭数量占城市总人口的比例混合搭配建设，与公共住房实施统一的物业和社区管理，保证社会融合。另外，政府可以将市中心的老旧住宅小区内套型面积小的单元予以收购，作为出租的公租房。这样可以避免再建设大量低水平小户型的住房，提高城市住房整体的质量。同时，也可以鼓励老的住户改善居住条件，形成新的有效需求。

对于城市中大量外来常住人口，可以通过建设建设者之家、蓝白领公寓等形式的公租房，满足这部分群体的临时住房需求。随着发展，如果他们有能力在城市定居，则可以通过租房或购买政府公共住房等方式来解决住房问题。

3）政府公共住房——"安居房"的概念

政府公共住房即是特殊的商品房，或称为政府主导的政策性商品住房。在许多国家，政府公共住房，如新加坡的政府组屋、日本的公团住房，包括我国香港的公屋，也是出售的商品房，只是附加了一定的条件，如房价、户型、准入和退出的条件等，相当于我国目前的限价商品房。结合我国当前保障性住房的实际，应该将限价商品房作为政府公共住房的主体，适当放宽准入条件，面向城市中等收入家庭，取消"经济适用房"等类型。要树立科学的住房文化观，改变"经济适用房""限价商品房"等粗俗的称谓。利用我们曾经使用过的"小康住宅""安居住房"等称为，将政府公共住房取名为"安居房"应该是合适的，这个名字体现了安身立命和住有所居的理念，具有中国传统文化内涵。

要做好住房需求的统计分析和规划设计。利用安居房量大的特点，在有效调控房地产市场价格的同时，可以推行住宅工业化、标准化和部品化，推广绿色建筑和全整修。住房面积标准目前可以以 90 平方米以下为主，随着国家整体居住水平的提高和家庭人口构成的变化再修订。吸取我国香港、日本政府公共住房建设量过少、轮候时间过长的教训，学习新加坡的成功经验，加大安居房建设量。同时，逐步放宽准入条件，城市大部分中等收入家庭都可以购买。而且，学习新加坡经验，一人一生可以有两次购买政府公共住房的机会，一次是在参加工作和新婚后，第二次是为改善住房条件。下一步，在城市有稳定工作的外来常住人口也可以购买安居房。

政府公共住房——安居房成功的关键是合理的价格控制。安居房是市场运作的，由开发企业来开发建设，因此，必须使开发企业有一定的利润，保证住房的质量，同时价格必须在合理的房价收入比范围内，中等收入居民可以负担。这其中土地保障是基础，税收优惠是保障。我国土地归国家所有，具备这样的条件。作为商品房，土地也采用出让方式，也保证了政府除征地拆迁成本外，有一定的土地收入。可以尝试有关机构与购房人采取共有产权的方式，降低个人首付比例。有人提出，为降低土地成本，土地出让金分年度交纳，这应该是非常合理的建议，但与目前各级政府的财政运作相关，要认真研究，积极尝试。

与纯商品房独立分割的闭合市场是政府公共住房成功的另外一个关键因素。作为商品房，政府公共住房在退出后也要进入市场交易，也要保值增值。相对独立的市场避免了过渡的投机行为，也保证了政府对政府公共住房在土地税收等方面的让利继续留在政府公共住房市场中，为其他符合条件的居民享用。

结合我国目前在建普通商品房量大的实际，对合适的商品房，降低利润水平和销售价格后，经过政府认定，给予一定的税收减免等政策，应该容许其转为政府公共住房，这样，一方面消化了目前大量普通商品房的积压，另一方面可以减少再新建安居房，一举两得。

目前，我国大部分中产阶层城市居民的住房条件已经获得了一定改善，现在面临的二次改善问题。针对住房价格飞涨，许多中产阶层买不起住房的问题，还要认真系统的研究分析。有人提出，不是所有的中国人，中产阶级都要自己购买住房，可以租房。这是一个好的意见，应该在完善公积金制度设计和住宅产业政策上给予支持，鼓励出租和租房人双方的积极性。为保证有合适的出租住房满足需求，可以容许企业购买安居房，按照政府定价出租给符合条件的人。

应该说，政府公共住房——安居房是面最广、量最大、决定了中国大众的居住方式和生活的质量的中产阶层住宅，关于其政策设计和制度设计，还要在实践中不断探索完善。按照莱特的说法，建筑就是美国人民的生活。中国的安居房必须吸收借鉴新加坡、中国香港等国家和地区的经验教训，设计结合生活，必须改变过去千篇一律的状态，形成丰富多样的住宅文化。

4）逐步放开和培养高端商品房市场

要建立正确的住房观念，住房除基本的生活适用功能外，也是一种消费和投资，更是文化，与高档汽车、手表、珠宝、时装等是一样的，并不会因为是住房而产生罪恶感。所以，在合适的场地，如海边、风景区外围等，可建设多种多样的高档住房，既满足居民、外来投资者多样的住房消费需求，拉动内需市场，也形成城市建筑文化的多样性，避免出现住房行列式等单调乏味的情况。同时，高品质的住房和社区也是城市吸引人才和投资的竞争力。

当然，高档住房可能消耗更多的资源，这可以通过特定的税费来平衡，如对别墅、大面积的花园洋房、高档公寓等征收政府公共住房费或房产税等形式，既讲究了市场公平公正，也为政府公租房和公共住房建设筹集了资金。

3. 与生活居住方式和生活质量相适应，提高住宅规划设计水平

改革开放以来，伴随着住房制度的改革，我国住房建设快速发展，人民的住房条件发生了明显的变化，生活水平进一步提高，生活方式不断变化，带动生活质量的提高。目前，中国城镇人均住房建筑面积达到 32 平方米，居于世界较高水平。但与面积标准不相适应的是，住宅社区的规划设计和住宅的功能质量与发达国家相比还有较大差距。经过认真思考，我们发现，除住房价格高、建筑质量

差、小汽车停车难等问题外，还产生了非常严重、影响深远的问题，如城市空间丢失、人的交往变少、建筑特色缺失等问题。

造成这样结果的原因是多方面的，包括政府经营城市的方式粗放，规划内容简单，规划管理不着要点，研究不深入等，结果，不管是在大城市，还是在小城市，抑或在一些农村，形成住宅高楼林立的局面。开发商喜欢，建筑师喜欢，建筑施工企业喜欢，银行也喜欢。道理很简单，因为高楼建筑标准层多，设计施工容易，节省时间，提高效率，效率就是金钱。当然，很多有志之士和有社会责任感的企业也在努力尝试改变，但他们是少数。

世人称道的"美国梦"，由洋房、汽车和体面的工作构成，引导美国社会高水平发展了近百年，形成了目前美国的城市和区域形态，以及美国人的生活方式。英国人大部分住在公寓住宅（council houses）中，以公共交通作为主要出行工具，不失绅士的生活方式，恬野宁静。在英国出生成长的彼得·霍尔教授，经过美国加利福尼亚州伯克利十年的工作生活，认为客观比较起来，英国中产阶层的生活质量不如美国中产阶层的生活质量高。当然美国人的生活也面临许多困惑，如经济危机周始、医疗保险的难题，包括生活的不方便，所谓买一只牙膏都需要开车的状况，以及人均汽油消耗量是欧洲的三倍的事实。但是，美国和英国的经验表明，住宅的规划设计可以在改变人的生活方式上、决定人居环境的生活质量上发挥很大的作用。

住宅是文化，是人居环境，不只是居住的机器。住宅区规划设计是我们必须重视和考虑改变的问题。如何进一步提高社区和住宅质量，规划设计可以发挥更大的作用。只有好的规划设计，才能形成高品质的城市和环境。在优美的环境中，才能促使人们的思想进一步解放，科技人文进一步创新，城市进一步昌盛，广大人民群众诗意地、画意地生活在大地上。

1）在城市总体规划和控规中细化住宅用地布局

首先，改变过去所谓规划用地划分标准中单纯按居住形态的所谓一、二、三类居住用地划分，形成与政策相关的居住用地划分，包括公租房、安居房和商品住房等三种基本居住用地。安居房用地是主导的住宅用地。公租房用地，在安居房用地中规划保留总建筑规模 5% 左右的用地作为公租房用地。按照住宅专项规划的分析，合理规划商品房用地规模和布局。在一些风景区周边可以规划高档商品住房用地，可以建设独立或联排住宅，鼓励住宅的多样性。

另外，要考虑特殊类型居住用地，包括老年住宅用地和旅游住宅用地等。随着经济发展和社会进步，会出现许多新的居住需求，这些需求也要不同的配套服务设施，也需要有不同的策略回应。如老年住宅，随着我国老龄化社会的快速到来，老年住宅是必须提前考虑的大问题。老年住宅用地一定要选址在医疗设施周边布置，或是在风景区周边和疗养设施周边。同时，随着收入的增加，第二套住宅，特别是休闲旅游地产的发展，其配套设施的要求与城市居住区有很大的区别，应单独规划用地，给出适应的指标。总之，居住用地的划分和配套政策，特别是在规划、控制性详细规划中把各种居住用地落位是保证住房改革创新的前提，也是深化住房制度改革的保证。

改革开放初期，我国各种各样的开发区涌现，成为城市发展的重点地区。当时，认为开发区应该以工业为主，因此，在规划中生活配套缺乏。农民工绝大部分住在工厂内，条件较差。而城市户口的工人、管理人员大部分仍然住在老城区，造成长距离的通勤。随着城市的进一步扩大，通勤的距离越来越长。工作岗位周围缺少合适的住房，成为影响经济发展的共性问题。目前，虽然经济社会发展了，人们的生活水平和居住条件有极大的改善，但我们在规划中对产业工人的居住问题考虑得还是不够。职住平衡看似一个小问题，实际影响大规划，影响人们的生活。

2）多样的住宅类型和高品质的住宅建筑

居住模式，包括住宅类型、聚集程度、配套形式、社区管理方式等，是决定中国城市发展质量的非常重要的一个问题。

住宅类型的多样化是提高居住水平和生活质量的要求，也是城市文化发展的要求。日本著名建筑师隈研吾在其著作《十宅论》中，将日本住宅分为十类，认为住宅是日本文化的组成部分。中国传统民居的多种多样，造就了各具特色的城市和地区，也成为地方文化的重要代表。目前，在市场的带动下，我国住宅建筑采用了基本统一的建筑类型，越来越多的高层住宅开始流行，特色缺失，造成全国城市的千篇一律和整个人居环境品质的下降。当然，中国人口众多，土地资源紧张，住宅建设要考虑节约土地是事实，但不论城市还是郊区、甚至农村，是否都要盖高层住宅，是我们必须认真思考的问题。香港、新加坡采取高层高密度住宅，因为它们都是城市国家或地区，土地狭小。即使日本，目前，仍然有45%左右的是独立住宅。事实上，通过合理的规划设计，在一定的密度条件下，我们可以创造一个更加丰富多样的居住建筑类型和更好的居住环境。

我国许多城市具有住宅建筑类型的多样性，既有中国传统的院落式住宅，又有从西方引入的独立住宅、联排住宅、花园住宅、公寓住宅等多种形式。但是，随着房地产的发展和房价的快速上升，开发商的影响力不断加大，政府也屈服于土地出让金大幅增加的好处，因此，住宅用地的容积率不断升高，住宅建筑都成为30层、100米高的塔式或板式高层，20~30栋高层住宅堆积在一起，形成了目前典型的居住环境。虽然建筑立面有变化，实际居住建筑的类型简单划一，居住的品质，以及城市的品质极度地下降，这种状况必须改变。

3）居住社区开发强度和高度

目前，全国都面临着居住用地容积率过高的问题，而且趋势越来越严重，包括在城市外围地区，住宅用地的容积率都在 2 左右，全都是高层居住小区。我们希望把亲切宜人尺度和居住建筑多样性的优良传统能够延续下去，使人居环境的理念变成现实，这需要一个非常大的改变，关键是要对住宅用地的容积率进行合理的控制。

住宅类型的多样性与开发强度有很大的关系。过去，以多层为主、少量高层的居住区的毛容积率在 0.8 ~ 0.9 左右。目前，联排花园住宅小区容积率可以做到 1.0，多层为主、少量高层的居住小区的容积率可以做到 1.1 ~ 1.5 左右，要严格限制居住用地容积率超过 2 或 2 以上，这对城市居住品质非常重要。

有人片面讲中国人多地少，要节约土地，因此，容积率越高越好，不知是认识的片面，还是在为开发商摇旗呐喊。又有人借用国外目前流行的口号，鼓吹"紧凑城市"，实际上，紧凑城市是针对美国的蔓延发展而产生的概念，而我们的问题是现在的城市已经过度密集，应该适当的疏解，以达到合理的密度。讲 TOD 的概念，以公交为导向的城市区域，公共交通的经济效益，也是需要合理的密度，但也不能过度的聚集，否则也会带来服务水平下降的问题。随着商业服务业和交通方式的快速发展，居住的聚集程度已经不是影响配套水平的主要问题，特别是在大城市边缘的城市区域，商业服务业和社会事业已经不是影响社区发展的主要问题。合理的密度、良好的环境则越来越重要。

国家公共政策关注社会公平和社会和谐，提倡建构节约型社会，构建适宜的人居环境，构建多层次住房保障体系，这是人的基本生存条件。随着经济的进一步发展和社会的不断进步，根据马斯洛人的需求层次理论，人的基本温饱需求满足后，就需要更高层次的社会交往和精神需求。因此，住宅的多样化、居住环境的美化和交往空间的创造、生活配套设施的完善和社区的民主管理等是我国住宅建设当前就要主动考虑的问题。合理的聚集程度、完善的社会配套服务、良好的环境和合理多样的居住形式，如城市公寓住宅、合院住宅、联排住宅、花园洋房，包括独立住宅等，是提高我们生活质量的必备条件。

适宜的居住条件是提高生活质量的重要因素。而住房质量、区位、配套设施是影响居住条件的三个相互交织的因素，也使得住房的选择成为一个人、一个家庭重要的问题，在不同的阶段会对三个因素有不同的次序要求。个人的需求最终形成复杂的社会需求和问题，规划应该给予足够的重视。

以上是对我国住房制度改革和房地产业发展的一些思考。深化改革，转变经济增长方式，在住房和房地产领域更加迫切，它不仅关系到房地产业软着陆和健康转型，更关系到人民生活水平的进一步提高，关系到城市化的质量和水平，更关系到我国社会经济的健康和可持续发展，时不我待。

8.2.5 城市宜居环境：城市病与城市特色

1. 城市宜居环境

宜居城市是指经济、社会、文化、环境协调发展，人居环境良好，能够满足居民物质和精神生活需求，适宜人类工作、生活和居住的城市。

回顾现代城市发展的进化史，可以发现，伴随着城市的扩展和经济的迅速增长，逐步出现了拥挤、交通堵塞、环境污染、空间质量下降等一系列的城市问题。与此同时，人们对生活环境、生活质量、生存状态的要求也在不断发生变化，并且总体上需求越来越复杂、要求越来越高，这个必然的进化趋势使得人们越来越关心人居环境及自身的生存状态。发达国家对宜居城市建设的关注由来已久。1996 年，联合国第二次人居大会提出了城市应当是适宜居住的人类居住地的概念。此概念一经提出就在国际社会形成了广泛共识，成为 21 世纪新的城市观。

今天城市的竞争在全球化的情势下已经不局限于本地，而是全球性的。对城市竞争力的分析评价有许多，经济界从投资的角度，学界从科学研究的角度，公众从相关的旅游、工作、定居等角度也给予关注。目前，国内外对城市经济实力、竞争力、创新能力等评价评比有许多，评价内容在随着形势变化。美国《金钱》杂志从 1987 年开始在美国城市中进行最适宜居住的城市评比，到今天一直没有间断，已经过了 26 年。这从一个侧面说明城市最重要的是宜居环境。要招商引资、吸引人才、吸引项目和资金，关键是有良好的宜居环境。有了宜居的环境，就可以吸引人，有了人，就有了项目，有了项目就有了资金。

宜居城市应当具有以下城市内涵：经济持续繁荣，社会和谐稳定，文化丰富厚重，生活舒适便捷，景观优美怡人，公共安全度高。宜居城市的评价可以是定性的和感性的，也可以是定量的分析。对宜居城市的指标体系的研究有很多，分析的主要方面包括经济、社会和生态等内容，从中选择关键指标，作为分析评价的数据。美国《金钱》杂志在对城市宜居性评价中，通过问卷调查，选取了犯罪率、住房、健康、经济、艺术、教育、公共交通、气候和休闲等 9 个方面的关键指标，通过加权评价，形成城市宜居指数。

1997 年，由联合国环境规划署签署许可，国际公园协会（IFPRA）主办国际性非营利的、每年举办一次国际宜居城市"国际宜居城市与社区"（the International Awards for Livable Communities，IAFLC）评审活动。2012 年 4 月，评选结果公布，全球十大最宜居城市和亚洲十大最宜居城市中，新加坡均居榜首。中国香港、台北、澳门分别居亚洲十大最宜居城市第三位、第六位、第七位，大陆城市无一人榜。虽然这个评选不能说明全部，但的确表明我国虽然城市化、现代化建设取得巨大成就，但我们城市总体的宜居水平还有待提高，这对我们转变城市规划建设方式提出了迫切的要求。

城市规划关注的城市扩展、城市规划结构和布局、城市的经营、城市住房和房地产市场，最终都是为了提高居民的生活质量，实际上就是要创造宜居的环境。这是我们在城市规划工作中应自始至终坚持的根本目的，不能舍本逐末。

2. 城市病

城市是个"生命体"，在不停地运转。当然，它也会"生病"。城市病是城市肌体出现问题时的反应。城市宜居指标中如果出现很低的分值就可能代表城市在某些方面出现了问题，如失业率过高，犯罪率居高不下等。麦克哈格在《设计结合自然》书中，介绍了美国一些城市和区域的城市病理，以及有效的分析方法。城市病的严重程度不一样，要采取不同的治疗措施。

犯罪、失业、示威、罢工、暴动等是城市的"重大疾病"，必须提早预防。失业率是反映城市经济水平的一个重要指标。犯罪率是反映城市安全的重要指标。在社会矛盾比较突出的城市，特别是当城市经济衰退时，社会就会出现动荡。示威、罢工成为常态，城市难于正常运转。加上种族矛盾等问题时，会出现城市暴动。因此，保证城市经济发展是非常重要的因素，所以说经济发展不只是手段，也是建设宜居城市的目的之一。

交通拥挤、空气污染、水污染和水质性缺水是目前我们许多大城市正在体验的城市病，已经成为流行病，要高度重视。医治城市病是当前对城市规划的基本要求，必须正视和有效加以解决，当然，这要采取各方面、各行业，包括全民参与的系统工程。

脏乱差、视觉污染是目前我国城市的通病，特别是在老旧区域。新区建设又存在贪大求洋的问题。总体看，城市建成环境质量低下是我国许多城市目前存在的问题，看似小病，但如果不及时治疗，小病积累成大病，积劳成疾。城市的干净和整洁程度反映了城市的文明程度、居民素质和管理水平。要进一步加强城市环境卫生管理，开展市容环境综合整治。中国的城市问题，如图 8.5 所示。

图 8.5　中国的城市问题

资料来源：沙永杰等，2010 年

3. 城市特色

城市特色由城市的自然条件、人文环境、文化传承，以及城市中的人构成。城市特色是城市的灵魂，目前国内一些城市出现了千城一面的问题，即使城市各种评比得分都比较高，但如果没有特色，依然很难说是一个好的城市。

城市景观是城市特色最重要的外在表现，是一个综合性的指标。根据景观生态学的理论，地球上各具特色的景观是各类生命物体赖以生存的环境，保护生态的最终结果就是保持地球多样的景观环境。同样，城市是人类赖以生存发展的最重要的环境，城市景观是城市环境优劣的综合体现，也是城市内在素质的反映，只有具有良好的功能才具备良好城市景观的条件。可以说，城市景观是城市特色的核心。

事实是，城市景观规划设计从城市产生那天起就一直是城市规划设计的核心，我们可以从世界各国的历史名城中清楚地看到这一点，最具代表性的如罗马古城和明清北京城。传统城市景观规划设计的理论方法是基于传统美学，讲究构图、比例、均衡等视觉效果。19 世纪末西特（Camillo Sitte）的著作《建造城市的艺术》（*The Art of Building Cities*）可以说是对传统城市景观规划设计理论的总结。他提出的"视觉秩序"原则影响了华盛顿中心区、法国巴黎旧区改建，以及澳大利亚堪培拉等一大批城市的规划建设。

到了工业革命以后，由于城市的飞速扩张，产生了众多的城市问题，现代技术的发展，电力、市政设施、火车、工厂、汽车、摩天楼的出现，使传统的规划设计难以适应。在这种情况下，产生了以"功能主义"（functionalism）为代表的现代城市规划和现代建筑（modern architecture）。现代城市规划对 20 世纪人类的发展进步所起的作用是巨大的，但与此同时，其带来的负面影响也是巨大的和深远的，卢斯的名言"装饰即是罪恶"影响了许多人。

到 20 世纪后半叶，后现代思潮开始出现，它强调城市的历史、文脉的延续和城市文化的创造，强调人文关怀。这时开始应用环境心理学、行为科学、视觉科学和行为艺术、城市美学等新理论开展城市景观的研究。凯文·林奇的《城市意象》一书是著名的代表。近 20 年，随着生态和可持续发展观念的普及，以及全球一体化的影响，城市规划向人本主义回归，城市景观特色成为城市规划的重点之一。格兰迪·克雷将美国主要城市的主要景观进行描述对比，认为各城市特色还是不够凸出（图 8.6）。

新中国成立后，受现代功能主义城市规划理论和现代建筑思潮的影响，加之当时的历史条件，在建筑、包括城市规划建设领域上推行"适用、经济、在可

图 8.6　城市特色示例
资料来源：Grady Clay，1973

能的条件下注意美观"的指导方针,这一方针影响了几代人,直到今天。在改
革开放初期的 20 世纪 80 年代,吴良镛先生在天津发表了《城市特色美的创造》
一文,当时在国内曾引发了一次关于城市景观形象的讨论和研究热潮,但没能继
续下去。今天,城市特色在国内已经成为规划建设的重点,但由于缺少系统的景
观设计的规划,以及相应的规划管理方法和机制,我国城市建设在城市景观形象
上整体水平不高,城市特色缺失。

目前,我国有关城市景观规划管理还没有形成独立和完善的机制,城市景观
规划设计融于城市规划的其他层次中。大部分景观规划是描述式的、定性的,缺
乏城市不同分区特性的考虑,缺少城市空间和建筑形体的细致设计和具体规定,
管理难于操作。同时,关于城市景观的管理也没有专门的法规,大部分由管理个
体的能力来决定管理的水平,也缺乏权威性和行政效力。机制的不完善,造成城
市规划管理的失效和城市景观环境总体的混乱。

我国目前有关城市景观的规划包括在其他规划中,划分为以下几个层次:在
城市总体规划阶段,规划文本中包括城市历史、文化、整体形象定位等内容,同
时专项规划中包括城市设计和景观规划专项。历史名城保护专项和城市园林绿化
等专项也涉及城市景观内容。分区规划阶段一般没有专项的景观规划,景观只是
规划考虑的一个方面,没有对总体规划景观专项深化。我们编制的其他专项规
划,如绿化系统、河湖水面、风貌保护、公建设施布局等专项规划中,各种控制
线对城市空间和景观形态有一定的规划考虑。但以上这些专项规划基本是成系统
的规划,很难落实到具体地段,因此,直接用于管理还不是十分合适,有较大差
距。在控制性详细规划阶段,在景观规划设计方面,只是依据总体规划或分区规
划的有关内容泛泛而谈,考虑深度不够,目前也无具体详细的控制指标和要求,
难于指导具体的规划管理。修建性详细规划阶段,一般只考虑或更多地考虑本身
规划范围内的景观形象问题,对周围环境考虑不充分。规划设计条件也无法体现
比较具体的要求。

城市设计受重视不够,也缺乏广泛的社会参与,没能达成共识,也一直没有
作深化规划,因此也没有发挥作用。从 2008 年开始,天津市针对目前控制性详
细规划缺乏对城市空间和建筑形体控制的情况,全面开展城市设计,包括城市总
体城市设计、分区城市设计和重点地区城市设计,是在国内进行的一次大规模城
市设计的有益尝试,实施效果很好。说明城市设计在我国目前的城市规划中是非
常重要,而且可以发挥重要作用,关键是城市设计要综合全面,要具有可实施
性,形体的控制要求要具体,要能够在日常规划建设管理中使用。

目前,我们对城市景观的规划管理除在选址阶段对大的景观形象适宜性进行

考虑外，具体的景观管理只在详细规划和建筑审查阶段进行，管理审查的依据一般只有各个城市自己的《城市规划管理条例（建筑管理篇)》，其他就没有相关的资料和法规。国外经验表明，城市规划管理的重要内容是城市景观环境。城市景观规划也一直是制定城市管理法律法规的基础之一。在美国城市区划法中，除去对用地性质和建筑强度密度的控制外，通过城市设计，对建筑高度、退线和建筑体型都进行控制，并纳入区划中，纽约曼哈顿区划是一个很好的实例。对城市特殊地区，制定美观区划（aesthetic zoning)，明确景观方面的具体要求。一些国家的建筑法规从考虑城市景观的角度，对建筑体量体形控制（bulk control)、退线（setback regulation) 也提出明确规定。城市景观设计（townscape/cityscape)是城市设计中的重要内容，如美国旧金山、波士顿等城市的城市设计在这方面很成功，包括对城市整体形象、街道、广场、街道景观、城市轮廓线的统筹考虑，形成城市设计导则（design guidance)。同时，强化重点地区规划设计和对重要项目的规划设计管理，对强化城市形象特色的作用也非常大。

4. 城市重点地区的规划设计与住宅建筑品质

按照建筑类型学的理论，公共建筑是城市中的主角，大量的住宅是背景。

每座城市都有一个或复杂、或简单，特征不同的城市中心，中心在城市生活中起着特殊作用。城市中心和其他的公共中心构成了城市景观和形象特色的高潮。同时，城市形态和城市特征在相当程度上受住宅的影响，没有住宅，城市便无法存在。住宅在城市中占有极大比例，对城市形态同样起决定作用。住宅建筑类型的重复性主导城市街区的形态，进而主导总体的城市形态。住宅问题与城市问题密切相关，是与城市生活、城市物理形式和形象，也就是城市结构紧密相连的。

近现代以来，由于功能起主导作用，以及城市规划与建筑设计的分离，建筑与城市的关系变得孤立和分散，城市建筑不再与城市古老智慧中形成的建筑形式相协调。我国目前受现代主义的影响还很深，对城市形态的认识还比较肤浅。在城市中心规划设计时，对城市建筑重视不够，认识不足，所做的大部分规划设计难以承担城市中心应有的地位和作用。不管是城市综合性的中心，还是城市文化中心、商业中心、行政中心等，由于普遍缺少历史积淀和延续，所以大部分规划设计比较随意，缺乏设计感和美感，没有文化上的立意和考虑，建筑更是随心所欲。按照罗西的观点，严格说，这些建筑都不是真正意义上的建筑。这种普遍的现象是造成我国城市形态和特色不鲜明的主要原因之一。

为维持一座城市的形态，在城市更新和构造时，对新建筑类型的引进和选择，尤其是对大量性住宅类型的选择要格外慎重。因为引进一种完全异化和异域的住宅类型会导致整体城市形态、面貌的巨大变化。目前，我国居住建筑类型单一，独立的高层住宅已经成为主流。在这种住宅类型的选择上，更多的是出于单体建筑的角度，缺乏与城市空间关系的思考。要提升我国现阶段城市形态和城市特色，大量性居住建筑在城市空间方面的品质要极大地提升。

5. 城市旧区改造与城市历史街区保护

城市改造（urban redevelopment）是利用来自政府或私人机构的资金，以不同的方法，对旧城进行改造，尤其是在物质实体方面，包括建造新的建筑物，将旧建筑修复再利用或改作他用，邻里保护，历史性保护及改进基础设施等。城市改造界定为广义与狭义两种。广义的城市改造既包括宏观性城市问题的解决，也包括微观性城市问题的解决，通常要求采取全面、系统的措施来使城市发展与经济和社会发展重新走向协调。狭义的城市改造主要是指旧城改造，在西方对这种城市改造一般称之为"城市更新"。

历史地段保护的概念是 20 世纪 60 年代形成的。第二次世界大战后，欧洲的经济恢复发展，城市中开始了大规模的住宅建设，当时普遍的做法是拆掉老城区，盖起新楼房。但是这样做的结果是改善了建筑，却破坏了历史环境。城镇历史联系被割断，特色在消失。人们开始意识到，一个国家、一个民族不能割断历史，而文物古迹、历史地段等正是这些历史文化发展的实物例证。所以，除了保护文物建筑之外，还应保存成片的历史街区，保有历史的记忆，保存城镇历史的连续性。历史文化街区重在保护外观的整体风貌。不但要保护构成历史风貌的文物古迹、历史建筑，还要保存构成整体风貌的所有要素，如道路、街巷、院墙、小桥、溪流、驳岸乃至古树等。同时，历史文化街区是一个成片的地区，有大量居民在其间生活，是活态的文化遗产，有其特有的社区文化，不能只保护那些历史建筑的躯壳，还应该保存它承载的文化，保护非物质形态的内容，保存文化多样性。这就要维护社区传统，改善生活环境，促进地区经济活力。

6. 城市市容环境综合整治

20 世纪 80 年代，天津在震后重建过程中，对城市进行整治维护，拆除违章和临时建筑，粉刷建筑墙面，实施绿化，取得明显效果，城市干净整洁了。当时，学术界还有许多不理解，称之为"涂脂抹粉，穿鞋戴帽"，不屑一顾。随后，国内许多城市竞相效仿，大连、厦门等城市也取得了很好的效果。现在市容环境综合整治已经成为一项重要的、常态的城市规划建设和管理工作。

2008 年以来，天津实施了连续奋战 900 天市容环境综合整治工程，始终坚持先规划，后建设；先设计，后施工，高质量、高标准地完成了中心城区海河两岸、重点地区、重点道路环境整治、天际线整治、高层建筑外檐整改等规划设计，编制完成《天津市规划设计导则》，妥善处理了局部与整体、环境与业态提升、市容观瞻与繁荣繁华的关系，为城乡面貌在较短的时间内发生一个大变化，起到了至关重要的作用。现在，天津又开始对老旧楼区进行整治，真正改善居民的居住环境和实际困难。

我国的新型城镇化也应该是老区的城镇化，应该是细致的城镇化，应该是城市环境综合整治的城镇化。城市市容环境综合整治在我国目前阶段应成为一项重点工作，成为常态。

以上历史街区保护和城市环境综合整治两个方面，国内已经形成共识。总之，城市宜居环境是城市规划建设的重要指标，要发扬自身的优势，形成具有鲜明特征的城市特色，同时，要不断治理城市病，保持肌体健康。城市景观形象规划建设的水平与城市经济发展水平、人的观念和整体素质有关，因此还必须加强宣传和普及教育，加强研究，将中国的城市都建设成为美丽的城市，成为美丽中国的亮点。

8.3　美丽中国：中国城市规划如何影响世界

党的"十八大"提出到2020年全面集成小康社会、实现中华民族伟大复兴的宏伟目标，建设美丽中国。到时，虽然人均水平达到中等发达国家水平，但中国经济总量将是世界第一，中国将成为世界的焦点。中国的城市规划建设如何影响世界，也就是说我们用什么先进的城市规划理论方法和实践来达成这宏伟的目标，是摆在我们眼前的一个大课题。

8.3.1　发扬中国城市和人居环境规划的优秀传统

我国的城市规划和人居环境建设实践具有悠久的历史和传统，不仅体现在城市、乡镇、村庄聚落的规划建设上，体现在建筑设计、园林建设上，也反映在兴修水利、戍边屯田等大量大型工程谋划设计上。中国古代劳动人民创造了辉煌的历史文化，宏伟的城市规划建设、优美的园林景观和丰富多彩的精美建筑，展现出中国传统规划设计的造诣。同时，社会经济发展与城市规划建设的关系也非常密切，如万里长城、南北大运河等的建设，影响着中国大地的空间形态和人居环境，直至社会经济的变迁。周干峙在总结中国古代城市规划三个合乎科学的基本理念（"辨方正位""体国经野""天人合一"）时指出，早在 2500 多年前，《商君书》中就认识到"国"与"野"的关系，当时就总结历史经验，提出了一个 25 万人的居民点的构想（包括总用地、生活用地、人均用地以及各类用地的比例关系），与近代工业革命后莱特的"广亩城市"、霍华德的"明日的花园城市"中提出的理想城市，有异曲同工之妙。另外，城郭一体的考虑，"不谋一域者不足谋一城"的名言，说明中国整体空间规划设计的悠久传统。南北大运河等交通走廊的谋划建设则对南北的区域经济发展和国家整体团结稳定发挥了巨大的作用，显现出大型工程建设的综合效益。

中国古代人民的智慧，造就了惊人的成就，特别是在当时看来巨大尺度的规划建设，如长城、唐长安城、明清北京城等。这些人间奇迹的实现靠的是运筹帷幄的智慧和广大劳动人民的辛勤劳动，其中朴素的科学理念、技术进步发挥着重要作用。我们也必须客观地承认，封建社会的建设礼制和堪舆风水等规则也发挥着巨大的作用，包括《周礼·考工记》中所记载的明确的规划制度和封建社会以来一贯严格的建筑等级制度，"没有规矩不能成方圆"。同时，天人合一的朴素的唯物主义传统，因地制宜的规划设计手法，表现出城市规划和建筑设计在建造各具特色的地域特征和文化多样性上的重要作用。继承和发扬悠久的城市规划、建筑和园林设计的历史文化传统，是我们在新时期的重要历史使命，是实现中华民族城市规划建设伟大复兴的基石和根源所在。

8.3.2　科学发展观指导的城市规划

吴良镛先生在《发展模式转型与人居环境科学探索》一文中指出，科学发展观是得之不易的战略准则，是中国发展道路的基本指引，我们应将科学发展观在人居环境科学中加以具体落实。科学发展观，第一要义是发展，核心是以人为本，基本要求是全面协调可持续，根本方法是统筹兼顾。

总结中国改革开放 30 年来的发展历程，似乎仍然可归结为环境问题、人居环境与发展模式这三个主题。目前，科学发展观已经逐步深入人心，转变经济增长方式，节能减排，自主创新，可持续发展，强调以人为本和社会和谐已经成为社会共识。对环境保护和恢复不再只是口号，已经开始逐步落到实处。与之相比，对城市规划和人居环境建设的重视还相对落后。城市规划和人居环境科学也应适应形势需要，在科学发展观的指导下，积极地加以发展。在实际的规划建设工作中，要立足我国社会主义初级阶段的基本国情，总结我国发展实践，借鉴国外发展经验，勇于创新，探索中国新时期城市和城镇化新的发展道路。

1. 中国城市规划基本的规划范式（paradigm）

历史过程展示了这一真理：社会生产力的进步推动了科学的发展，科学技术的发明创造又促进了生产力的高度发展。1962 年，库恩（Kuhn）出版了《科学变革的结构》（*the Structure of Scientific Revolutions*），使整个学术界活跃了起来。他指出，当老的科学范式无法解释新的社会经济现象时，需要新的科学范式，即科学的革命。他的理论成为"科学的科学"。

我国目前处于城市化、新型城镇化和工业化快速发展时期。发展速度超过前人，所面临的人口、资源、环境问题其他国家无法比拟。因此，我们要走一条具有中国特色的社会主义道路。这需要在上层建筑、经济基础等方面进行重大的创新，也需要在城乡发展上进行创新。城乡发展既是社会经济的载体，更是发展的目标和成果。改革开放 30 多年来，我们在中国城乡规划发展的实践中进行探索，取得了巨大的成绩。但是，总体看，我们的人居环境距离发展的目标还存在相当大的差距，需要发展新的城市规划理论以指导实践。

创立适应中国具体情况的城市化道路及其城乡空间发展范式是一个老课题。许多老一辈建筑师、城市规划师对中国城乡空间发展都进行过探讨和畅想。到 20 世纪 80 年代，在当时的条件下，应该说我们形成了一套比较完整的，在计划经济体制下的城市化和空间发展的思想。在国家基本政策之下，如"人口计划生育"和户籍管理政策，"合理利用和节约每一分土地"等，我们形成了"严格控制大城市发展，合理发展中等城市，大力发展小城市"，农民"离土不离乡"等城市化政策，也形成了发展公共交通、规划卫星城、限制城市盲目扩张、环形加放射道路系统的大城市规划模式，以及"居住区、居住小区、功能分区、人车分流"等公众耳熟能详的规划手法。这些范式在我们头脑深处留下印记，许多定型的空间规划范式一直延续到今天，有些成为固定不变的教条。显然，多年来的实践证明，这些范式和所谓教条许多内容是不成功的，但这些教条已经与现行的许多具体的规划管理技术规定，包括相关行业的技术规定，交织在一起，无法改变。这些过时的或不合理的范式阻碍着发展和观念创新，要实现全面建成小康社会的目标，规划需要革命，需要自己革自己的命。

2. 城乡发展的空间范式：经济发展、社会进步、生态保护、政治改革和文化传承"五位一体"

在人类历史的发展过程中，每一次重要的技术进步都导致社会经济的空间重组。我们不用说三次大的农业、工业和信息技术革命，具体到每一次小的技术革命，都对人类社会带来重大影响。20 世纪的信息革命正在改变着我们的社会组织和经济发展方式，正在改变着我们这个时代。我们必须认真学习理解，才能更好地认识规划的对象，才能明确我们的使命，做好城市规划工作。

1）经济发展空间模式的新变化

技术进步是城乡和区域发展的重要影响因素。技术进步可以改变城乡和区域之间的空间关系，曾经遥远的地方可能不再遥远。运输和通信技术降低了空间距离的摩擦力，时空压缩/汇聚（time-space compression/ convergence），带来"历史窗口"（historical window）和发展机遇，改变了原有的比较和竞争优势。技术产生地和最初的扩散地往往成为空间上的新增长点。技术创新影响生活方式，创造新产品和新部门，如家用电器、汽车、计算机、通信设备等，都是非常重要的产业部门。同时，在运输、能源（特别是电力）和信息等方面的技术进步影响产业和居民点的空间组织方式，特别是空间扩散方式。

在信息时代，信息技术与城乡和区域发展的关系非常密切。信息技术的广泛应用形成了的社会经济发展的空间动力。信息化与企业区位因素的变化，使得时间成本越来越重要。"时间成本"不是指生产线生产产品的速度，而是指企业在发现商机后将新产品推向市场所需的时间。可以理解为生产链对市场变化的反应速度，涉及生产链上企业之间的时间空间关系。新的信息技术的应用会整合和缩短供应链，因此，可以导致企业的"虚拟集群"。但是，零部件厂是否选择在地理空间上与整装厂集中在一起还取决于制度安排、地方交通网的效率等其他因素。信息化对企业区位因素和空间组织的影响主要来自于企业管理方式的变革。消费者可以获得的信息量空前的增加，选择机会越来越多，产品生命周期缩短。企业运用新的管理方式成为可能，如处理日益复杂的信息流和物流、建立新的供应链关系、发展新的消费者联系等。

信息化促进知识的扩散、应用和创新。由此可导致经济和社会要素的空间重组。新的信息技术是会促进集聚、还是会促成分散，是需要回答的最重要的问题之一。信息和知识传递某种程度上突破了空间距离摩擦定律。在新的信息技术下，"离心力"和"向心力"是共存的，导致经济发展的本地化趋势和分散趋势同时发生。改变着空间邻近性对企业发展和集聚的影响。基于隐含性知识（tacit knowledge）的经济活动倾向于集聚，而知识隐含于技术系统之中的程式化经济活动倾向于分散。新的信息技术会使经济活动（对信息依赖性大的产业、部门、机构）在空间上集中在一些具有良好信息基础设施的城市或区域。而在这些城市或区域内部新的产业部门在空间上会呈扩散趋势，即在地方层次上，新的信息技术的应用是一种很强的空间扩散力量。

信息化下区域空间内部重组的主要形式有："后店模式"（backofficing），银行、保险、航空售票、消费者服务中心、咨询业等管理和文案工作可以在计算机网络上完成的部门，在空间布局上可以远离"前店"；"远程工作"（teleworking）方式，即职员可以通过现代信息设施在家庭办公，而不需要每日通勤前往工作地点，促成了"信息港"（teleport）的企业空间组织方式。"信息港"指能够提供先进通信设施的高科技办公区或办公楼。中小企业可以凭借"信息港"共享先进的信息设施，形成新的企业空间集聚。一方面使企业的商务活动和生产活动分散到小城市或大城市的郊区，另一方面也使经济活动有向信息基础设施水平高的大城市及周围地区，以及交通枢纽地区聚集的倾向。城市体系越来越被具有更好通信和交通基础设施的城市所统治。

总体看，一是空间运动和扩散的能力提高，二是聚集效益更加明显，三是出行数量持续增长。与此相对应的城乡空间发展是：一是国际化和城市继续扩展，远郊区化和城市区域出现；二是城市中心功能复兴，服务业的大发展；三是航空客货运、港口、铁路，包括城市内部交通量持续快速增长。信息交流的发达不但没有减少人们的出行，反而是进一步增加了出行。

在今日中国，我们能够明显看到新的经济发展模式对城乡空间发展的影响。经济增长表现在空间地域上仍然是老城市的扩展、旧区更新改造和新城市发展。城市老区公共服务设施和水平需要加强，空港区、高新技术园区、商务园区等新的空间形态的规划建设大量出现，新兴城市和城镇快速发展。因此，城市规划要积极适应这样的经济发展的形势和要求，把新的经济空间范式的规划作为城乡规划创新发展的基础，而不是视而不见。

2）社会发展的新空间模式

技术进步和社会发展是相辅相成的。技术进步会极大地推动社会发展，好的社会能够支持更大的技术进步。反之，社会的停滞和后退必然使技术进步放慢和停滞。在信息化时代，一方面技术的扩散可以促进边远落后地区的发展，同时也会进一步加剧区域发展的不平衡。存在"数字鸿沟""数字分化"等新的区域分化现象。不断强化的社会和空间极化现象是信息经济的内在组成部分。

在信息化和全球经济一体化的形势下，地方经济可以不依托区域经济，而直接与世界生产链接轨，这导致城市系统的不确定性和软弱性（vulnerability），以及城市发展的新趋向。中心-边缘的模式演变成"斑块"（patch-work）的发展模式，这样的实例国内外都有很多。传统上一个地区是靠一种自然的产品，如农作物、水果等著名，而今天许多地区是靠一种产品系列。在这种形势下，获胜的和失败的区域/地区也许会紧挨着。这反映了这样一个事实，经济增长已经由大规模、价格竞争转变为以创新、服务和消费者导向的 "适度"（just-scale）经济。大规模经济一般在大都市的中心，而适度经济可以由一个地区或处在不同地区、特别的一组企业来运作。从这个意义上讲，当地生产设施适应特别的生产要求的调整是很重要的，同时，包括对具有良好教育劳动力的吸引，即人居环境的优劣，随着全球化已经变得更重要了。

伴随着信息技术的快速发展，区域政治制度也在变化，超越国家的组织在支持跨国、跨地区的合作。在国际秩序中，区域和城市被邀请加入或被驱逐，形成单个或合作的网络，找到自己的位置。这就需要区域或城市宣传（manifestation）和营销，投入最强的精力。规划师和政治家被诱使集中在开发和宣传、销售它们城市中最繁荣的地方，而忘记了不繁荣的落后地区的社会责任。

在生产关系方面，知识和信息成为最重要的生产资料之一，获得知识和信息机会的不平等有所增加，形成了新的不平等。在人际关系方面，在生产者和消费者的关系上发生了变化。由于消费者掌握着越来越多的信息和知识，生产者必须不断完善产品和服务。信息技术驱动下企业管理模式有三种主要变化。其一，管理理念从以生产为核心到以消费者为核心，这种变化的一个信号就是定制生产的广泛采用。其二，管理框架从垂直分层（金字塔形）变为扁平化（流的管理），流的管理使企业决策者能更直接地把握市场变化的脉搏。其三，管理范畴从内部管理变为供应链控制，这将导致整装厂与零部件厂之间关系的变化，特别是两者之间 B2B 电子商务将更加普遍。在劳工关系方面，平等对话的机会在增加。在社会交往方面，内向性格的人的交往会减少，而外向性格的人的交往会进一步增加，人的性格进一步分化。城乡规划模式要适应这种新的社会关系的需求，并努力创造和增加交往的机会和交往的空间场所。

随着经济发展和社会进步，社会阶层出现细化和多样化，在社会阶层的空间布局上也出现进一步分化和融合同时并存的趋势。在美国，历史上曾经是黑人与白人二元对立的社会结构，黑人穷人与白人富人在城市定居问题上一直进行着"猫抓老鼠"的游戏，白人持续从市中心向郊区、远郊区"退却"。市中心衰败，成为黑人的贫民窟。20 世纪 60～70 年代城市中心曾发生大规模城市骚乱。在今天的美国社会，虽然贫富差距、种族问题依然突出，但随着亚洲、美洲移民的不断增加，随着新兴产业造就的新兴富裕阶层中各色人种杂现，美国社会阶层出现多样化。同时，信息普及和大众文化艺术、流行音乐的发展，少数民族的社会文化地位在提升。社会阶层构成的细化和多样化也使社会大众的心态发生变化，比较能够接受社会现实。从 20 世纪末开始，在郊区也开始出现中国式封闭物业管理的富人小区。同时，随着城市更新运动对市中心生活质量的改善，在一些城市，白人和新兴富人阶层又回到市中心。我们看到，在西方许多发达国家，一些城市中心今天已经不再具有当年政治经济中心的垄断作用，而越发地沦为消遣休闲之处，更像一个演出舞台，娱乐性越来越突出，社会矛盾的空间冲突点减少了，典型的像巴黎塞纳河边的人造海滩，其乐融融。当然，社会冲突的根源并没有消除，如 20 世纪 90 年代末洛杉矶发生的大规模城市骚乱、2005 年年末巴黎郊区的骚乱就是对人们的提醒。

在城市规划上，为解决社会问题，西方国家的规划人员也曾学习中国的经验，深入基层社区，做"赤脚规划师、建筑师"。他们呼吁民主的、自下而上的规划，开展社会动员，推动了城市规划社会民主化的发展。针对社会发展的多样化，强调规划的多样化，强调规划的社区民主和共同管理。结合西方的女权运动（feminism），强调女性主义在社区规划建设中的重要作用。

今天，在我国快速发展，广大人民群众的生活水平有了极大提高的同时，城乡差距、贫富差距在扩大。总体看，在我国城市和农村，社会构成和需求也呈现出多样化趋势。人的温饱解决之后，要求更多的精神需求和更高的物质需求。人口流动是中国社会的一大进步，也是缓解农村富余劳动力所造成巨大社会矛盾的好方法。虽然存在农民工工资和待遇问题，但依靠国家管理是能够逐步改善的。在广东出现的"民工荒"，也反映出农民工有选择的权利和能力，他们用腿投票。这股流动的人流在促进经济发展，缓解社会矛盾的同时，也在改变着中国的城乡空间结构和形态。在城市，聚集在城市中心地区的落魄的城市老居民面临着拆迁安置问题，他们被迫迁到城市外围。而外来人口一般也聚集在城市边缘，形成所谓的"浙江村"等。在农村，村庄建设混乱是普遍的问题，外出打工造成"空心村"。同时，在一些富裕的村庄，同样出现阶层多样化，出现外来务农人口。所以，城市和乡村同样存在社会和空间融合问题。

今天，城乡的发展使得社会问题更加多样复杂，包括区域和城乡差别与融合、劳动力、性别、社区、种族、工会等问题；而新的信息、通信和交通手段的广泛普及有利于提高社会平等和融合。目前中国电视、手机的普及率世界领先，信息和通信的普及使不同阶层具有了获得信息的同等机会。轨道交通和小汽车的快速发展使人的出行能力大大提高，城市具有进一步扩展和改变的可能，为城市社会问题的解决提供了可能的出路。

3）生态保护的空间发展模式

回顾漫长的人类发展历史可以看出，人与生态环境的关系总是在发展变化的。在人类茹毛饮血的时代，大自然是人类的主宰，人类只能表现出对自然的崇拜和敬畏。随着技术和知识的逐步发展，人类在不断寻找顺应自然、人与自然和谐相处的理想途径，"天人合一"是中国传统文化中对人与自然关系理想境界的形象准确的表达。中国传统城市规划中城市布局与河流水系的完美结合和自然"山水城市"的规划模式都反映了这样一种城乡规划建设的理念，显示出中国传统空间规划顺应自然、巧施因借的高超手段。

工业革命以后，科学技术的发展，使人类在人与环境的关系中成为强者。大工业的发展和以经济发展为中心的发展观使改造和征服自然成为描述和歌颂人类自身能力和成就的常用词汇，人类空间发展走入了一个盲区。实际上，早在现代城市和区域规划的产生之初，就有许多的生态规划设计思想，比可持续发展理论早了近100年。盖迪斯区域生态优先的规划理论，霍华德的田园城市理论，都强调人与自然和城市与乡村的融合；但是，现代城市和区域规划实践都没有吸收其中的精髓。城市规划受城市地域空间的局限性，缺乏大尺度生态环境整体的规划，绿化带、绿楔等成为主要的规划手法。区域规划中区域经济发展一直是规划的主题，对区域生态的考虑明显不足，水利、林业、农业等行业规划缺乏综合的生态规划。由于在当时的情况下，人的空间发展建设一般都对生态环境产生负面影响，因此，在空间布局上人与自然生态环境空间、如风景名胜区、自然保护区等的空间隔离成为常用的规划手段。

生态环境的不断恶化使人类逐步认识到环境保护和生态安全的重要性。20世纪末，可持续发展理念的广泛传播和对生态环境普遍的重视，使人类的发展观发生根本转变，人与环境和谐共生的理念在全世界开始流行，环境保护主义和"绿党"成为一只重要的政治力量。今天，生活和环境质量成为社会经济发展重要的禀赋。在我国，对城市景观环境的建设成为一个潮流。但是，由于大部分城市大的生态环境没有根本改善，所以这些环境改善的工作大都是局部的和人工的，普遍需要大量的人工维护，成本巨大。长此以往，城市将不堪重负。

总体看，随着经济社会发展和技术进步，特别是生态和环境保护科学和技术的飞速进步，通过大尺度生态环境的规划整治，区域生境会得到逐步改善。同时，人与环境的关系不再是传统的对立，人与环境的融合、亲近成为可能。所以，在城乡规划手法和范式上，也不再是单纯的人工环境与自然环境的隔离方法，而更多的是人与自然环境巧妙融合的设计。例如，在德国的空间规划中，明确要求新的居住地要规划选址在风景和生态区周围，以达到相互促进的目的。

人与自然的亲近是人类的本能。城市的聚集在获得社会经济发展的同时，使人类离自然越来越远。传统园林的设计建造都把仿效自然作为设计的主题，就是人类对自然感情寄托的一种方式。苏州私家园林，在狭小的庭院中，营造出人对自然的情愫。在传统的生产方式和生活方式的情形下，在城市，人们一般不可能既得城市之便利，又获得大自然的环抱。现代大工业的发展更使得人与自然的关系对立起来。今天，通信和交通手段的发展使时空距离在缩短，城市人具有日常接触大自然生态环境的可能。而正是可持续发展，包括循环经济、绿色制造、环境保护、绿色生态技术和环境管制等方法，使得人类和自然、城市与生态环境在空间上有了共生的技术条件。空间规划的两大系统，城市及其基础设施网络，生态系统和广大的乡村可以很好地编织在一起，为 21 世纪"宜居的山水城市区域"的出现奠定了物质基础。

类似德国新的人类居住区与生态区比邻的规划布局，在保护生物多样性和生态安全的前提条件下，人们可以居住、生活在美丽的自然环境中。同时，地区经济的发展能够为生态环境的保护和建设提供经济支持，这是体现自然景观价值和保护生态的双赢方法。

8.3.3 人居环境、战略空间规划和城市艺术骨架

1. 人居环境与战略空间规划的关系

人居环境是人类工作劳动、生活居住、休息游乐和社会交往的空间场所。人居环境科学是以包括乡村、城镇、城市、区域、国家等在内的所有人类聚居形式为研究对象的科学，它着重研究人与环境之间的相互关系，强调把人类聚居作为一个整体，从政治、社会、文化、技术等各个方面，全面地、系统地、综合地加以研究，其目的是要了解、掌握人类聚居发生、发展的客观规律，从而更好地建设符合于人类理想的聚居环境。在我国新的发展时期，人居环境建设的总体目标就是实现可持续的空间发展和达成高品质的空间和生活质量。总体看，人居环境是各种社会政治经济环境的因素综合在一起的外在表现。作为复杂巨系统，人居环境建设是一个长期的过程。规划必须以问题为导向，理论和实践相结合，应用新的理论和方法，在重点问题上尝试突破，探索新的人居理想和城乡空间规划建设模式。战略空间规划是人居环境规划建设的主要手段。

21 世纪是城市的世纪，城市是人居环境网络中的核心节点。真正的城市规划是区域规划。战略空间规划从区域规划演变而来。在全球经济一体化和新技术飞速发展的情况下，战略空间规划已经成为欧洲、美国、日本等发达国家重要的规划研究和实践，涵盖国家联盟、跨国区域、国家、区域、都市群、城市及其区域等多个层次，规划的重点是战略性问题，注重国家和地方政策的空间导向，目的是寻求社会经济环境的协调可持续发展。由于处在不同的发展阶段、发展时

期，和不同的具体情况，各国所强调的侧重点不同。例如，欧洲战略空间规划的目标是社会、经济和环境平衡和可持续的空间发展，美国纽约三州规划的目标是社会平等、环境保护和经济发展，三者共同构成高品质的生活质量。

目前，我们现行的城市总体规划和城镇体系规划思想和方法相对仍然僵化、教条化，缺乏对人居环境建设的统筹考虑。虽然在规划的前期一般都做了大量的研究工作，但最终的规划框架和文本的条文基本上是技术条文，仍然是指令性、蓝图式规划，无法适应快速城市化发展的要求。因此，要实现人居环境的科学发展，现行的城镇体系规划和城市总体规划必须改革创新。同时，有必要建立国家的战略空间规划体系，作为城市规划的上位规划，统筹国家和区域人居环境建设。

2. 城市区域艺术骨架的创造

1）人居环境科学和城市美学理想

30 年前，针对当时国内对天津城市环境整治的议论，吴良镛先生发表了《城市美的创造》一文。城市为什么会使人觉得美？吴良镛先生在文章中进行了详细的论述。美好的城市应具备舒适、清晰、可达性、多样性、选择性、灵活性、卫生等要素，人在其中生活，要有私密感、邻里感、乡土感、繁荣感。城市美包括城市自然环境之美，城市历史文物之美、环境之美，现代建筑之美，园林绿化之美，城市中建筑、雕塑、壁画、工艺之美等方面。城市美的艺术规律包括整体之美、特色之美、发展变化之美、空间尺度韵律之美等方面。该论文是我国第一篇系统论述城市美学的文章，在当时城市百废待兴的形势下，为市长们创造城市美提供了美学理论的武器。

美是人居环境建设的最终目标，也是手段。人类建设了人居环境，人居环境改变着人类。美是人类最高的精神体验，人居环境是美学的物质和空间体现。要创造美好的人居环境，除经济发展、生活水平提高、社会进步和环境改善外，还需要人居环境美的设计和创造。有人说我们的规划是传统工艺美术的规划，过于注重于物质形体空间的创造。实际上，国际经验和最新的理论研究表明，功能规划是基础，而城市和城市区域物质环境的艺术创造越来越重要，这也是从我国近几十年城市规划建设的深刻经验教训中得来的结论。

2）区域美学

新区域主义理论倡导者、加利福尼亚州大学伯克莱分校的斯蒂芬·威勒（Stephen M. Wheeler）认为，近几十年来，区域规划过于注重经济地理和经济发展（economic geography and economic development），以忽略区域科学的其他内涵作为代价，损失很大。21 世纪城市区域物质形态的快速演进，区域在可居住性、可持续性和社会公平方面面临更大的挑战。未来的城市和区域规划因此需要更加整体的方法和观点（holistic perspectives），新区域主义（New Regionalism），除考虑经济发展外，应该包括城市设计（urban design）、物质形体规划（physical planning）、场所创造（place-making）、社会公平（equity）等主要内容，并作为研究的重点。不仅有定量分析，还要有定性分析，要建立在更加注重直接的区域观察和区域经验的基础上。之所以这样，最根本的原因是要重新评价区域发展的重要目标，找到经济发展目标、社会发展目标和优美人居环境的平衡点。

随着城市的扩展和城市区域的发展，人居环境的美学从城市扩展到更大范围和尺度的城市区域，这对我们提出了更高的要求和挑战。我们的确需要开阔视野，用更宏观全面的视角来进行城市区域的设计。

3）城市及其区域的艺术骨架

城市骨架既是城市结构，良好的城市空间结构应该在完善城市功能的基础上，统筹考虑城市的自然环境条件、历史文脉、文化传乘、城市特色、空间秩序和空间意象等因素，形成具有美感的城市结构。

我国古代有大量的城市设计的优秀实例。例如，明清北京城以位于中心轴线的宫殿建筑群，同在其西侧"三海"（北海、中海、南海）为主的水面、绿地相结合，创造出帝王都城既严谨雄伟又生动丰富的空间环境，是人类历史上城市设计的杰作。在中国许多古代城市中，如建筑、街道、广场、影壁、牌坊、寺塔、亭台等，在空间布局、视线对景、体型比例等方面都经过精心的设计，构成各具特色的城市空间环境。古希腊的卫城、古罗马的城市广场的完整、和谐、统一，中世纪和文艺复兴时期欧洲一些城市所创造的许多著名的城市广场、大型宫廷花园以及独具风格的城市建筑，同道路、广场、喷泉、雕塑等的完美结合，也都是古代城市艺术骨架设计的范例。

现代城市的出现，带来了城市功能的多样化和复杂化，促使城市设计的指导思想和设计方法发生重大变化。现代城市所进行的城市设计，在内容、规模、技术水平以至形式、风格的丰富多彩等方面，都是前所未有的。20 世纪开始，尤其是第二次世界大战以后，各国在城市设计上进行了丰富的实践。例如，现有城市中心区、成片旧城区和旧街道的重建和改建，各种类型的新城（包括卫星城镇）、新居住区、城市广场和公共活动中心、大型交通运输枢纽、大型绿化地带（包括河滨、湖滨、海滨绿带等）的建设，都是经过城市设计，在满足功能的基础上，作为城市艺术骨架的组成部分规划组织建造起来的。

8.3.4 城市设计法制化与中国新城市主义

1. 城市设计产生和发展

城市设计在美国 20 世纪 50 年代诞生。目前，很多设计师和理论家对这一名词的定义都有自己独特的看法，国内也是如此。现在普遍接受的定义是城市设计是一种关注城市规划布局、城市面貌、城镇功能，并且尤其关注城市公共空间的一门学科。城市设计是为提高和改善城市空间环境质量，根据城市总体规划及城市社会生活、市民行为和空间形体艺术对城市进行的综合性形体规划设计。相对于城市规划的抽象性和数据化，城市设计更具有具体性和图形化。

城市设计复杂过程中在于以城市的实体安排与居民的社会心理健康的相互关系为重点。通过对物质空间及景观标志的处理，创造一种物质环境，既能使居民感到愉快，又能激励其社区（community）精神，并且能够带来整个城市范围内的良性发展。

查理士·埃布尔拉姆斯（Charles Abrams）认为城市设计是一项赋予城市机能与造型的规则与信条，其作用在于城市或邻里内各结构物间的和谐与风格一致；乔纳森·巴纳特（Jonathan Barnett）则认为城市设计乃是一项城市造型的工作，它的目的在于展露城市的整体印象与整体美。富兰克·艾尔摩（Frank L. Elmer）认为城市设计是人类诸般设计行为中的一种，其目的不外在将构成人类城市生活环境的各项实质单元，如住宅、商店、工厂、学校、办公室、交通设施以及公园绿地等加以妥善的安排，使其满足人类在生活机能、社会、经济以及美观上的需求。

2. 控制性详细规划的成绩和不足

控制性详细规划是我国改革开放以来在实践中借鉴国外区划法等法定规划形成的规划控制和管理方法，在适应城市快速发展的过程中发挥了巨大作用，但其作用和缺陷同样明显。由于太侧重容积率等经济指标，缺乏对城市景观环境的得力控制，造成城市建成环境的混乱和建成环境水平的普遍低下。

城市设计要在三维的城市空间坐标中化解各种矛盾，并建立新的立体形态系统。而控制性详细规划则偏重于以土地为媒介的二维平面规划。因此二者表现出不同的形态维度。城市设计侧重城市中各种关系的组合，建筑、交通、开放空间、绿化体系、文物保护等城市子系统交叉综合，联结渗透，是一种整合状态的

323

系统设计。而且，城市设计具有艺术创作的属性，以视觉秩序为媒介、容纳历史积淀、铺垫地区文化、表现时代精神，并结合人的感知经验建立起具有整体结构性特征、易于识别的城市意象和氛围。

我们可以把我国的控制性详细规划与国外的法定规划相比较，会发现有太多的不足和问题。国外的法定规划经过多年的演变，已经比较完善，包括了许多城市设计的控制内容，如建筑平面布局、建筑高度、屋顶形式、室外空间、街墙界面、整体材质色彩等，非常细致具体，保证了城市空间的品质。我们的控制性详细规划（简称控规）太简单，考虑的主要内容还是建筑的容积率、高度、密度等单纯技术数据，缺少城市设计的内容。而且控规编制和审查随意性大，规划设计人员有很大的自主权力，包括地块划分，确定地块的容积率这些关键的指标，都缺少规则和明确的规划设计模式，所以，造成城市空间环境的混乱。

3. 城市设计的规范化和法定化

1）城市设计导则

城市设计的重要作用国内外的实践经验都已经证明。但是，要把好的城市设计方案和理念落到实处，保证在实施过程中和在未来发展中一些最基本的元素保持不变，是在规划管理上遇到的很棘手的问题。城市设计导则是将城市设计方案转变为管理规定的有效手段，在国外已经有相当长的历史，国内许多城市也开展了城市设计导则的编制和应用，初显成效，但距离城市设计导则成为法定规划还有相当大的差距。目前，规划管理最主要的手段还是控制性详细规划，因此，有人提议，将城市设计与控规结合，事实上，控规很难体现城市设计的主要内容，还是应该有独立的城市设计导则，使其法定化，作为规划管理的依据。

2）城市设计规范化和法定化

城市设计的规范化和法定化是当前提高我国城市规划管理水平的重要手段，要尽快取得突破。目前，城市设计的规范化和法定化已经作为滨海新区综合配套改革三年实施方案中规划改革的一项任务，我们组织开展了专题研究，制定了管理规定试行草案，选择了十个重点地区作为试点，开始城市设计导则的编制和依导则进行建筑设计审查管理。从于家堡金融区起步区、北塘片区和滨海高新区渤龙湖周边地区的运行情况看，效果明显。建筑师，特别是一些建筑大师开始关心城市的街道、广场等公共空间，关心建筑之间的协调和街区、城市的整体效果，而不是对着一栋建筑浓墨重彩。规划设计师也逐步强化建筑设计的知识，注意导则的可行性。在导则制定、建筑设计和规划方案审查的过程中，城市设计导则成为一个沟通交流的有效平台，使规划和建筑设计充满了对公共空间尊重的城市文化气息。目前，城市设计导则还是在摸索起步阶段，需要不断深化完善。希望通过这项改革创新的尝试，为我国城市设计的规范化和法定化积累经验，为城市设计的进一步普及、提高我国建成环境的整体品质提供示范。

4. 中国新城市主义

1）新城市主义的形成和发展

新城市主义是 20 世纪 90 年代初在美国城市规划领域形成的一个新的城市设计运动。基于对市郊不断蔓延和社区日趋瓦解的忧虑，新城市主义主张借鉴第二次世界大战前美国小城镇和城镇规划的优秀传统，塑造具有城镇生活氛围和紧凑的社区，取代郊区蔓延的发展模式，其核心人物是彼得·卡尔索普（Peter Calthorpe），1996 年在美国南卡罗莱纳州查尔斯顿召开的第四次大会上通过了《新城市主义宪章》（*Charter of New Urbanism*）。

从第二次世界大战开始，美国人为了拥有私密性、机动性、安全性和私有住宅而大规模迁往郊区。郊区蔓延的发展模式造成建筑形式千篇一律，公共建筑散置各处，大都市地区边缘的农业用地和自然开敞空间被吞噬，拉大了通勤距离和时间，加大对小汽车交通方式的依赖，加剧能源消耗和空气污染，导致城市与郊区发展的失衡，以及城市税源减少和种族隔离等问题。

面对郊区蔓延所导致的一系列问题，新城市主义提出了"公共交通主导的发展单元"的发展模式。其核心是以区域性交通站点为中心，以适宜的步行距离为半径，设计从城镇中心到城镇边缘仅 1/4 英里或步行 5 分钟的距离，取代汽车在城市中的主导地位。在这个半径范围内建设中高密度住宅，提高社区居住密度，使每英亩 1 个居住单元增加到 6 个居住单元。混合住宅及配套的公共用地、就业、商业和服务等多种功能设施，以此有效地达成复合功能的目的，从区域宏观的视角整合公共交通与土地使用模式的关系。

新城市主义设计的城市以不规则的格网式道路为骨架，为减少车流量和增加社区的可步行性，社区内街道设计狭小，容许路边停车，沿街步行道平均宽度为 1 英尺①，平均车行速度为 15～20 英里/小时。新城市主义把简朴自律和可居性强的特点注入其城市，减少房屋周围的草地面积，停车场占地面积控制到最小，并规定停车库不能露在沿街面。这些社区与众不同之处还在于它有许多维持这种简朴自律的魅力而制定的规章制度。

---

① 1 英尺＝0.3048 米

新城市主义不仅只在外观上反射新传统主义城镇之光，在氛围上也极力给予体现。设计上以人和环境为本，力求营造一个生活便捷、步行为主、俭朴、自律、居住环境与生态环境怡人的社区，重新创造第二次世界大战前极受人们青睐的小城镇社区牢固的联结纽带。通过巧妙布局各种社会、文化、宗教场所、商店、公交中心、学校和城镇行政机构，为居民提供聚居场所。四通八达的步行道，增加人与人之间的交往，减少了对小汽车的依赖程度和相关开支。高效率的土地使用模式有助于保护开敞空间、减少空气污染。别具匠心的邻里特征和个性，避免景观像复制品似的到处出现。新城市主义成功地把多样性、社区感、俭朴性和人体尺度等传统价值标准与当今的现实生活环境结合起来。

新城市主义还具有如下特点：①适宜步行的邻里环境。大多数日常需求都在离家或者工作地点 5~10 分钟的步行环境内完成。②连通性。格网式相互连通的街道成网络结构分布，可以疏解交通。大多数街道都较窄，适宜步行。高质量的步行网络以及公共空间使得步行更舒适、愉快、有趣。③功能混合。商店、办公楼、公寓、住宅、娱乐、教育设施混合在一起，邻里、街道和建筑内部的功能混合。④多样化的住宅。类型、使用期限、尺寸和价格不同的各类住宅集中在一起。⑤高质量的建筑和城市设计。强调美学和人的舒适感，创造一种社区感。在社区内特别设置一些公共建筑和公共场所。通过人性化建筑结构和优雅的周边环境给人特别的精神享受。⑥传统的邻里结构。可辨别的中心和边界，跨度限制在 0.4~1.6 公里。⑦高密度。更多的建筑、住宅、商店和服务设施集中在一起，鼓励步行，促进更加有效地利用资源和节约时间。⑧精明的交通体系。高效铁路网将城镇连接在一起。适宜步行的设计理念鼓励人们步行或大量使用自行车等作为日常交通工具。⑨可持续发展。社区的开发和运转对环境的影响降到最低程度。减少对有限土地资源和燃料的使用，多用当地产品。⑩追求高生活质量。总的来说，以上各点都是为了达到这一目的，提高整个社区居民乃至整个人类社区的生活质量。美国佛罗里达州的海滨城是新城市主义一个成功的样板，如图8.7所示

2）建立中国新城市主义理论方法和模式

中国城市的老区过密，新区楼又很高，与美国的郊区化蔓延发展存在很大的不同。但相同的是城市空间的缺失和空间质量的低水平。因此，新城市主义的方法在中国是适用的，目前也开始在国内流行。

借鉴新城市主义和景观都市主义的理论和方法，建立中国新城市主义的理论方法体系和城市设计机制，形成一套对城市景观形象、空间环境和质量进行规划管理的条例和制度，意义非凡。这需要一方面加强理论研究和实践，在城市总体规划中，对城市历史、文化、整体形象、建筑风格和地方特色的总体把握。另一

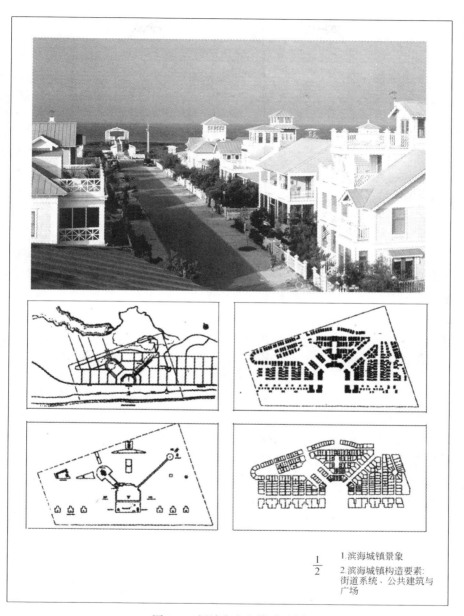

1.滨海城镇景象

2.滨海城镇构造要素:
街道系统、公共建筑与
广场

图 8.7　新城市主义模式示例

资料来源:新都市主义协会编,2004 年,《新城市主义宪章》,杨北帆等译,天津科学技术出版社

方面，要开展城市总体、分区和重点地区的城市设计。总体城市设计确定城市的艺术骨架、景观轴线、城市轮廓线的设想、重要节点、重要开放空间地带的设想等，建立城市景观分区。分区城市设计确定城市每条主要街道、广场等开敞空间的性质、形象定位、空间尺度、街道断面等。重点地区城市设计首先要统筹解决功能问题，特别是交通组织、地下空间、竖向等，同时重点明确地段内建筑的详细控制要求，制定城市设计导则。城市设计及城市设计导则，经过政府批准，成为正式规划文件、建筑法规或条例，作为规划管理的指导性文件。建筑设计，包括总平面设计、地下空间、主要布局和功能、建筑风格、造型、材料和色彩等必须符合城市设计导则要求。同时，需要制定相应配套的法律法规，如城市设计条例、景观规划条例。修订完善现行城市规划管理审批的主要依据《城市规划管理条例（建筑管理篇）》。

3）中国新城市主义的主要内容

中国新城市主义的主要内容可以吸收借鉴美国新城市主义的经验，同时通过实践，不断摸索，以形成完善的规划设计理论方法和管理体系。

美国新城市主义规划设计的基本要点分为几个层面，包括区域、大都市区、市和镇。新城市主义十分重视区域规划，因为他们认识到许多与城市规划有关的问题只有上升到区域层面、制定出整体性策略才能得到有效解决。例如，交通系统（特别是公交与捷运系统）的贯联衔接问题、税收区划及税收分担与共享问题、环境污染与污染治理问题、农田与自然保护区问题、教育系统（特别是中、高等教育）问题、政策不公与地方保护主义问题等。但如果将这些问题提升到了州或国家层次，似乎又过于扩大了，也不利于问题的有效解决。因此，比较适宜可行的区域规划范围，是一个大城市区或是由几个毗邻大城市区联结而成的区域。而在这样一个区域之内，散布着大小不等的一些市、镇、村落。

区域规划的目的是要保障和促进整个区域的经济活力、社会公平、环境健康。为此，新城市主义提出了区域规划要点：①首先承认城市增长的必然性，容许其增长；②建立永久性乡村保护区（带），确保其今后不会被城市发展所侵吞；③建立临时性乡村储备区（带），以备将来高质量的城市发展之用；④明确设定区域性廊道（铁路、高速公路、水道、绿带、野生动物通道等），作为区域内不同地方之间的联系纽带或分隔界线，形成区域基本架构；⑤以区域性公共交通站或大的交汇点为中心组织空间开发，形成节点状布局、整体有序的网络结构；⑥正视郊区化蔓延后的既成现实，设法修补、填充、整合松散碎裂的现有郊区；⑦在与中心市区毗邻的边缘区段，应按照城市内部邻里街坊的模式组织空间开发。而在更远的外围地区，则按照镇或村的模式进行，每个镇或村都有各自清晰的核心与边缘，基本功能齐备；⑧注意某地住宅开发量与当地工作机会、教育设施条件之间的平衡，也注意这些要素在区域内不同地方之间的平衡；⑨尽可能顺应地形、保持地貌、避免大兴土木，以减轻对自然环境的扰动。

在城镇层面，街坊、（功能）区、廊道是新城市主义强调的主要内容。新城市主义反对僵化和绝对的功能分区，尤其反对尺度巨大的功能单一化。倡导每个区段（尤其是邻里街坊）的功能多样化和完善化，从而促使各个区段独自生长成为有机的城市细胞。为此，提出了在这个空间层面规划设计的几项基本原则，也就是前面已提及的新城市主义规划设计的几个最基本特点：①紧凑性原则。要生成有活力的社区，足够的人口密度是基本前提，因而要有足够的容积率和紧凑度。这样也可以提高土地与基础设施的利用效率。②适宜步行的原则。步行对营造城市社会生活非常关键。为了支持步行与公共交通出行，减少私人汽车出行，应该将各种公共活动空间和公共设施布局于公交站点的步行距离之内，而公交站点与住宅区中心点之间的距离也应该在步行范围之内。通过适宜步行的空间设计，减少对汽车的依赖，有助于消解汽车造成的种种负面效应。③功能复合（多样性）原则。要在邻里街坊内或以公交站点为中心步行距离为半径的范围内，布置商店、服务、绿地、中小学、活动中心以及尽可能多的就业岗位，以便支持步行和公交主导的生活方式。同时也以这种多样性增强街坊社区的活力与魅力，从而吸引人们外出步行、介入社会生活。④可支付性原则。通过紧凑性开发，提高土地以及基础设施的使用效率与效益、降低开发成本，并"浓缩"了税源，因而让市政当局负担得起。而在松散低密度的郊区，市政部门所获得的税收及其他收益，根本不足以抵偿所投入的基础设施与公共服务花费，市政是入不敷出的。通过在社区中提供多种类型不同价格的住宅，让更多不同阶层的家庭都有可能支付得起。

在城区层面，街区、街道、建筑物是新城市主义关注的重点。新城市主义认为这一微观层面的规划设计也相当重要，因为这是新城市主义设计原则具体化的环节，也是一个相当具有挑战性的环节。如何做到紧凑而不拥挤？如何营造出让人可以步行且乐意步行的环境？如何吸引人们走出家门而介入公共生活？如何让人们接受一个多元化（不同阶层、不同年龄段、不同种族混合）的社区？如何同时兼顾行人、汽车、公共交通而不顾此失彼？所有这些问题的确是对设计师匠心与功力的极大考验。其中，"人性化尺度""美感""安全""舒适""有情趣"是关键原则。为此，提出了一些设计建议：①街区的尺度控制在长 600 英尺（约 183 米）、周长1800 英尺（549 米）范围以内；②街道不宜过宽，以便于步行者穿越，如干道宽度大约 34 英尺（10 米），标准街道宽约 24 英尺（7 米）等；③道路两旁及道路中央设立绿化带，美化街道同时又收缩了道路视觉尺度，减少行人穿越街道时的心理压力；④人行道至少4~5英尺宽（1~2米）；⑤中心商业街尽量为步行专用街道；⑥减少地上大面积停车场，改用地下停车以及沿街边停车的方式；⑦留出足够多的建筑退后带（收进带），与人行道、沿街停车带交织在一起共同构成城市街边公共活动空间，并设计一些门廊、凉篷、露台、台阶、屋檐出挑等建筑细节，以提高街边公共活动空间品质；⑧建筑物应将正面、门、窗开在临街一面，而车库、垃圾桶必须安置在背街；⑨建筑物风格应与周边建筑语境相协调，尊重当地的文化与历史传统；⑩强化突出公共建筑物（学校、教堂、邮局、剧院、市镇厅、图书馆等）的景观价值与视觉地位，以公共建筑作为当地的地标性建筑。

以上这些内容十分具体，但非常重要，是新城市主义的核心内容。实际上，世界上有许多紧凑、混合土地使用的城市，如曼谷、雅加达、圣保罗等，虽然具有活跃的街道生活，但它们都不是可持续发展的典范，普遍缺乏高质量的城市空间环境。目前，普遍认为城市设计是改善城市功能和宜居的最好的手段，新城市主义正是这一现象的产物。因此，在规划前，首先要制定详细的城市设计，确定新区建设的艺术骨架和整体形象，合理的建筑密度和开发强度，宜人的街道和广场空间，以及场所精神的塑造。这些都是新城市主义在城市设计中要特别考虑的内容。小街廓、密路网是新城市主义普遍采用的道路网，合理确定城市街廓的大小是关键的，这看似是小问题，实际上是大问题，决定每个地块的形状，及其上边建筑的类型和模式，也就决定了城市的特征。需要注意的是，中国新城市主义重点是针对当前存在的超大封闭社区、城市界面缺失、交通拥堵、城市缺乏活力等问题展开，同时要考虑中国文化传统因素，如胡同、里坊、合院住宅等，以及中国传统的城市形象。

为配合新城市主义，建议我们的建筑设计和管理进一步与国际接轨，将建筑设计和审查划分为四个阶段：概念设计（concept design）、方案深化（schematic design）、扩充设计（design development）和施工图设计（construction document）。将目前的方案设计划分为两个阶段，以增加概念设计阶段，目的是在概念设计阶段让建筑设计与城市设计导则充分结合，以提高建筑设计对城市的关注，处理好建筑与城市的关系。

8.3.5　城镇化和乡土中国

1. 城市化和城镇化

1）城市化和城镇化

历史的经验表明，城市化是必然的趋势，农村人口减少是客观规律。但我国是一个具有 13 亿人口的大国，如何实现城市化对整个人类社会来说也是一个全新的问题。大工业的发展极大地提高了劳动生产率，城市的聚集带来了经济发展、科技进步和文化繁荣的动力和机遇。农业产业的发展，随着技术水平的提高和劳动生产率的提高，也要走规模化经营的路子。农业占国家经济总量的比重会逐步减少，农业劳动力因此必然减少，这是规律。实践证明，这个规律我们是无法改变的。

从 19 世纪后半叶开始，欧文等空想社会主义者就认为只要社会的大部分人从事农业生产劳动，就不会有大机器带来的失业，社会问题就会解决。他提出了新和谐村的设想，以及具体新村庄空间布局的 "四边形模式"，并在英国和美国的 "新和谐村" 进行了亲身实验；虽然都不成功，但给后人提供了方向。苏联的人民公社、集体所有制，以及中国的人民公社都可以说是对欧文的追随，但结果是都没有成功。也许，随着物质生产的极大丰富和技术的进步，今天我们可以再做一次实验；但这样的试验成本太高了，没有人能承受得起。而且，随着全球一体化的进程，这种在一个国家的革命似乎已经不可能。

"离土不离乡" 是我国曾经尝试的城镇化战略，试图改变国外城市化过程中出现的农民破产问题。应该说，这一战略在改革开放初期发挥了很大的作用，当然，也同时带来严重的生态环境、产品质量等方面的问题。随着社会主义市场经济的发展，乡镇企业都进行了改制和转型。今天，在新形势下，要有所改变，但绝不是简单地变成所谓 "离土又离乡" 的全城市化。

为了适应中国特定的现状，我们提出了城镇化的思路，用城镇化替代城市化，这引起了争论，需要进一步深入的研究思考。要针对不同情况，顶层设计与具体实践相结合，不能一刀切。发展思路必须考虑政治经济可行性，在实践中不断完善和及时修正我们的城镇化思路。

2）城镇化

我国正处在工业化和城镇化快速发展的阶段。在这个阶段，如何保持农业持续发展，避免在一些国家曾经出现过的农业萎缩、农村萧条、农民受到损失的问题，这对我们是一个极具挑战性而必须解决好的历史性课题。党的 "十六大" 提出了统筹城乡经济社会发展的战略思想，实行 "工业反哺农业，城市支持农村" 等一系列重大的方针。2004 年发表了关于农业的一号文件，2006 年提出社会主义新农村建设，开始了全面建设小康社会、解决 "三农" 问题的攻坚战。

从城乡规划看，我国农村人口数量巨大，使我们的城乡规划面临两个大问题，一是农村人口如何向城市转移，二是乡村如何建设，后者从社会政治稳定、国家长治久安，农业经济发展和生态安全上，以及急迫性来看，更为重要。因为这样一个大国的城市化注定是一个漫长的过程，社会主义新农村建设同样也是一个长期的过程。将来即使我国城镇化水平达到了60%甚至70%，仍然会有相当大规模的人口继续生活在农村，国土面积的大部分仍然是乡村，因此，只有乡村人居和生态环境得到改善，才能使农民安居乐业，国家重现秀美山川。

村镇规划是城乡规划最基本的任务之一。过去在建设系统有村镇处，负责村镇规划和建设，包括推动规划编制和制定建筑标准图集等工作。在大学和研究机构，对历史村镇的规划、民居进行长期的研究，取得了许多成果。对历史名村、名镇的保护也取得了一定的成绩。但对大量一般村镇的空间发展规划我们重视不够，研究成果少。今天，在对新农村规划建设重要性提高认识、开始行动的同时，急需进行理论研究，探讨适宜的规划和设计方法。

3）新型城镇化

党的"十八大"进一步明确了新型城镇化的发展道路，许多专家进行了全面的解读。

新型城镇化是以城乡统筹、城乡一体、产城互动、节约集约、生态宜居、和谐发展为基本特征的城镇化，是大中小城市、小城镇、新型农村社区协调发展、互促共进的城镇化。新型城镇化的核心在于不以牺牲农业和粮食、生态和环境为代价，着眼农民，涵盖农村，实现城乡基础设施和公共服务均等化，促进经济社会发展，实现共同富裕。

城镇化是指人口向城镇集中的过程。这个过程表现为两种形式，一是城镇数目的增多，二是各城镇内人口规模不断扩大。城镇化伴随农业活动的比重逐渐下降、非农业活动的比重逐步上升，以及人口从农村向城市逐渐转移这一结构性变动。城镇化也包括既有城市经济社会的进一步社会化、现代化和集约化。城镇化的每一步都凝聚了人的智慧和劳动。城镇的形成、扩张和形态塑造，人的活动始终贯穿其中。另外，城镇从它开始形成的那一刻起，就对人进行了重新塑造，深刻地改变人类社会的组织方式、生产方式和生活方式。

所谓新型城镇化，是指坚持以人为本，以新型工业化为动力，以统筹兼顾为原则，推动城镇现代化、城镇集群化、城镇生态化和农村城镇化，全面提升城镇化质量和水平，走科学发展、集约高效、功能完善、环境友好、社会和谐、个性鲜明、城乡一体、大中小城市和小城镇协调发展的城镇化建设路子。新型城镇化的"新"就是要由过去片面注重追求城市规模扩大、空间扩张，改变为以提升城镇的文化、公共服务等内涵为中心，真正使我们的城镇成为具有较高品质的适宜人居之所。城镇化的核心是农村人口转移到城镇，而不是建高楼、建大广场。农村人口转移不出来，不仅农业的规模效益出不来，扩大内需也无法实现。但这种转移必须是市场规律使然，不能人为命令。

新型城镇化的本质是用科学发展观来统领城镇化建设。城镇化是我国现代化建设的历史任务，也是扩大内需的最大潜力所在，要积极稳妥推进城镇化，围绕提高城镇化质量，因势利导、趋利避害，积极引导城镇化健康发展。要构建科学合理的城镇格局，大中小城市和小城镇要科学布局，与区域经济发展和产业布局紧密衔接，与资源环境承载能力相适应。要把有序推进农业转移人口市民化作为重要任务抓实抓好。要把生态文明理念和原则全面融入城镇化全过程，走集约、智能、绿色、低碳的新型城镇化道路。

新型城镇化的要求是不断提升城镇化建设的质量内涵。与传统提法比较，新型城镇化更强调内在质量的全面提升，也就是要推动城镇化由偏重数量规模增加向注重质量内涵提升转变。长期以来，我们习惯于粗放式用地、用能，提出新型城镇化后必须从思想上明确走资源节约、环境友好之路的重要性；过去我们主要依靠中心城市带动，提出新型城镇化后更应该强调城市群、大中小城市和小城镇协调配合发展。

新型城镇化道路具有这样几个特点和要求：一是规划起点高。城镇要科学规划，合理布局，要使城镇规划在城市建设、发展和管理中始终处于"龙头"地位，从而解决城市建设混乱、小城镇建设散乱差、城市化落后于工业化等问题。二是途径多元化。中国地域辽阔、情况复杂，发展很不平衡，在基本原则的要求下，中国城镇化实现的途径应当是多元的。中国东中西部不一样，山区、平原不一样，不同的发展阶段要求不一样，不同地域特色不一样，因此，不能强调甚至只允许一种方式。与工业化的关系处理也应该有多种方式，有的是同步，有的可能要超前。三是聚集效益佳。城镇一个最大的特点是具有聚集功能和规模效益。要在增加城镇数量、适度扩大城镇规模的同时，把城镇做强。四是辐射能力强。利用自身的优势向周边地区和广大的农村地区进行辐射，带动郊区、农村一起发展，千万不能搞成孤岛式的城镇。五是个性特征鲜明。中国的城镇要有自己的个性，每个地方的城镇，每一个城镇都应该有自己的个性，要突出多样性。城和镇都是有生命的，都有自己不同的基础、背景、环境和发展条件，由此孕育出来的城镇也应显示出自己与众不同的特点。六是人本气氛浓。我们不能为城镇而城镇，发展城镇的目的是为人服务。所以，城镇的一切应当围绕人来展开，要牢固树立人本思想，创造良好的人本环境，形成良好的人本气氛，产生良好的为人服务的功能。总的来说，就是要使城镇具有人情味，能够促进人的自由而全面的发展。七是城镇联动紧。"城镇化"，而非城市化，其内涵是要把城市的发展和小城镇的发展作为一个有机的整体来考虑，解决好非此即彼或非彼即此或畸轻畸重的问题。六百多个大中小城市和两万多个小城镇本来就是一个完整的梯队，不能人为地分割开来。八是城乡互补好。中国的城镇化一定要体现一盘棋的思想，要打破二元结构，形成优势互补、利益整合、共存共荣、良性互动的局面。市带县体制也好、城乡一体化也好，其出发点都是要走活城乡这盘棋。因为农村可以为城镇的发展提供有力支持，形成坚强后盾。城镇可以为农村的发展提供强大动力，从而全面拉动农村发展。决不能以牺牲农村的发展来谋求城镇的进步，这是一些发达国家曾经走过的老路，是一个教训，当引以为戒。

城镇化不是简单的城市人口比例增加和面积扩张，而是要在产业支撑、人居环境、社会保障、生活方式等方面实现由"乡"到"城"的转变。新型城镇化的"新"，是指观念更新、体制革新、技术创新和文化复兴，是新型工业化、区域城镇化、社会信息化和农业现代化的生态发育过程。"型"指转型，包括产业经济、城镇交通、建设用地等方面的转型，环境保护也要从末端治理向"污染防治、清洁生产、生态产业、生态基础设施、生态政区"五同步的生态文明建设转型。

以上的论述十分全面，而一切问题的关键是要解决小城镇产业发展问题。由于小城镇自身规模比较小，聚集能力差，难以吸引产业项目落户，这是发展城镇化的一个难题。没有产业，城镇化就缺少了撬动的支点，有点像欧文提倡的只要大部分人都从事农业生产的设想，无法实现。

2. 乡土中国："永远的村庄"

中国有 3.6 万个乡镇，92 万个村庄，其中行政村近 70 万个，2.5 亿户，9 亿农民，平均每个村庄 1000 人。村庄是中国农村的基本形态，从空中看中国广阔大地，无数的村庄像一个个细胞依附在大地上。中国不同的地区细胞生长的形态和阶段不一样。按照地形，划分为平原村庄、山区村庄和渔村等。按照村庄与城市的相对地理位置划分，有城市中的村庄，即城中村。近郊村庄，远郊村庄和偏远地区的村庄。按照规模划分，有大村庄，近万人，小村庄小的几十人，一般的村庄在几百人到几千人之间。按照行政划分，有自然村和行政村，即中心村之分。

1）村庄、镇及其演变

路易斯·芒福德在《历史中的城市》一书中，对人类聚居地（settlements）最基本的形式——村庄（village）、镇（towns）进行了定义和描述。村庄是人类最基本的生产生活平衡的聚居地，是基本的人居单位。村庄好比细胞核，周围的农田等自然环境好比细胞液，村庄与周围的农田构成了人与环境融合的人居系统。

334

　　镇是介于村庄和城市之间的聚居地，它具有城市的部分功能，主要为周围村庄提供商品和服务，同时保持乡村的部分形态和环境氛围特征。村庄和镇在空间形态上具有共同的特点，即人口和用地规模保持在一定的范围内。以人的步行为主要的交通和出行工具，村镇内一般出行距离和时间分别在 500 米或 10 分钟之内。到农田劳动出行的距离和时间一般分别为 1000 米或 15 分钟。

　　村庄和镇的演化一般是非常漫长的，比较稳定。除非被外力作用，如被城市扩展所吞并，否则不会自然消亡。简·雅哥布斯（Jane Jacobs）在《城市和国家的财富》（*The Cities and Wealth of Nation*）一书中，用专门一个章节描写日本东京附近一个村庄几十年的演变过程，生动地说明村庄在现代化中的生命力。

　　中国的农村千百年来空间结构和形态很稳定，即使在革命年代，土改和人民公社运动也没有改变。20 世纪 50~60 年代的生育高峰时期，人口的扩张导致村庄和土地关系变化，人均耕地在减少，村庄在扩大，但形态仍然没有发生根本变化。20 世纪 80 年代开始的乡镇企业的发展，村庄经济的进步与土地、耕地、村庄的关系发生了较大的历史性变化。随着城市的扩展，一些村庄被城市包围，具有中国特色的"城中村"产生。

　　2）应该认识清楚的几个关键问题

　　一是中国村庄的演变。人类发展的历史证明，伴随着工业化、城市化，农业人口比例会大幅下降。从 20 世纪初至今，美国、英国、法国等国，包括亚洲的日本和我国的台湾省农业人口比重从 36%~50% 下降到 10% 以内，美国只有 1.8%。目前，根据官方统计，我国城市化水平已经达到 50%。按照《全国城镇体系规划纲要 2005—2020》初稿，到 2020 年，我国总人口将达到 14.6 亿人，城镇化水平达到 56.5%，则仍有约 7 亿人之巨的农民要居住在农村。除去要探讨如何在城市地区容纳 2 亿多人新的城市人口外，关键是要预计出未来农村的空间发展愿景和村庄的空间发展模式，解决约 7 亿农民如何居住的问题。从国内外发展的经验和我国的现实条件看，村庄不会消失。

　　二是村庄数量的变化。随着城市化进程的加快，村庄数量会逐步减少，但会是一个比城镇化缓慢的自然过程，因为农民的城镇化行为，除去城市发展、经济建设、生态移民等整建制的转化外，绝大部分是个体的行为，除非进行一场迁村并点的革命。

　　三是土地问题。温家宝总理指出，土地问题事关两大问题。一是国家粮食安全，二是农村基本经营制度。可以说，这是农业发展中必须守住的"两条底线"。实现粮食基本自给就必须有相应的耕地作保障，但工业化、城镇化的发展又必须要占用一定的耕地，这是一个很大的矛盾，而当前粮食生产面临的最大制约就是耕地大量减少。如果这个问题不处理好，将直接影响到十几亿人口的吃饭问题。

农村的基本经营制度是问题的核心。以家庭承包经营为基础、统分结合的双层经营体制，是我国农村的基本经营制度，必须长期稳定，并不断完善。稳定土地家庭承包经营不会妨碍土地使用权的流转，不会影响适度规模经营的发展。中央关于农村土地问题的政策性文件中，在强调稳定土地承包权的同时，也明确"有条件的地方，农户可以根据自愿、有偿的原则依法流转土地的使用权"。土地已经依法承包到农户了，而且法律规定承包经营权 30 年不变。因此，30 年承包期内的土地流转，决定权在农户，而不在别的任何人和组织。所以，不是不赞成农村土地使用权流转和发展适度规模经营，而是不允许搞强制性的流转和拔苗助长式的规模经营。土地使用权的流转应该是市场行为，凡市场交易，一个基本前提就是产权要清晰。农户合法获得的土地承包经营权，也是一种产权。土地承包关系越稳定，就越有利于发育土地使用权流转的市场，而不是相反。

关于土地的经营规模问题。我国农业规模小、经营分散是事实，但这是由国情决定的。我国有 2 亿 4000 多万农户，但只有 18 亿亩耕地，这就是决定土地经营规模小的基本国情。我们人均只有 1.4 亩耕地，即使把 100 个人的地都集中给一个人种，与南北美洲、大洋洲相比，也称不上什么规模，而你必须解决另外 99 个人的生计，这是我们在现有的国情国力下难以做到的。耕地不仅是农民的基本生产资料，而且还是农民的重要生活保障。有了那几亩承包地，农民就不会流离失所，就不怕没有饭吃。不要小看农民家里那一小块承包地，它可是我们国家稳定的基石。这样讲，绝不是说不搞规模经营，而是说，要讲条件，农户自愿。对于具备条件的地方，赞成在农户自愿的基础上发展多种形式的适度规模经营。最重要的前提条件就是农村富余劳动力要转移出来。

四是城镇化问题。我国农业最突出的矛盾就是人多地少，光靠这点土地，几亿农民富不起来。因此，解决"三农"问题，从根本上讲确实需要推进城镇化。问题在于，中国的城镇化道路究竟怎么走？发达资本主义国家早期的工业化和城市化，大多经历残酷的资本原始积累过程，在海外掠夺殖民地，在国内迫使农民破产，把农民赶到城里成为雇佣工人，对他们实行血汗工资制，这才成就了他们的工业化和城市化。一些后起的国家想学着走这条路，但海外殖民地不可能再有了，只能在国内通过大资本兼并小农场来迫使农民破产，而农民进城后又没有那么多就业岗位，于是就形成了城市周边大量的贫民窟，悬殊的贫富差距反过来又构成了对经济发展和社会稳定的严重制约。这种城市化过程是我们必须避免的，我们必须走一条具有中国特色的城镇化道路。我国城镇化发展滞后，加快城镇化步伐是必要的，但也要实事求是。因为城镇化的进程和水平最终取决于工业化程度和整个国家的经济发展水平。西方发达国家的城市化历程，在欧洲大约用了400年的时间，美国用了200年，日本用了100年。我们人口比他们多得多，特别是农村人口尤其多，地区之间的发展又是如此不平衡，对提高城镇化的速度和水平应该有一个清醒的估计和判断。

今后相当长的时期内，我国的城镇化过程将会出现一个显著特点，就是大量农村劳动力在城乡之间双向流动就业，这将是一种长期的现象。城里有工作时，就到城里打工；城里没有工作了，就回乡务农。决定这个状况的主要原因是，相对于数量庞大的农村富余劳动力，目前城里的就业岗位还是太少，因此进城后能够稳定就业的还是少数人。同时，在向进城务工农民提供住房和各种社会保障方面，目前城市的能力也明显不足。因此，对城镇化过程中的农村人口转移问题，必须采取实事求是的态度。对确实具备条件转为城市居民的农民，不应当歧视和阻拦，但面对庞大的农村劳动力和农村人口，目前我们还不具备鼓励他们大批进城定居的能力。所以，要花更大的力量，保障处于流动就业中的农民的合法权益。一要保障他们在流动进城务工过程中的合法权益，为进城务工的农民创造良好生活条件及政策和体制环境。二要保障他们在农村的土地承包权。农村《土地承包法》对此已有明确规定：只有将户口举家迁入了设区的市，也就是地级市，转为非农业户口，农民才应当退回他承包的土地。这是因为家里保留着承包地，进城务工的农民才能进退有路，不至于失去最基本的生活保障。现在有一到两亿农村劳动力处于流动就业之中，切实保障他们在上述两方面的合法权益，对于在城镇化过程中既增加农民收入，又保持社会稳定关系重大，千万不可掉以轻心。

五是农业的可持续发展。耕地减少、淡水短缺、生态环境恶化等资源、环境的承载能力问题，将是今后我国农业发展面临的严峻挑战。要提高农业综合生产能力，加强农业生产能力建设，就要增加投入。同时，必须加快生产方式的转变，否则，农业就难以实现可持续发展。例如，农业生产能力的一个重要方面是水利。我国人均淡水资源不足2200立方米，仅相当于世界平均水平的1/4，而且时空分布极不平衡。目前全国的用水中，近70%是农业用水。随着工业化、城镇化的推进，农业用水的比重只会降低而不可能提高。因此，兴修农田水利就必须和推广节水灌溉技术紧密结合。必须改变"大水漫灌"的粗放方式，否则难以为继。因此，提高农业生产能力，必须在增加投入的同时，更加重视生产方式的转变，切实把农业发展引导到依靠科技进步和提高劳动者素质的轨道上来。大力发展循环经济，使有限的农业资源能够长续利用。

3. 新农村建设

加快经济发展和解决"三农"问题是我国全面建设小康社会中两个长期的核心问题。经济发展的"三驾马车"中，投资、出口已经达到很高水平，而内需一直处于低迷状态。同时，解决"三农"问题需要一定的投入。林毅夫指出：要扩大内需，农村是个大市场。如何开辟这个大市场，建议政府加大对农村基础设施的投入，修路、架桥、通电通水、鼓励沼气利用等，这样才能使家电等工业产品在农村有市场成为可能。

中央一直将农业工作作为首要工作。2005 年，提出了建设社会主义新农村的思路，提出了推进社会主义新农村建设的"经济发展、生活宽裕、乡风文明、村容整洁、管理民主" 25 字方针，指出了新农村建设全面综合发展的方向。建设部村镇建设办公室，按照新农村建设的指导思想，提出了新农村规划建设的指导意见。

但是，现实生活中，我国新农村建设问题较多。新华社北京 2006 年 3 月 4 日电，新华社记者董峻等，发表题为《人大代表直击新农村建设六大误区》的文章。文章通过事实分析和点评，提出小康不小康，关键不是看住房，发展生产是根本；只见新房子，不见新农村，形象工程要不得；乱占耕地无法向子孙后代交代，节约型新农村是方向；搬一次家搬掉半条命，扒房扒墙不可取；村户千差万别，有多大能力做多大事；大跃进搞不成新农村，要靠干部群众的艰苦奋斗。

在 2006 年 3 月 5 日凤凰卫视《世纪大讲堂》建设社会主义新农村节目中，林毅夫阐述了他的三个原则：一是新农村建设的场所是现有的自然村，以提供基础设施等公共服务为主，不能搞拆迁。二是基础设施投入以政府为主，不能增加农民负担。三是农民要参与民主管理。

1）乡村空间发展模式的探讨

农村发展是一个漫长的、渐变的过程。中国地域辽阔，各地差别明显，乡村的空间形态可能出现以下两种发展演变的模式，形成长期并存的局面。

模式一：以保留乡村空间的自然形态为主，自然村适当减少。这是我国 92 万个村庄中绝大部分必须采用的模式。在远离大中小城市的农村地区，以乡镇为农村生产生活的服务中心，所有乡镇工业集中在小城镇，通过对乡镇周围适当的迁村并点，给乡镇发展以一定的空间，但这个过程也应该是市场化的。通过合理的乡镇合并、迁村并点，形成一块块具有一定规模的乡镇，使建设行为相对集中，减少分散零散开发建设对整体空间的破坏。大部分保留下来的自然村合理分布在公路与小城镇交织成的网络空间和农村自然环境中。这些自然村的规划建设要继续保持地域文化传统，采取渐进式发展。规划布局以农村传统的院落式居住模式或独立式低层住宅形式为主要居住形式，适当配套公共设施，基础设施条件与环境卫生等方面可借鉴国外乡村在城市化过程中使用的家庭化污水处理设施等来加以改善，满足生活水平的提高和农业生产质量的提升，形成既具有良好生活居住环境，又保留农村传统形态的由农田包围的乡村空间形态，成为真正的生态村。保护好耕地，满足精品农业发展的需要，也是体现具有良好自然环境、地域特点的农村空间形态的保证。

模式二：绝对集中型。在大中小城市近郊城市规划区内的村庄，可根据城市发展的速度，适时启动实施迁村并点，将分散的自然村全部或绝大部分迁并到城市外围的小城镇中，在公路与小城镇交织成的网络空间和农村自然环境中，仅零散地分布一些规模较大的自然村，即中心村，所有的乡镇工业集中在小城镇工业园区，农业以都市和设施农业为主，采用机械化、工厂化生产。这些小城镇在规划建设上要达到城市水平，特别要保护好生态环境，加大绿化规模，提高环境水平，提升城市外围的生态环境，同时突出小城镇自然生态环境方面的优势。通过撤乡建镇、撤镇建街、撤县建区等方式，形成各种设施配套合理、综合功能较为完善、环境优美的具有一定辐射力和吸引力的小城镇，吸引一定的人口与产业，也可以缓解中心城区的人口、就业与交通等压力。

由于中心城区外围的近郊区具有较高的城镇化水平，农业上又体现出更强的都市型特色，因此，在中心城区外围，农村城镇与乡村的空间布局将表现为城市外延、城镇密集，人口大量集中在这些城镇和城市延伸地区。现有农村空间形态将会极大地改变，自然村会大量减少。而远郊区县受社会经济发展条件和政策等方面影响，则有可能是两种模式共存。在山区、水源地、河流流域、引江河道等地区，也必须适当降低人口密度和村庄数量，迁移部分人口，尤其是超过环境容量的人口，以保护水源地、山区等生态区的自然面貌和生态环境状况，从而创造和保护优美的环境与开放空间，形成可持续发展的、适宜生活的市域城乡空间布局。北京等城市的经验表明，村村通公路，不如将农民搬出山区在经济上和生态上划算。

总之，新农村建设必然要带来村庄的发展，发展是不可避免的，但不加控制的发展和盲目的冒进都必然是破坏性的，发展必须符合城镇化的规律。

2）村庄规划布局和设计

新农村建设成败的关键是村庄的人居环境要达到较高水平，像我们许多保留比较好的"历史名村"一样。历史上，我国各地的村庄都有良好的人居环境建设传统，依照各自的自然条件，通过长期的积累演变，形成了各具特色的村庄和民居，以及相应的地域文化和社会结构，民风淳朴。遗憾的是，这些宝贵的财富都遗失了，只剩下为数不多的几个所谓的"历史名村"。

村庄人居环境的水平，主要体现在高水平的规划设计上。这里所说的高水平规划设计，绝不是大拆大建的规划，而是无为而治式的规划，是一种引导和村民共同培育的规划。要结合各地不同的特殊情况，在村庄规划布局、历史风貌、生态环境、道路交通、公共和市政配套服务等方面采取相应的规划策略和方法，特别要明确民居建筑的原型和建筑形式，给出设计的导则。

村庄规划首先要考虑村庄丰富的经济和社会活动。我国著名社会学家费孝通的《江村经济》一书，是一本描述中国农民的消费、生产、分配和交易等体系的书，是根据对中国东部、太湖东南岸开弦弓村的实地考察写成的。它旨在说明这一经济体系与特定地理环境的关系，以及与这个社区的社会结构的关系。《江村经济》全书计16章，分为前言、调查区域、家、财产与继承、亲属关系、户与村、生活、职业分化、劳作日程、农业、土地的占有、蚕丝业、养羊与贩卖、贸易、资金、中国的土地问题。通过学习本书，我们能够看到中国正在变化着的乡村经济的动力和问题，对正确认识村庄规划非常有益。同时，本书详尽地描述了江村这一经济体系与特定地理环境，以及与所在社区的社会结构的关系。江村的蚕丝业很发达，存在着养蚕与渔牧林农构成的自然经济循环，这是江村除大片农田的农业生产外，非常丰富的乡村经济的组成部分。这也说明村庄作为中国农村的细胞，并不简单，是非常复杂和丰富的。规划要适应农村的经济社会环境，强调村庄规划与村庄的经济社会政治生活密切相关，不要强加臆想的像人民公社等一样的社会组织形式。空想社会主义家罗伯特·欧文（Robert Owen）设计的"新和谐村"（New Harmony）模式，是设想建立一个全新的社会组织结构，但实践证明是不成功的。因此，规划首先要顺应农村社会缓慢的发展过程。

最后，规划好农村的形态，要与自然环境融合，延续村庄的历史文脉，这是村庄最高的价值所在。不要把村庄建设成为城市型的社区和居住小区。在规划史上，霍华德的"花园城市"，莱特的"广亩城"，尽管形式不一样，但本质内容是相同的，都是对乡村田园生活追求的产物。村庄能够与大自然紧密融合，是最大的优势和特色。因此，村庄规划应该在具有完善功能的基础上，同时保持乡村的形态和环境氛围特征，突出建筑、村庄空间和自然环境的融合，这是村庄的灵魂。

3）农村的建筑文化和建筑质量

具有地域文化特色和田园气息，满足现代农村生活需要的农村民居建筑是中国农村规划建筑的必由之路。在漫长的实践中，我国广大劳动人民探索出农村朴素的自然观和建筑观，通过采用适宜的建筑布局、形式和技术，因地制宜，与地形、周围建筑、园林密切融合，形成各具特色、适合当地条件的农村现代民居建筑。伴随着各种体制变化和社会政治运动，在工业化的大趋势下，手工业受到冲击，传统工艺技术失传，造成目前我国农村总体建筑质量水平低下。建设社会主义新农村，这是目前面临的一个严重的挑战。

当今，在自己的宅基地上盖住房是中国农民一生最重要的一件事，有了住房才能成家立业，安心务农，住房是最基本的生产资料和生活资料。过去 50 年，我国农村人口增长了近 1 倍，村庄建设规模起码大了 1 倍，农民建房的规模扩大了数倍，许多农民建起了多层楼房。但是，农民住房建设质量和标准普遍低下，不仅是因为传统民居的建筑手艺失传，缺乏相应的材料和产品、技术，而且建筑水准低，缺乏文化。大部分建筑不考虑周围环境，封建迷信盛行，盲目追求所谓的"洋"和高档，到处是不锈钢、镜面玻璃、瓷砖、奇异的装饰符号，不伦不类。这样的问题就有许多，更不用提延续传统民居的建筑文脉了。现在全国一年农村建设 8 亿多平方米的住房。水平不高，寿命不长，儿子拆老子的房子是常事。建了拆，拆了建，拆房子成为习惯，是极大的浪费。因此，新农村建设成败的关键是把房子建好，把村子建好。

人塑造环境，环境改变人，高水平村庄的规划建设对我国城镇化的成败会起到非常重要的作用。从目前全国各地遗留的名镇、名村中，我们可以看到各具特色建筑和环境，地方建筑使用地方建筑材料、技术，结合环境，具有丰富的文化内涵和悠久的文化传统。好的环境不是说教，而是环境的熏陶，对道德观念会起到潜移默化的作用。农村建筑新形式的探索也很重要，不能粗制滥造，要有文化内涵，延续历史的文脉。农村建筑的装饰非常有意义，不仅满足农民的文化和精神生活需要，也是地方文化的重要载体。

提高农村规划建设水平需要知识和人才，需要理论研究和典型的引导、教育和培训，编制适宜的规划手册和建筑标准图集，培养"赤脚建筑师"，鼓励更多的义务建筑师、规划师为新农村建设服务。吴良镛先生的张家港农村示范住宅，采用适宜技术，延续了当地的建筑传统，如图 8.8 所示。人民大学温铁军教授，成立农民学院，做义务规划设计和赤脚建筑、规划师。研究农村适宜建筑和技术、材料，开发农村适宜的建材，砖、砌块、门窗、屋面材料、上下水、五金等和适宜技术，合理应用生态技术，提高地方乡土建筑水平。

4）建立中国农村住房按揭贷款资助计划

农民建房质量不高的不好习惯有各方面的原因，但投入不足、缺少政策资金支持也是主要原因。从历史和现实看，农民建房是最大的消费，但我们并没有设

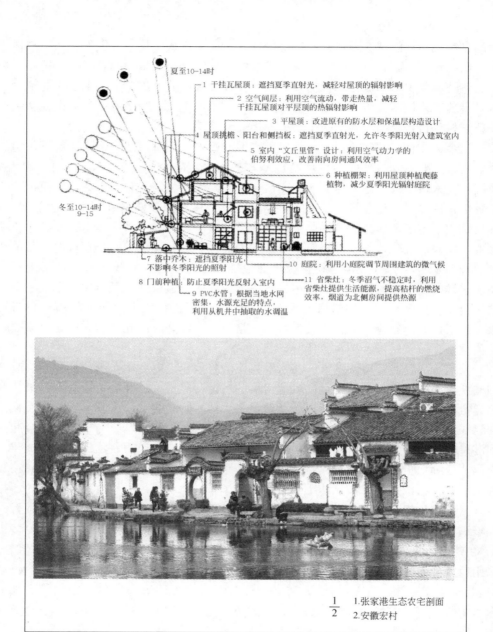

1.张家港生态农宅剖面
2.安徽宏村

图 8.8　农村新的建筑模式示例
资料来源：吴良镛，2001

计好适宜的消费模式。其实,我们把这件事做好,就可以培育和发展农村的房地产经济。

发展适宜的农村房地产经济,可以推动农村的经济进步,增加农民的资产,培育出新的经济增长点。农民目前收入低,靠现金不足以建好房子。政府要看到长远,要制订银行贷款和补贴计划,帮助农民建房。要逐步建立以农民宅基地和承包土地为抵押物的农村住房按揭制度。宅基地和承包土地 30 年不变的土地使用权是目前农民的最大财产,作为担保,抵押贷款。这件事情需要政府的指导和制度建设。中国农村住房资助计划也是在农村逐步形成以住宅为龙头的第二、第三产业及其就业的一个突破点,这里的产业包括建材、能源、农村基础设施和服务、资源、工业品销售、信息等,同时创造农村新的就业岗位。

5)村庄的规划建设管理

村庄的规划建设管理可以说是影响农村规划建设水平高低和成败的关键因素之一。在长期的封建社会时期,村庄实行的是封建宗族式的管理。从阶级斗争的眼光看,是地主阶级对贫下中农的压迫。他们依靠王权、封建伦理道德、宗教、家族和封建迷信等给人民以约束。从文化的角度看,这些封建伦理道德、宗教、家族和迷信的某些方面对村庄的建设管理起到了很好的作用。同时,在漫长的发展过程中,劳动人民在不断的实践中,形成了邻里和睦、公私兼顾的良好的村庄和周围环境建设的规则和道德规范,我们从现存的一些名村名镇中可以明显地感觉到。

新中国成立后,随着社会经济的发展,封建社会的枷锁被打破。同时,村庄规划建设管理的好的传统也被丢弃。村民普遍缺乏正确的环境意识,有的村民自己的住宅楼上楼下,电灯电话,而院外却环境脏乱、道路泥泞。封建迷信盛行,你的房子高,我的房子更高,卫生、防灾等问题突出,造成目前我国农村总体建筑质量水平低下、村庄建设混乱的状况。解决这些问题,规划要先行。规划的重要意义一方面是物质形体的规划,另一方面,关键是要培养正确的观念,把规划管理作为乡村制度建设和乡风文明建设的重要手段。

村民自治是农村的一项重要制度创新。健全村党组织领导下的村民自治机制,是农村基层民主政治建设的一项重要内容,也是促进农村经济发展和维护社会稳定的一项重要保障。同时,农村的规划建设管理是其中一项重要的内容。规划如何编、谁来编、谁负责审批,决定了规划的水平和成败,决定了能否体现农民自己的意愿。目前,村镇的行政体制是集中的分层管理,房屋、土地登记管理和档案集中在镇上。未来村庄的规划应该有较大的自主权,在遵守上位规划的前提下,规划的审批可以由村委会和村民代表大会决定,或者建立乡镇规划土地房屋管理所负责审批和管理，向镇管理部门报备，为农村建立产权明晰的土地房屋登记交易制度创造条件。

8.3.6 "美国梦""中国梦"——创造中国特色的城市规划体系和发展模式

1. "美国梦""中国梦"

"花园洋房、私人小汽车和体面的工作"所构成的"美国梦"，代表了所谓民主、自由、平等、个性，是美国快速发展和强大的助推器之一。"中国梦"是实现中华民族伟大复兴的民族梦，也是全面建成小康社会、实现共同富裕的强国梦。比较中美两个世界大国的梦想，使我们能够更客观地展望世界的未来，更好地规划、建设我们的人居环境。

可以说，"美国梦"是伴随着新大陆的开发产生的，并不断发展变化。早在美国建国前的150多年，"五月花"号木帆船在1620年的历史性航行，把120名清教徒送到了一块神秘的新大陆。他们是为了躲避英国国教的歧视和摆脱贫困而来寻找新天地的。虽然首要任务是谋生，但他们发誓要在那里实现建立人间天堂的梦想。在17世纪至18世纪前叶，在美国最受人尊敬的是那些赶走土著、自己开荒创业的农场主。开发西部是如此激动人心，似乎人人都想到西部去抢得一块土地。19世纪90年代是美国的一个分水岭，干旱使许多农场主失去农场，成为工人，从此工业美国开始建立。早期美国工人阶级的生活状况同样窘迫，住房条件恶劣，收入低，劳动强度大。20世纪初，美国进入一个高速发展期，工人阶级状况得到改善。例如，芝加哥大火后的工人住房重建和结合世博会开展的城市美化运动，使城市中工人阶级的居住环境得到较大改善。但1929年的经济大萧条，使美国人又一次品尝了市场经济的苦果。

1931年詹姆斯·特拉斯洛·亚当斯（James Truslow Adams）在他所著《美国史诗》（*The Epic of America*）一书中第一次正式提出"美国梦"（the American Dream）："让我们所有阶层的公民过上更好、更富裕和更幸福的生活的美国梦，这是我们迄今为止为世界的思想和福利作出的最伟大的贡献。"这对于经济大萧条中的美国可以说是一支强心剂。第二次世界大战后，从1945年到20世纪70年代中期，美国的经济增长同美国中产阶级的收入是同步上升的。小汽车的普及、郊区洋房的大规模建设和高收入的工作，使部分中产阶级实现了当时标准的"美国梦"。这既让世人羡慕，也让更多的美国人坚定了信念。在美国，机会是平等的，只要你努力工作，梦想一定能够成真。然而，今天，40 年过去了，当下的美国人总是在问，为什么我们现在的收入不如父辈高。的确，在 20 世纪 50 ~ 60 年代，一个美国中产阶级家庭，只有丈夫工作，妻子操持家务，抚养 2 ~ 3 个孩子很容易。而今天的美国家庭，夫妇一般都工作，生活压力还很大。

现在大家都拿"美国梦"与"中国梦"作比较。"美国梦"最直接的表现就是"个人梦"，来到美国这块土地上的任何人经过奋斗就有取得成功的可能。与"美国梦"不同的是，"中国梦"首先体现为民族梦、国家梦，是中华民族的伟大复兴。鸦片战争以来 170 多年的历史告诉我们，中国社会每个人的前途命运都与国家和民族的前途和命运紧密相连。国家好，民族好，大家才会好。"中国梦"凝聚了几代中国人的夙愿，体现了中华民族和中国人民的整体利益，是每一个中华儿女的共同期盼。为"中国梦"奋斗就是为人民自己的梦奋斗。"中国梦"实现之时也就是我们每一个中国人的梦想实现之时，中华民族的伟大复兴之日也就是中国人民更加幸福、更加有尊严、更加自由和全面发展之日。在这个意义上，"中国梦"究其根本是人民的梦。

人民的梦首先是民生梦，要让人民群众最关心、最直接、最现实的利益问题能成真，让学有所教、劳有所得、病有所医、老有所养、住有所居能梦想成真。具体到作为民生载体的城市和乡村，应该是宜居宜业的城市和乡村，具有良好的住房、出行、公共服务、绿化、环境、安全条件，而且景观形象美。这也我国全面建设小康社会的具体指标中很重要的一个方面。

因此，无论是美国梦，还是中国梦，不管二者差别多大，但追求高水平的人居环境的愿望是一样的，是民生的基础。美国花园洋房和小汽车构成的中产阶级的人居环境模式总体上应该说是成功的，适应美国的特点，也是由其相应的政策和规划体系塑造的。彼得·霍尔对此的评价总体上也是肯定的，当然，问题总是存在。我们追寻的中国梦，在城乡规划和人居环境模式上应该逐步有清晰的愿景，同时，要有相应政策和城市规划体系的保障。

2. 中国特色的城市规划体系

1）改革城市规划行政管理体系

今天，为实现中华民族的伟大复兴，实现中国梦和新型城镇化，需要继续深化城市规划行政管理体制改革。在城市规划管理体制方面的改革有两个重点，一是加强中央政府对城乡规划的管理能力和水平，二是适时调整中央与地方在城市规划上的事权。

目前，我国对城乡规划等战略空间规划的编制与实施管理，涉及住房与城乡建设部、国土资源部和国家发展和改革委员会三大部委，已经或准备编制的战略规划有全国城镇体系规划、城市总体规划、土地利用总体规划、国土规划、主体功能区划、区域规划、国民经济和社会发展五年规划等。这种局面造成全国城乡规划发展政策缺乏综合和统筹协调。另外，行业规划众多、分散，各行业部门都有自己的法律和规划，如铁路、交通、能源、环保、农业、水利等，各自相对封闭，难以发挥政策和投资的综合效益，以统筹解决复杂的城乡空间发展问题。

随着我国城镇化进程的加快，市场经济秩序的逐步建立和法制化的逐步推进，在我国战略规划的编制与管理中，现有的一套管理体制和模式已经很不适应新形势发展的需要，突出表现为部门职能上的交叉、规划内容上的重复和趋同、规划空间上的重叠、部门管理与地方要求不相适应等。在规划出现交叉和重叠的时候，我们各个部门更多地考虑如何扩大自己的事权，很少会考虑协调解决问题。这种状况不仅带来了目前我国几大战略规划之间的彼此矛盾和相互冲突，影响到这些规划的权威性和有效实施，而且，规划不能研究解决深层次的问题。如果不尽快从根本上加以解决，将成为我国城镇化进程中的体制性障碍，影响全面建成小康社会目标的实现。要解决上述问题，首先要从统一认识做起，以科学发展观为指导，将统筹城乡空间发展规划作为政府的重要职能；要结合政府转型和行政机构改革，改变我国现行城乡空间规划行政管理体制，从根本上解决战略空间规划存在的体制上的问题。

改革开放以来，为了适应发展，改善政府宏观调控和行政管理能力，我国已经进行了四轮政府机构改革，取得了一定的成绩；但是，在国家城乡空间规划管理方面始终摇摆不定，没有实质性进展，造成城乡空间规划的失效。在 20 世纪 80 年代之前，国家建委负责国土规划，并设有国土局。后来，国家建委撤销，国土局并入国家计委。在国家建委撤销后，成立了城乡建设环境保护部，统筹城乡建设和环境保护。后来，为了进一步加强环境保护工作，环境保护部门独立成为国家环保总局，城乡建设环境保护部改为建设部。1998 年国务院第二次机构改革，国家计划委员会改名为国家发展计划委员会，进一步增加了其综合功能，负责国民经济和社会发展计划和长远规划、项目审批。但令人费解的是把国家计委原有的国土规划职能转给了以国家土地局为基础、新成立的国土资源部。这样，在这段时期，国家空间规划基本成为真空期。国家发展计划委员会不再负责国土和区域等空间规划，而国土资源部仍然以土地管理和国土资源规划为主，只是在 2000 年年底开始国土规划试点工作。由于缺少综合职能和明确的定位，所以进展缓慢。建设部多年来认识到区域规划和城市化问题，并做了大量的工作，如组织编制全国城镇体系规划，组织开展京津冀城乡发展空间规划研究课题，将

《城市规划法》修订为《城乡规划法》等。但同样由于职能交叉的问题，工作取得的成绩还远远无法满足形势发展的要求。2003 年国务院进行第三次机构改革，政府部门的数量从 29 个变成 28 个。突出表现在成立了国资委，组建了商务部。国家发展计划委员会与国务院体制改革委员会合并，成为国家发展和改革委员会，其职能从以项目审批为主转向宏观管理和调控。在全面建设小康社会大目标的形势下，作为国家的宏观调控和综合协调部门，国家发展和改革委员会也初步开始研究综合性的国家和区域空间规划的可行性，提出了全国主体功能区划。以上三次改革都没有能够很好地解决全国空间总体规划的体制和机制问题。2013 年的第四次国务院机构改革，也没有涉及城乡空间规划行政管理体制问题。

根据我国战略空间规划体系研究的初步构架，借鉴国外城市、区域和空间规划行政管理体制的经验，提出三个可能的备选方案。

方案一：国家发展和改革委员会负责全国战略空间规划，成立专门的空间规划部门，类似原国家计委的国土局，由国务院直接管理，综合各行业和区域规划，统筹社会经济发展和城乡协调发展、环境保护和可持续发展。这种行政管理类型仍然较多地保留了中央集权的特征，进一步扩大了国家发改委的综合功能和相关的资源，如项目管理和统计等。虽然可以通过制定一些预防措施，但这一方案很有可能产生权力过度集中、官僚管理的问题。发展改革行业目前也缺乏专业的城乡空间规划人才，缺乏相应的观念和理念，需要集合国内有实际工作经验的领导、专家和有关行业、高校城市规划专业的人才。

方案二：住房和城乡建设部扩大原城市规划的职能，扩大职权，除负责城市规划、住房保障之外，负责国家战略空间规划，这样国家实际上有两个综合规划部门，即国家发展和改革委员会负责国民经济和社会发展规划，主要侧重于宏观经济管理和社会事业，将其项目审批职能划给住房和城乡建设部，同时将国土资源部的国土规划和土地利用规划职能划给住房和城乡建设部，住房和城乡建设部统筹负责全国的战略空间规划。本方案的优点是可以充分发挥住房和城乡建设部和建设行业多年形成的空间规划的传统和优势，同时与国家发展和改革委员会互为补充，相互牵制。这样，国土资源部只负责土地、海洋、矿产资源利用等行业规划。这个方案的缺点也很明显，建设部由于缺少综合功能和权威性，考虑问题可能不够全面，规划有可能成为两张皮，也造成管理繁杂。当然，如果撤销国家发展和改革委员会，则是另外一个局面，就不会出现住房和城乡建设部缺少权威性的问题。

方案三：国土资源部负责国土规划和战略空间规划，类似日本的国土厅，地方可不对应，直接向国务院负责。问题是目前国土资源部作为行业部门，没有城

347

乡空间规划的传统，缺乏规划能力。虽然职能可以调整，机构可以完善，但规划观念、能力和人员的培养、教育是短期内难以改善的。

通过以上三个方案的比较，结合我国目前的现状和政府机构的进一步改革的可能，我们认为方案一和方案二相对更为可行。两个方案的缺点可以通过调整相应的机构职能和制定法律法规等措施来克服。关键要解决好在社会主义市场经济体制下，中央政府统筹行业规划的能力，统筹城乡空间发展规划的能力，处理好国家集权和地方分权的关系。通过有效的战略空间规划机制，统一国家、区域和城乡的空间发展导向，建设经济繁荣、社会和谐、山川秀美的国土空间和城乡人居环境。

在提高中央政府统筹城乡空间发展规划的能力的同时，要尽快处理好国家集权和地方分权的关系。除在宏观上要保证经济发展方式转变、生态环境恢复和社会和谐安定稳定之外，中央政府应该把国家城乡空间发展规划管理的重点放在住房、交通、环境等大的空间战略和政策制定以及城乡规划管理机制的建立完善上。应该让地方政府在大的框架下有自主的规划管理权，尤其是在城市规划管理上。

2）完善规划编制和法律法规体系

城市规划编制体系，与行政管理体系改革配套，也要进行相应的改革。一是建立由国家部委主导的国家和区域战略空间规划体系，指导国家宏观战略性的总体空间发展，协调区域发展中的问题。二是进一步完善城市规划编制体系，城市规划应该由地方政府负总责，城市总体规划可以由地方审批，但可以要求必须与国家和区域战略空间规划一致。城市总体规划编制内容可以作调整，突出重点，简化内容，便于加快审批，以指导详细规划层面法定规划的编制。改革控制性详细规划编制和审批管理，强化分区规划和城市设计，确实发挥以城乡环境品质为核心的城市设计的作用，使城市设计规范化和法制化，也可以将城市设计与控制性详细规划结合，形成新的法定规划，严格规划审批管理。

同时，借鉴发达国家的经验，进一步完善我国的城乡规划法律体系。除《城乡规划法》这一基本法外，一方面制订支持全国战略空间规划体系的《国家战略空间规划法》《区域规划法》等，作为《城乡规划法》的上位法。另一方面，完善城乡规划配套法律体系，进一步深化细化城乡规划管理内容和职能，这方面的工作量还很大。

3. 探索中国特色的城乡空间发展模式

实现中国梦，建设宜居城市和乡村，要逐步有清晰的愿景（vision）。具体到物质形态规划上，需要创新具有中国特色的城乡空间发展模式。比较世界各国的城乡发展空间模式，有影响的有欧洲模式、美国模式，以及日本模式、中国香港、新加坡模式等。中国目前的城乡空间发展模式是一个受外来模式影响、与中国改革过程相结合的"杂交"模式，从中可以看到各个国家或地区的影子，如香港"铅笔塔楼"式的住宅群、中国计划经济时期封闭大院式的社区、美国式的超级卖场，等等，混乱地交错在一起，组成了中国城乡空间形态的现状。难能可贵的是，我们从一些勇敢的城市中看到了大家创造有特色的宜居环境的努力，从国民的议论中还经常能听到对友好邻里交往社区和合院住宅的向往与梦想。因此，要实现中华民族伟大复兴的梦想，需要建立具有中国特色的新的空间发展模式，目前的空间发展模式需要作重大的转变。

1）中国当前城市规划需要解决的观念问题

中国空间发展模式的重大转变，前提是某些根深蒂固的习惯观念的转变，要树立全民化的城市形态的意识和正确的建筑观念，作为城乡规划建设的前提。同时，城市设计等法定规划必须作为房地产开发的前提，不能让所谓"算不下账"来要挟城市规划管理。

A. 要建立良好城市形态的大局观念，更加严格容积率和建筑高度管控

整体降低目前规划确定的城市建筑高度和开发强度，适当提高建筑密度，形成宜人的城市空间环境。在确定了城市及其区域向着"多心、轴向、疏密有致的城市区域，优美、平缓、自然的人文生态景观，安全、便捷、灵活的捷运大都市"的总体布局规划结构发展之后，主要就是通过开发强度和建筑高度控制，来引导城市及其区域的发展，形成良好的形态和景观。

实际上，从新中国成立开始，到 20 世纪 80 年代初，我国大城市面临的主要问题之一就是人口密度和建筑密度太大的问题。许多大城市，如北京、天津、上海等，老城人口密度都达到每平方公里 2 万人左右，建筑以平房为主，有许多违章搭建，建筑密度很高，居住环境差，存在许多安全隐患。所以，在第一轮城市总体规划中，都把降低城市人口和建筑密度作为主要的规划内容，普遍的做法是疏解人口，在城市近郊规划卫星城，并有计划地搬迁了一部分企业到卫星城。但由于当时经济发展没有到相应的程度，人口并没有迁出去，效果不理想。从 20 世纪 90 年代初开始，房地产兴起，城市快速扩张，同时开始旧区改造。以"拆建比"为关键，城市老区建筑密度降低了，代价是开发强度大幅度提高。到 20 世纪 90 年代末，商品住宅快速发展，住宅区容积率逐步增加，建筑高度不断加高。不仅在老城区，即使在新区，容积率也不低。今天，我们看到上海、重庆等城市中心的"混凝土森林"，也看到在北京四环、五环到处有高层住宅区。城市负担不断增加，交通拥挤、空气污染等非常严重。因此，重庆要"空白增绿"，

上海在建筑技术管理规定中把住宅建筑容积率上限从 4 降到 2.5，北京把全城区的最高容积率控制在 5 以下；但问题并没有好转。实际上，问题的关键在于对城市空间形态规律的认识和规划控制上，我们没有像管理道路红线一样管理建筑高度、开发强度，这些影响城市形态的关键指标。

关于城市高度的争论也是我国改革开放 30 年来的重大争论之一，如北京老城区对建筑高度的控制，杭州对西湖周边建筑高度的控制，争论十分激烈，如同当年欧洲伦敦和巴黎一样，只不过结果不同。我国的许多城市最后放弃了对城市建筑高度的控制，高层建筑遍地开花，造成对城市形态的永久伤害。带来的不仅是城市景观形态问题，还包括城市交通等相关的问题，积重难返。

我国关于住宅建筑高度的争论在 20 世纪 80 年代曾经很激烈。支持者强调高层住宅节约土地、易于工业化的优势；反对者认为高层住宅的问题比较多，成本高，不适合居住和邻里交往。当时，由于设备质量、水电供应和管理等问题，部分居民不愿意选择高层住宅。但随着房地产业的发展，高层建筑质量和物业管理水平不断提高，加上广告宣传，大众普遍接受了高层住宅。为追求利润最大化和高效率，房地产商普遍建设高层住宅。但是，大规模高层住宅带来的社会问题、安全问题和运行维护成本高的问题，特别是点式和板式高层的布局方式，很难与城市街道、广场等空间产生互动，造成城市空间环境品质的下降。而且，在郊区建设高层住宅也违反了城市结构形态由市中心向郊区建筑高度逐步降低的客观规律，给公共交通服务等带来不便，引发城市病。因此，必须控制高层住宅建设的区位和规模。

建筑高度由市中心向郊区逐步降低是城市结构形态发展的客观规律，是土地级差地租的反映。市中心具有良好的区位和可达性，是公共交通，特别是地铁的枢纽，因此，可以有较高的开发强度和建筑高度。随着城市范围的扩大，公共交通线网密度，尤其是地铁线网密度几何级下降，除去在轨道和公交站点周围可以有一些高强度开发外，城市外围的大部分区域应该是低强度的开发。如果仍然是高强度高层居住区的成片开发，这部分人口中的大部分只能采用小汽车出行，所造成的城市中心及其周围的交通拥堵是无法解决的。另外，这部分多出来的开发量和人口没有继续向远郊区扩散，影响了城市区域内其他小城市、城镇的发展动力，就无法形成多中心的城市区域这种比较合理的城市网络布局。今天，在可持续发展的原则下，保护生态环境、生物多样性和生态安全，也需要减少城市的开发强度和高度，增加绿色空间。在城市和区域经济发展到一定规模的情况下，城市的扩大和城市区域的出现就成为必然和合理的选择。在信息化、机动化等因素的影响下，生活方式、商业模式不断改变，公司和企业的外迁都成为趋势，城市区域是合理选择。因此，严格限制城市外围和近郊区的开发强度和建筑高度，鼓励和推动在城市远郊区建设具有平缓的空间形态、建筑与环境融合、配套完善、职住基本平衡的宜居小城市是十分重要的城市发展战略。如果没有形成这样的小城市和小城镇，公司和企业的外迁也无法实现，城市的拥挤永远无法解决。今日北京就是这种状况的真实写照。

B. 科学理性地确定人均规划城镇建设用地面积

几十年来，我们在城市总体规划编制和审批中，控制城市人口和人均规划城镇建设用地面积是最重要的工作之一，而且，人均规划城镇建设用地面积几乎一直没有变化。今天看来，这种做法有舍本逐末之嫌，丢了西瓜，捡了芝麻。在今天的汽车时代，由于小汽车的普及，城市道路和停车空间，包括与小汽车有关的生产、销售、维修和生活方式需要的用地面积普遍增加，因此需要合理地增加城市人均用地面积，增加的内容也包括人均住宅用地面积和人均绿地面积。

按照《北京市大中型公共建筑停车场建设暂行规定》，停车场建筑面积小汽车每车位 20 平方米。即使按照这样比较低的标准计算，目前，北京 500 万辆机动车，如果一辆车一个车位，共需要停车面积 1 亿平方米，容积率是 1 的话，也就是占地 100 平方公里，这个数字超过了东城、西城、宣武和崇文四个区面积的总和（91 平方公里）。况且，在美国，根据统计，在休斯敦等城市，每辆车平均 8 个停车位。因此，北京要发展小汽车模式的城市区域，就必须扩大城市的范围和人均建设用地标准。这方面要加强研究，不能作为禁区，不得突破，避免把用地指标作为简单的数字游戏的做法。

实际上，我国一般城市全市域的人均建设用地，包括乡村和工矿企业用地，达到 300 多平方米，这个数据可以容易地从土地利用规划中得到。这个数据与美国湾区相当，只是我们没有把人均 100 平方米城市建设用地统计之外的 200 平方米用好。要统筹城市及其区域的规划布局，根据城镇化的发展，重新计算新的人均建筑面积和用地面积构成，不能简单地套用目前已经实施多年的、只考虑城市建成区的人均建设用地面积指标，要按照城市区域的范围进行科学的修正。同时，在土地使用上，要大力推动节约用地，如停车立体化、混合利用、屋顶绿化等。要制定奖励节约用地的制度和办法，这可能比简单的限制更有效。

C. 理性确定城市及其区域的长远和近期发展边界

目前我们的城市总体规划规划期一般是 10 ~ 20 年，通过严格控制人口增长和人均建设用地面积标准，确定城市规划期内的总建设用地规模，结合城市布局，划定城市规划用地范围，也就是城市发展边界。即使按照正常的过程，每 10 年对规划进行一次修改，随着人口规模的增长和城市规模扩大，城市发展边界不断扩大。因为没有能够一次确定城市长远的发展骨架和范围，这实际上也造成了城市的摊大饼式发展。

城市扩展说明具有内在的发展动力，城市应该合理地引导，不能简单地封堵。不要把简单地控制城市规模作为规划的出发点。而且，控制城市的高度和开发强度，包括降低市中心及其周围的容积率和高度，以减少城市中心的人口、就业、交通等密度，都需要鼓励居住和就业中心的合理分散。把密集的城市中心疏解出来，把垂直的高层建筑平躺下来，都需要城市合理的扩展，实际上这是城市化发展的规律使然。

可以规范和完善目前许多城市编制城市空间发展战略的做法，一次确定未来 20～50 年城市及其区域的发展空间结构和合理的发展规模，包括人口规模，理性地按照城市发展的规律一次性确定城市及其区域的发展边界。同时，城市总体规划在空间战略规划确定的发展范围内，划定城市 10～20 年规划期限内的发展方向和范围。在保证长远合理的前提下，引导城市在一定时期内的发展。

城市及其区域发展边界的确定一是通过划定自然生态环境保护的范围，明确不可建设用地，来确定城市建成区的终极规划范围。二是考虑未来 50 年规划期限，或者人口自然增长或流动人口增长峰值时的城市区域规模。三是考虑城市区域经济增长和发展的实际速度。在明确城市区域发展边界之后，根据环境资源容量可以测算人口规模的极限，包括水资源等的相互验证。

城市总体规划在确定城市区域长远发展边界的基础上，掌握城市发展的速度和节奏，划定城市近期发展的方向和范围，这点非常重要。我们现在有些城市的领导，对城市发展没有概念，一张口动辄几十、上百平方公里。实际上，城市开发量和速度有客观的经济和社会发展规律。一般城市，我们这里指人口在 50 万人的大城市，每年开发 2～3 平方公里居住用地，已经是奇迹了。200 万～300 万平方米住宅建筑面积，可以容纳 2 万～3 万户家庭，5 万～10 万人。即使一个城市每年都有如此多的人口增长，但还需要有就业岗位相应持续的增长，包括配套的公共服务，如学校、医院、社区、公安等，政府也无法一次负担得起。除土地开发和房地产税收外，政府需要长期负担公共服务的支出。因此，划定城市近期发展的方向和范围，适当控制和引导人口增长和流动是非常重要的。美国一些城市制定城市增长边界的目的就是为了控制人口数量，避免公共服务水准降低。

使人口的增长与公共服务设施的建设同步，保证公共服务的水平，这是城市总体规划的另外一个主要任务。要做到这一点，规划还必须动态掌握城市及其区域常住人口的数量和空间变化，这远比单纯控制人口规划期的规模来的重要。为此，在城乡户籍管理制度改革时，可以借鉴其他国家的经验，在保证机会公平和非歧视的前提下，建立流动人口登记备案制度，类似美国的社会安全号制度。把有工作岗位和居住地作为进入城市、或在城市定居的条件。同时，国家或城市区域建立统计公布制度，定期公布城市区域分单元的指数，如就业岗位，收入指数，住房租金指数、消费指数等，让人口自己选择合理的流动。理想的城市区域应该像海绵一样，能够吸纳比较大量的常住和流动人口。在流动人口退潮时，城市区域能够比较平滑的适应，不引起大的波动。

2）把握城市及其区域整体空间结构和形态

随着城市的发展，城市连绵成片，形成多中心的城市区域。城市区域的范围是由经济活动划定的，包括集装箱汽车运输的合理距离。但是，原则上城镇密集区仍然是由人的通勤范围来决定。人的合理通勤时间单程不应超过 1 小时，考虑换乘、交通拥挤和成本等因素，轨道交通的最远通勤距离应该在 60～70 公里以内，小汽车在 50 公里左右。多种交通方式通勤范围的叠加构成了城市区域核心范围的边界，这就是小汽车时代城市规划需要考虑的尺度。在这个区域中，有老的城市中心、新的城市节点；有城市中心城区，城市外围区和近郊区、远郊区；有各种新的发展区，如城市新区、开发区、园区等。在小汽车时代，这些重点地区和节点的空间结构和形态都表现出明确的特征，在规划中必须遵守和把握好。

城市中心区，一般即中心商务区（CBD），分为核心和核缘两部分。核心一般几十公顷到 3 平方公里左右，核缘一般是以城市中心点为圆心、半径 5 公里的范围，面积 30 平方公里左右。这里一般是城市老的中心，功能复合。要规划建设高品质的城市中心，需要对传统的城市中心进行更新改造，使其焕发活力。城市更新要保持城市的历史文脉和空间结构、尺度和高度。通过保留老建筑的外观和内部的改造，发展商贸办公等业务。在城市核心区建立高档公寓，满足贵族化、雅皮主义的需求，增加城市活力。中心区内一般城市道路保留老的线型和尺度，实行单向交通组织和管制。除去加大轨道交通建设外，一般在市中心外围设置环路和放射快速路，城市快速路插入市中心，实现便捷的小汽车的集散。为减少对城市中心景观和环境的干扰，可采取地下路等形式。同时，可以采用进入中心区收费、提高中心区停车费率、限制停车位等手段限制过多的汽车进入，鼓励乘坐公共交通、地铁/捷运，实现"家/小汽车—捷运/停车换乘—工作岗位/步行"和"家/小汽车—捷运/商业文化娱乐"的城市中心区交通模式。在城市中心周围保留部分低收入住宅和蓝白领公寓，方便就业，减少通勤交通压力。近年来，我国在滨海新区规划中按照以上原则进行了持续、有效的尝试。滨海新区核心区总体城市设计、于家堡金融区规划城市形态和轨道交通示例、滨海新区中心商务区，如图 8.9～图 8.10 所示。

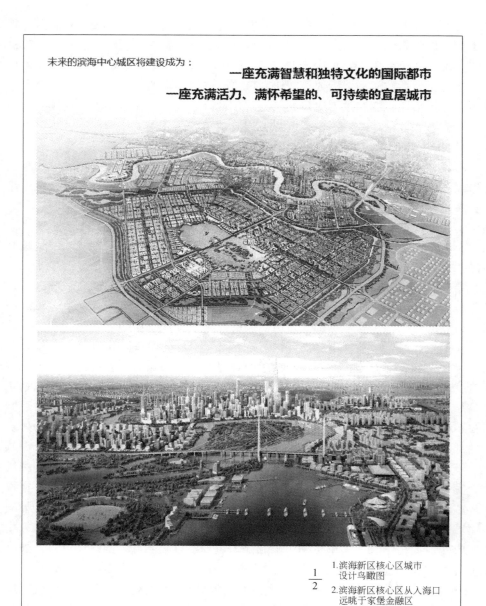

未来的滨海中心城区将建设成为:

一座充满智慧和独特文化的国际都市
一座充满活力、满怀希望的、可持续的宜居城市

$\frac{1}{2}$ 1.滨海新区核心区城市
设计鸟瞰图
2.滨海新区核心区从入海口
远眺于家堡金融区

图 8.9 滨海新区核心区总体城市设计
资料来源: 天津城市规划设计研究院, 2012 年, 滨海新区城市设计

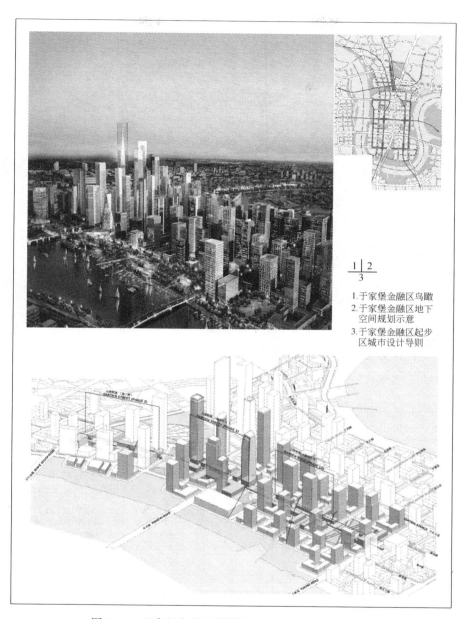

1. 于家堡金融区鸟瞰
2. 于家堡金融区地下空间规划示意
3. 于家堡金融区起步区城市设计导则

图 8.10 于家堡金融区规划城市形态和轨道交通示例
资料来源：SOM，2009

1
2 | 3
　　4

1.和谐新城鸟瞰
2.和谐新城平面
3.步行街意象
4.街区意象

图 8.11　滨海新区和谐新城城市设计示例
资料来源：天津城市规划设计研究院委托丹尼尔·苏罗门及
合伙人设计公司制作，滨海新区和谐新城城市设计

在中国，传统上，这个区域建筑以老的平房区和新建的多层建筑为主，算是城市老的建成区。改革开放以来，普遍进行了旧城改造，新建筑对老的城市肌理产生冲击，造成创伤。目前主要的任务是"清理伤口，缝合包扎"。对城市进行市容环境综合整治，使其逐步康复。增加公园绿化和文化景观等内容，改善环境景观质量。缓解中心区交通拥挤的根本方法是疏解就业，鼓励政府机关、企事业单位，以及商业、服务业从城市中心向城市外围转移，在城市外围区、近郊区、远郊区，甚至在城市区域形成多中心的空间布局模式，使交通分流。

城市中心城区的外围区和近郊区：中心外围区一般距离传统的城市中心 5 ～ 10 公里，大部分是从新中国成立后开始建设的居住区和工业区，以及老的和新的高等院校区，主要以中产阶级和中等社会地位的人为主。在这个地区，公共交通网络比较发达，自行车出行比较方便，配套设施比较齐全，生活质量相对尚可；但居住区景观环境单调，缺少文化内涵。新的规划应该以填平补齐为主，增加城市开放空间，完善公共配套设施，同时，通过城市环境整治，提升城市形象。新的建设应该以多层为主，辅以部分小高层。

近郊区位于城市传统建成区的边缘，距离传统的城市中心 10 ～ 15 公里，是近年来快速发展的区域。这一时期也正是城市中心区开始大规模改造，小汽车快速普及。中心区开始大规模改造迫使低收入基层迁移到环境一般或相对比较差的近郊区的经济适用房、廉租房。小汽车快速普及使得原来居住在城市外围区、居住质量尚可的中高收入居民有了向城市近郊迁移的愿望和能力，他们寻求更好的居住环境。外来人口也有在近郊区定居的趋势。因此，在城市近郊区出现了低收入阶层居住区和中高收入居住区两种类型。低收入者尽管住房条件改善了，但就业机会减少了，出行成本增加了。中高档居住区为增加环境空间，如水面、绿化等，同时保持较高的开发利润，在开发强度不减少的条件下，建筑高度因此普遍增加。例如，北京四环以外的高层住宅遍地开花，天津外环线附近的梅江居住区以高层住宅为主。结果是近郊区的人口密度也比较高，违反城市布局的规律，带来公共交通服务水平低，或者需要更多投入的不合理状况。目前，我国中高收入家庭的出行模式主要是："家/小汽车—岗位/小汽车"，而近郊区的出行方向比较集中，道路通道随着距离增加密度越来越稀，所以，近郊区中高档居住区通向市中心的主要道路出现交通拥挤是可以遇见的问题，而且普遍存在缺乏城市氛围，生活不方便的问题。

因此，在近郊区的规划中，要适当限制开发强度和建筑高度，采取综合的地区规划和混合土地使用模式，把轨道交通（包括快速公交）车站、地区商业服务和就业中心、中低收入住宅与中高档住宅区统筹布局，形成区域的城市中心。

低收入阶层实现"自行车/家—捷运/换乘—岗位/步行—公交/换乘"的出行模式。中高收入家庭在"家/小汽车—岗位/小汽车"出行模式的基础上，增加"家/小汽车—捷运/快速公交/停车换乘—工作岗位/步行"出行模式的可能。在规划中，形成相对独立的自行车系统。借用"新城市主义"的规划理论和手法，形成不同档次居住区集中又相互融合的规划模式。多层的花园洋房为主，少量独立和联排住宅。这种城市的布局和交通模式是我国近郊区合理的空间模式，也是最主要和量最大的模式。

城市远郊区（exurban）：城市远郊区，一般是距中心城市数十公里左右、1 小时以内车程、与优美自然环境交汇的边缘区域。规划保留自然风光，包括少量的村庄、农田。建设区主要是以高收入阶层为主的低密度独立住宅区，临近大片的绿化或水面。例如，美国西雅图联合湖区的美色岛（Mercer Island），微软公司和波音公司的许多高层管理者住在那里，以及洛杉矶比弗利山庄、迪拜世界岛等。目前，我国这种远郊区已经出现，不断追寻优美的环境和低密度高档社区是形成这种远郊高档社区的主要动力。

目前已经在城市中心和外围高标准住宅中居住的中高收入者，他们开始寻找具有这种品质的新的居所。良好的私密性和社区人文和自然环境，如高尔夫、游艇、骑马等各种休闲活动，完善的配套设施是这种社区的典型特征。城市远郊区是典型的小汽车交通模式，各种出行目的，如就业、商业服务、娱乐和医疗等都是以小汽车为主的出行模式。房屋都是高档的材料和配件，拉动汽车、房屋和家电高档消费，消费产业链长，而且可以试验最新的科技产品，包括信息技术、节能环保技术等，拉动内需，形成新的消费热点，上更多的税，提供就业岗位。这也是符合市场经济规律的，这些高档住宅，如同宝石、手表和跑车、游艇等高档奢侈品，我们不应该限制。这也是城市全球竞争力的一个方面；但应该合理规划布局，限制规模和数量，稀缺供给，保证价值和品质。

规划成功的关键是做到住区与自然环境的完美融合，互相促进。要在远郊区规划保留自然环境，村庄，要规划更多的郊野公园、国家公园和风景名胜区。例如，人口密度很高、土地异常昂贵的东京，城市周围也规划建设了大量的高尔夫球场。建筑密度不要高，每户 2000～15 000 平方米用地，300～3000 平方米的独立住宅，可以规划一些中式合院和宅第。道路不宽，结合环境蜿蜒曲折，设置专用的服务道路。在保持远郊区优美环境和居住私密性的基础上，完善服务配套设施，布局高档私立教育机构，采用学区的办法，规划方便的校车线路将分散的家庭连接起来。要在自然环境和社区边缘布置自行车、跑步运动和游览道路系统。可以尝试将城市公共交通向远郊区延伸，沿公交车站周围布置少量中高档居住区，为保姆等服务人员提供多种住房和交通模式的选择。借用新城市主义的规划理论和手法，在车站周围规划形成生活方便、尺度宜人亲切的小城镇的氛围，也不影响低密度高档社区的品质。

4. 中国新的空间礼制——新的城市规划和建筑范式

社会秩序的建立需要法律和国家公权利，但更需要社会道德规范，空间秩序的建立同样如此。一个社会完全靠法制，样样都要管理，是做不到的，能够做到也必然造成无法负担的社会成本。历史经验证明，空间秩序的建立必须要依靠社会道德规范，依靠相应的空间范式。

中国传统的空间范式曾发挥巨大的作用，如《周礼·考工计》的营国制度，使得都城建设、住宅建设必须遵循戒律和道德的规范。传统的风水理念与堪舆传统，也发挥着同样的作用，使尊重环境成为习惯。城市选址和布局要依山傍水，接于林木。明清北京城是我国传统空间规划建设礼制和范式的典型代表。城市的中轴对称格局和宏伟的宫殿建筑、四合院建筑简洁清晰的肌理，保障了宏大北京城的整体秩序和统一，使明清北京城成为人类历史上的杰出宫城。

社会道德规范本质上反映了统治阶级的意志。封建阶级为保持自己的统治，建立了严格的社会等级制度和相应的道德规范。道德规范帮助建立了包括城市空间的社会秩序。当然，社会等级观念严重，封建枷锁害死人，束缚了生产力的进步和新生资产阶级的发展。资产阶级要发展，必须打破传统的封建礼制。资产阶级在鼓吹人生而平等的同时，宣扬所谓机会平等，实际上承认贫富差别和剥削的合理性，建立了新的社会道德规范和礼制。不可否认，不管是封建社会，还是资本主义社会，在维护其统治的同时，社会道德规范保证了社会秩序，同样，其空间建设的道德规范和范式规范了空间秩序。我们在赞赏明清北京城、巴黎、华盛顿等名城规划建设的同时，也能够清楚地看到社会空间道德规范和建筑范式对空间规划建设所起的巨大作用。

新中国成立以来，我们打破了传统的封建礼制、规则和封建迷信，使人民群众迸发出前所未有的创造力，聪明才智得到极大的发挥，社会主义现代化建设取得辉煌的成绩，加快了社会的进步。但是，在打破旧的礼制的同时，需要建立新的礼制，这是历史发展的要求。但直到今天，我们还没有建立起来包括建筑、城市和空间环境建设在内的道德规范、理念和相应的空间范式，导致许多从事和实施空间建设的人随心所欲，破坏了社会整体的空间秩序，造成极大的损失和混乱，建设投资效率低、质量差。看风水的再次流行说明我们今天规划建设道德规范的缺位和失语，说明建筑范式和词汇的匮乏，也反映出不正常的心态。例如，在等级观念方面，领导等级可以接受，但对社会等级则忌讳晦深。即使是迫于社会现实的压力，这种态度也是不科学的。要承认现实中的差别，有差别就有等级，等级形成秩序。空间等级同样是保持空间秩序的重要手段，有其内在的科学性。没有规矩，不成方圆。

在我国快速城市化发展的过程中，如果没有定型的范式和空间道德规范，必然会出现混乱的形势。因此，非常有必要树立新的"礼制和风水"观念，结合现代城市规划的科学理论和规范，形成现代中国的城市规划建设道德规范和范式，这比单纯的管理的意义要大得多。

新的范式包括发展目标的确定，包括新的观念和理念，具体的规划设计内容，以及新的制度能力。从实际经验看，我国目前存在的一些所谓的"规划教义"的作用十分巨大，如绿化带、卫星城、新城、有机疏散、环路等，为广大的规划参与者和公众所普遍接受并付诸实施。这些概念看似思路明确，但缺点十分明显，过于抽象和专业化，非专业人员，包括各级领导，在实践中使用难免偏颇。我们现在缺少的是具体明确的规划建设范式。中国城市规划中的几个关键问题，如城市品质、城市景观环境、城镇化等，都与基本的住宅建设模式、城市设计模式等有着十分密切的关系。同时，中国地大物博，新的空间规划范式要考虑不同的层次和区域的特点，为地方传统文化和特色的延续提供机制上的保证。

要适应中国的进一步快速、均衡稳定的可持续发展，城乡规划要从根本上进行变革。以吴良镛先生创立的"广义建筑学"和"人居环境科学"为基础，要发展"全民建筑学、规划学"，普及规划建筑科学、范式和道德规范，规范规划建设行为，提高我国全民的规划建设意识和水准。使每一项建设、每一笔投入、每一砖、每一瓦都生成良好的建筑和环境，而不是"垃圾"，使整个国家的建设走上良性发展的轨道。

虽然，城市规划不单单是空间实体的规划，但是，上面所谈到的城市规划新的范式实际就是城市规划的语言和词汇，包括语法。我们要用新的语言写出新的文章。当然，建立完整的空间范式的系列，需要全社会在城市规划的长期实践中，借鉴先进文化的成功经验，共同的努力和不懈的探索。我相信，在不远的将来，我国高水准的建筑和城市会再一次影响世界。在未来比较城市规划影响研究中，中国城市规划对世界的影响将是最重要的一部分内容。

参 考 文 献

贝利 B. 2008. 比较城市化——20 世纪的不同道路. 北京：商务印书馆.

财团法人. 国际开发中心. 1999. 国土计划体系的国际比较调查. 会议论文集.

陈珑. 2008. 美国区划条例借鉴研究——与北京控制性详细规划对比研究. 北京建筑工程学院硕士学位论文.

段进，等. 2008. 国外城市形态学研究的兴起与发展. 城市规划学刊，(5)：34-42.

郝娟. 1994. 英国城市规划法规体系. 城市规划汇刊，(4)：59-63，66.

霍兵. 1989. 比较城市规划研究初探. 北京：清华大学.

霍尔 P. 1982. 区域与城市规划. 北京：中国建筑工业出版社.

霍尔 P. 1982. 世界大城市. 北京：中国建筑工业出版社.

卡西尔 E. 2003. 人论. 北京：西苑出版社.

乐黛云. 2004. 比较文学原理新编，北京：北京大学出版社.

李广斌，等. 2006. 城市特色与城市形象塑造. 城市规划，(2)：79-82.

林奇 K. 2001. 城市意向. 北京：华夏出版社.

芦原义信. 1975. 外部空间设计. 北京：中国建筑工业出版社.

罗西. 2006. 城市建筑学. 黄士钧译. 北京：中国建筑工业出版社.

缪春胜. 2009. 英国城市规划体系改革研究及其借鉴. 广州：中山大学.

诺伯舒兹. 2010. 场所精神——迈向建筑现象学. 施植明译. 武汉：华中科技大学出版社.

皮亚杰. 1984. 结构主义. 倪连生、王琳译. 北京：商务印书馆.

邱瑛. 2010. 中国近代分散主义城市规划思潮的历史研究. 武汉：武汉理工大学.

沈克宁. 2010. 建筑类型学与城市形态学. 北京：中国建筑工业出版社.

石忆邵，彭志宏，等. 2009. 国际大都市建设用地与结构比较研究. 北京：中国建筑工业出版社.

孙晖，梁江. 2000. 美国城市规划法规体系. 国外城市规划，(1)：19-25，43.

索绪尔 F. 1980. 普通语言学教程. 高名凯译. 北京：商务印书馆.

谭纵波. 2000. 日本的城市规划法规体系. 国外城市规划，(1)：13-18，43.

汤姆逊. 2009. 城市布局与交通规划. 北京：中国建筑工业出版社.

唐子来. 1999. 英国城市规划体系. 城市规划，(8)：37-41，63.

唐子来，等. 2012. "美好城市"与"城市病". 城市规划，(1)：52-55，72.

维特鲁威. 2004. 建筑十书. 高履泰译. 北京：知识产权出版社.

吴岱明. 1987. 科学研究方法学. 长沙：湖南人民出版社.

吴唯佳. 1996. 德国的城市规划法. 国外城市规划，(1)：2-8.

吴志强.2000. 城市规划核心法的国际比较研究. 国外城市规划,(1):1-6, 43.

杨跃华,魏春雨.2008. 建筑类型学的研究与实践. 中外建筑,(6):85-88.

姚凯,田莉,等.2010. 世界著名大都市规划建设与发展比较研究. 北京:中国建筑工业出版社.

于立.1995. 英国发展规划体系及其特点. 国外城市规划,(1):27-33.

张蕾.2001. 国外城市形态学研究及其启示. 人文地理,(3):90-95.

赵宏宇.2004. SWOTs 分析法及其在城市设计实践中的作用. 城市规划,(12):83-86.

中国城市发展报告课题组.2003. 中国城市发展报告. 北京:西苑出版社.

朱自煊.1986. 比较城市规划研究初探. 城市规划,(2):1-11, 39.

卓健,刘玉民.2009. 法国城市规划的地方分权. 国际城市规划,(1):246-255.

Cervero R. 1998. The Transit Metropolis:A Global Inquiry. New York:Island Press.

Clay G. 1980. Close-Up:How to Read the American City. Chicago and London:The University of Chicago Press.

European Commission. 1997. A Europe of Towns and Cities:a practical guide to town-twinning. Office for Official Publications of the European Communities.

Faludi, Andreas and Stephen Hamnett. 1975. The Study of Comparative Planning, conference paper. Center for Environmental Studies.

Friedmann J. 1987. Planning in the Public Domain:From Knowledge to Action. New Jersey:Princeton University Press.

Hall P. 1966. The World Cities. London:Weidenfeld and Nicolson.

Hall P. 1998. Cities of Tomorrow:An Intellectual History of Urban Planning and Design in the Twentieth Century. Oxford, UK;Cambridge, MA:Oxford University Press.

Healey P, Khakee A, et al. 1997. Making Strategic Spatial Plans:Innovation in Europe. London:UCL Press Limited.

Krier R. 1991. Urban space. Rome:Rizzoli.

Salet W. Thornley A, et al. 2003. Metropolitan Governance and Spatial Planning:Comparative Case Studies of European City-Regions. New York:Spon Press.

Sassen S, et al. 2002. Global Networks:Linked Cities. New York:Routledge.

Sassen S. 1991. The Global City:New York, London, Tokyo. Princeton:Princeton U. P.

Saxenian A. 1988. The Cheshire Cat's Grin:Innovation and Regional Development in England. Technology Review. Feb. / March.

Scott A J, et al. 2001. Global City Regions:trends, Theory, Policy. London:Oxford University Press.

Simmonds R, Hack G, et al. 2000. Global City Regions:Their Emerging Forms. London:Spon Press.

Tracik R. 1986. Finding Lost Space:theories of urban design. New York. Van Nostraud Reinhold Company.

Wannop U A. 1995. The Regional Imperative:Regional Planning and Governance in Britain, Europe and the United States. London:Jessica Kingsley Publishers.